中国科学院科学出版基金资助出版

U0263669

可降解金属

（下册）

郑玉峰　秦　岭　杨　柯等　著

科学出版社

北　京

内 容 简 介

医用可降解金属兼具传统医用金属材料的综合力学性能和独特的体液腐蚀降解特性,是近年来生物医用金属材料领域的研究热点。

本书分为上、下两册。下册包括第三部分代表性材料篇,共 14 章,重点介绍纯镁、镁钙、镁锶、镁锌、镁锂、镁锡、镁(硅、锰、锆、银)、镁钇、镁锌稀土、镁钕锌基、镁(钆、镧、铈、镝)、铁基、锌基、大块非晶等可降解金属合金体系。

本书可供从事可降解金属材料的设计、生产和生物医学应用研究的技术人员阅读,也可供相关专业高校师生参考。

图书在版编目(CIP)数据

可降解金属. 下册 / 郑玉峰等著. —北京:科学出版社,2016.11
ISBN 978-7-03-050393-0

Ⅰ.①可… Ⅱ.①郑… Ⅲ.①金属材料 Ⅳ.①TG14

中国版本图书馆 CIP 数据核字(2016)第 257573 号

责任编辑:牛宇锋 罗 娟 / 责任校对:桂伟利
责任印制:张 倩 / 封面设计:蓝正设计

科学出版社 出版
北京东黄城根北街 16 号
邮政编码:100717
http://www.sciencep.com
中国科学院印刷厂 印刷
科学出版社发行 各地新华书店经销

*

2016 年 11 月第 一 版 开本:720×1000 1/16
2016 年 11 月第一次印刷 印张:31 1/4
字数:599 000

定价:**180.00** 元
(如有印装质量问题,我社负责调换)

序 一

由于具有可降解性和生物力学性能(如高拉伸强度、与骨相似的弹性模量等),加之低廉的成本,以镁和镁合金为代表的可降解金属成为新型的内植物材料,是目前金属生物材料领域的研究热点。实际上,早在 19 世纪后期就有学者将可降解镁基金属用于血管结扎和肠、血管吻合。到 20 世纪 30 年代,就有关于可降解镁基金属作为骨科内植物材料的报道,诸多尝试均因内植物在体内降解过快而以失败告终。进入 21 世纪以来,在材料学家和临床医生的不断努力之下,降解速率等问题可能通过应用防护涂层、新合成方法、新镁合金的发明而取得突破。基于上述努力,尽管可降解金属目前不能像常用的非降解骨内固定物、心血管支架那样应用于临床,但鉴于其具备现有金属生物材料所没有的可降解性和一些优于目前应用的聚乳酸等可吸收材料的特点,人们一直没有放弃促使可降解金属成为具有独特性能的医学内植入材料的追求和努力。

研发可降解金属内植物,最为关键的要素在于"安全"。以骨科内植物为例,可降解金属需具有足够的力学安全、降解时间安全、降解微环境安全性能。其次,使用可降解金属同样是对疾病治疗模式的创新,应符合个性化和精准化的要求,应能满足不同患者对于内植物尺寸、降解速率、力学性能及其在降解过程中变化的要求,应该是"个体化"和"功能化"的。这就需要实现镁和镁合金的疾病适配、力学适配、降解适配、元素适配、免疫适配。

我国的可降解金属研究一直处于国际先进和领先行列,特别是在可降解镁基金属的设计加工、表面改性、降解机制、降解后微环境生物学分析等方面,国内的科学家有许多较新颖的研究报道。《可降解金属》一书集合了我国从事可降解金属研究的 14 家单位多个团队的智慧结晶,将带给读者系统的、前沿的知识和启迪。

戴尅戎

2016 年 5 月 20 日

序 二

长期以来,我国在镁或医用镁合金方面的研究一直处于全球领先位置。然而,我国此领域的科研成果在发表文章、取得专利之后,往往没在产业化道路上走下去。在 2010 年宜安科技股份有限公司研发了国内纯度较高的金属镁之后,本人就细想,高纯镁可有哪些用途?我国的医用镁合金研究已有十多年历史,成果相当好,但距离产业化还有一段路要走。

2012 年本人作为召集人,在科技部的支持下,建立了"医用镁合金创新联盟",搭建了自主知识产权的可吸收镁合金医疗器械技术研发平台,开展了产学研用的系列化工作。鉴于新材料作为体内植入物需要有国外案例作为参考,在 2013 年德国企业正式宣布获得欧盟认证后,宜安科技股份有限公司和医用镁合金创新联盟积极展开申报,在 2014 年年初与国家食品药品监督管理总局在北京举行全国性的医用镁会议后,终于在 2014 年年底取得绿色通道资格。在 2015 年举办了一系列临床会议后,于年底开展临床试验。

《可降解金属》一书系统总结了以北京大学郑玉峰教授为首的我国 14 家单位,近 40 名专家在可降解金属研究领域的最新、最重要的学术成果。书中重点介绍可降解金属医疗器械在骨科、心血管科、普外科等临床场合的应用、设计与评价,具有很高的学术参考价值。

该书的作者均多为医用镁合金创新联盟的核心成员。我们有理由相信,在大家的共同努力下,我国将开拓具有自主知识产权的新型可降解金属医疗器械,打造世界级的品牌。

宜安科技总设计师

2016 年 7 月 8 日

前　　言

　　进入 21 世纪,可降解金属(biodegradable metals)不仅成为生物医用金属材料领域最热、最活跃的研究方向,也成为国际生物材料学术界普遍接受的一个新的学术分支(2012 年世界生物材料大会上首次作为主题设立分会场,并在 2016 年世界生物材料大会再次被批准列入分会主题)。Web of Science 数据库检索相关词条不难发现,可降解金属的基础科学研究自 2002 年起呈现出“从合金开发设计到性能提升方法”“从体外细胞实验到体内植入实验”“从动物到人”“从外周血管到心血管”“研究内容逐年深入、论文数量快速增长”的发展脉络,现在每年有数百篇的可降解金属研究论文在权威刊物上发表。2009 年起,每年国际上都会召开“可降解金属”国际会议,参会者来自美国、德国、中国、加拿大、瑞士、澳大利亚、英国、荷兰、新西兰、韩国、日本、巴西、土耳其等 20 多个国家。

　　可降解金属在欧美被誉为一类革命性的金属生物材料(revolutionized metallic biomaterial)。欧盟正通过第七框架下的 People Programme (Marie Curie Actions)滚动支持研究开发新型可降解镁合金;美国国家自然科学基金会于 2008 年批复“革命性医用金属材料”工程研究中心,投资 1800 万美金用于可降解镁合金材料及植入器件研究。2007 年德国 BIOTRONIK 公司在《柳叶刀》杂志报道了镁合金裸支架的临床研究成果,2013 年 1 月又在《柳叶刀》杂志报道了镁合金冠脉药物洗脱支架临床研究成果。2013 年 2 月《自然》子刊给予高度评价,指出“可吸收支架的梦想变为现实”。2013 年德国 Syntellix AG 公司开发的 MAGNEZIX® 可降解镁合金压缩螺钉成为全世界第一个获得 CE 认证的骨科产品(三类植入器械),用于小骨和骨碎片的固定。2014 年韩国药监局批准了 Mg-Zn-Ca 合金手掌骨骨折骨钉产品上市。上述事实使得我们有理由看好可降解金属的未来临床应用。

　　我国的可降解金属研究与国际同步且水平相当,特别是可降解镁合金的设计与制备、表面改性、降解行为、生物相容性等方面已开展了大量的探索研究工作并已开始进入临床应用研究阶段。国家先后在国家重点基础研究发展计划(973)、国家高技术研究发展计划(863)、国家科技支撑计划、国家自然科学基金等项目设立了可降解金属及其医疗器械产品研发的课题,鼓励科技原始创新。我国有超过百家研究机构和企业目前在从事可降解金属及其医疗器械的研制,已在国际权威刊物发表了数百篇 SCI 论文并得到数千次的他引和正面评价,获得百余项授权或公开的国家发明专利,在国际会议上有多人次担任国际可降解金属会议主席或分会主席并做各类邀请报告。这些都反映了我国科学家在可降解金属研究的学术水平和影响力。我国也是率先在国际上开展可降解金属的临床试验研究（目前仅有德国、中国和韩国）的国家。国家食品药品监督管理总局医疗器械技术审评中心的创新产品绿色通道已经批准注氮铁支架和纯镁骨钉产品开展临床试验。

作为前言，必须要跟读者分享的是可降解金属这个名词的由来及其定义。通常意义上讲，工程用金属对应的是腐蚀（corrosion），而高分子材料对应的是降解（degradation）。在传统的生物材料的分类中，医用金属一般是生物惰性的（bio-inert），希望有更好的腐蚀抗力；医用陶瓷或玻璃有些是生物惰性的；有些呈生物活性（bio-active）并可吸收（bio-absorbable），高分子材料有些是不可降解的，有些是可降解（biodegradable）和可吸收的（bio-absorbable）。可谓不同的材质有不同的表述。所以当冠名以镁合金为代表的新型的可在体液环境下逐渐发生腐蚀而各类腐蚀产物可以被生物体通过新陈代谢而转移或排出的这类医用金属时，到底该用什么名称是比较科学的？迄今还没有一个统一的看法。但作为医用金属，为了和工程用金属有所区别，人们没有使用"bio-corrodible"来描述，而是广泛地使用"biodegradable metals"这个英文名词来描述这类金属。看到这个名词的时候，大家都会明白这不是工程用途的金属，而是面向医学应用的可被体液腐蚀降解的金属。关于其定义，2014 年作者与顾雪楠、Frank Witte 共同撰写的综述文章中首次明确给出：可降解金属，是指能够在体内逐渐被体液腐蚀降解的一类医用金属，它们所释放的腐蚀产物给机体带来恰当的宿主反应，当协助机体完成组织修复使命之后将全部被体液溶解，不残留任何植入物。按照概念的内涵和外延来看，需要强调的是，可降解金属的定义不是简单地说一种金属如果能够在体液环境中发生腐蚀降解，就是可降解金属。换句话说，能发生降解的金属并不是全部都可以称为"可降解金属"，而是说只有 100％可被机体降解，且其降解产物不会对宿主带来毒性危害的金属才是符合定义的"可降解金属"。从这个意义上讲，我们所给的第一个版本的可降解金属定义，已经是按照高标准的"可完全被人体吸收的医用金属"来定义的。也就是字面上我们用的是"biodegradable metals"，但其概念的核心内涵其实是"100％ bioabsorbable metals"。这点请读者务必把握，即未来我们所研发的可降解金属应该是金字塔尖上的最高级的。按照这样的界定，正确的可降解金属设计思路应该是采用人体的生命必需元素作为合金组成元素（可以是金属，也可以是非金属），因为生命必需元素能够通过人体的新陈代谢调整其在体内的含量，避免在体内累积引发毒性。

有关"biodegradable"和"bioabsorbable"的叫法，到底哪个更合适，是作者纠结很久的问题。作者曾和 ASTM 委员会中负责起草标准的 Byron Hayes 先生讨论，他认为"absorbable metals"更合适（目前在起草的国际标准中采用的是 absorbable metals 的描述），他提及"可吸收"的叫法最早是基于缝合线等可被人体吸收的医疗器械而采用的,未来希望延续到金属上。在目前的 ISO 和 ASTM 标准草案附录中,"absorbable metals"的定义是与我们在 MSER 文章中给出的"biodegradable metals"相近的。四川大学的千人计划学者王云兵教授在会议中曾提到,在美国 ASTM 委员会中他力推用 absorbable 这个单词还有个考虑是其首字母是 a,在名词排序时更容易排到前面。作者也曾和研究无机非金属生物材料的 Marc Bohner 教授讨论,"biodegradable metals"的叫法对他而言可以接受。实际上很多时候会看到的表述是"生物活性陶瓷又叫生物降解陶瓷,包括表面生物活性陶瓷和生物吸收性陶瓷"这样混为一谈的描述。再来看看"biodegradation"的定义:生物可降解是指材料在生物体内通过溶解、酶解、细胞吞噬等作用,在组织长入的过程中不断从体内排出,修复后的组织完全替代植入材料的位置,而材料在体内不存在残留的性质。同时,我们注意到不论生物陶瓷和玻璃,还是聚合物,实际上在测试性能的时候都是用的"体外降解性能测试"(in vitro degradation testing),而没有用到"吸收性能测试"的表述,因为吸收指的是机体的行为,是在材料发生降解之后机体对材料所排放到机体中的各类降解产物(固体残渣、离子和气体)的生物学反应。有的时候降解产物不能被机体直接吸收,但机体通过巨噬细胞等搬运走材料的降解产物固形物。综上所述,我们最终选择了"可降解金属"作为统一术语(因为它已经被广泛采用,并且降解特性是材料的属性,用 biodegradable 来修饰 metals 应该比用 bioabsorbable 更贴切,但实际上 biodegradable metals 的最高境界是"100％ bioabsorbable "。

　　本书分为三个部分,上、下两册,共 27 章。上册包括:第一部分基础篇,共 5 章,重点介绍可降解金属的定义、分类、发展历史、研究方法、合金元素的生理学作用,以及可降解金属的新颖结构、可降解金属的表面改性方法;第二部分应用篇,共 8 章,重点介绍可降解金属医疗器械的加工与设计,可降解镁金属器械在骨科、心血管科、普外科等临床场合的应用,可降解镁合金吻合钉的设计与评价,镁营养添加剂与相关疾病的治疗与防护,含可降解镁金属粉末的骨组织工程支架设计与评价,可降解镁金属的生物功能探索。下册包括第三部分代表性材料篇,共 14 章,重点介绍纯镁、镁钙、镁锶、镁锌、镁锂、镁锡、镁(硅、锰、锆、银)、镁钇、镁锌稀土、镁钕锌基、镁(钆、镧、铈、镝)、铁基、锌基、大块非晶等可降解金属合金体系。

　　本书主编为郑玉峰(北京大学),规划了本书的结构框架并组织了本书的撰写,副主编为秦岭(香港中文大学)和杨柯(中国科学院金属研究所)。本书编写人员如下(按章节顺序):第 1 章杨柯、谭丽丽(中国科学院金属研究所);第 2 章 2.1 节谢鑫荟、王佳力、秦岭(香港中文大学、东南大学);2.2 节许建坤、张翼峰、秦岭、滕斌、任培根(香港中文大学、中国科学院深圳先进技术研究院);2.3 节王佳力、田立、秦岭(香港中文大学);第 3 章 3.1、3.2 节张翼峰、许建坤、秦岭(香港中文大学);3.3 节李健、任培根(中国科学院深圳先进技术研究院);第 4 章顾雪楠(北京航空航天大学);第5章成艳(北京大学);第6章杨柯、谭丽丽、万鹏(中国科学院金属研究所);第7章赵德伟(大连大学);第8章奚廷斐、甄珍(北京大学);第9章曲新华、李扬、吴传龙(上海交通大学);第10章白晶、曹键、储成林(东南大学、北京大学人民医院);第11章王佳力、杨智均、秦岭(香港中文大学、香港浸会大学);第12章赖毓霄、李烨、李龙、秦岭(中国科学院深圳先进技术研究院、香港中文大学);第13章杨柯、谭丽丽、任玲、曲新华(中国科学院金属研究所、上海交通大学);第14章杨柯、谭丽丽、于晓明(中国科学院金属研究所);第15章郑玉峰、吴远浩(北京大学);第16章郑玉峰、吴远浩(北京大学);第17章张小农、赵常利(上海交通大学);第18章曾荣昌(山东科技大学);第19章李莉、李珍(哈尔滨工程大学);第20章张二林(东北大学);第21章彭秋明(燕山大学);第22章关绍康、王俊、朱世杰、王利国(郑州大学);第23章袁广银(上海交通大学);第24章顾雪楠(北京航空航天大学);第25章郑玉峰、黄涛(北京大学);第26章郑玉峰、李华芳(北京大学);第27章郑玉峰、李华芳(北京大学)。作者热情高涨地努力去把最精彩的内容奉献给读者,但由于人数众多,在各章的内容衔接和写作风格统一方面,难免有不完善或不妥之处,还请读者见谅。

　　最后,感谢哈尔滨工业大学赵连城院士和中国科学院上海硅酸盐研究所丁传贤院士推荐本书申报中国科学院科学出版基金,还要感谢国家重点基础研究发展计划课题(2012CB619102)、国家杰出青年科学基金项目(51225101)、国家自然科学基金重点项目(51431002)、生物可降解镁合金及相关植入器件创新研发团队(广东省科技计划项目编号 201001C0104669453)对本书出版的支持。

郑玉峰

2016 年 5 月 4 日于燕园

目　　录

第三部分　代表性材料篇

第三部分

代表性材料篇

第 14 章　纯　　镁

14.1　纯镁及其制备方法

在对生物可降解镁基金属的研究中,纯镁因为成分和组织简单,无合金元素和第二相物质存在,所以降解相对均匀,无需考虑合金元素及第二相物质对生物安全性的影响,因而成为生物可降解镁基金属材料研究及相关医疗器件开发中的重要一员。

商业用纯镁一般是含量为 99.85%~99.95% 的镁金属,含有铁、硅、铝、铜、镍、氯等杂质元素。国际标准化组织(ISO 8287,2000)[1]和美国测试与材料协会(ASTM B92/B92M-07,2007)[2]对纯镁的成分有明确的界定标准,其中 ISO 8287标准中纯镁的具体成分见表 14.1。镁金属有限的耐蚀能力是阻碍其实际应用的主要原因之一,因此要求纯镁中的锰、铁、铜、镍等金属元素含量以及其他杂质元素含量尽量低,以提高其耐蚀性能。对杂质元素含量同样敏感的还有镁金属的挤压加工。然而普通纯镁锭因其杂质含量高而无法满足生物医用的要求。

表 14.1　ISO 8287 中标示的纯镁成分

材料设计		化学成分/%（质量分数）												
根据 ISO2092	根据 EN12421	Al	Mn	Si	Fe	Cu	Ni	Pb	Sn	Na	Ca	Zn	其他	Mg
ISO Mg 99.5	EN-MB 10010	0.1	0.1	0.1	0.1	0.1	0.01	—	—	0.01	0.01	—	0.05	99.5
ISO Mg 99.80A	EN-MB 10020	0.05	0.05	0.05	0.05	0.02	0.001	0.01	0.01	0.003	0.003	0.05	0.05	99.80
ISO Mg 99.80B	EN-MB 10021	0.05	0.05	0.05	0.05	0.02	0.002	0.01	0.01	—	—	0.05	0.05	99.80
ISO Mg 99.95A	EN-MB 10030	0.01	0.006	0.006	0.003	0.005	0.001	0.005	0.005	0.003	0.003	0.005	0.005	99.95
ISO Mg 99.95B	EN-MB 10031	0.01	0.01	0.01	0.005	0.005	0.001	0.005	0.005	—	—	0.01	0.005	99.95

工业上大量使用的纯镁提纯方法有电解法和高温蒸馏法两大类。电解法首先对菱镁矿进行热分解，加焦炭进行氯化得到氯化镁，再通过电解含氯化镁的熔融盐来制取金属镁。化学反应方程式为

$$MgCO_3 \longrightarrow MgO + CO_2 \uparrow \tag{14-1}$$

$$2MgO + C + 2Cl_2 \longrightarrow 2MgCl_2 + CO_2 \tag{14-2}$$

$$MgCl_2 \longrightarrow Mg + Cl_2 \uparrow \tag{14-3}$$

镁还可以用热还原氧化镁的方法制取。另外还可以对从海水中提取的氯化镁进行脱水处理，加入氯化钾进行熔融电解的方法制备。

蒸馏法中使用比较广泛的皮江法（Pidgeon process）[3]是将煅烧的白云石和硅铁按一定的比例混合碾压成细粉，压成团，装入耐热钢制成的蒸馏器内，在1432～1472K和67～670Pa的真空条件下获得结晶镁，再熔炼成镁锭，如图14.1所示。其特点是真空度低，设备要求较低，蒸馏的温度高，速度快，获得的镁的纯度只有99.9%左右，无法获得更高的纯度。在此基础上改进的博尔扎诺（Bolzano）法和玛格尼（Magnetherm）法[4]，可以获得更高纯度的镁金属。此外，采用真空蒸馏（升华）的办法进行二次蒸馏可以进一步提高镁的纯度。在名为"高纯金属镁的提纯工艺方法"的专利[5]中公开了用99.95%镁为原料，采用真空蒸馏的方法精炼得到纯度为99.99%的高纯镁，其真空蒸馏的温度为650～700℃，真空度为10Pa。张二林等[6]设计了一种高真空低温提纯高纯镁的方法及提纯装置，通过改变蒸馏提纯的真空和温度条件，有效降低蒸馏镁中的低熔点杂质，结合翻转结晶收集板，再次收集提高纯度后的结晶镁。表14.2列出了制备高纯镁的部分国内外专利。

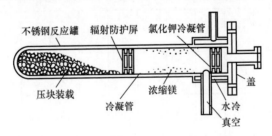

不锈钢反应罐　辐射防护屏　氯化钾冷凝管

压块装载　冷凝管　浓缩镁　盖　水冷　真空

图 14.1　皮江法设备示意图[3]

表 14.2　制备高纯镁的部分国内外专利

专利号	申请人	专利名	参考文献
CN101386919B	贵阳铝镁设计研究院有限公司	一种高纯镁的制备方法及装置	[7]
WO2011051424A1	Acrostak Corp Bvi, Tortola	Biodegradable implantable medical devices formed from super pure magnesium based material	[8]

续表

专利号	申请人	专利名	参考文献
WO2013107644A1	Eth Zurich	Process and apparatus for vacuum distillation of high-purity magnesium	[9]
CN1202529A	周广文	高纯金属镁的提纯工艺方法	[5]
CN2335976Y	周广文	一种高纯金属镁蒸馏器	[10]
CN102766769 A	东莞宜安科技股份有限公司,佳木斯大学	一种高真空低温提纯高纯镁的方法及提纯装置	[6]

14.2　力　学　性　能

室温下纯镁的拉伸性能和压缩性能见表14.3,温度和应变速率对纯镁拉伸性能的影响如图14.2和图14.3所示。

表 14.3　纯镁在 293K 的拉伸和压缩力学性能

试样规格	σ_b/MPa	$\sigma_{0.2}$/MPa	$\sigma_{0.2}$(压缩)/MPa	δ/%	硬度	
					HRE	HB
砂型铸件 Φ13	90	21	21	2~6	16	30
挤压件 Φ13	165~205	69~105	34~55	5~8	26	35
冷轧薄板	180~220	115~140	105~115	2~10	48~54	45~47
退火薄板	160~195	90~105	69~83	3~15	37~39	40~41

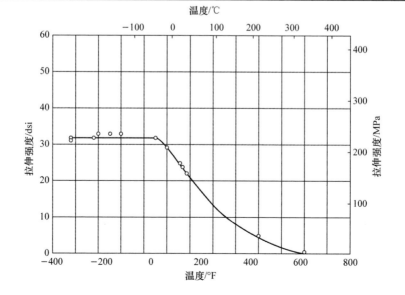

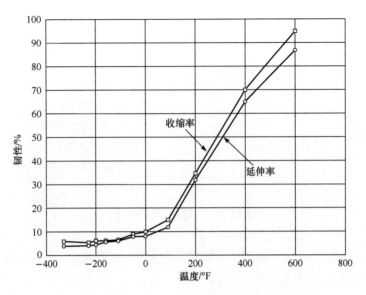

图 14.2　温度对纯镁拉伸性能的影响[11]

挤压态试棒:直径为 16mm,应变速率为 1.27mm/min

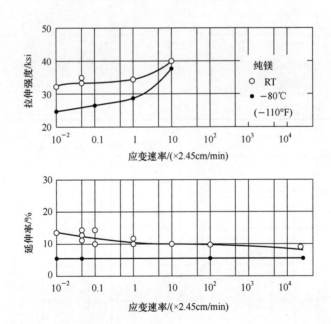

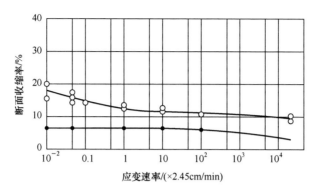

图 14.3 纯镁的室温拉伸性能

纯度为 99.98% 的纯镁在 293K 下,动态弹性模量为 44GPa,静态弹性模量为 40GPa;纯度为 99.80% 时,纯镁的动态弹性模量为 45GPa,静态弹性模量为 43GPa。随着温度的升高,纯镁的弹性模量与温度的关系如图 14.4 所示。纯镁的泊松比 υ 为 0.33,蠕变断裂数据如图 14.5 和图 14.6 所示,阻尼性能如图 14.7 所示,293K 下镁-镁摩擦副的摩擦系数为 0.36。

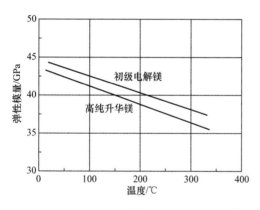

图 14.4 纯镁的弹性模量和温度的关系[12]

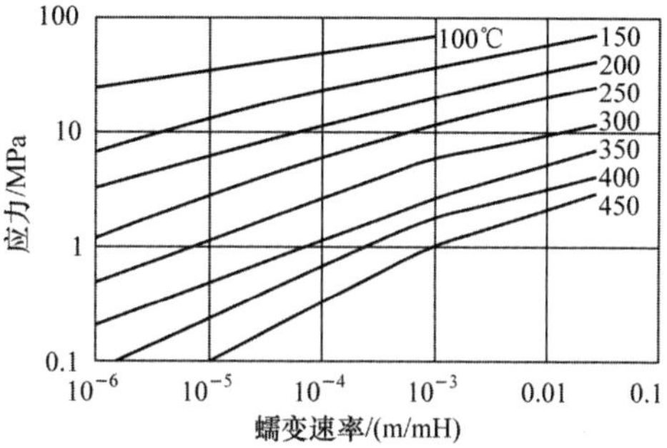

图 14.5 纯镁的蠕变速率和温度的关系[11]

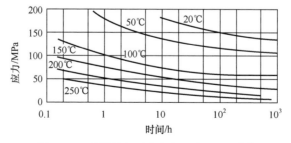

图 14.6 纯镁的断裂应力与温度的关系[11]

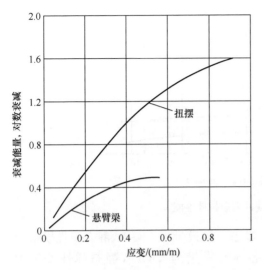

图 14.7　纯镁的阻尼系数与应变的关系[11]

动态塑性变形（dynamic plastic deformation，DPD）可以实现材料的高速变形，通过调节工艺参数可控制形变试样的微观组织特征，从而达到控制相关性能的目的。纯镁在室温的变形能力较差，通过动态塑性变形制备细晶镁，可以提高纯镁的力学性能。闫富华[13]采用对比实验研究了动态塑性变形前后纯镁的力学性能变化。结果表明，动态塑性变形后纯镁强度的增加主要有三方面的原因，即动态塑性变形后晶粒内有较高密度的位错、高密度的孪晶界和粗大晶粒的细化。动态塑性变形对纯镁延伸率的影响主要通过高密度的位错滑移和位错与孪晶之间的交互作用来调节材料的塑性。另外，动态塑性变形使粗大的晶粒细化，有很好的细晶强化作用，也能够提高纯镁的塑性。Mostaed 等[14]研究了等径角挤压（ECAP）对纯镁力学性能的影响，发现经过等径角挤压后纯镁的晶粒尺寸从 $250\mu m$ 细化至 $22\mu m$，同时力学性能也显示出明显的变化（图 14.8），变形后的纯镁的抗拉强度提高了 130%，延伸率从 4.4% 提高到 10.3%，而屈服强度没有显著的差异。

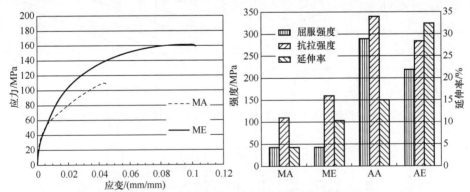

图 14.8　等径角挤压前后（MA、ME）纯镁和（AA、AE）ZK60 合金的应力-应变曲线和力学性能
（屈服、抗拉强度、延伸率）变化[14]

14.3　降解行为

如前所述，纯镁容易发生腐蚀，限制了其在工业以及医学临床方面的应用，为

此对纯镁的腐蚀行为进行了大量的相关研究[15-19]。纯镁的主要腐蚀破坏形式为局部腐蚀[20-23]，初始时发生不规则的局部腐蚀，随后逐渐遍布纯镁表面，腐蚀速率逐渐增大，但并不容易发生深度点蚀[22]。这是由于阴极析氢反应产生的高碱性 pH，使得腐蚀产物氢氧化镁更加稳定，覆盖于纯镁表面，因此延缓了腐蚀的进行。

　　需要注意的是，镁的纯度对其耐蚀性能影响很大。商用（工业）纯镁被认为是"低纯度"的镁金属，研究表明，商用纯镁的腐蚀速率是高纯镁的 50 倍以上[20,24]。Song 等[25]制备了一种高纯镁（杂质含量：0.0045% Fe，<0.002% Cu，<0.002% Ni），并与商业纯镁（0.02% Fe，<0.002% Cu，<0.002% Ni）相比较，在 Hank's 溶液中浸泡的降解速率下降了三个数量级，因此显示了更加优异的耐蚀性。Liu 等[26]的研究表明，在 3% 的 NaCl 溶液中，高纯镁的析氢要显著低于低纯度的镁，其与镁中的杂质 Fe 的含量有关，如图 14.9 所示。Qiao 等[27]的研究也发现，当高纯镁中的 Fe 含量上升到 0.0026%～0.0048%（质量分数，下同）时，高纯镁的体外降解速率加快了 3～60 倍。高纯镁具有好的耐蚀性是由于其中杂质元素含量控制在远低于耐受极限的范围内。对纯镁来说，其中的 Fe、Ni、Cu 和 Co 等杂质元素对其腐蚀性能影响较大。如图 14.10 所示，当杂质元素含量低于耐受极限（tolerance limit）时，纯镁的腐蚀速率会比较小，然而超过此极限后会加剧纯镁的腐蚀[20]，典型的耐受极限值列于表 14.4。此外 Yang 等[28]的研究表明，商业纯镁中的杂质 Fe 元素，即使将铁的含量控制在耐受极限值以下（<0.017%），当镁中的 Si 元素含量高时，会形成含硅的铁富集颗粒，显著降低其耐蚀性。因此对于高纯镁，各种杂质元素间会相互影响，为保证其更好的耐蚀性需要严格控制高纯镁中的杂质元素含量在很低的水平。

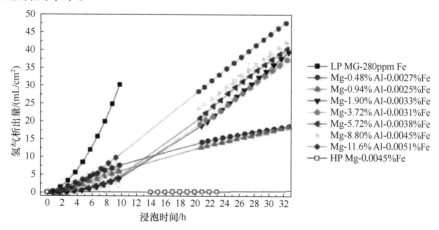

图 14.9　不同镁金属在 3%NaCl 溶液中的腐蚀行为（析氢）[26]
其中 LPMg 为低纯度镁（Fe 含量为 0.028%），HPMg 为高纯度镁（Fe 含量为 0.0045%）

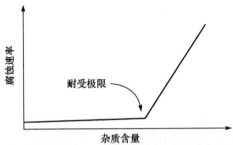

图 14.10 杂质元素(Fe、Cu、Ni、Co)对纯镁腐蚀影响的示意曲线[20]

表 14.4 纯镁中杂质元素的耐受极限

	状态	Fe/(mg/kg)	Ni/(mg/kg)	Cu/(mg/kg)	参考文献
高纯镁	铸态	170	5	1000	[29]
高纯镁	铸态	170	5	1300	[30]
高纯镁	热处理态(550℃,24h)	5~10			[26]

任伊宾等[31]对铸态、锻态、热轧态和固溶态的不同纯度纯镁在生理盐水中的生物腐蚀行为进行了研究,如图 14.11 所示。由图可见,纯度较低的铸态纯镁表面已经形成了很深的连片状点蚀坑,而高纯镁的腐蚀较轻。尤其是经过轧制后的纯镁表面上的点蚀坑更小,而经过固溶处理后的纯镁腐蚀程度反而比铸态严重,但腐蚀相对均匀。分析认为,这与其晶粒的细化及充分的固溶处理有关。纯镁经过锻造或轧制变形后,晶粒尺寸明显细化,铸造纯镁的晶粒尺寸约为 $200\mu m$,而经过锻造后晶粒打碎细化至 $60\mu m$,经过温轧及再结晶后纯镁的晶粒尺寸约为 $30\mu m$。锻造和热轧的纯镁经过固溶处理使纯镁中杂质元素及夹杂物充分扩散至晶粒内部,因此有效地降低了发生电偶腐蚀的概率,提高了纯镁的耐蚀能力。

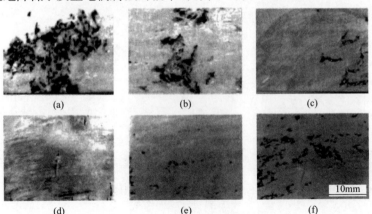

图 14.11 不同状态纯镁在 37℃生理盐水中浸泡 1 个月后的表面腐蚀情况[31]

(a) 铸态 99.9%纯镁;(b) 锻态 99.9%纯镁;(c) 铸态 99.95%纯镁;
(d) 锻态 99.95%纯镁;(e) 热轧态 99.95%纯镁;(f) 固溶态 99.95%纯镁

　　此外,在不同的体外模拟介质中,纯镁表现出的腐蚀降解行为也有所差异。王淑琴等[32]观察了纯镁在模拟体液(SBF)和细胞培养基(DMEM)中的降解行为,参照 ASTM-G31-72 标准进行浸泡,测量 1 天、2 天、4 天、8 天和 16 天各体系中的钙镁离子浓度及 pH 改变,并通过 SEM、EDS 和 XRD 等对材料表面形貌及物相进行分析。研究发现,纯镁在两种体系中的腐蚀速率差别很大,在 SBF 体系中的腐蚀速率明显高于 DMEM 体系。纯镁在 SBF 和 DMEM 中不同时间点产生的腐蚀产物不同:在 SBF 模拟体液中浸泡的样品在第八天已经成为分散的颗粒状,看不到完整的样品;而 DMEM 中的样品却仍然可以保持完整形貌。SBF 溶液中的镁离子释放量及钙离子消耗量明显高于 DMEM 溶液。两种腐蚀介质中的 pH 变化没有太大的差异,最终的 pH 都维持在 10.0 左右。纯镁在两种腐蚀介质中生成的产物有很大的差别:在 SBF 体系中,样品腐蚀产物主要是氢氧化镁,并出现了少量的镁的磷酸盐沉淀;而在 DMEM 中,腐蚀产生了大量的磷酸一氢镁和磷酸镁,同时有少量的氢氧化镁结晶。Xin 等[33]对不同 HCO_3^- 浓度(4mmol/L、15mmol/L、27mmol/L)的模拟体液(SBF)中的纯镁降解进行了研究。结果发现,纯镁在模拟体液中并未表现出点蚀敏感性,随着 HCO_3^- 浓度的升高,纯镁的降解速率降低,这是由于表面析出碳酸盐,如图 14.12 所示。

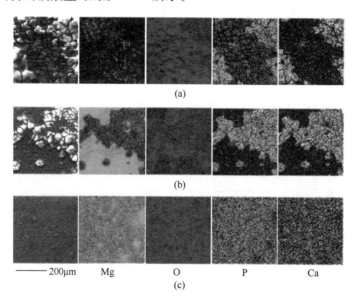

图 14.12　纯镁浸泡在不同 HCO_3^- 浓度的 SBF 溶液中浸泡 24h 后表面的面扫描结果[33]

(a) 4mmol/L;(b) 15mmol/L;(c) 27mmol/L

14.4　细胞毒性与血液相容性

　　镁是人体内仅次于钾的细胞内正离子,在体内众多的微量金属元素中,镁的含量为第四位,主要分布于细胞内。镁参与体内的新陈代谢过程和酶的合成,能够促进骨细胞的形成,加速骨愈合等。镁的密度($1.74g/cm^3$)与人体的皮质骨($1.75g/cm^3$)相近[34];镁有高的比强度和比刚度,杨氏弹性模量约为45GPa,能有效地缓解植入物产生的应力遮挡效应[35]。将镁金属用作硬组织植入材料,不但不用考虑微量金属离子对细胞的毒性,而且镁金属植入人体中的微量镁释放对人体有益。

　　但是由于镁的化学性质极为活泼,其在腐蚀介质中产生的氧化膜疏松多孔,因此不能对基体产生很好的保护作用。尤其是在含有Cl^-的腐蚀介质中,MgO表面膜的完整性会遭到破坏,导致腐蚀加剧。因此对于纯镁的生物相容性,解决镁在人体中的耐蚀性差这一关键问题十分重要。高家诚等[36]对纯镁的细胞毒性和溶血率进行了实验研究。他们将纯度为99.99%的铸态纯镁与小鼠骨髓细胞共培养72h,随后观察细胞形态和细胞计数,结果发现纯镁所在试样组的骨髓细胞数量较空白对照组(PBS)而言,细胞衰减的速率并没有出现明显的增加,如图14.13所示。对其形态观察发现,细胞培养液与纯镁试样接触72h后,没有发现任何的皱缩现象,如图14.14所示。因此纯镁没有对小鼠骨髓细胞的增殖产生明显的毒副作用。

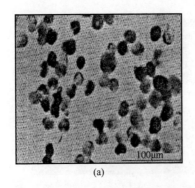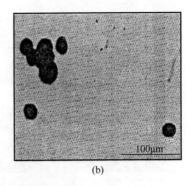

(a)　　　　　　　　　　　　　　　(b)

图14.13　细胞毒性试验结果[36]

(a)纯镁;(b)对照组

　　血液相容性是评价生物材料生物相容性的一项重要指标。在高家诚等[36]的研究中,按照$3cm^2$试样/1mL溶液的标准方法将纯镁试样浸在PBS溶液中72h,依照ISO 10993-4标准测试溶血率,发现纯镁试样出现了较为严重的溶血现象,溶血

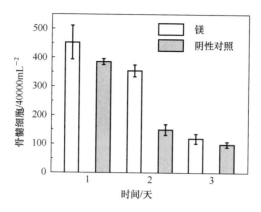

图 14.14 骨髓细胞随时间的变化情况 ($P<0.003$)[36]

率为 59％。而经过热处理和表面改性后的纯镁试样的溶血率在生物材料允许的小于 5％的范围之内,分别为 2.2％与 0％。其认为纯镁经表面处理前后表现出不同的溶血率是其不同的耐蚀性能导致的:在制备浸提液的过程中,由于 PBS 中含有较高浓度的氯离子,纯镁在与 PBS 溶液浸泡 72h 后,产生了严重的腐蚀现象,在浸提液中含有较高浓度的 Mg^{2+},因而当红细胞悬浮液与试样浸提液接触后,红细胞会因细胞壁两边产生不同渗透压而产生溶血现象。

14.5 动物体内植入研究

Huang 等[37]对纯镁样品沿新西兰白兔股骨径向植入后的降解行为进行了研究。纯镁样品植入 1 周后,样品局部边缘已经发生点蚀并向内扩展;9 周后,样品降解比较严重,不能保持完整的形貌,各处均发生严重的点蚀,如图 14.15 所示。植入 9 周后,纯镁植入物与骨组织结合紧密(图 14.16),显示有新生骨形成,沿骨与植入物的界面进行元素线扫描,表明界面处主要为腐蚀产物层和富含钙磷的沉积物。植入不同时间的 Ca/P 原子比变化为 1.51～1.63,因此推断可能为类骨沉积或者新骨(Ca/P 原子比＝1.66)形成,显示了更好的生物矿化能力。

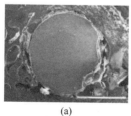
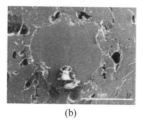

(a)   (b)

图 14.15 纯镁样品分别植入动物骨内 1 周(a)和 9 周(b)后的截面形貌[37]

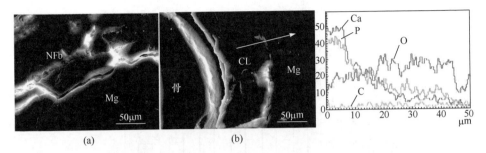

(a)　　　　　　　　　(b)

图 14.16　植入动物骨内 9 周后,纯镁样品与骨接触的界面形貌和元素线扫描能谱分析结果[37]
其中 NFb 代表新生骨,CL 代表腐蚀降解产物层

Abidin 等[38]将纯镁植入雄性 Wistar 鼠的皮下肌肉中 4~8 周后,对纯镁在体内的降解情况进行了评价。植入纯镁后,小鼠健康并未发现异常,植入 1~2 月后取出样品,发现纯镁样品被组织膜包裹,部分样品存在降解产生的气体"肿块",如图 14.17 所示。植入 1 个月后,纯镁样品与肌肉组织结合紧密,植入 2 个月的样品表面上有气泡产生,但是表面仍然与组织紧密结合。通过失重法计算得到了纯镁在体内的降解速率,如图 14.18 所示。由图可见,随着植入时间的增长,降解速率随之下降。通过组织学分析发现,纯镁样品植入动物体内后表现出了高等级的组织反应(图 14.19)。可见剩余的纯镁样品被纤维组织所包裹,在纤维组织中包含大量的纤维血管细胞和炎症细胞(淋巴和巨噬细胞)。此外,远离纯镁样品的位置有再生的肌肉组织,其被纤维组织所包裹而间隔开,同时还发现有多核的巨大细胞。

Bowen 等[39]对纯镁作为可降解心血管支架应用进行了体内和体外的降解和力学衰减性能研究。纯镁丝材作为模拟支架植入小鼠动脉中不同时间,并

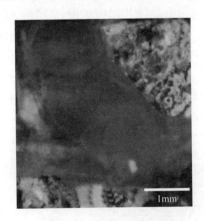

图 14.17　纯镁样品在动物体内植入 1 个月
后的表面腐蚀情况,可明显看到表面组织
膜内包裹的气泡[38]

测试其力学性能变化,同时与体外细胞培养液浸泡的力学性能变化进行比较。图 14.20 显示了体内和体外降解不同时间的力学性能(抗拉强度、延伸率)变化。随着植入小鼠动脉后的时间变化,镁丝的力学性能呈现出明显的线性下降趋势,抗拉强度从 250MPa 下降至150MPa;植入 30 天后,力学性能迅速衰减至失效。延伸率在植入初期下降明显,从植入 5 天开始至 30 天,呈现线性的下降,直至失效。体外浸泡也显现出类似的趋势,降解速率更快,浸泡 14天力学性能就衰减至失效。根据这些

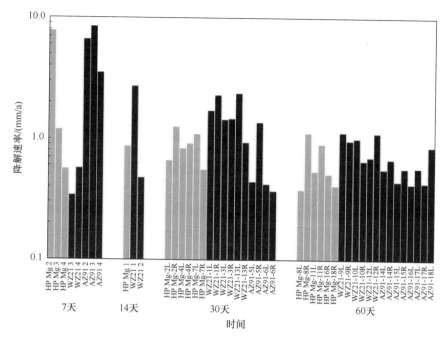

图 14.18 通过失重计算的纯镁在动物体内的腐蚀速率[38]

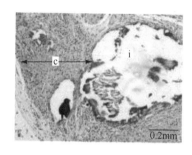 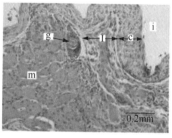

图 14.19 纯镁植入动物体内 1 个月后的组织形态学分析[39]

i 代表植入物;c 代表纤维包裹;m 代表再生肌肉组织;

I 代表纤维组织与肌肉组织间的间隙区域;g 代表多核的巨大细胞

数据得到体内和体外降解导致力学失效的对应关系。体外降解对应的抗拉强度和延伸率,分别是体内植入降解(2.2±0.5)和(3.1±0.8)倍数关系。

　　动物实验的结果显示了纯镁作为植入器件良好的生物相容性,但是相对较快的体内降解速率导致的氢气释放和力学失效还是影响到了其临床应用的有效性和安全性。此外,相对于镁合金,纯镁较低的强度和塑性等也限制了其作为心血管支架和骨固定材料的应用。对于纯镁植入器件的开发,一方面要通过调整和控制冶炼工艺,将纯镁中的铁、铜等杂质元素含量降至更低,提高镁的纯度(如 99.999%

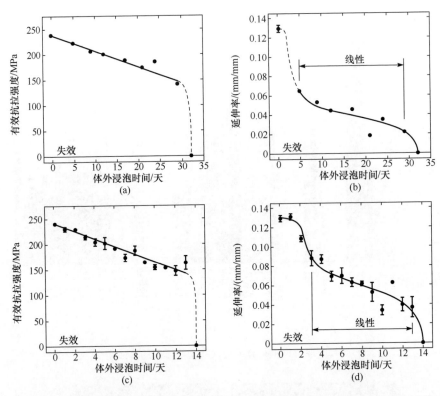

图 14.20　纯镁体内和体外降解不同时间后的力学性能(抗拉强度、延伸率)变化[39]

或更高),从而达到完全的均匀腐蚀并降低镁的降解速率;另一方面,通过特殊的凝固过程控制和加工变形工艺,获得超细晶(尺寸小于 1μm),进一步提高纯镁的力学性能,以满足在支架变形和承力部位使用中的强度和塑性需求。

致谢

感谢 973 课题(2012CB619101):金属植入材料功能化设计及生物适配基础科学问题研究项目的基金支持;感谢国家自然科学基金(No. 81401773,No. 31500777)的支持。

参 考 文 献

[1] ISO 8287. Magnesium and Magnesium Alloys-Unalloyed Magnesium-Chemical Composition. International Organization for Standardization:Geneva,2000

[2] ASTMB92/B92M-07. Standard Specification for Unalloyed Magnesium Ingot and Stick for Remelting. ASTM International:West Conshohocken,PA,2007

[3] Braunstein J,Mamantov G,Smith G P. Advances in Molten Salt Chemistry. New York: Springer,1987

[4] Habashi F. Handbook of Extractive Metallurgy. Heidelberg:Wiley-VCH,1997

[5] 李义榜,王德英,张伟,等. 高纯金属镁的提纯工艺方法:中国,98113973. 1998

[6] 张二林,于峰,李扬德,等. 一种高真空低温提纯高纯镁的方法及提纯装置:中国, 201210242147. 2012

[7] 蔡德深. 一种高纯镁的制备方法及装置:中国,200810305133. 2009

[8] Papirov I I,Pikalov A I,Sivtsov S V,et al. Biodegradable implantable medical devices formed from super-pure magnesium-based material:USA,PCT/EP2010/066431. 2011

[9] Löffler J,Uggowitzer P,Wegmann C,et al. Process and apparatus for vacuum distillation of highpurity magnesium:Switzerland,PCT/EP2013/000131. 2013

[10] 李义榜,王德英,张伟,等. 一种高纯金属镁蒸馏器:中国,98237570. 1998

[11] Avedesian M,Baker H. ASM Specialty Handbook Magnesium and Magnesium Alloys. Ohio:ASM International Materials Park,1999

[12] Lide D R. CRC Handbook of Chemistry and Physics. Boca Raton:CRC Press,1997:14-36

[13] 闫富华. 动态塑性变形对镁和 AZ31 镁合金力学性能的影响. 重庆:重庆大学硕士学位论文,2011

[14] Mostaed E,Vedani M,Hashempour M,et al. Influence of ECAP process on mechanicaland corrosion properties of pure Mg and ZK60 magnesium alloy for biodegradablestent applications. Biomatter,2014,4:1-10

[15] Reichek K N,Clark K J,Hillis J E. Controlling the Salt Water Corrosion Performance of Magnesium AZ91 Alloy. SAE Technical Paper:1985:doi:10. 4271/850417

[16] Froats A,Aune T K,Hawke D,et al. Corrosion of Magnesium and Magnesium Alloys,Corrosion. ASM Handbook. Materials Park,Ohio:ASM International,1987

[17] Lunder O,Aune T K,Nisancioglu K. Effect of Mn additions on the corrosion behavior of mould-cast magnesium ASTM AZ91. Corrosion,1987,43(5):291-295

[18] Hillis J E. The effects of heavy metal contamination on magnesium corrosion performance. SAE Technical Paper 1983:doi:10. 4271/830523

[19] Hillis J E,Shook S O. Composition and performance of an improved magnesium AS41 alloy. SAE Technical Paper,1989:doi:10. 4271/890205

[20] Song G L,Atrens A. Corrosion mechanisms of magnesium alloys. Advanced Engineering Materials,1999,1(1):11-33

[21] Song G,Atrens A. Understanding magnesium corrosion—A framework for improved alloy performance. Advanced Engineering Materials,2003,5(12):837-858

[22] Zhao M C,Liu M,Song G L,et al. Influence of pH and chloride ion concentration on the corrosion of Mg alloy ZE41. Corrosion Science,2008,50(11):3168-3178

[23] Song G,Atrens A,John D S,et al. The anodic dissolution of magnesium in chloride and sulphate solutions. Corrosion Science,1997,39(10/11):1981-2004

[24] Song G,Atrens A,Dargusch M. Influence of microstructure on the corrosion of diecast AZ91D. Corrosion Science,1998,41(2):249-273

[25] Song G. Control of biodegradation of biocompatable magnesium alloys. Corrosion Science, 2007,49(4):1696-1701

[26] Liu M,Uggowitzer P J,Nagasekhar A V,et al. Calculated phase diagrams and the corrosion of die-cast Mg-Al alloys. Corrosion Science,2009,51(3):602-619

[27] Qiao Z,Shi Z,Hort N,et al. Corrosion behaviour of a nominally high purity Mg ingot produced by permanent mould direct chill casting. Corrosion Science,2012,61(0):185-207

[28] Yang L,Zhou X,Liang S M,et al. Effect of traces of silicon on the formation of Fe-rich particles in pure magnesium and the corrosion susceptibility of magnesium. Journal of Alloys and Compounds,2015,619(0):396-400

[29] Makar G L,Kruger J. Corrosion of magnesium. International Materials Reviews,1993,38(3):138-153

[30] Hanawalt J D,Nelson C E,Peloubet J A. The effect of various alloying elements on the corrosion resistance of Mg. Transactions of AIME,1942,147:273-299

[31] 任伊宾,黄晶晶,张炳春,等. 纯镁的生物腐蚀研究. 金属学报,2005,41:1228-1232

[32] 王淑琴,殷淑娟,许建霞,等. 纯镁在不同腐蚀体系中的降解行为研究. 药物分析杂志,2013,33:701-705

[33] Xin Y,Hu T,Chu P K. Degradation behaviour of pure magnesium in simulated body fluids with different concentrations of HCO_3^-. Corrosion Science,2011,53(4):1522-1528

[34] 李世普. 生物医用材料导论. 武汉:武汉工业大学出版社,2000

[35] 刘振东,范清宇. 应力遮挡效应——寻找丢失的钥匙. 中华创伤骨科杂志,2002,4(1):62-64

[36] 高家诚,李龙川,王勇. 纯镁的细胞毒性和溶血率试验研究. 第五届中国功能材料及其应用学术会议论文集 II C,2004:2265-2267

[37] Huang J,Ren Y,Jiang Y,et al. In vivo study of degradable magnesium and magnesium alloy as bone implant. Frontiers of Materials Science in China,2007,1(4):405-409

[38] Zainal Abidin N I,Rolfe B,Owen H,et al. The in vivo and in vitro corrosion of high-purity magnesium and magnesium alloys WZ21 and AZ91. Corrosion Science,2013,75(0):354-366

[39] Bowen P K,Drelich J,Goldman J. A new in vitro—In vivo correlation for bioabsorbable magnesium stents from mechanical behavior. Materials Science and Engineering C,2013,33(8):5064-5070

第 15 章 镁钙合金体系

钙的密度与镁的密度接近,为 $1.55g/cm^3$。钙作为人体必需金属元素,在体内参与大量的生理生化反应,对维持人体正常新陈代谢和生理功能具有重要作用。在人体内,大部分的钙都储存于人骨中[1]。有文献报道,一个成年人钙的日摄取量约为 1000mg[2]。在骨科临床应用领域,有报道称钙离子能够加速骨组织的愈合[3,4]。就合金化而言,钙能够形成热稳定的金属间化合物,能够有效地细化镁合金晶粒,能够提高合金在高温下的力学强度和蠕变性能[5]。在镁中加入低含量的钙不仅能够增强合金的力学性能,也能够提高合金的抗腐蚀能力[6]。随着生物医用材料领域的不断发展,作为一种体内可降解的材料,镁钙合金由于其与人骨接近的力学性能,良好的生物相容性逐渐引起人们的广泛关注。

15.1 组 织 调 控

1. 合金元素

1) Mg-Ca 二元合金

钙在镁中的固溶度较低,最大为 0.82%[7]。Mg-Ca 二元合金中主要包含 α-Mg 基体相和析出 Mg_2Ca 相。不同钙含量的铸态 Mg-Ca 二元合金金相显微组织如图 15.1 所示。

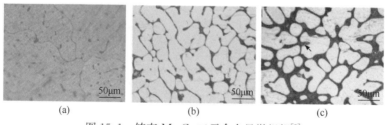

图 15.1 铸态 Mg-Ca 二元合金显微组织[8]

(a) Mg-1Ca;(b) Mg-2Ca;(c) Mg-3Ca

对于 Mg-Ca 二元合金,钙的加入能够起到明显细化晶粒的作用,而且细化作用随着 Ca 含量的增大而加强。合金中不同 Ca 含量对第二相的含量和分布有较大影响。不同 Ca 含量的 Mg-Ca 二元合金的 X 射线衍射(XRD)图谱如图 15.2 所示。由图可以看到,随着合金中 Ca 含量的增加,第二相的衍射峰强度明显增强。

当合金中 Ca 含量低于其在 Mg 中的固溶度时[如 0.4%(质量分数)],由于 Ca

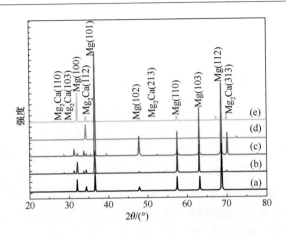

图 15.2　不同 Ca 含量 Mg-Ca 合金 XRD 图谱

(a) 铸态 Mg-1Ca 合金；(b) 铸态 Mg-2Ca 合金；(c) 铸态 Mg-3Ca 合金；

(d) 轧制态 Mg-1Ca 合金；(e) 挤压态 Mg-1Ca 合金

全部固溶到 Mg 基体中，Mg-Ca 合金中不会形成 Mg_2Ca 第二相[9]。随着合金中钙含量的增多，合金中的 Mg_2Ca 第二相析出也明显增多，且与 α-Mg 形成共晶相分布在晶界处。这些共晶相是由富含 Ca 的熔融液在凝固的过程中形成的[9]。当钙含量为 1%(质量分数)时，在晶粒内部也有颗粒状或者孤岛状的 Mg_2Ca 第二相分布，而且晶界处的第二相呈现不连续的分布。当 Ca 含量增加到 3%(质量分数)时，Mg_2Ca 相呈网状结构分布在晶界处[8]。随着晶界处第二相含量的增多，晶粒的生长受到有效的抑制，导致形成较小的晶粒尺寸。高分辨 SEM 图像显示，晶界处的 Mg_2Ca 析出相呈现片层结构[10]，如图 15.3 所示。

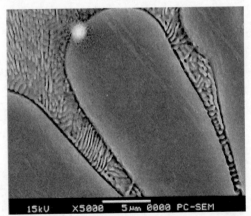

图 15.3　铸态 Mg-10Ca 合金第二相高倍电镜照片

根据 Rad 等[10]的报道，Mg-0.5Ca 合金主要包含等轴晶，在晶界和晶粒内部均有 Mg_2Ca 第二相分布。随着 Ca 含量增加到 5% 和 10%(质量分数)，合金中开始

出现 α-Mg 枝状晶和(α-Mg+Mg$_2$Ca)共晶相,而且 Ca 含量的升高能够降低枝状晶的大小。

　　2) Mg-Ca-Sr 合金

　　Mg-Ca-Sr 三元合金中主要存在有 α-Mg 以及 Mg$_2$Ca 和 Mg$_{17}$Sr$_2$ 两种第二相,这些第二相的组成和含量与合金中 Ca 和 Sr 的含量紧密相关。典型的 Mg-Ca-Sr 合金显微组织结构如图 15.4 所示[11]。Mg-Ca-Sr 合金主要包括大量不规则的 α-Mg 基体相,而第二相则主要分布在晶界处,在晶内只能看到很少的第二相析出。由于 Ca 和 Sr 均具有细化镁合金晶粒的作用,Ca 和 Sr 含量的增加能够显著降低 Mg-Ca-Sr 三元合金的晶粒尺寸,但是会导致析出的第二相含量增多。从图 15.4 可以看到,除了 Mg-0.5Ca-0.5Sr 合金,其他含有较高 Ca 和 Sr 含量的合金均在晶界周围有连续的沉积共晶相。Bornapour 等[12]研究了铸态 Mg-0.3Ca-0.3Sr 合金晶内中的颗粒状第二相。他们发现,这些第二相具有 hcp 晶体结构,尺寸只有 1.5～2μm。EDS 结果表明,这些第二相中 Ca、Sr 的原子比为 3/2。

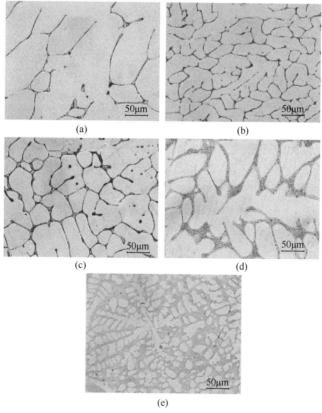

图 15.4　铸态 Mg-Ca-Sr 三元合金显微结构

(a) Mg-0.5Ca-0.5Sr;(b) Mg-1.0Ca-0.5Sr;(c) Mg-1.0Ca-1.0Sr;

(d) Mg-1.0Ca-2.0Sr;(e) Mg-7.0Ca-3.5Sr

3）Mg-Ca-Zr 合金

不同 Ca 和 Zr 含量的铸态 Mg-Ca-Zr 合金的显微结构如图 15.5 所示[13]。

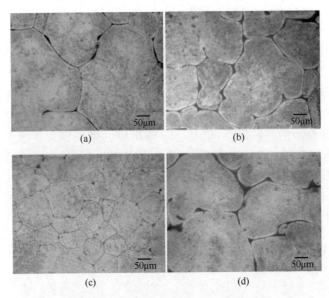

图 15.5　铸态 Mg-Ca-Zr 合金显微结构

(a) Mg-0.5Zr-1Ca；(b) Mg-0.5Zr-2Ca；(c) Mg-1Zr-1Ca；(d) Mg-1Zr-2Ca

从金相图中可以看到，铸态的 Mg-Ca-Zr 合金晶粒尺寸均较大。随着 Ca 和 Zr 含量的增加，晶粒尺寸逐渐减小，当 Ca 和 Zr 质量分数均为 1％时，晶粒尺寸最小，继续增加 Ca 含量到 2％（质量分数），晶粒又有粗化，晶界也变得粗大。结合 XRD 分析（图 15.6）结果可知，合金中主要是 α-Mg 基体和 Mg₂Ca 相。合金晶界处富含 Mg、O 和 Ca 三种元素，推测晶界处主要是 Mg₂Ca 第二相。XRD 结果中并未检测出含有 Zr 的第二相，这可能是合金中 Zr 含量较低的缘故。此外，由于 Zr 有着与镁相似的晶格参数和相对于钙较高的熔点，因此在 Mg-Zr 基合金固化过程中起到成核中心的作用，这也导致较低 Zr 含量的 Mg-Ca-Zr 三元合金中未能检测出含 Zr 的第二相[13]。由于 Zr 在 Mg 中的最大溶解度只有 0.6％，这也说明 Ca 的加入能够提高 Zr 在 Mg 中的固溶度[14]。当 Zr 的含量继续增加时，Zhang 等[15]报道，在 Mg-1Ca-5Zr 合金中，能检测出 Zr 第二相，但是并没有检测到含有 Ca 的第二相，这可能是因为 Ca 全部固溶到 Mg 基体中。经过热轧之后的 Mg-Ca-Zr 合金横切面显微组织结构如图 15.7 所示。

经过热轧之后，在轴向方向上，合金呈现细长的晶粒结构，而横切方向，合金呈现出等轴晶晶粒结构。Mg₂Ca 析出相分布在晶界处，形成较为粗大的晶界[16]。

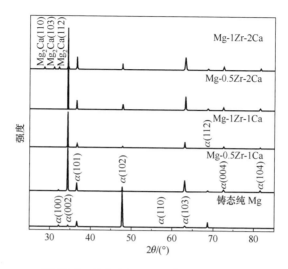

图 15.6　铸态 Mg-Ca-Zr 合金 XRD 图谱

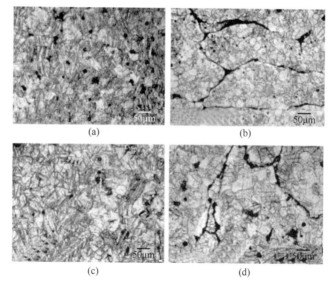

图 15.7　热轧态 Mg-Ca-Zr 合金横切面显微组织结构
(a) Mg-0.5Zr-1Ca；(b) Mg-0.5Zr-2Ca；(c) Mg-1Zr-1Ca；(d) Mg-1Zr-2Ca

4) Mg-Ca-Zn-Mn 合金

锰(Mn)作为一种镁的合金化元素,能够有效地降低合金的晶粒尺寸并且提高镁合金的力学性能。Mn 还能够通过与镁合金中的铁等杂质元素形成金属间化合物,减少镁合金中的杂质含量,从而提高镁合金的耐蚀性能[17]。不同 Ca 含量的铸态 Mg-Ca-Zn-Mn 四元合金的显微组织结构如图 15.8 所示[3]。第二相主要分布在

晶界处,且呈现条带状。随着 Ca 含量的增多,合金晶粒尺寸变小,同时晶内颗粒
状的第二相析出也增多。当 Ca 含量为 0.3%和 0.5%(质量分数)时,合金中主要
是 α-Mg 和 $Ca_2Mg_6Zn_3$ 的共晶相。随着 Ca 含量增加到 1%(质量分数),合金中开
始出现 Mg_2Ca 相。当 Mg-Ca-Zn-Mn 合金中的 Zn 含量不断增加时,四元合金中的
第二相成分也发生变化[18]。在 Mg-2Ca-0.5Mn-xZn 四元合金中,当 Zn 含量为
2%和 4%(质量分数)时,合金中主要是 α-Mg 基体、$Ca_2Mg_6Zn_3$ 以及 Mg_2Ca 相。
而当 Zn 的含量增加到 7%(质量分数)时,Mg_2Ca 相被 $Mg_{12}Zn_{13}$ 相取代。同时,分
布在晶界处的片层共晶相中还有少量的 Mn。

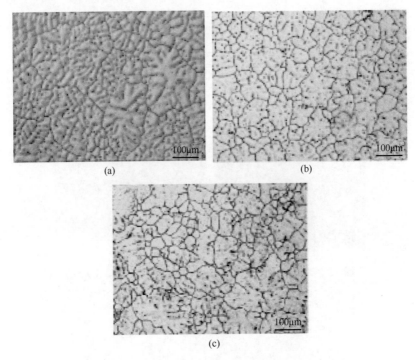

图 15.8　四元 Mg-Zn-Mn-Ca 合金显微组织结构
(a) Mg-2Zn-1Mn-0.3Ca;(b) Mg-2Zn-1Mn-0.5Ca;(c) Mg-2Zn-1Mn-1.0Ca

2. 冷热加工方式

晶界处析出的 Mg_2Ca 相使晶界脆化,导致合金沿晶脆断。随着钙含量的升
高,镁钙合金的力学性能逐渐下降,因而需要对镁钙合金进行加工处理来改善其力
学性能。

经过热轧和热挤压之后的 Mg-1Ca 二元合金金相显微组织结构如图 15.9
所示[8]。

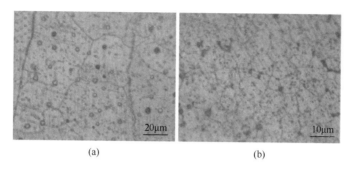

(a)　　　　　　　　　　　　　　(b)

图 15.9　热轧(a)和热挤压(b)之后 Mg-1Ca 合金的显微结构

对比于铸态 Mg-1Ca 合金,经过热轧和热挤压变形后,合金的晶粒尺寸进一步细化。在热轧和热挤压的过程中,剧烈变形的作用力使得原先分布在晶界处的第二相被破坏形成颗粒状,并分布在晶内。Jeong 等[9]研究了热挤压的 Mg-Ca 二元合金,其中 Mg-2Ca 合金具有最小的晶粒尺寸。经过热挤压之后,共晶相被挤碎,形成沿着挤压方向分布的共晶相颗粒束。随着 Ca 含量的升高,共晶相形成的颗粒束宽度和长度均有所增加。在挤压的过程中,颗粒状的 Mg_2Ca 相通过颗粒促进成核机制,促进了动态再结晶过程,使合金晶粒细化。但是,这并不意味着晶粒细化作用随着 Ca 含量的升高而加强。较高 Ca 含量的铸态合金中存在连续的较粗大共晶相,这在一定程度上会降低挤压过程中的细化作用。

Koleini 等[19]制备了在不同温度下不同压下率的 Mg-1Ca 合金。随着轧制道次的增加,合金中的晶粒由于轧制过程中持续的动态再结晶过程而得到细化。此外,在晶粒的内部还能看到孪晶的形成。这些孪晶界也在一定程度抑制了轧制过程中的位错移动。经过轧制后,铸态合金晶粒内部的 Mg_2Ca 第二相不断减少,继续增加压下率,这些第二相由于再结晶过程又重新分布到了晶界处。

Gu 等[20]采用单辊旋淬法制备了 Mg-3Ca 合金。其显微组织结构如图 15.10所示。从图中可以看到,相比于铸态的 Mg-3Ca 合金,单辊旋淬法制备的Mg-3Ca

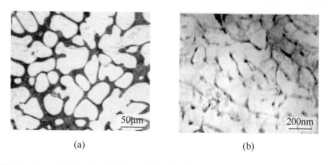

(a)　　　　　　　　　　　　　　(b)

图 15.10　铸态(a)和单辊旋淬法(b)制备的 Mg-3Ca 合金显微结构

合金的晶粒得到了极大的细化,晶粒尺寸为 $200\sim500\mathrm{nm}$,在晶界部位能看到纳米尺度的第二相沉积。与铸态二元 Mg-3Ca 合金不同,XRD 结果(图 15.11)显示,在单辊旋淬法法制备的 Mg-3Ca 合金中只检测到镁基体相,而在铸态合金中出现的 Mg_2Ca 相并未检出。

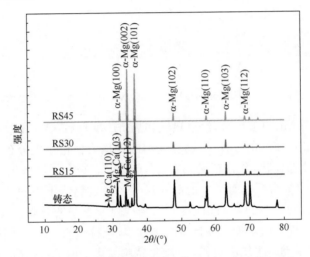

图 15.11　单辊旋淬法制备的 Mg-3Ca 合金 XRD 图谱

　　Seong 等[21]先制备了挤压态的 Mg-2Ca 和 Mg-3Ca 合金,随后采用高差速比辊轧技术(HRDSR)对挤压态合金进行了轧制,轧制后的合金显微结构如图 15.12 所示。

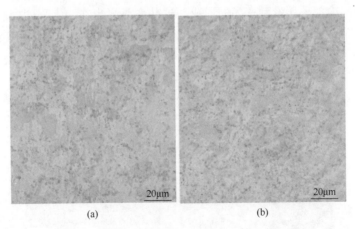

图 15.12　HRDSR 处理之后的沿轧制方向的 Mg-Ca 合金显微组织结构
(a) Mg-2Ca；(b) Mg-3Ca

挤压态合金中经过轧制后,沿挤压方向分布的第二相颗粒束都已经消失。

在轧制的过程中,粗大的 Mg_2Ca 颗粒被细化,并均匀分布在 Mg 基体中。对轧制的合金在 350℃ 条件下退火 1.5h 后,合金的显微组织结构如图 15.13 所示。

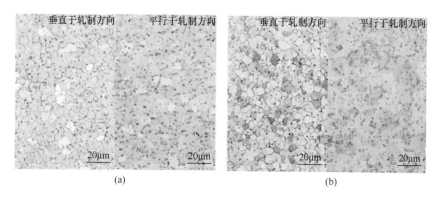

图 15.13　经过 HRDSR 处理之后在 350℃ 下退火 1.5h 的 Mg-Ca 合金显微组织结构
(a) Mg-2Ca;(b) Mg-3Ca

经过退火处理后,两种 Ca 含量的合金都表现出比较均一的显微结构。大部分被破坏细化的 Mg_2Ca 相分布在晶界处,抑制了在退火过程中的晶粒生长。这也导致 Mg-3Ca 合金中虽然具有较多的 Mg_2Ca 第二相,却仍然具有较小的晶粒尺寸。

Harandi 等[4]制备了锻造 Mg-1Ca 合金。其显微组织结构如图 15.14 所示。

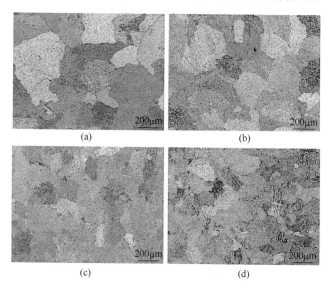

图 15.14　锻造 Mg-1Ca 合金显微结构

在锻造的过程中，由于再结晶作用，锻造合金出现等轴晶，而且随着锻造温度的升高，合金的晶粒得到进一步细化，这也证明较高的锻造温度能够提供更多的再结晶驱动力。同时，合金中的孪晶面也会随着锻造温度的升高而增多。在镁基体中，也有 Mg_2Ca 相的颗粒沉积。合金晶界处 Mg_2Ca 相的析出量也随着锻造温度的升高而增加。但是 XRD 结果显示，随着锻造温度的升高，部分 Mg_2Ca 第二相重新溶解到 Mg 基体中，导致整个合金中的 Mg_2Ca 第二相含量减少。

15.2　力　学　性　能

15.2.1　Mg-Ca 二元合金

相比于纯镁，Ca 的加入能够改善合金的力学性能。Li 等[8] 报道，铸态 Mg-(1,2,3)Ca合金整体的力学性能均较差，其屈服强度、抗拉强度和断裂伸长率都随着 Ca 含量升高而降低，不同 Mg-Ca 合金力学性能如图 15.15 所示。铸态 Mg-1Ca 合金抗拉强度约为 75MPa，断裂伸长率也不到 2％，完全不能满足骨科临床应用场合。对铸态合金进行冷热加工处理能大幅度改善合金的力学性能。Mg-1Ca 合金经过热轧和热挤压之后，合金的力学性能得到较大的改善。轧态的 Mg-1Ca 合金的抗拉强度能够达到约 166.7MPa，其断裂伸长率也能达到 3.13％。挤压态的 Mg-1Ca 合金屈服强度略低于 150MPa，但是其抗拉强度能够达到 239.63MPa，其断裂伸长率也能达到 10.63％。对比于热轧，热挤压能够更显著提高 Mg-1Ca 合金的力学性能。然而根据 Jeong 等[9] 的报道，当 Mg-Ca 二元合金中 Ca 含量从 0.4％增加到 3％（质量分数）时，合金的屈服强度和抗拉强度均随着 Ca 含量的增多而不断增大。铸态的 Mg-2Ca 和 Mg-3Ca 合金由于在晶界处具有连续的共晶相，导致其脆性断裂。经过热挤压之后，合金的力学性能得到较大改善。其中挤压态的 Mg-3Ca 合金的屈服强度能够达到 248.9MPa，甚至还要高于商用的 AZ31 镁合金。在提高屈服强度和抗拉强度的同时，挤压态合金的断裂伸长率较铸态合金也具有较大的改善。Mg-2Ca 和 Mg-3Ca 合金的断裂伸长率分别能达到 14.6％和7.3％。Jeong 等认为，挤压过程中形成的不连续的第二相颗粒抑制了拉伸过程中裂纹的扩展。再对挤压态的 Mg-2Ca 和 Mg-3Ca 合金利用高差速比辊轧技术轧制之后发现，合金完全丧失塑性变形能力，两种合金在屈服之前就已经脆性断裂。对轧制的合金退火处理之后，其屈服强度、抗拉强度以及断裂伸长率均要低于挤压态合金，但是要高于纯镁[21]。

Li 等[22] 研究了 Mg-(0.5～20)Ca 七种二元合金室温条件下的压缩性能和硬度。合金的屈服强度和抗压强度均随着 Ca 含量的升高而升高。但是其压缩率随着 Ca 含量的升高反而降低，这说明在 Mg-Ca 二元合金中，Ca 含量的增加会增加材料的脆性，这也与拉伸实验结果一致。铸态的 Mg-1Ca 合金其屈服强度为

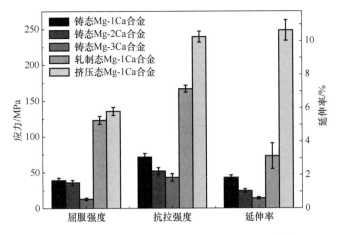

图 15.15　不同 Mg-Ca 合金室温下拉伸性能[8]

72.0MPa,抗压强度为 179.5MPa,其压缩率也能达到 11.5%。

Wan 等[23]评价了 Mg-(0.6~2.0)Ca 四种合金的弯曲性能和压缩性能。Ca 的添加显著提高了合金的弯曲强度和弹性模量。其中 Mg-0.6Ca 合金具有最高的弯曲强度和断裂挠度,且其力学性能与人皮质骨相近。四种合金的弯曲模量和压缩模量均随着 Ca 含量的升高而升高,但是弯曲强度、断裂挠度以及压缩屈服强度均呈现相反的趋势。而这可能与合金中 Mg$_2$Ca 第二相沉积量有关。不同 Mg-Ca 二元合金的力学性能总结如表 15.1 所示。

表 15.1　不同 Mg-Ca 二元合金力学性能总结

合金成分	合金状态	力学性能					晶粒尺寸	参考文献
		弹性模量/GPa	屈服强度/MPa	抗拉强度/MPa	延伸率/%	维氏硬度/HV		
Mg-0.5Ca	铸态	15	70.1*	166.2	14.5	51.7	—	[22]
Mg-1Ca	铸态	16.2	72*	179.5	11.5	51.5	—	[22]
Mg-2Ca	铸态	16.7	77.2*	184.6	11.2	52	—	[22]
Mg-5Ca	铸态	18	94.1	188.4	9.4	66	—	[22]
Mg-10Ca	铸态	21.7	109.4	190	9.2	71.9	—	[22]
Mg-15Ca	铸态	26.8	172.3	208.1	3.2	87.3	—	[22]
Mg-20Ca	铸态	34.8	234.9	291.3	1.7	108.4	—	[22]
Mg-0.7Ca	铸态	—	—	—	—	~34	0.51mm	[24]
Mg-1Ca	铸态	—	—	—	—	~39	0.44mm	[24]
Mg-2Ca	铸态	—	—	—	—	~42	0.31mm	[24]

续表

合金成分	合金状态	力学性能					晶粒尺寸	参考文献
		弹性模量/GPa	屈服强度/MPa	抗拉强度/MPa	延伸率/%	维氏硬度/HV		
Mg-3Ca	铸态	—	—	—		~46	0.17mm	[24]
Mg-4Ca	铸态	—	—	—		~48	0.12mm	[24]
Mg-3Ca	铸态	—	110±5	118±5	0.26±0.04	—	—	[25]
Mg-2Ca	铸态		47.3	115.2	3.05	43.2	139μm	[18]
Mg-4Ca	铸态		34.5	77.4	2.1	53.3	92μm	[18]
Mg-1Ca	铸态	45.5	39	105±4	4.1±0.5	—	—	[26]
Mg-0.6Ca	铸态	46.5±0.5	114.4±0.8*	273.2±6.1*		—	—	[23]
Mg-1.2Ca	铸态	49.6±0.9	96.5±6.6*	254.1±7.9*		—	—	[23]
Mg-1.6Ca	铸态	54.7±2.4	93.7±7.8*	252.5±3.3*		—	—	[23]
Mg-2Ca	铸态	58.8±1.2	73.1±3.4*	232.9±3.7*		—	—	[23]
Mg-1Ca	铸态	—	—	71.38	1.87	—	—	[8]
Mg-1Ca	挤压态	—	—	239.63	10.63	—	—	[8]
Mg-1Ca	轧态	—	—	166.7	3	—	—	[8]

*代表压缩性能。

15.2.2 Mg-Ca 三元合金

1. Mg-Ca-Sr 合金

合金元素的含量能影响合金中第二相的组成、含量及分布,对合金的力学性能具有较大的影响。与二元的 Mg-Ca 和 Mg-Sr 合金相比,同时添加 Ca 和 Sr 能够进一步提高合金的强度和韧性。铸态的 Mg-0.3Sr-0.3Ca 合金屈服强度和抗拉强度分别为 52MPa 和 107MPa,其延伸率也能达到 8.8%。从拉伸断口形貌来看,断口并没有出现解理面,并且出现了不规则的裂纹和第二相颗粒。此外,Ca 和 Sr 的加入也能够提高镁合金的弯曲强度[27]。Berglund 等[11] 报道,在他们制备的铸态 Mg-Ca-Sr 三元合金中,Mg-0.5Ca-0.5Sr 及 Mg-1Ca-0.5Sr 合金抗压强度相当,约为 274MPa,但随着 Sr 含量增加到 1%,Mg-1Ca-1Sr 合金的抗压强度降低到 214.5MPa。这是因为随着 Sr 含量的升高,在晶界处聚集有大量 $Mg_{17}Sr_2$ 相,而据文献报道,$Mg_{17}Sr_2$ 相韧性较差,因而大量 $Mg_{17}Sr_2$ 相的聚集会增加合金材料的脆性,导致其抗压强度下降[11]。

2. Mg-Ca-Zr 合金

铸态的 Mg-Ca-Zr 合金由于晶粒尺寸较大,其强度和延伸率均较差。合金的抗拉强度和延伸率随着 Zr 含量的增加而有所升高,但是 Ca 含量的增加会降低合金的抗拉强度和延伸率。其中 Mg-1Ca-1Zr 合金具有最大的屈服强度、抗拉强度以及断裂伸长率[13]。

　　Zhou 等[14]研究了铸态和热轧态 Mg-Ca-Zr 合金在室温条件下的压缩性能。由于固溶强化作用,对比于纯镁,Ca 和 Zr 的加入能够显著提高铸态合金的压缩屈服强度。四种合金的压缩模量均相近,这也说明其压缩模量对 Ca 和 Zr 的含量并不敏感。铸态 Mg-Ca-Zr 合金的压缩强度和人骨相近。经过热轧处理之后,合金的力学性能有了较大程度的提高,明显高于人骨的强度,其中 Mg-1Ca-1Zr 合金具有最大的压缩强度。不同 Mg-Ca-X 三元合金的力学性能总结如表 15.2 所示。

表 15.2　不同 Mg-Ca-X 三元合金的力学性能总结

| 样品名称 | 样品状态 | 力学性能 | | | | 晶粒尺寸 /μm | 参考文献 |
		弹性模量 /GPa	屈服强度 /MPa	抗拉强度 /MPa	延伸率 /%		
Mg-1Ca-5Zn	铸态	—	∼65	∼86	—	—	[1]
Mg-2Ca-5Zn	铸态	—	∼71	∼94	—	—	[1]
Mg-3Ca-5Zn	铸态	—	∼75	∼84	—	—	[1]
Mg-3Ca-2Zn	铸态	—	117±5	145±5	0.57±0.04	—	[25]
Mg-1Ca-1Zn	铸态	43.9	45	125±5	5.7±1.0	—	[26]
Mg-1Ca-2Zn	铸态	44.7	52	143±5	7.3±1.5	—	[26]
Mg-1Ca-3Zn	铸态	45.3	57	160±10	8.3±1.0	—	[26]
Mg-1Ca-4Zn	铸态	45.9	63	182±5	9.1±2.5	—	[26]
Mg-1Ca-5Zn	铸态	45	65	173±5	8.2±0.5	—	[26]
Mg-1Ca-6Zn	铸态	45.3	67	145±5	4.5±0.5	—	[26]
Mg-(1,2)Ca-(0.5,1)Zr	铸态	—	140∼170*	180∼275*	5∼7*	—	[16]
Mg-(1,2)Ca-(0.5,1)Zr	热轧态	—	250∼300*	300∼330*	7∼8.2*	—	[16]
Mg-4Zn-0.2Ca	铸态	—	60	185	12.5	100∼130	[28]
Mg-4Zn-0.2Ca	挤压态	—	240	297	21.3	3∼7	[28]
Mg-0.5Ca-0.5Sr	铸态	—	274.3±7.2	—	—	—	[11]
Mg-1Ca-0.5Sr	铸态	—	274.2±4.0	—	—	—	[11]
Mg-1Ca-1Sr	铸态	—	214.5±3.5	—	—	—	[11]
Mg-9.29Li-0.88Ca	铸态	—	74	98	4.7	279	[29]
Mg-9.29Li-0.88Ca	挤压态	—	111	118	53	59	[29]

续表

| 样品名称 | 样品状态 | 力学性能 | | | | 晶粒尺寸 /μm | 参考文献 |
		弹性模量 /GPa	屈服强度 /MPa	抗拉强度 /MPa	延伸率 /%		
Mg-1Ca-3Sn	铸态	—	—	—	—	520	[30]
Mg-1Ca-3Sn	挤压态	—	—	—	—	34	[30]
Mg-2Ca-3Sn	铸态	—	—	—	—	455	[30]
Mg-2Ca-3Sn	挤压态	—	—	—	—	18	[30]
Mg-0.2Ca-0.6Si	铸态	—	50.05±1.12	154.4±5.3	6.62±0.59	—	[31]
Mg-0.4Ca-0.6Si	铸态	—	56.85±0.99	156.8±4.8	6.22±0.23	—	[31]
Mg-1Ca-5Bi	铸态	—	205	240	40	—	[32]

＊代表压缩性能。

15.2.3　冷热加工处理之后的 Mg-Ca 合金

合金的冷热处理也能够改善合金的显微组织结构以及第二相的含量和分布，对合金的力学性能有较大的影响。

相对于 α-Mg 基体，Mg_2Ca 具有更高的硬度。随着 Ca 含量的增加，Mg_2Ca 相含量也不断升高，这使得 Mg-Ca 二元合金的硬度随着 Ca 含量的增加而不断升高。此外，相对于纯镁，固溶作用也能够显著提高 Mg-Ca 二元合金的硬度[24]。不同 Mg-Ca 合金的硬度如图 15.16 所示[9]。Ortega 等[33]先将 Mg-1Ca 合金在 510℃ 条件下固溶处理 24h，随后在 200℃ 条件下时效处理 8h。经过时效处理之后，合金的硬度从（450±20）MPa 提高到了（580±20）MPa。经过热挤压处理之后，铸态合金的晶粒得到细化，合金的硬度也有相应升高。

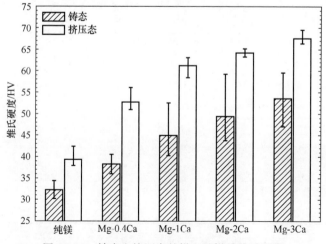

图 15.16　铸态和挤压态的镁和纯镁的维氏硬度

经过高差速比辊轧技术轧制之后的挤压态 Mg-2Ca、Mg-3Ca 合金中由于位错密度增加以及颗粒增强效应的共同作用,使其硬度相比于挤压态合金进一步增高。然而轧制后的合金经过退火处理后,在静态再结晶过程中位错密度大幅下降,使其硬度有一定程度的降低[21]。

Harandi 等[4]报道锻造温度和锻造速度对 Mg-Ca 二元合金硬度的影响具有相同的趋势。经过锻造处理后,Mg-1Ca 合金的硬度也有了一定的增加。在锻造过程中,由于动态再结晶导致的晶粒细化,合金的硬度随着锻造温度的增加有小幅度的升高,当锻造温度为 350℃ 时合金的硬度达到最大值。随着锻造温度继续升高到 450℃,合金的硬度反而有一定的降低。这是因为较高的温度会导致合金中部分 Mg₂Ca 相溶解到 α-Mg 基体材料中。较高的锻造速率会产生较大的机械变形,因而也能够提高合金的硬度。

15.3　降解行为

众所周知,不同的合金元素、合金元素的含量以及合金不同的冷热加工方式都对合金的腐蚀降解性能产生较大的影响。Mg-Ca 二元合金中,由于 Ca 含量的不同,合金中第二相的含量、分布也有所不同,因而也会在体内和体外表现出不同的腐蚀降解性能。

15.3.1　Mg-Ca 合金的降解

铸态 Mg-(1,2,3)Ca 合金在 SBF 溶液中浸泡 5h 后的表面形貌如图 15.17 所示[8]。

经过短时间(5h)浸泡后,铸态 Mg-1Ca 合金表面覆盖有一层完整的腐蚀产物。在 Mg-2Ca 合金表面出现了腐蚀产生的裂纹,部分区域还有腐蚀产物层的脱落,高倍 SEM 照片显示腐蚀表面还有一些微孔。Mg-3Ca 合金腐蚀最为严重,局部腐蚀较深而且可以看见较深的腐蚀坑。对 Mg-2Ca 合金表面的腐蚀产物进行 EDS 分析发现,腐蚀产物主要含有碳、氧、镁、磷和氯。而腐蚀产物脱落后露出的基体中氯元素含量较低。其具体元素含量如图 15.17(d)、(e)所示。

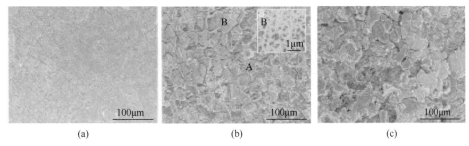

(a)　　　　　　　　　　　(b)　　　　　　　　　　　(c)

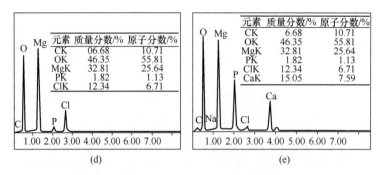

元素	质量分数/%	原子分数/%
CK	06.68	10.71
OK	46.35	55.81
MgK	32.81	25.64
PK	1.82	1.13
ClK	12.34	6.71

(d)

元素	质量分数/%	原子分数/%
CK	6.68	10.71
OK	46.35	55.81
MgK	32.81	25.64
PK	1.82	1.13
ClK	12.34	6.71
CaK	15.05	7.59

(e)

图 15.17　不同 Mg-Ca 合金浸泡 5h 后表面形貌[8]

(a) 铸态 Mg-1Ca 合金；(b) 铸态 Mg-2Ca 合金；(c) 铸态 Mg-3Ca 合金；
(d) 图(b)中 A 区域的 EDS 图谱；(e) 图(b)中 B 区域的 EDS 图谱

　　随着浸泡时间的延长,铸态 Mg-3Ca 合金在第 24h 就已经被腐蚀成碎片。当浸泡到 250h 时,铸态的 Mg-1Ca 和 Mg-2Ca 合金表面覆盖了一层肉眼能辨别的白色腐蚀产物,材料完整性遭到破坏,不再是浸泡之前的形状。其电镜下腐蚀形貌和腐蚀产物成分如图 15.18 所示。从高倍 SEM 照片可以看到,铸态 Mg-1Ca 合金表面覆盖有一层致密的腐蚀产物,而铸态的 Mg-2Ca 合金表面却能看到一些形状规则的微孔。而对 15.18(a)、(b)区域元素进行分析表明,腐蚀产物成主要有 C、O、Mg、P 和 Ca 等元素[15.18(e)]。

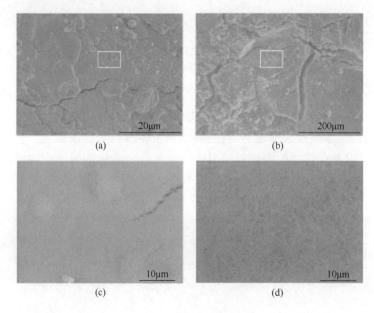

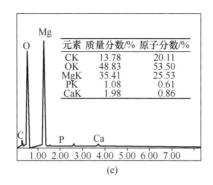

(e)

图 15.18　Mg-Ca 合金浸泡 250h 后表面形貌和腐蚀产物元素组成[8]

对两种合金表面的腐蚀产物进行 XRD 分析,结果如图 15.19 所示。

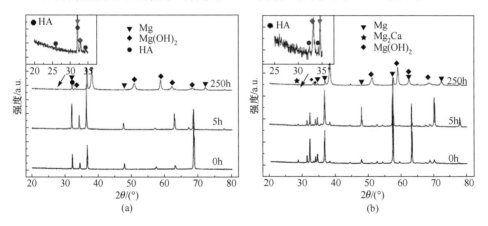

图 15.19　铸态 Mg-Ca 合金在 SBF 中浸泡后表面腐蚀产物 XRD 图谱[8]

(a) Mg-1Ca;(b) Mg-2Ca

可以看到,在浸泡之后,覆盖在材料表面的腐蚀产物层主要由 Mg(OH)$_2$ 构成,而且 Mg(OH)$_2$ 的衍射峰强度随着浸泡时间的延长而变大,表明腐蚀产物在材料表面的沉积逐渐增多。此外,在铸态 Mg-2Ca 合金表面还检测出有 HA 的生成[15.19(a)]。

不同合金在 SBF 溶液中浸泡不同时间后溶液 pH 变化如图 15.20 所示。

对于铸态 Mg-1Ca 和 Mg-2Ca 合金,浸泡之后溶液的 pH 先是在 24h 之内升高到 10.5,随后稳定在 9.8 左右。而铸态 Mg-3Ca 合金在浸泡 24h 之后,溶液的 pH 已经升高到 12.5 以上。经过热轧和热挤压之后的 Mg-1Ca 合金在浸泡过程中,溶液的 pH 要明显低于铸态合金,表明二者具有更好的抗腐蚀能力。

铸态以及挤压态 Mg-1Ca 合金在 SBF 中的析氢量如图 15.21 所示。

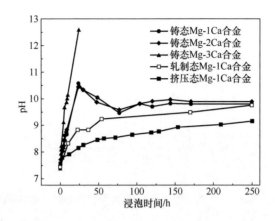

图 15.20　不同 Mg-Ca 合金在 SBF 中浸泡不同时间后溶液 pH 变化

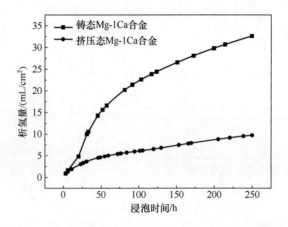

图 15.21　铸态和挤压态 Mg-1Ca 合金在 SBF 中的析氢曲线

与浸泡实验结果类似,挤压态的 Mg-1Ca 合金的析氢量要远小于铸态合金。经过计算,挤压态的 Mg-1Ca 合金析氢速率为 $0.040\text{mL}/(\text{cm}^2 \cdot \text{h})$,要远低于铸态 Mg-1Ca 合金的 $0.136\text{mL}/(\text{cm}^2 \cdot \text{h})$。

Mg-Ca 二元合金动态电化学极化曲线如图 15.22 所示。

阴极极化曲线中,Mg-3Ca 合金析氢反应的极化电流要高于 Mg-1Ca、Mg-2Ca 合金,表明 Mg-3Ca 合金具有较低的析氢电位。在阳极极化曲线中出现了极化电流平台区域,这表明 Mg-Ca 合金在腐蚀过程中会在表面形成保护膜层。其中 Mg-1Ca合金表面产生的保护膜层具有更好的抗腐蚀性能。值得指出的是,经过热挤压和热轧处理之后,挤压态和轧态的 Mg-1Ca 合金抗腐蚀性能比铸态 Mg-(1,2,3)Ca 合金都要强。这也表明,热轧和热挤压能够显著改善 Mg-Ca 合金的腐蚀降解行为。

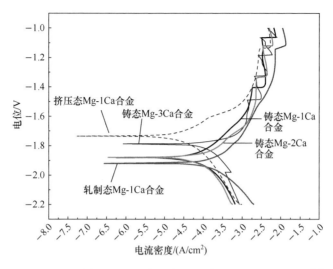

图 15.22　不同的 Mg-Ca 合金在 SBF 中的电化学极化曲线[8]

Harandi 等[24]研究了 Mg-(0.7～4)Ca 等合金在 SBF 中的浸泡腐蚀行为。在浸泡 72h 后,Mg-0.7Ca、Mg-1Ca、Mg-2Ca 表面并无大量的腐蚀产物沉积。EDS 分析表明,材料表面颗粒状的腐蚀产物主要是难溶的 $Mg_3(PO_4)_2$ 和 $Ca_{10}(PO_4)_6(OH)_2$ 等组成人骨的重要无机盐成分。有文献报道[34,35],这些沉积于 $Mg(OH)_2$ 表层的颗粒状腐蚀产物是由 Cl^- 局部点蚀形成的。随着合金中 Ca 含量的升高,Mg_2Ca 相含量增多,可以提供更多的 Ca^{2+} 和 Mg^{2+},因而颗粒状腐蚀产物随着合金中 Ca 含量的升高而不断变大。这些颗粒作为带负电的磷酸盐核,从溶液中不断吸附 Ca^{2+} 和 Mg^{2+},当 Ca 含量达到 3%、4%(质量分数)时,在样品表面就形成了类骨或者针状类骨的磷酸盐沉积,而且合金中 Ca 含量的升高能够加速这两种磷酸盐的沉积,并导致溶液 pH 的升高。对比于纯镁,添加 Ca 后,合金具有更高的腐蚀电位。但是随着合金中 Ca 含量的增加,大量的 Mg_2Ca 第二相会降低合金的腐蚀电位。当 Ca 含量不大于 1% 时,合金的腐蚀电流密度要明显小于纯镁,但是当 Ca 含量高于 1% 时,其腐蚀电流密度反而比纯镁高,这也表明当 Ca 含量较高时,反而会降低合金的抗腐蚀能力。Kim 等的实验结果也表明,铸态 Mg-5Ca 合金比 Mg-0.8Ca 合金具有更高的析氢速率和析氢量[36]。Harandi 等[4]研究了不同的锻造条件对 Mg-1Ca 合金抗腐蚀性能的影响。浸泡实验表明,当锻造速率为每分钟 65 次时,锻造温度为 250℃ 的合金失重最小,表明具有较好的抗腐蚀性能,而锻造温度 450℃ 的合金失重最大,这是因为其具有较小的晶粒尺寸,在 SBF 溶液中会提供更多的腐蚀位点,导致其降解较快。不同锻造温度和锻造速率合金的腐蚀电位和腐蚀电流密度区别不大,但是锻造之后 Mg-1Ca 合金腐蚀电流密度比铸态Mg-1Ca合金要大。热挤压条件对 Mg-Ca 合金的腐蚀性能也有较大影响。Koleini 等[19]研究了不同温度条件下不同压下率对 Mg-1Ca 合金腐蚀性能的影响。Mg-1Ca 合金在 SBF 中浸泡 96h 后失重量如图 15.23 所示。

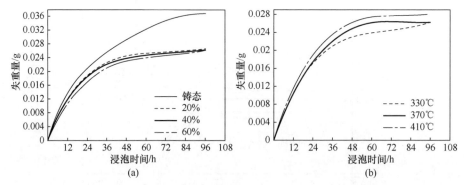

图 15.23　压下率和轧制温度对 Mg-1Ca 合金失重量的影响
(a) 轧制温度 370℃；(b) 60%压下率

从图 15.23 可以看到，随着压下率的增加，在相同的轧制温度下，压下率越大，合金的失重量越小[图 15.23(a)]。而压下率相同时，轧制的温度越高，合金的失重量也越大[图 15.23(b)]。XRD 衍射图谱表明，合金表面的腐蚀产物主要是 $Mg(OH)_2$ 以及 HA。压下率的增加会细化合金的晶粒，而轧制温度的升高导致合金中 Mg_2Ca 第二相位点增多，容易与 Mg 基体形成更多的电偶腐蚀位点，导致其降解速率增大。不同热轧条件下合金的动态电化学极化曲线和腐蚀速率如图 15.24 所示。

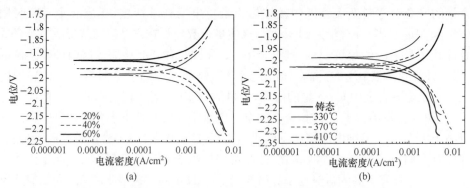

图 15.24　不同热轧条件下 Mg-1Ca 合金在 SBF 中的 Tafel 曲线
(a) 轧制温度为 330℃；(b) 铸态合金和不同热轧温度的 Mg-1Ca 合金

从图 15.25 可以看到，较低的热轧温度、较高的道次压下率能够显著降低 Mg-1Ca 合金的腐蚀速率。而当热轧温度为 410℃时，不同的压下率合金之间的腐蚀速率区别并不大，这可能是因为热轧温度比道次压下率具有更显著的调节合金腐蚀速率的作用。

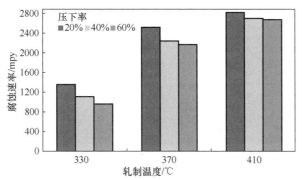

图 15.25　不同热轧条件的 Mg-1Ca 合金在 SBF 中的腐蚀速率

1mpy＝0.0254mm/a

Liu 等[37]研究了挤压态 Mg-1.5Ca 合金在不同的腐蚀介质中的腐蚀降解行为。电化学测试表明,Mg-1.5Ca 合金在含有 10g/L 胎牛血清蛋白的 0.9％NaCl(质量分数)溶液中具有最高的开路电位。在含有 1g/L 胎牛血清蛋白的 0.9％NaCl(质量分数)溶液中的开路电位与在 0.9％NaCl(质量分数)溶液中开路电位差别不大,可能是因为较低浓度的血清蛋白对提高 Mg-Ca 合金的抗蚀性作用有限。在 0.9％NaCl 溶液中添加了 10g/L 血清蛋白之后,合金的腐蚀电流降低了两个数量级,然而添加 1g/L 血清蛋白对析氢反应并无太大影响。对比于 0.9％NaCl 溶液,在去离子水中添加 10g/L 血清蛋白也能够降低合金的腐蚀电流密度。原位析氢实验表明,在去离子水中添加 10g/L 的血清蛋白会提高合金的腐蚀速率。而在 0.9％NaCl 溶液中加入 10g/L 浓度的血清蛋白之后能够通过蛋白的吸附作用降低合金的腐蚀速率,而且整个材料表面析氢更均一。

15.3.2　Mg-Ca 合金体外的降解机制

Mg 在体液环境中会发生腐蚀降解反应,在其降解过程中主要发生以下反应:

$$Mg(s) \Longrightarrow Mg^{2+} + 2e(阳极反应) \tag{15-1}$$

$$2H_2O + 2e \Longrightarrow H_2 + 2OH^- (阴极反应) \tag{15-2}$$

$$Mg^{2+} + 2OH^- \Longrightarrow Mg(OH)_2 \downarrow (腐蚀产物生成) \tag{15-3}$$

由于 Mg_2Ca 第二相的电极电势要高于 Mg,因此在 Mg-Ca 系合金中,分散于整个基体中的 Mg_2Ca 第二相会作为阴极参与腐蚀降解反应,阳极发生式(15-1)中的反应,导致 Mg 基体溶解。Mg 基体溶解产生的 Mg^{2+} 随后与溶液中的 OH^- 形成 $Mg(OH)_2$ 沉淀,沉积在 Mg-Ca 合金表面。当合金中 Ca 含量升高时,Mg_2Ca 第二相的含量也相应增加,这就导致阴极/阳极的面积比例升高,在一定程度上会加快合金的腐蚀。随着合金表面 $Mg(OH)_2$ 沉积物增多,它们会在合金的表面形成一层具有多孔结构的膜层[图 15.26(b)]。腐蚀介质仍然能通过这层多孔结构的膜层与新鲜的合金基体反应,新生成的 Mg^{2+} 透过膜层的孔在外表面继续形成 $Mg(OH)_2$ 的沉积。随着腐蚀降解的继续,溶液中的 $Mg(OH)_2$ 处于动态的溶解和沉积平衡状态。然而溶液中的 Cl^- 能够将不溶的 $Mg(OH)_2$ 转化为可溶的 $MgCl_2$ [图 15.26(c)],于是先前形成的 $Mg(OH)_2$ 膜层部分被溶解掉,进而又露出新的合金基体。形成基体溶解,生成 $Mg(OH)_2$ 膜层,Cl^- 使部分膜层溶解,露出新的合金基体这样的循环腐蚀降解过程。随着降解过程的继续进行,合金表面未被溶解的 $Mg(OH)_2$ 沉积物能为 HA 提供较好的成核位点。随着降解的进行,溶液 pH 升高,加速了 HA 的成核过程。这导致在合金表面形成大量的 HA 核并大量消耗溶液中钙和磷酸根离子,并在表面自发形成 HA 的沉积[图 15.26(d)]。随着腐蚀的加深,合金的完整性遭到破坏,一些不规则形状的合金颗粒从基体脱落并释放到腐蚀介质中[图 15.26(e)]。这些脱落的颗粒既可以继续发生腐蚀降解反应,也会被巨噬细胞通过胞吞作用摄入,并且在细胞内的微环境中继续腐蚀。

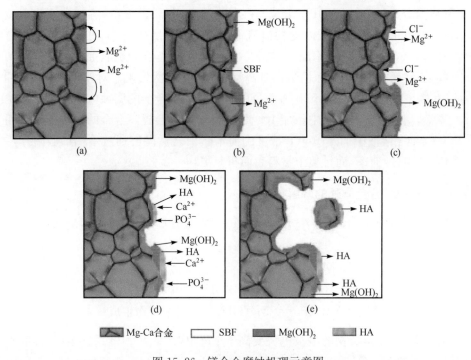

图 15.26　镁合金腐蚀机理示意图

(a) Mg 基体与 Mg_2Ca 之间的电偶腐蚀;(b) 部分腐蚀产物覆盖在材料表面;
(c) Cl^- 使 $Mg(OH)_2$ 转化成可溶的 $MgCl_2$;(d) Ca^{2+} 和 PO_4^{3-} 在表面形成 HA;
(e) 腐蚀产生的颗粒物从基体材料分离

15.4 细胞毒性与血液相容性

由于 Mg-1Ca 合金具有人骨可比拟的力学性能和较好的抗蚀性能,Li 等[8] 体外评价了其不同浓度的浸提液对 L929 细胞的细胞毒性,如图 15.27 所示。

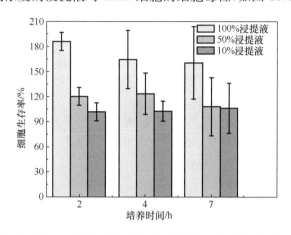

图 15.27 L929 细胞在不同浓度的 Mg-1Ca 浸提液中培养不同时间后的生存率

由图可以看到,L929 细胞在 Mg-1Ca 浸提液中具有较高的细胞活性。随着培养时间的延长,细胞活性有所降低,但是仍能高于对照组。所有的细胞也呈现正常的细胞形貌。值得指出的是,随着浸提液浓度的降低,细胞的活性随之下降。有文献报道,Mg^{2+} 能够通过加强整合素与其同源配体的相互作用来刺激整合素介导的成骨细胞反应,因而提高细胞活性。这也表明 Mg-1Ca 合金在降解过程中产生的 Mg^{2+} 能够增强成骨细胞的早期黏附和增殖。同时根据文献报道[38,39],合金降解产生的 Ca^{2+} 也能够提高细胞的活性。体外细胞实验结果表明,Mg-1Ca 合金在体外具有非常好的生物相容性,不会造成细胞的凋亡。除了 L929 细胞系,Li 等[22] 采用 MTS 方法评价了 Mg-Ca 二元合金对 SaOS2 成骨细胞的毒性。当 Ca 含量低于 1‰时,Mg-0.5Ca 和 Mg-1Ca 合金细胞存活率差别不大,略小于对照组,而当 Ca 含量高于 2‰时,细胞活性显著下降,这可能是因为 Mg-2Ca 合金在 MMEM 中降解速率过高,过多的 Mg^{2+} 和 Ca^{2+} 对细胞的活性产生影响。

Harrison 等[40] 采用直接培养的方法评价了 hMSC 细胞在 Mg-1Ca 合金表面的黏附和生长状况。与纯镁相比,Mg-1Ca 合金能够使 hMSC 细胞在材料表面形成的腐蚀产物和周围的培养基中黏附。但是黏附的细胞量比较少,而且 hMSC 细胞也没有发生分化。他们认为 Mg-1Ca 合金与 hMSC 细胞共培养虽然不会产生急性细胞毒性,但是其过高的降解速率仍然会影响 hMSC 细胞的正常生长。

Feser 等[41] 采用间接接触法评估了五种 Mg-Ca 二元合金对人骨髓起源的树

突细胞(DC)的细胞毒性。对于 Mg-Ca 二元合金,细胞凋亡率随着合金中 Ca 含量的增加而有小幅度的升高。Mg-Ca 合金的浸提液也没有显著增强 TNFα 因子的分泌。DC 细胞与合金浸提液培养五天后,也没有导致同种异体 T-细胞的激活。Mg-Ca 合金随着 Ca 含量的增加还会促进 DC 细胞的迁移。作者认为,与 MgCl$_2$ 和 CaCl$_2$ 无机盐相比,Mg-Ca 合金在体内降解产生的 Mg^{2+}、Ca^{2+} 不会在体外对 DC 细胞的功能产生不良的影响,Mg-Ca 合金是一种比较有前景的可降解金属植入材料。

　　Gu 等[20] 采用间接法和间接法评价了单辊旋淬法制备的 Mg-3Ca 合金对 L-929细胞的细胞毒性。铸态的 Mg-3Ca 合金较快的降解速率,导致浸提液 pH 较高,使得其细胞活性只有对照组的 60% 左右。对于在不同回转速度下制备的 Mg-3Ca 合金,其细胞活性随着回转速度的增大而升高,并且与对照组细胞活性差异不大,表明单辊旋淬法制备的 Mg-3Ca 合金对 L929 细胞并无细胞毒性。图 15.28 为直接接触法细胞在材料表面生长的形貌。

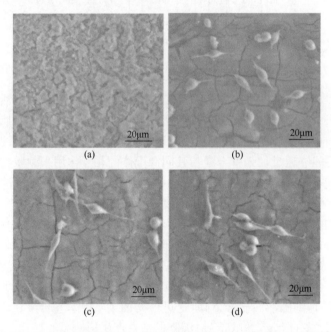

图 15.28　细胞在单辊旋淬法制备的 Mg-3Ca 合金表面的生长形貌[20]

　　在细胞与材料共培养两天后,铸态 Mg-3Ca 合金表面并无明显的细胞黏附。而其他三种材料表面均观察到健康的呈纺锤形和长势不好呈球形的细胞。这可能是因为铸态 Mg-3Ca 合金降解太快,培养基 pH 变化,使得其表面不再适合细胞生长。

15.5　在体动物实验

Mg-Ca 二元合金在体外的细胞毒性评价中表现出对不同的细胞系均具有较好的生物相容性,是一种非常有潜力的生物可降解植入材料。为了评价 Mg-Ca 二元合金在体内的生物相容性和降解性能,不同的研究者进行了大量的在体动物实验。Li 等[8]采用新西兰白兔作为动物模型,并采用 Ti 钉作为对照组,评价了挤压态 Mg-1Ca 合金的体内生物相容性。在骨钉植入不同时间段后,兔子血清中 Mg^{2+} 的浓度如图 15.29 所示。

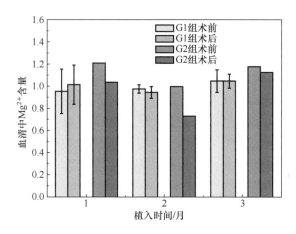

图 15.29　术前和术后兔血清中 Mg^{2+} 含量的变化
G1:每只兔植入一个 Mg-1Ca 螺钉,G2:每只兔植入两个 Mg-1Ca 螺钉

所有的实验动物中,除了左右股骨均植入 Mg-1Ca 钉的兔子第二个月时血清中 Mg^{2+} 浓度在术后显著减少,其他实验组均没有发现血清中 Mg^{2+} 浓度有明显变化。X 射线结果如图 15.30 显示。

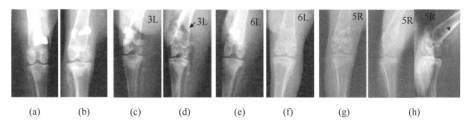

图 15.30　Mg-1Ca 螺钉植入后兔股骨 X 射线照片
(a)、(b) 纯钛片植入后一个月;(c)、(d) Mg-1Ca 螺钉植入后一个月,其中黑色箭头表示气囊阴影;
(e)、(f) Mg-1Ca 螺钉植入后两个月;(g)、(h) Mg-1Ca 合金螺钉植入后三个月,其中黑色三角形表示植入物周围的新骨生成

从图 15.30 可以看到,植入的镁钉在体内逐渐降解,术后三个月时,骨钉完全被吸收,只在植入部位留下不规则孔洞。同时,在 Mg-1Ca 植入物周围能看到骨膜反应,这也意味着有新骨生成。但是在 Ti 植入物周围没有看到明显的新骨生成。由于 Mg-1Ca 的降解,术后的第一个月在骨髓腔看到了气泡形成,但是在术后两个月时,气泡自行消失,并没有引起任何不良反应。植入部位组织学切片如图 15.31 所示。

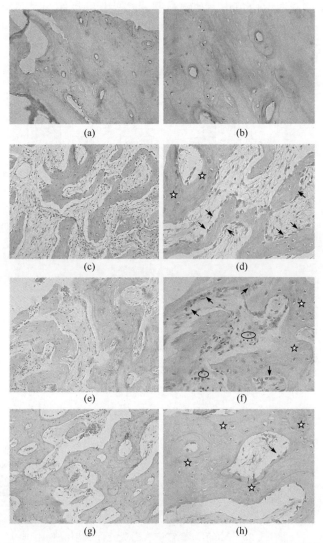

图 15.31　Mg-1Ca 合金植入不同时间后植入物周围组织切片[8]

(a),(b) 纯钛片植入后一个月;(c),(d) Mg-1Ca 螺钉植入后一个月;(e),(f) Mg-1Ca 螺钉植入后两个月;
(g),(h) Mg-1Ca 螺钉植入后三个月;其中图(a),(c),(e),(g)的放大倍数为 20 倍;图(b),(d),(f),(h)放大倍数为 40 倍

在术后三个月,对照组并无明显的新骨生成,而在 Mg-1Ca 植入物周围,可以看到大量的成骨细胞和骨细胞。在第二个月时,可以明显看到新生骨,但是骨细胞无序排列,同时也可以看到淋巴细胞,但是没有观察到多核巨噬细胞;到术后三个月时,骨细胞成排排列。

Mg-1Ca 骨钉植入一个月之后形貌如图 15.32(a) 所示。由图可以看到,材料仍能保持其螺钉形状,其表面覆盖了一层腐蚀产物,结合 EDS 分析[图 15.32(b)],腐蚀层主要是 $Mg(OH)_2$ 和 HA。在植入不同时间段后镁钉失重量如图 15.33 所示。

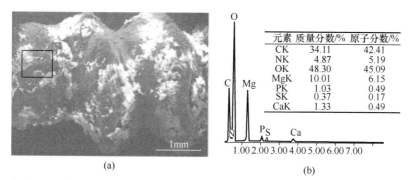

元素	质量分数/%	原子分数/%
CK	34.11	42.41
NK	4.87	5.19
OK	48.30	45.09
MgK	10.01	6.15
PK	1.03	0.49
SK	0.37	0.17
CaK	1.33	0.49

(a)　　　　　　　　　　　　(b)

图 15.32　植入一个月后 Mg-Ca 骨钉 SEM 形貌和表面腐蚀产物 EDS 结果[8]

(a) SEM 形貌;(b) EDS 结果

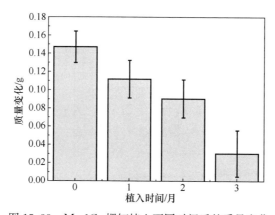

图 15.33　Mg-1Ca 螺钉植入不同时间后的质量变化

随着植入时间的延长,镁钉失重量逐渐增加,表明镁钉在体内不断地降解。经过计算,Mg-1Ca 镁钉在新西兰大白兔体内的平均降解速率为 (2.28 ± 0.13) mg/$(mm^2 \cdot a)$。作者认为,挤压态 Mg-1Ca 合金具有较高的成骨活性,在植入物周围能够看到明显的新骨生成,而且没有引起其他的不良反应,具有良好的相容性,是一种具有潜力的生物可降解植入材料。

Erdmann 等[6]将 Mg-0.8Ca 镁钉植入雌性新西兰大白兔后肢,同时以 S316L 螺钉作为对照。镁钉的形状如图 15.34 所示,外径 4.0mm,内径 3.0mm,螺距 1mm。

图 15.34　螺纹形状根据 ISO 5835 制备的用于植入兔胫骨的 Mg-0.8Ca 螺钉

在体内植入不同的时间后,通过 micro-CT 扫描检测植入的镁钉不同部位的体积变化,如图 15.35 所示。由图可以看到,镁钉的头部和骨髓腔内部的螺纹部分体积均随着植入时间的延长而不断下降。值得注意的是,留在皮质骨中的部分在刚植入的两周内体积变化较小,随后不断降低。而不同时间点剩余镁钉质量变化如图 15.36 所示。由图可见,在镁钉刚植入的前两周,镁钉的失重较小,只有(2.83±1.13)%;而随着植入时间的延长,镁钉的失重逐渐加快;到第八周时,镁钉的失重率已经达到(4.27±1.05)%。镁钉植入前后不同部位 SEM 照片如图 15.37 所示。由图可见,在植入两周后,镁钉的表面已经变得粗糙并且伴随有一些可见的裂纹;随着植入时间增加到八周,镁钉表面覆盖物增厚。他们认为,Mg-0.8Ca 镁合金螺钉在植入的前两周表现出比较好的生物相容性能和力学性能。但是,随着植入时间增加到六周后,其逐渐降解并且力学性能降低。其在降解之后力学性能是否能够满足骨折固定的需求还需要进一步研究。

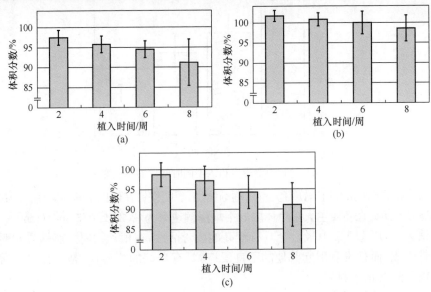

图 15.35　Mg-0.8Ca 合金螺在植入不同时间后剩下的体积变化

(a) 螺钉头部体积;(b) 螺钉螺纹部分体积;(c) 螺钉在骨髓腔中的体积

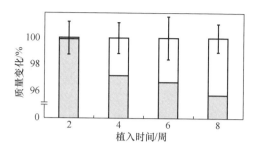

图 15.36　Mg-0.8Ca 螺钉植入不同时间后质量变化

灰色柱代表剩余质量,白色柱代表溶解质量

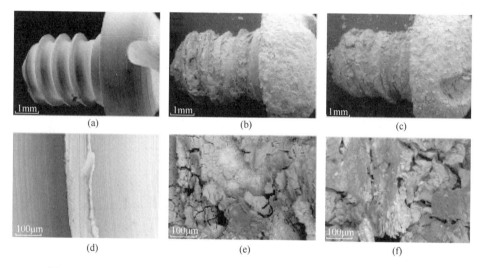

图 15.37　Mg-0.8Ca 螺钉植入不同时间后表面形貌以及螺钉螺纹处放大图片

(a),(d)为植入前形貌;(b),(e)为术后两周形貌;(c),(f)为术后八周形貌

　　Jung 等[42]研究了二元铸态 Mg-10Ca 合金在鼠股骨髁内的腐蚀降解行为。在植入三天后,材料表面的形貌没有明显变化。但是,根据 EDS 结果显示,此时 O 元素已经占据了整个材料表面。这也表明材料的腐蚀已经开始。同时,Mg 元素在整个材料表面均匀分布,而 Ca 元素在边缘部位有聚集。在植入物和骨的交界处存在一个与骨类似的反应层。在交界面内部,发现大量的 Ca、P、O 元素,表明有大量的钙磷盐生成。同时,材料边缘处 Ca 的含量要高于材料内部。TEM 结果显示,在交界处还有一层厚约 $2\mu m$ 的 HA。材料在体内降解的过程中会形成一些孔洞和空穴,而降解产生的 Ca,体液中的 P 和 O 会形成 HA 占据这些孔洞和空穴。在植入八周后,材料和骨之间的边界已经很难分清。Mg 和 O 元素都均匀分布在材料表面。虽然在材料表面分布有磷酸钙盐类,但是在植入物内部并未检测到 Ca 元素的存在。在植入的早期,合金中层状的 Mg_2Ca 第二相比镁基体腐蚀要快。

Mg-Ca 二元合金中互连的层状 Mg_2Ca 第二相导致 Mg-Ca 二元合金在体内的快速降解。而且基体降解之后的腐蚀产物最后会转化为 MgO 覆盖在材料表面。

15.6　结论与展望

体外实验表明，Mg-Ca 基合金具有良好的生物相容性，不会对细胞产生明显的细胞毒性作用；体内实验也证明，Mg-Ca 二元合金不会引起植入部位组织炎症，不会造成凝血反应，而且能够促进植入物部位的新骨生成，具有成为骨科植入物的潜力。但是，二元 Mg-1Ca 骨钉在体内植入三个月后完全降解，其力学性能过早丧失，在承重场合，甚至会引起二次骨折等不良反应，在一定程度上还不能满足骨组织修复的临床需求。未来的发展方向应该集中于新合金的开发、合金的后期冷热加工处理以及表面涂层技术，来提高 Mg-Ca 基金属材料在体内的抗腐蚀性能。此外，镁钙基复合物在一定程度上也能提高材料的力学性能及抗腐蚀能力，也是比较有前景的发展方向。虽然 Mg-Ca 基合金具有较好的生物相容性，但是其表面并不是生物活性表面。制备生物活性的涂层则能进一步提高 Mg-Ca 基材料在体内体外的生物相容性能，从而提高其临床应用价值。

致谢

本章工作先后得到了国家重点基础研究发展计划（973 计划）（2012CB619102）、国家杰出青年科学基金（51225101）、国家自然科学基金重点项目（51431002）、国家自然科学基金 NSFC-RGC 项目（51361165101）、国家自然科学基金面上项目（31170909）、北京市科委生物技术与医药产业前沿专项（Z131100005213002）、金属材料强度国家重点实验室开放课题（20141615）、北京市优秀博士学位论文指导教师科技项目（20121000101）、生物可降解镁合金及相关植入器件创新研发团队（广东省科技计划，项目编号 201001C0104669453）、北京市科技计划项目（Z141100002814008）等的支持。

参 考 文 献

[1] Yin P, Li N F, Lei T, et al. Effects of Ca on microstructure, mechanical and corrosion properties and biocompatibility of Mg-Zn-Ca alloys. Journal of Materials Science-Materials in Medicine, 2013, 24(6): 1365-1373

[2] Drynda A, Hassel T, Hoehn R, et al. Development and biocompatibility of a novel corrodible fluoride-coated magnesium-calcium alloy with improved degradation kinetics and adequate mechanical properties for cardiovascular applications. Journal of Biomedical Materials Research Part A, 2010, 93A(2): 763-775

[3] Zhang E L, Yang L. Microstructure, mechanical properties and bio-corrosion properties of

Mg-Zn-Mn-Ca alloy for biomedical application. Materials Science and Engineering A: Structural Materials Properties Microstructure and Processing,2008,497(1/2):111-118

[4] Harandi S E,Idris M H,Jafari H. Effect of forging process on microstructure,mechanical and corrosion properties of biodegradable Mg-1Ca alloy. Materials & Design, 2011, 32 (5): 2596-2603

[5] Hirai K,Somekawa H,Takigawa Y,et al. Effects of Ca and Sr addition on mechanical properties of a cast AZ91 magnesium alloy at room and elevated temperature. Materials Science and Engineering A: Structural Materials Properties Microstructure and Processing,2005,403 (1/2):276-280

[6] Erdmann N,Angrisani N,Reifenrath J,et al. Biomechanical testing and degradation analysis of MgCa0. 8 alloy screws: A comparative in vivo study in rabbits. Acta Biomaterialia,2011,7 (3):1421-1428

[7] Nayeb-Hashemi A A,Clark J B. The Ca-Mg (calcium-magnesium) system. Bulletin of Alloy Phase Diagrams,1987,8(1):58-65

[8] Li Z J,Gu X N,Lou S Q,et al. The development of binary Mg-Ca alloys for use as biodegradable materials within bone. Biomaterials,2008,29(10):1329-1344

[9] Jeong Y S,Kim W J. Enhancement of mechanical properties and corrosion resistance of Mg-Ca alloys through microstructural refinement by indirect extrusion. Corrosion Science,2014, 82:392-403

[10] Rad H R B,Idris M H,Kadir M R A,et al. Microstructure analysis and corrosion behavior of biodegradable Mg-Ca implant alloys. Materials & Design,2012,33:88-97

[11] Berglund I S,Brar H S,Dolgova N,et al. Synthesis and characterization of Mg-Ca-Sr alloys for biodegradable orthopedic implant applications. Journal of Biomedical Materials Research Part B:Applied Biomaterials,2012,100B(6):1524-1534

[12] Bornapour M,Celikin M,Pekguleryuz M. Thermal exposure effects on the in vitro degradation and mechanical properties of Mg-Sr and Mg-Ca-Sr biodegradable implant alloys and the role of the microstructure. Materials Science & Engineering C:Materials for Biological Applications,2015,46:16-24

[13] Zhou Y L,An J,Luo D M,et al. Microstructures and mechanical properties of as cast Mg-Zr-Ca alloys for biomedical applications. Materials Technology,2012,27(1):52-54

[14] Zhou Y L,Luo D M,Hu W Y,et al. Compressive properties of hot-rolled Mg-Zr-Ca alloys for biomedical applications. Advanced Materials Research,2011,197:56-59

[15] Zhang W J,Li M H,Chen Q,et al. Effects of Sr and Sn on microstructure and corrosion resistance of Mg-Zr-Ca magnesium alloy for biomedical applications. Materials & Design, 2012,39:379-383

[16] Zhou Y L,Li Y C,Luo D M,et al. Microstructures,mechanical properties and in vitro corrosion behaviour of biodegradable Mg-Zr-Ca alloys. Journal of Materials Science,2013,48(4): 1632-1639

[17] Song G L,Song S Z. A possible biodegradable magnesium implant material. Advanced Engineering Materials,2007,9(4):298-302

[18] Bakhsheshi-Rad H R, Idris M H, Abdul-Kadir M R, et al. Mechanical and bio-corrosion properties of quaternary Mg-Ca-Mn-Zn alloys compared with binary Mg-Ca alloys. Materials & Design,2014,53:283-292

[19] Koleini S, Idris M H, Jafari H. Influence of hot rolling parameters on microstructure and biodegradability of Mg-1Ca alloy in simulated body fluid. Materials & Design, 2012, 33: 20-25

[20] Gu X N, Li X L, Zhou W R, et al. Microstructure, biocorrosion and cytotoxicity evaluations of rapid solidified Mg-3Ca alloy ribbons as a biodegradable material. Biomedical Materials, 2010,5(3):035013

[21] Seong J W, Kim W J. Development of biodegradable Mg-Ca alloy sheets with enhanced strength and corrosion properties through the refinement and uniform dispersion of the Mg_2Ca phase by high-ratio differential speed rolling. Acta Biomaterialia,2015,11:531-542

[22] Li Y C, Li M H, Hu W Y, et al. Biodegradable Mg-Ca and Mg-Ca-Y alloys for regenerative medicine. Materials Science Forum,2010,654-656:2192-2195

[23] Wan Y Z, Xiong G Y, Luo H L, et al. Preparation and characterization of a new biomedical magnesium-calcium alloy. Materials & Design,2008,29(10):2034-2037

[24] Harandi S E, Mirshahi M, Koleini S, et al. Effect of calcium content on the microstructure, hardness and in-vitro corrosion behavior of biodegradable Mg-Ca binary alloy. Materials Research-Ibero-American Journal of Materials,2013,16(1):11-18

[25] Du H, Wei Z J, Liu X W, et al. Effects of Zn on the microstructure, mechanical property and bio-corrosion property of Mg-3Ca alloys for biomedical application. Materials Chemistry and Physics,2011,125(3):568-575

[26] Zhang B P, Hou Y L, Wang X D, et al. Mechanical properties, degradation performance and cytotoxicity of Mg-Zn-Ca biomedical alloys with different compositions. Materials Science & Engineering C:Materials for Biological Applications,2011,31(8):1667-1673

[27] Bornapour M, Celikin M, Cerruti M, et al. Magnesium implant alloy with low levels of strontium and calcium:The third element effect and phase selection improve bio-corrosion resistance and mechanical performance. Materials Science & Engineering C:Materials for Biological Applications,2014,35:267-282

[28] Sun Y, Zhang B P, Wang Y, et al. Preparation and characterization of a new biomedical Mg-Zn-Ca alloy. Materials & Design,2012,34:58-64

[29] Zeng R C, Sun L, Zheng Y F, et al. Corrosion and characterisation of dual phase Mg-Li-Ca alloy in Hank's solution:The influence of microstructural features. Corrosion Science, 2014,79:69-82

[30] Abu Leil T, Hort N, Dietzel W, et al. Microstructure and corrosion behavior of Mg-Sn-Ca alloys after extrusion. Transactions of Nonferrous Metals Society of China,2009,19(1):40-44

[31] Zhang E L, Yang L, Xu J W, et al. Microstructure, mechanical properties and bio-corrosion properties of Mg-Si(-Ca, Zn) alloy for biomedical application. Acta Biomaterialia, 2010, 6 (5):1756-1762

[32] Remennik S, Bartsch I, Willbold E, et al. New, fast corroding high ductility Mg-Bi-Ca and Mg-Bi-Si alloys, with no clinically observable gas formation in bone implants. Materials Science and Engineering B: Advanced Functional Solid-State Materials, 2011, 176 (20): 1653-1659

[33] Ortega Y, Leguey T, Parejaa R. Tensile properties and fracture of aging hardened Mg-1Ca and Mg-1Ca-1Zn alloys. Anales de Mecánica de la Fractura, 2008, 25(1):234-237

[34] Gu X N, Zheng Y F, Zhong S P, et al. Corrosion of, and cellular responses to Mg-Zn-Ca bulk metallic glasses. Biomaterials, 2010, 31(6):1093-1103

[35] Pardo A, Merino M C, Coy A E, et al. Corrosion behaviour of magnesium/aluminium alloys in 3.5 wt.% NaCl. Corrosion Science, 2008, 50(3):823-834

[36] Kim W C, Kim J G, Lee J Y, et al. Influence of Ca on the corrosion properties of magnesium for biomaterials. Materials Letters, 2008, 62(25):4146-4148

[37] Liu C L, Wang Y J, Zeng R C, et al. In vitro corrosion degradation behaviour of Mg-Ca alloy in the presence of albumin. Corrosion Science, 2010, 52(10):3341-3347

[38] Park J W, Park K B, Suh J Y. Effects of calcium ion incorporation on bone healing of Ti6Al4V alloy implants in rabbit tibiae. Biomaterials, 2007, 28(22):3306-3313

[39] Nayab S N, Jones F H, Olsen I. Effects of calcium ion implantation on human bone cell interaction with titanium. Biomaterials, 2005, 26(23):4717-4727

[40] Harrison R, Maradze D, Lyons S, et al. Corrosion of magnesium and magnesium-calcium alloy in biologically-simulated environment. Progress in Natural Science-Materials International, 2014, 24(5):539-546

[41] Feser K, Kietzmann M, Baumer W, et al. Effects of Degradable Mg-Ca Alloys on Dendritic Cell Function. Journal of Biomaterials Applications, 2011, 25(7):685-697

[42] Jung J Y, Kwon S J, Han H S, et al. In vivo corrosion mechanism by elemental interdiffusion of biodegradable Mg-Ca alloy. Journal of Biomedical Materials Research Part B: Applied Biomaterials, 2012, 100B(8):2251-2260

第 16 章　镁锶合金体系

锶(Sr)，和镁(Mg)、钙(Ca)同属于第二主族元素，具有与 Mg、Ca 相近的化学性能、冶金性能以及生物学功能[1]。Sr 是一种高效的合金元素，而且作为合金元素添加到镁合金中具有很强的晶粒细化作用。由于 Sr 在 Mg 中溶解度较低，当合金化的 Sr 含量超过其在 Mg 中的溶解度之后，Sr 更倾向于形成金属间化合物沉积在晶界处。除了晶粒细化作用，Sr 还能够通过改善合金表面性能来提高合金的抗腐蚀性能[2]。也有文献报道，Sr 的加入能够提高含 Al 镁合金的力学性能和抗腐蚀能力[3,4]，就生物相容性而言，Sr 是人体的必需金属元素，在一个正常人体内约含有 140mg 的 Sr，而且 99％的 Sr 都储存于人骨中，人均每日推荐摄入量约为 2mg[1]。Sr 也能够促进成骨细胞的生长抑制骨吸收[2,5]，同时 Sr 元素也能够促进成骨胶原的合成[5]。在临床上，雷尼酸锶作为一种提高骨强度和骨密度来治疗骨质疏松症的口服药已经被广泛应用。Sr 具有良好的生物相容性。此外，最近的研究表明，Mg-Sr 合金在体内和体外的降解过程中会形成 Sr 取代 Ca 的 HA，能够有效地促进骨矿化，促进植入物部位骨组织的愈合[2]。

16.1　组织调控

1. Mg-Sr 二元合金

Mg-Sr 二元合金的相图如图 16.1 所示[6]。根据相图可知，在室温条件下，Mg-Sr 二元合金中主要是 α-Mg 基体和 $Mg_{17}Sr_2$ 第二相。不同 Sr 含量的轧制态 Mg-Sr 二元合金显微组织结构如图 16.2 所示[1]。

在轧制态 Mg-Sr 二元合金中，除了 α-Mg 基体相和分布在晶界处的 $Mg_{17}Sr_2$ 第二相之外，在晶粒内部还能看到一些白色颗粒。EDS 结果分析表明，Sr 主要分布在晶界处的第二相和白色颗粒中。共晶相中 Mg 含量较高，Mg/Sr 原子比约为 10:1，这可能是因为 α-Mg 基体存在。XRD 结果显示，合金中 $Mg_{17}Sr_2$ 相的衍射峰强度随着 Sr 含量的增加而增大(图 16.3)。此外，随着 Sr 含量的增加，合金的晶粒不断细化，这也表明 Sr 的加入具有很好的晶粒细化作用[1]。

Aydin 等[6]制备了铸态 Mg-(0.5,2.5,6)Sr 合金。铸态合金中 α-Mg 基体呈现出枝状结构，$Mg_{17}Sr_2$ 第二相也随着 Sr 含量的升高而呈现分布在晶界处的连续

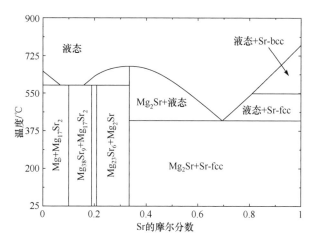

图 16.1　Mg-Sr 二元合金相图

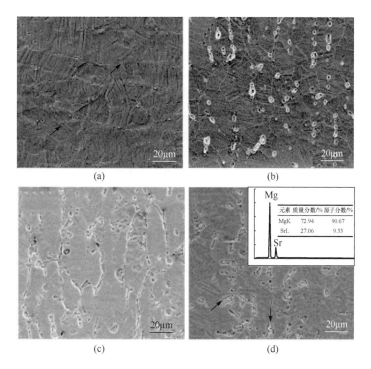

图 16.2　轧制态 Mg-Sr 二元合金显微结构图

（a）Mg-1Sr；（b）Mg-2Sr；（c）Mg-3Sr；（d）Mg-4Sr

网状结构。由于 Sr 在 Mg 中的溶解度有限，在 α-Mg 基体中只检测到 0.017%（质量分数）的 Sr 含量。其光镜下金相组织照片如图 16.4 所示[6]。

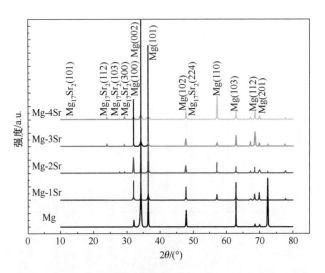

图 16.3 不同 Sr 含量的轧制态 Mg-Sr 二元合金 XRD 图谱

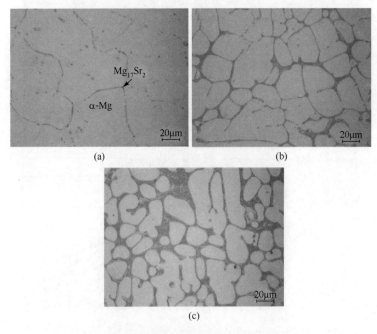

图 16.4 铸态 Mg-Sr 二元合金显微结构
(a) Mg-0.5Sr；(b) Mg-2.5Sr；(c) Mg-6Sr

Brar 等[5]制备 Mg-(0.5,1,1.5)Sr 二元合金，并进行了固溶处理。固溶合金的晶粒尺寸也随着 Sr 含量升高有显著下降。Sr 在 Mg 合金中的晶粒细化作用可以解释为其在 Mg 中较低的溶解度和非平衡固化的共同作用。在铸造的过程中，熔融物中的 Sr 原子被推到固液界面处,导致晶粒生长受到抑制[7]。随后含 Sr 较高的熔融液体在晶界处聚集,经过共晶反应后固化。随着 Sr 含量的增加,第二相沉积也增多,导致晶粒生长受限,因而形成更加细小的晶粒。

2. Mg-Sr 系列三元合金

Gu 等[1]在研究了挤压态 Mg-Sr 合金在体内和体外的力学性能以及腐蚀降解性能后指出,二元 Mg-Sr 合金存在在体内降解速率过高、力学性能不足等问题,其力学性能、抗腐蚀性能需要进一步提高以适应长期植入的临床应用场合。合金化是一种用来提高合金综合性能比较常用的手段。常见的合金化元素包括了 Ca、Zn、Mn、Y、Zr、Sn、Li 等具有较好生物相容性的金属元素。

1) Mg -Sr-Zn 合金

不同 Zn 含量的 Mg-Sr-Zn 合金金相显微结构如图 16.5 所示[5]。

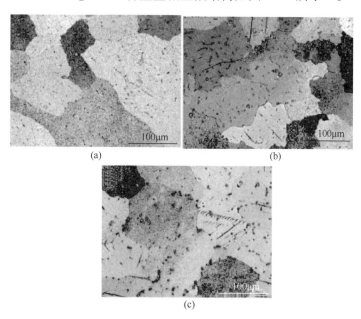

图 16.5　固溶处理之后的 Mg-Sr-Zn 三元合金显微结构
(a) Mg-0.5Sr-2Zn;(b) Mg-0.5Sr-4Zn;(c) Mg-0.5Sr-6Zn

加入 Zn 之后,Mg-Sr-Zn 合金不再呈现枝状晶形貌,晶粒变成不规则多边形形貌。合金中,当 Zn 的含量从 2% 增加到 4% 时,晶粒尺寸从 145μm 降低到 69μm。继续增加 Zn 含量到 6%,晶粒尺寸进一步减小至 67μm。由于在晶粒内部和晶界处均观察到有细小的沉积相,Zn 的晶粒细化作用可能是由成核颗粒以及溶质效应导致晶粒生长抑制而引起的。在经过均一化和固溶处理之后,在晶粒内部仍然能看到沉积的第二相，这也说明这些第二相具有较高的热稳定性。XRD结果显示，时效处理24h之后，合金中主要包含α-Mg基体和MgZn第二相。EDS结构显示，合金中还有MgZnSr相，但是其含量较低，达不到XRD的检测极限[5]。在Mg-1Sr-4Zn合金中，对比于纯镁，Sr和Zn的加入明显减小了合金的晶粒尺寸。电镜下可以看到，合金主要由α-Mg基体组成，伴随着析出颗粒分布在晶内和晶界处。EDS结果显示，Sr在晶内和晶界处的质量分数分别为5.9%和12.8%。结合Mg-Sr二元相图以及EDS分析、XRD图谱结果（图16.6），Mg-1Sr-4Zn合金中主要包含α-Mg基体，$Zn_{13}Sr$、$Mg_{17}Sr_2$、$MgZn_2$以及MgZnCa相。由于Zn和Sr之间的电负值差值较Mg和Sr之间大，因此在铸造过程中，固液界面处的Sr更倾向于先与Zn结合形成热稳定的$Zn_{13}Sr$相，在固化的过程中，$Zn_{13}Sr$相被推向α-Mg晶粒生长的边缘，因而抑制了α-Mg晶粒的生长，导致合金晶粒细化。175℃条件下时效12h后，在晶粒内部和晶界处仍然可以看到较多的第二相析出。合金中大部分的Sr和Zn也均分布在第二相中[8]。

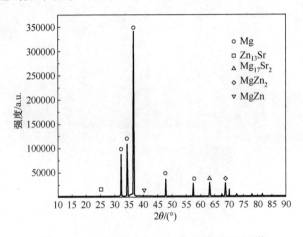

图16.6　铸态Mg-4Zn-1Sr合金的XRD图谱

2）Mg-Sr-Mn合金

Mg-Mn合金作为一种早期工业用的锻造镁合金，其具有较好的挤出性能以及适当的力学性能。Mn元素的加入能够通过形成无害的金属间化合物的方式去掉对合金性能有害的铁和其他重金属元素。就生物相容性而言，Mn在人体内不过量就不会造成毒性作用，同时Mn在体内也起着活化多种酶的作用[9,10]。

Borkar等[11]制备了Mg-(0.3~2.1)Sr-1Mn系列合金，其显微组织结构如图16.7所示。

当合金中Sr含量为0.3%时，合金中主要包含柱状晶。随着Sr含量的升高，晶粒逐渐变成等轴晶。当Sr含量增加到0.7%时，合金晶粒尺寸细化明显，而继续增加Sr的含量，晶粒尺寸基本保持不变。在Mg基体中，细小的第二相颗粒呈

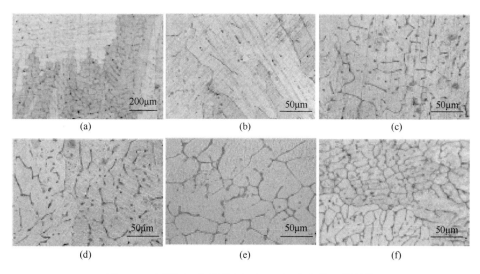

图 16.7　不同 Sr 含量的 Mg-Sr-1Mn 合金的显微结构

（a）Mg-0.3Sr-1Mn；（b）Mg-0.7Sr-1Mn；（c）Mg-1Sr-1Mn；
（d）Mg-1.3Sr-1Mn；（e）Mg-1.6Sr-1Mn；（f）Mg-2.1Sr-1Mn

现均匀分布。Sr 的加入在晶界处形成了网状结构的第二相。而且，随着合金中 Sr
含量的升高，晶界处的第二相含量也不断增加，在 Mg-2.1Sr-1Mn 合金中，第二相
含量最高。在经过均质化处理后，由于第二相的溶解，Mg-Sr-Mn 合金晶界细化，
网状的第二相结构也变少。EDS 结果分析显示，分布在树枝晶之间以及晶界处的
第二相主要由 Mg-Sr 金属间化合物组成。根据 Mg-Sr 二元相图（图 16.1），其主
要成分可能是 $Mg_{17}Sr_2$。当继续提高合金中 Sr 和 Mn 的含量时，Celikin 等[12] 发
现，在 Mg-5Sr-2Mn、Mg-3Sr-2Mn 合金中除了 α-Mg 基体和 $Mg_{17}Sr_2$ 相，还有体心
立方结构的 α-Mn 相存在。高分辨透射电镜结果显示，α-Mn 析出相主要呈现多边
形形貌，EDS 线扫描证明，在 α-Mg 基体和 $Mg_{17}Sr_2$ 相中均溶解有少量的 Mn。在
Mg-5Sr-2Mn 合金中，晶界处主要由 α-Mn 和 $Mg_{17}Sr_2$ 相组成，而在 Mg-3Sr-2Mn
合金中，晶内和晶界处都分布有 α-Mn。在 225℃下时效 150h 后，Mg-5Sr-2Mn 合
金中的相组成并无变化，但是 α-Mn 析出相变得粗大，而且其主要分布在 α-Mg 基
体和 $Mg_{17}Sr_2$ 的分界面处。

　　3）Mg-Sr-Zr

　　Zr 也是一种高效的镁合金晶粒细化元素。Zr 的加入能够提高镁合金的力学
性能和抗腐蚀性能[13]。就生物相容性方面而言，Zr 在体外表现出较低的细胞毒
性，在体实验表明具有极好的生物相容性。目前也没有证据能够表明 Zr 具有诱癌
作用，甚至具有与 Ti 相同甚至超过 Ti 的成骨活性[14,15]。Li 等[16] 制备了一系列的
Mg-(0~5)Sr-(1~5)Zr 合金。Mg-Sr-Zr 合金的显微组织结构如图 16.8 所示。

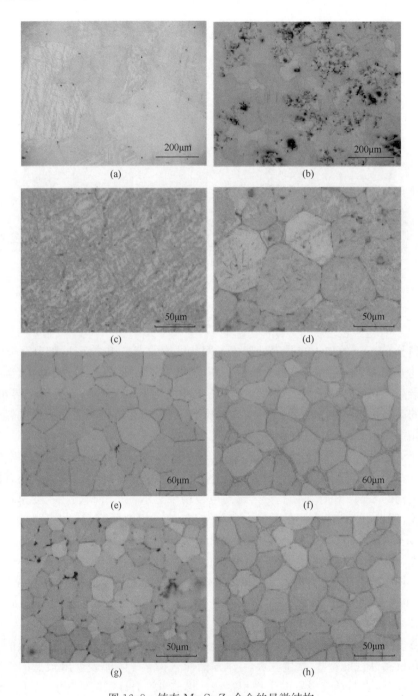

图 16.8　铸态 Mg-Sr-Zr 合金的显微结构

(a) Mg；(b) Mg-5Zr；(c) Mg-2Sr-1Zr；(d) Mg-5Sr-1Zr；(e) Mg-2Sr-2Zr；

(f) Mg-5Sr-2Zr；(g) Mg-2Sr-5Zr；(h) Mg-5Sr-5Zr

　　当合金中 Zr 含量相同时,随着 Sr 含量的升高,晶粒大小并无明显变化。但是当 Sr 含量一定时,随着合金中 Zr 含量的升高,晶粒尺寸逐渐变小。但是,晶界随着 Sr 含量从 2% 升高到 5% 逐渐变得粗大,表明合金中第二相的析出增多。XRD 分析表明,在 Mg-Sr-Zr 三元合金中主要包含 α-Mg 和 $Mg_{17}Sr_2$ 第二相。在 Mg-Zr 二元合金中,除了 α-Mg 相,还发现有痕量的未合金化的 Zr,而在 Sr 加入后,没有发现未合金化的 Zr 的衍射峰,这也表明 Sr 的添加能够提高 Zr 在 Mg 中的溶解度[16]。

3. Mg-Sr 系列四元及多元合金

1) Mg-Sr-Zn-Si 合金

　　对不同 Sr 含量的 Mg-Sr-Zn-Si 合金进行 XRD 表征,合金中主要包含 Mg_2Si、MgZn 和 SrMgSi 相。不同 Sr 含量的 Mg-xSr-6Zn-4Si 合金的显微组织结构如图 16.9 所示[17]。在 Sr 加入之后,初级 Mg_2Si 相从枝状晶变成了多边形形状或细小的块状。共晶 Mg_2Si 相也从汉字形状变成了细小的纤维状,这也表明 Sr 的加入能够有效改性和细化 Mg_2Si 相。此外,当 Sr 含量超过 0.5% 时,合金中出现一种新的针状第二相。结合 SEM、EDS 以及 XRD 数据分析,新形成的相为 SrMgSi 相[17]。

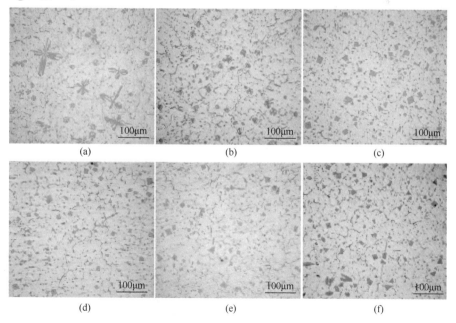

图 16.9　不同 Sr 含量的 Mg-Sr-6Zn-4Si 合金的显微结构
(a) 0% Sr;(b) 0.1% Sr;(c) 0.5% Sr;(d) 1.0%Sr;(e) 1.5%Sr;(f) 2.0%Sr

2) Mg-Sr-Ca-Zr-Sn 合金

在 Mg-Ca-Zr 合金中添加 Sr 和 Sn 合金元素之后,晶粒尺寸增大,同时晶粒尺寸分布也不再相对均一。然后,合金晶界变得更细小,部分晶界甚至变得模糊不清。电镜下能够观察到在晶粒内部和晶界处均出现与 Mg-Ca-Zr 合金中不同的新第二相。XRD 结果显示合金中主要含有 α-Mg、Zr 以及 Mg_2Sn 相。其他文献[18]中报道有 CaMgSn 和 SrMgSn 相,而在 Mg-1Ca-5Zr-8(Sr+Sn)合金中,可能这些相含量太低,没有达到 XRD 的检测极限,故而没有被检测出[19]。

16.2　力　学　性　能

在早期的工业应用中,Sr 由于其高效的晶粒细化作用,广泛用于 AZ 系列合金,以提高合金在不同使用条件下的力学性能。Zeng 报道[4],在 AZ31 合金中添加 0.01%~1%的 Sr 能够显著增强合金的屈服强度和断裂伸长率。Hirai 等研究发现,在 AZ91 合金中添加 1%Ca 和 0.5%Sr 能够提高合金在高温条件的抗蠕变性能[20]。

16.2.1　Mg-Sr 二元合金

含有较低 Sr 含量的铸态 Mg-Sr 二元合金力学性能较差,其抗拉强度只有 80MPa 左右,断裂伸长率也不超过 4%,而且 Sr 含量的变化对合金的力学性能影响不明显[5]。经过冷热加工处理之后的 Mg-Sr 二元合金力学性能得到较大改善。不同 Sr 含量的轧态 Mg-Sr 二元合金的室温力学性能如图 16.10 所示[1]。

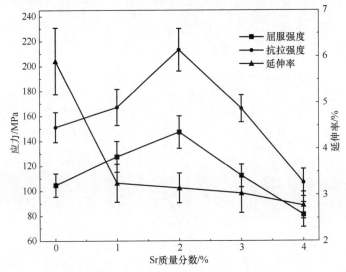

图 16.10　不同 Sr 含量轧制态 Mg-Sr 二元合金室温条件下的力学性能

在轧制态 Mg-Sr 二元合金中,不同的 Sr 含量对合金的力学性能具有较大的影响。当合金中 Sr 含量低于2%时,合金的屈服强度和抗拉强度都随着 Sr 含量的增加而升高。这是因为,当 Sr 含量低于 2%时,合金的晶粒得到了细化,根据 Hall-Petch 关系式,晶粒的细化能显著提高镁合金的力学性能。继续增加 Sr 的含量到3%~4%时,屈服强度和抗拉强度均开始下降。值得指出的是,相比于纯镁,Sr 的加入大幅降低了合金材料的延展性能,其断裂伸长率均较低。这是因为当 Sr 含量为3%~4%时,合金中 $Mg_{17}Sr_2$ 相较多,同时晶粒的细化作用与添加少量 Sr 的细化作用差异不大,在拉伸过程中,这些金属间化合物相成为裂纹源,从而降低了合金的延伸率[1]。不同 Mg-Sr 二元合金力学性能见表 16.1。

表 16.1　不同 Mg-Sr 二元合金的力学性能总结

合金成分	合金状态	力学性能			晶粒尺寸 /μm	参考文献
		屈服强度 /MPa	抗拉强度 /MPa	延伸率 /%		
Mg-1Sr	轧态	~130	~165	~3.2	32.3±6.7	[1]
Mg-2Sr	轧态	~148	213.3±17.2	3.2±0.3	25.9±8.2	[1]
Mg-3Sr	轧态	~115	~165	~3.0	23.0±8.1	[1]
Mg-4Sr	轧态	~80	~110	~2.8	20.9±8.8	[1]
Mg-0.5Sr	均一化处理	37	74	2.6	379	[5]
Mg-1Sr	均一化处理	33	73	3.3	390	[5]
Mg-1.5Sr	均一化处理	40	81	2.6	145	[5]

16.2.2　Mg-Sr 系列三元合金

1. Mg-Sr-Zn 三元合金

在镁合金中,Zn 作为一种最常用的合金元素,具有较强的固溶强化和析出强化作用,能够显著提高镁合金的力学性能[21,22]。与 Mg-Sr 二元合金相比,铸态的 Mg-Sr-Zn 三元合金屈服强度、抗拉强度及断裂伸长率均有了较大幅度的提升。经过时效硬化处理之后,Mg-Sr-Zn 三元合金的硬度有了较大程度的提升,而且硬度随着 Zn 含量的增加而不断升高。这是因为在 Mg-0.5Sr-6Zn 合金中含有更多的 MgZn 相,早期的文献中也报道过,在 Mg-Zn 二元合金中,MgZn 相的析出对合金的时效硬化具有重要作用[22-24]。但是,在 Mg-0.5Sr-2Zn 和 Mg-0.5Sr-4Zn 合金中,在时效处理 5h 后,沉积相、溶质簇的溶解或位错的重新分布导致合金在时效硬化后合金的硬度反而有一定程度的下降[5]。虽然 Zn 的加入能够在一定程度上改善 Mg-Sr 合金的力学性能,但是铸态 Mg-Sr-Zn 合金的力学性能仍不能满足植入物长期植入的要求。Guan 等[8]制备了轧制态的 Mg-1Sr-4Zn 合金。在未进行时效时，合金的最大屈服强度和断裂伸长率分别能够达到 265MPa 和 6.46%。而时效处理之后，合金的抗拉强度和断裂伸长率先随着时效时间的增加而升高，在时效处理 8h 后达到最大值，之后再增加时效时间，其抗拉强度和断裂伸长率逐渐下降。轧制态 Mg-1Sr-4Zn 合金的硬度随着时效时间的变化趋势与力学性能的趋势一致，也在时效 8h 后达到最大值。当时效处理超过 8h 后，合金中的 $\beta1'$-MgZn$_2$ 相与 $\beta2'$-MgZn$_2$ 和 β-MgZn 相的比值减小，导致合金的硬度降低[25]。

2. Mg-Sr-Mn 合金

Mg-Mn 二元合金强度较低，但是其具有较好的延展性能，适合通过各种冷热加工处理来提高合金的力学性能。Borkar 等[26]制备了不同 Sr 含量的挤压态 Mg-Sr-Mn合金。随着合金中 Sr 含量从 0 增加到 2%，合金的屈服强度从约 140MPa 增加到约 210MPa，而抗拉强度从约 220MPa 增加到约 250MPa，合金的屈服强度对 Sr 含量显然更敏感。合金的延伸率随着 Sr 含量的增加而不断下降，当 Sr 含量为 0.3% 时，合金的延伸率达到最大值，为 8.3%。随着 Sr 含量的升高，合金中脆性的含 Sr 金属间化合物也增多，导致在拉伸过程中提供更多的裂纹扩展位点，从而导致合金的延展性能降低。然而对比于 Mg-Mn 二元合金，Sr 的加入起到细化晶粒的作用，因而仍然能够提高合金的力学性能。三元合金的抗压强度随着 Sr 含量的增加而升高，而压缩屈服强度在 Sr 含量为 1.3% 时达到最大值。而合金的压缩率也随着 Sr 含量的增加而不断降低。根据 Borkar 等的结果，在 350℃，挤压比为 7 的条件下，Mg-0.3Sr-1Mn 和 Mg-1Sr-1Mn 合金具有最好的力学性能。

3. Mg-Sr-Zr 合金

在镁合金中，Zr 的加入能够提高合金的力学性能。当合金中 Zr 含量为 1% 时，合金的抗压强度随着 Sr 含量的增加而增强。但是当 Zr 含量为 2% 或 5% 时，合金的抗压强度却随着 Sr 含量的增加而下降。当 Zr 含量低于 2% 时，合金的压缩率随着 Zr 的增加而增加，而当 Zr 含量从 2% 增加到 5% 时，压缩率下降。当 Zr 含量为 2% 时，合金压缩率最高，约为 35%。而当合金含有相同 Zr 含量时，合金的压缩率随着 Sr 含量的增加而降低。当合金中 Sr 含量升高时，合金中的 Mg$_{17}$Sr$_2$ 相也随之升高，这些脆性的第二相主要分布在晶界处，导致合金的晶界变粗大。在压缩变形的过程中，容易产生裂纹和碎片，导致合金的力学性能降低[16]。

不同 Mg-Sr-X 三元合金的力学性能见表 16.2。

表 16.2　不同 Mg-Sr-X 三元合金的力学性能

合金成分	合金状态	力学性能			参考文献
		屈服强度 /MPa	抗拉强度 /MPa	延伸率 /%	
Mg-3Sr-0.6Y	挤压态	~160	~450	~28	[27]
Mg-3Sn-0.1Sr	铸态	~80	~160	~6.2	[28]
Mg-4Zn-1Sr	时效处理	—	270	12.8	[8]
Mg-1Mn-0.3Sr	挤压态	~160	~230	~8.3	[26]
Mg-4.91Sn-2.14Sr	铸态	~60	~150	~10.5	[29]
Mg-2Zn-0.5Sr	铸态	62	142	8.9	[5]
Mg-1Zr-2Sr	铸态	~70*	~250*	~35*	[16]

~代表根据文献估算；*代表压缩性能。

16.2.3　Mg-Sr 系列多元合金

Mg_2Si 相具有较高的熔点、硬度、弹性模量和较低的热膨胀系数，一直用作镁合金的增强相来提高镁合金在室温和高温条件下的力学性能[30-33]。但是，Mg_2Si 相在传统的固化过程中会形成汉字形状的粗大枝晶，对 Mg-Zn-Si 合金的力学性能产生不利的影响[34]。在 Mg-Zn-Si 合金中加入 Sr 能够起到修饰合金显微结构的作用，还在一定程度上能改善合金的力学性能。Cong 等[17]制备了不同 Sr 含量的 Mg-xSr-6Zn-4Si(x=0.1~2)合金。所有添加有 Sr 合金的力学性能均要强于 Mg-6Zn-4Si合金。当 Sr 含量从 0.1% 增加到 0.5% 时，合金在室温和 150℃ 条件下的抗拉强度和断裂伸长率也随之升高，但是当 Sr 含量高于 0.5% 时，继续增加合金中 Sr 的含量会导致合金抗拉强度和断裂伸长率的降低。在没有添加 Sr 的合金中，在加载应力条件下，粗大枝状初生 Mg_2Si 相以及汉字形状的 Mg_2Si 共晶相会成为裂纹萌生位点，随后这些裂纹在 Mg_2Si 颗粒和 α-Mg 基质的界面处不断扩展，从而对合金的力学性能产生负面影响。在添加有 Sr 后，合金中的初生和共晶 Mg_2Si 相均得到不同程度的细化，根据 Griffith 理论，材料的断裂应力会增强，使合金的抗拉强度和断裂伸长率均有一定的增加。但是当 Sr 含量超过 0.5% 后，会形成针状的 SrMgSi 相。拉伸过程中，裂纹会在 SrMgSi 相和 α-Mg 基体之间形成和生长，进而会降低合金的力学性能。Mg-0.5Sr-6Zn-4Si 无论是在室温条件还是在 150℃ 条件下，均具有最好的力学性能。

16.3 降解行为

16.3.1 Mg-Sr 二元合金

Brar 等[5]利用浸泡析氢实验评价了时效处理之后的 Mg-Sr 二元合金的腐蚀降解性能。合金材料析氢量随着 Sr 含量的增加而升高，表明 Sr 含量的增加降低了合金的抗腐蚀性能。Mg-0.5Sr 合金在浸泡 7 天后，析氢速率约为 $5mL/cm^2$。虽然 Sr 能够起到晶粒细化的作用，在一定程度上有利于提高合金的抗腐蚀性能，但是随着 Sr 含量的升高，$Mg_{17}Sr_2$ 第二相的析出也增多，使合金电偶腐蚀加强，从而降低了合金的抗腐蚀性能。Gu 等[1]采用析氢、失重和电化学测试等方法评价了轧制态 Mg-(1~4)Sr 二元合金在 Hank's 溶液中的腐蚀降解速率。不同测试条件下的腐蚀速率如图 16.11 所示[1]。

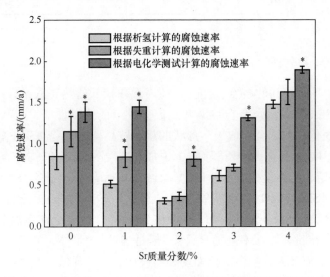

图 16.11 轧制态 Mg-Sr 二元合金在不同测试条件下的腐蚀速率

从图 16.11 可以看出，合金在不同的测试条件下所计算出来的腐蚀速率有所差异，但是总的趋势均一致。当合金中 Sr 含量小于等于 3％时，添加的 Sr 能够降低合金的腐蚀速率，而且当 Sr 含量从 1％增加到 2％时，合金的降解速率下降，但是继续提高合金中 Sr 的含量，合金的腐蚀速率反而升高。Mg-2Sr 合金表现出最低的腐蚀速率，表明其具有最好的抗腐蚀性能。不同 Sr 含量合金在 Hank's 溶液中的动态极化曲线如图 16.12 所示。

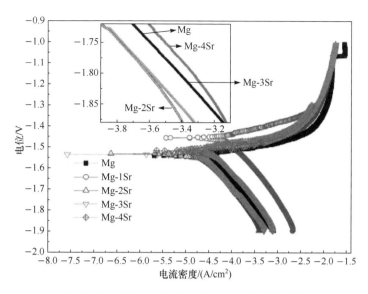

图 16.12　轧制态 Mg-Sr 二元合金动态极化曲线

从图 16.12 可以看到,当 Sr 含量从 2% 增加到 4% 时,阴极极化曲线向阳极移动,也表明腐蚀速率随之升高。

在 Hank's 溶液中浸泡 500h 后,材料的表面形貌和表面腐蚀产物 XRD 图谱如图 16.13 所示[1]。

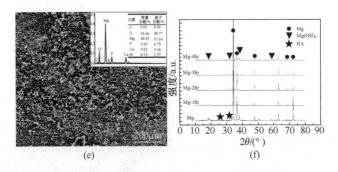

(e)　　　　　　　　　　　　(f)

图 16.13　不同 Sr 含量轧制态 Mg-Sr 二元合金在 Hank's 溶液中浸泡 500h 后的表面形貌
(a) 轧制态纯镁；(b) 轧制态 Mg-1S 合金；(c) 轧制态 Mg-2S 合金，插图为高倍下表面形貌；
(d) 轧制态 Mg-3Sr 合金；(e) 轧制态 Mg-4Sr 合金，插图为表面腐蚀产物的 EDS 能谱；
(f) 合金浸泡后表面腐蚀产物 XRD 图谱

　　材料表面的腐蚀形貌也与计算的腐蚀速率结果一致。在纯镁表面能够看见比较明显的腐蚀坑，对材料表面的腐蚀产物进行 XRD 分析，腐蚀产物主要包括 $Mg(OH)_2$ 以及 HA。与纯镁不同，含 Sr 合金表面呈现均匀腐蚀的形貌，在表面只看到少量不规则的腐蚀产物沉积。XRD 表征表明腐蚀产物中只有 $Mg(OH)_2$ 沉淀，并未检测到其他的磷酸钙盐，这可能是因为其含量较低，没有达到检测极限。含 Sr 较高的合金中较多的 $Mg_{17}Sr_2$ 相会增大阴极和阳极面积比，因而会增加α-Mg 和 $Mg_{17}Sr_2$ 腐蚀电偶对，从而导致合金腐蚀速率加快。Bornapour 等[2]研究了一系列的 Mg-Sr 二元合金在 SBF 溶液中的析氢速率和失重速率，不同合金的析氢速率和失重速率如图 16.14 所示。

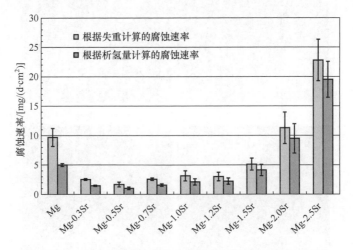

图 16.14　不同 Mg-Sr 二元合金在 SBF 中浸泡后的腐蚀速率

从图 16.14 可以看到,当合金中 Sr 含量低于 1%时,合金具有较低的腐蚀速率,其中 Mg-0.5Sr 合金具有最低的腐蚀速率。而当合金中 Sr 含量高于 1%时,合金的腐蚀速率随着 Sr 含量的增加也不断升高。电化学极化曲线结果也表明,Mg-0.5Sr 合金的腐蚀电位明显向阳极偏移,腐蚀电流密度也要小于纯镁,这也能够说明 Mg-0.5Sr 合金具有更好的抗腐蚀性能。

16.3.2　Mg-Sr 系列三元合金

1. Mg-Sr-Zn 三元合金

当 Mg-Sr 二元中加入 Zn 元素之后,合金的抗蚀性能有了一定程度的提升。不同 Zn 含量对合金的抗蚀性能也有较大影响。在 Mg-0.5Sr-(2,4,6)Zn 系列合金中[5],合金在 Hank's 溶液中的析氢速率随着 Zn 含量的增加而不断升高。含有 2%Zn 和 4%Zn 的合金析氢速率要明显低于二元的 Mg-0.5Sr 合金,而 Mg-0.5Sr-6Zn 合金的析氢速率是 Mg-0.5Sr-4Zn 合金的 30 倍。随着合金中 Zn 含量的增加,当达到 6%时,不仅溶解到 α-Mg 基体中的 Zn 含量增加,Mg-Sr-Zn 金属间化合物也随之增加。大量的第二相会形成大量的电偶腐蚀对,加快合金在模拟体液中的腐蚀速率[35]。

2. Mg-Sr-Zr 三元合金

Li 等[16]评估了 Mg-Sr-Zr 合金在 MMEM 培养液以及 SBF 模拟体液中的电化学腐蚀性能。不同的合金在两种电解液中的腐蚀电流密度及开路电位分别如图 16.15 和图 16.16 所示。

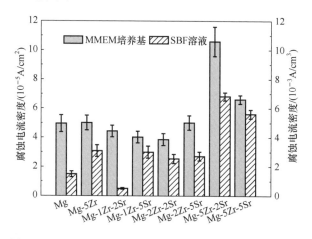

图 16.15　Mg-Sr-Zr 合金在不同电解液中的腐蚀电流密度

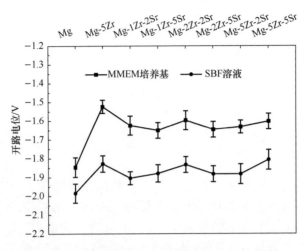

图 16.16　Mg-Sr-Zr 合金在不同电解液中开路电位

　　从图 16.15 和图 16.16 可以看出，Mg-Sr-Zr 合金在 MMEM 培养基中具有更低的腐蚀电流密度和更高的开路电位，这也表明合金在 MMEM 合金中表现出更好的抗腐蚀性能。除了含有 5%Zr 的合金，其他合金在 MMEM 溶液中的腐蚀电流密度差别不大。而在 SBF 溶液中，Mg-2Sr-1Zr 合金具有最低的腐蚀电流密度。析氢实验结果与电化学实验结果一致，Mg-2Sr-1Zr 合金具有最低的析氢速率。一般来说，晶粒越小，合金表现出更好的抗腐蚀性能[36]。但是在 Mg-(2～5)Sr-(1～5)Zr 合金中，合金的抗腐蚀性能却随着合金晶粒尺寸的下降而降低。也有文献报道过，经过 ECAP 处理之后的纯镁抗腐蚀能力反而下降[37]。而合金之所以在不同的溶液中表现出不同的腐蚀速率，其主要原因可能是 SBF 溶液中含有更多的 Cl^-，加速了腐蚀产物如 $Mg(OH)_2$ 等的溶解，从而加快了合金的腐蚀[38]。

16.3.3　Mg-Sr 系列多元合金

　　Zhang 等[19]在 SBF 评价了 Mg-Sr-Ca-Zr-Sn 合金的电化学腐蚀性能。合金在 SBF 溶液中的开路电位以及动态极化曲线图分别如图 16.17 和图 16.18 所示。

　　从图 16.17 和图 16.18 可以看到，加入 Sr 和 Sn 之后合金的开路电位、自腐蚀电位均要高于 Mg-Zr-Ca 合金。根据 Tafel 极化曲线，Mg-0Zr-Ca 合金的腐蚀电流密度约为 Mg-Sr-Zr-Ca-Sn 合金的 10 倍。因而，Sr 和 Sn 元素的加入能够提高合金在 SBF 溶液中的抗腐蚀性能。浸泡失重实验表明，Mg-Ca-Zr 合金的失重率随着浸泡时间的延长不断升高，而加入 Sn 和 Sr 之后，合金的失重率在整个浸泡周期内均保持稳定，且要明显小于 Mg-Ca-Zr 合金。浸泡 6h 后，Mg-Sr-Ca-Zr-Sn 合金仍然能够保持其结构的完整性，而 Mg-Ca-Zr 合金完整性已经遭到破坏，肉眼能明

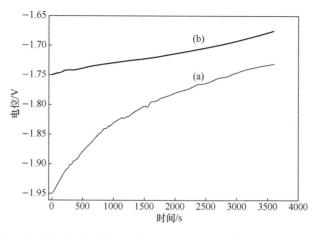

图 16.17 Mg-Zr-Ca 合金(a)和 Mg-Sr-Zr-Ca-Sn 合金(b)的开路电位

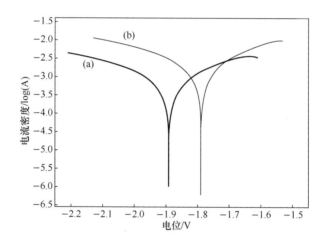

图 16.18 Mg-Zr-Ca 合金(a)和 Mg-Sr-Zr-Ca-Sn 合金(b)电化学极化曲线

显看出材料表面腐蚀比较严重。添加的 Sn 和 Sr 在合金中形成 Mg_2Sn 和含 Sr 的第二相降低了合金的腐蚀速率。

16.4 细胞毒性与血液相容性

为了评价 Mg-Sr 基合金在体外的生物相容性,不同的细胞系,直接接触法、浸提法等不同的实验方法曾被广泛使用。

16.4.1 Mg-Sr 二元合金

为了评价 Mg-0.5Sr 二元合金在血管支架方面的应用前景,Bornapour 等[2]采用浸提法评价其对 HUVECs 细胞系的毒性作用。细胞与 Mg-0.5Sr 浸提液培养

1 天、4 天、7 天后的细胞存活率如图 16.19 所示。

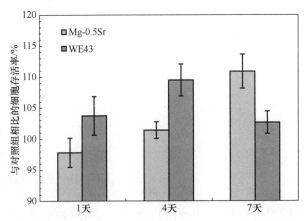

图 16.19　HUVECs 细胞与铸态 Mg-0.5Sr 合金和 WE43
合金浸提液培养不同时间段之后的细胞活性

　　在细胞培养的早期(1 天和 4 天),Mg-0.5Sr 合金的细胞活性要小于 WE43 合金,这可能是由于 Mg-0.5Sr 合金在浸提的早期腐蚀速率较快,溶液中离子浓度、渗透压或者 pH 变化较大,不太适宜细胞存活。随着培养时间的延长,细胞的活性逐渐增加,而 WE43 浸提液中的细胞活性在第 7 天时活性下降,这表明 Mg-0.5Sr 合金在长期的细胞培养过程中能够促进细胞的生长,而且比 WE43 合金具有更好的细胞相容性。Gu 等[1]在体外环境下,评价了 Mg-(1~4)Sr 合金浸提液对 MG63 细胞系的毒性作用和碱性磷酸酶活性。不同合金浸提液中 Mg^{2+} 浓度和浸提液 pH 如图 16.20 所示。

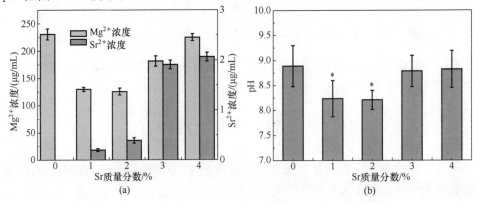

图 16.20　不同 Sr 含量轧制态 Mg-Sr 二元合金浸提液中 Mg^{2+} 和 Sr^{2+}
离子浓度(a)和不同 Sr 含量轧制态 Mg-Sr 二元合金浸提液 pH(b)

*表示与纯镁对比具有显著性差异,$P < 0.05$

Mg-1Sr 和 Mg-2Sr 合金浸提液中的 Mg^{2+} 浓度和 pH 都明显低于纯镁和其他 Mg-3Sr,Mg-4Sr 合金。同时,Mg-1Sr 和 Mg-2Sr 合金浸提液中 Mg^{2+} 浓度差异不大,Sr^{2+} 浓度随着合金中 Sr 含量的增加而升高。

不同合金浸提液与细胞培养不同时间段后细胞活性和 ALP 活性如图 16.21 所示。就细胞活性而言,Mg-1Sr 和 Mg-2Sr 合金浸提液的细胞活性要明显高于 Mg-3Sr 和 Mg-4Sr 合金。与纯镁对照相比,Mg-1Sr 和 Mg-2Sr 合金对细胞存活具有促进作用。根据 ISO 10993-5 标准,Mg-1Sr 和 Mg-2Sr 合金表现出 I 级细胞毒性,具有较好的生物相容性。ALP 活性试验趋势与细胞活性趋势一致,当 Sr 含量从 1% 增加到 2% 时,合金的 ALP 活性随之升高,继续增加合金中 Sr 的含量反而会降低合金的 ALP 活性。这是因为较高含量 Sr 合金浸提液具有较高的 pH 和离子浓度,在一定程度上不利于细胞的存活。

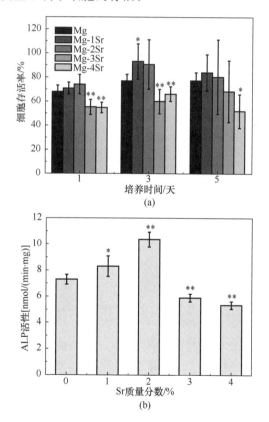

图 16.21 轧制态 Mg-Sr 二元合金的细胞毒性及 ALP 活性

(a) 细胞毒性;(b) ALP 活性($*P<0.05,**P<0.01$)

16.4.2　Mg-Sr 系列三元合金

1. Mg-Sr-Zn 三元合金

Cipriano 等[39] 在体外采用直接法研究了 Mg-(0.15～1.5)Sr-4Zn 合金对 hESCs 细胞的细胞毒性作用。细胞在材料表面的荧光照片以及均一化之后细胞在材料表面的覆盖面积分别如图 16.22 和图 16.23 所示。

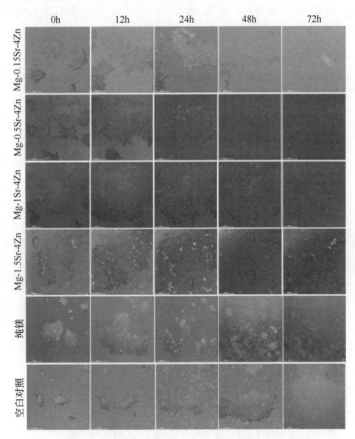

图16.22　H9 hESCs 细胞在与 Mg-Sr-Zn 合金、纯镁以及空白组培养不同
时间段之后荧光和相差显微照片融合细胞集落

从图 16.22 和图 16.23 可以看到,所有的合金在与细胞培养的早期均能够促进细胞的生长,随着培养时间的延长,所有的合金均导致细胞的死亡,只有空白对照组的细胞呈现线性增长趋势。在培养 30h 后,在所有的 Mg-Sr-Zn 合金材料表面都能看到明显的细胞集落,但是纯镁表面没有观察到。在培养 48h 后,除了 Mg-0.15Sr-4Zn合金表面仍能看到部分细胞集落,其他合金表面均几乎没有观察

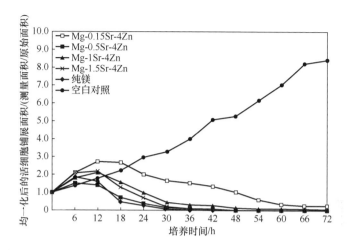

图 16.23　不同的培养时间下 H9 hESCs 细胞在材料表面铺展面积

到。在培养 72h 后,就只有 Mg-0.15Sr-4Zn 合金表面仍能看到细胞。这也表明,相对于纯镁,Mg-Zn-Sr 能够促进细胞的存活,而且 Mg-0.15Sr-4Zn 合集具有最好的细胞相容性,具有成为医用植入材料的潜质。

2. Mg-Sr-Zr 合金

Li 等[16] 在体外环境下采用间接接触法评价的 Mg-Sr-Zr 合金对 SaOS2 细胞的毒性,并对材料的溶血率和细胞在材料表面的黏附、生长进行了表征。不同 Mg-Sr-Zr 合金在不同培养时间段的细胞存活率以及材料溶血率如图 16.24 所示。

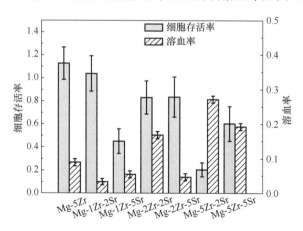

图 16.24　不同 Mg-Sr-Zr 合金的细胞存活率和溶血率

　　Zr 的添加显著提高了合金的生物相容性。相对于 Mg-5Sr-1Zr 合金,Mg-2Sr-1Zr 合金具有更高的细胞存活率和较低的溶血率。Mg-2Sr-2Zr 和 Mg-5Sr-2Zr 合金细胞存活率相近,但是前者溶血率更好。对于 Mg-(2,5)Sr-5Zr 合金,二者细胞存活率较低,溶血率较高,不太适合作为生物医用材料。在与材料共培养 24h 后,$SaOS_2$ 细胞在材料表面的形貌如图 16.25 所示。

图 16.25　不同 Mg-Sr-Zr 合金的细胞存活率和溶血率
(a) Mg-5Zr;(b) Mg-2Sr-1Zr;(c) Mg-5Sr-2Zr

　　从图 16.25 可以看到,所有材料表面均有细胞的黏附和铺展。与 Mg-5Zr 合金相比,添加有 Sr 合金的表面细胞均呈现多边形,伪足清晰可见,而且铺展更平整。而在 Mg-5Zr 材料表面,细胞呈现圆球形,生长状态不好。较多的伪足和较大的铺展面积也能说明 Sr 的加入能够促进细胞在材料表面的黏附,从而促进细胞在材料表面的生长,这也表明 Mg-2Sr-1Zr、Mg-5Sr-2Zr 合金适宜细胞在其表面的生长,具有较好的生物相容性。

16.5　在体动物实验

　　为了评价材料在体的生物相容性能以及生物降解性能,动物实验是比较易行且可靠的办法。在目前的动物实验中,不同的动物种类,不同的植入部位以及不同的植入时间都有报道。

　　Bornapour 等[2]将直径 2.4mm、壁厚 0.27mm、长度 10mm 的 Mg-0.5Sr 打过孔的管材植入狗的右股动脉来评估其作为血管支架的应用前景。在植入三周后,作为对照的 WE43 管材出现了血栓,在管表面和管内部均聚集大量的腐蚀产物,Mg-0.5Sr 合金只有少量的腐蚀产物沉积,并未发现血栓形成。取出植入物之后在电镜下观察发现,WE43 合金管仍然保持其原始尺寸,壁厚降低不明显。然而,Mg-0.5Sr 合金管部分降解,壁厚只有初始时的约 1/2。在管壁上能够看到局部腐蚀所形成的腐蚀坑。根据植入前后失重率,Mg-0.5Sr 合金在植入三周时间内的降解速率约为 3mg/天,根据合金中 Sr 的含量得到 Sr 的释放量约为 0.015mg/天,远低于推荐的每日摄入量[40]。Gu 等[1]采用 3 个月大的雄性 C57BL/6 白鼠作为模式动物,评价了轧制态 Mg-2Sr 合金在体的生物活性。直径 0.7mm、长度 5mm 的 Mg-2Sr 柱状材料植入股骨远端打好的孔道内。术后四周内植入部位的 3D μ-CT 重建图像如图 16.26 所示。

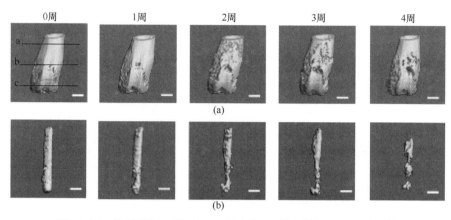

图 16.26　轧制态 Mg-2Sr 合金在植入不同时间后的 μ-CT 重建图像
a-股骨近端;b-股骨中端;c-股骨远端

由图可以看到,随着植入时间的延长,Mg-2Sr 合金圆柱的体积在不断减小,材料的表面腐蚀比较严重,而材料的中心部分仍然能够保持其结构的完整性。同时,植入圆柱在股骨远端的部位降解速率较快,而靠近股骨部位降解速率相对较慢。随着植入物在体内逐渐降解,在股骨远端也可以看到新骨的形成和骨重建。在植入四周后,已经形成了完整的新骨,股骨远端重新形成光滑的表面结构,如图 16.27 所示。

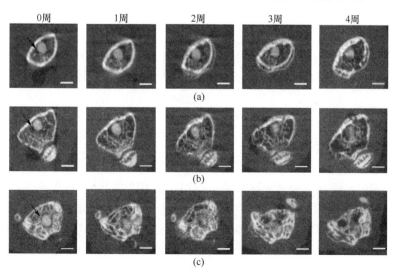

图 16.27　术后不同时间 Mg-2Sr 植入物部位老鼠股骨不同位置 2D 切面图
(a) 股骨近端;(b) 股骨中端;(c) 股骨远端,比例尺长度为 1.0mm

在不同的植入时间骨矿物质密度和皮质骨厚度如图 16.28 所示。在植入四周后,相比于对照组,Mg-2Sr 合金的植入显著提高了植入部位的骨矿物质密度以及皮质骨厚度,表明 Mg-2Sr 能够促进骨组织的愈合,具有良好的生物相容性。

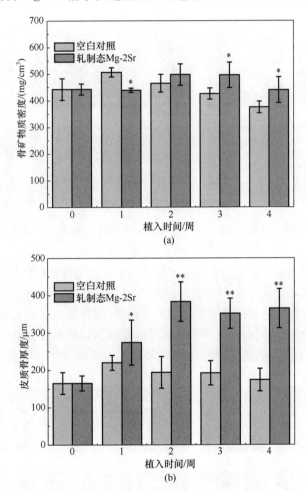

图 16.28　轧制态 Mg-2Sr 合金与空白对照在不同植入时间后骨矿物质密度和皮质骨厚度
(a) 骨矿物质密度;(b) 皮质骨厚度($*P<0.05$,$**P<0.01$)

植入部位股骨远端和骨干区域的组织切片观察结果如图 16.29 所示。

图 16.29(b)中虚线圆形区域为骨道,箭头代表 Mg-2Sr 植入物。由图可以看到,图(b)中骨道周围新生骨明显要多于空白对照组。图(c)中三角形代表已经开始降解的植入物,箭头代表新生成的新骨,可以看到,部分降解的植入物已经被纤维组织包围。图(d)中的圆点代表降解的植入物。

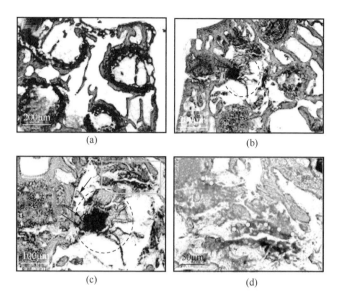

图 16.29　鼠股骨远端组织切片形貌

（a）没有植入物的空白对照组；（b）～（d）植入轧制态 Mg-2Sr 合金四周；
（c）图（b）放大后照片；（d）图（c）中圆框框放大后的形貌

Li 等[16] 采用新西兰白兔作为模型动物研究了 Mg-Sr-Zr 合金在体内的成骨能力。直径 2mm，长度 4mm 的圆柱样品被植入左股骨的胫骨端。植入三月后的骨矿物质密度及骨矿物质含量如图 16.30 所示。

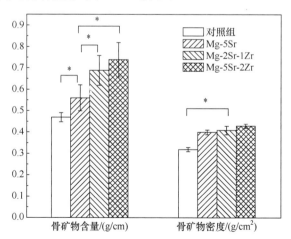

图 16.30　不同 Mg-Sr-Zr 合金植入三月后的骨矿物质密度以及骨矿物质含量（*$P<0.05$）

从图 16.30 可以看到，无论骨矿物质密度（BMD）还是骨矿物质含量（BMC），都要显著高于空白对照组,表明三种合金都能有效地促进存进新骨生成。在这三种合金中,添加有 Sr 的 Mg-1Zr-2Sr 合金以及 Mg-2Zr-5Sr 合金的 BMD 和 BMC 都要显著高于 Mg-5Zr 合金,这就说明 Sr 的加入能够有效提高合金的骨整合作用。Mg-2Sr-1Zr 合金植入部位组织切片如图 16.31 所示。

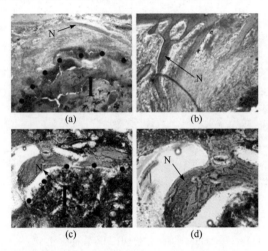

图 16.31　Mg-1Zr-2Sr 合金在植入三月后组织切片
N 代表新骨;I 表示植入物;黑点表示植入物边界

　　Mg-2Sr-1Zr 合金的植入能够诱导松质骨在植入物表面的形成,而且表现出较好的骨生成和后期的骨整合能力。这些新形成的骨完全矿化而且与原来的骨组织紧密地结合在一起,这表明植入物具有较好的骨传导性能。作者认为,相比于其他合金,Mg-2Sr-1Zr 合金具有较好的成骨活性和生物相容性,是比较有潜力的生物医用可降解材料。

16.6　结论与展望

　　Sr 作为镁合金的一种合金化元素,其具有较高的晶粒细化效率,添加适量的Sr 也在一定程度上能够提高合金在模拟体液中的抗腐蚀性能。此外,就生物相容性方面而言,其具有较好的生物相容性,作为合金元素不会引起细胞毒性和动物的炎症、溶血等不良反应,是一种比较理想的生物医用镁合金合金化元素。未来 Mg-Sr 系列生物医用可降解合金研究的方向应该关注在合金元素量的控制、合金后期的冷热加工处理,并完善现阶段已经开发出来的各种三元或者多元 Mg-Sr 系合金的体内外生物相容性表征。

致谢

本章工作先后得到了国家重点基础研究发展计划(973 计划)(2012CB619102)、国家杰出青年科学基金(51225101)、国家自然科学基金重点项目(51431002)、国家自然科学基金 NSFC-RGC 项目(51361165101)、国家自然科学基金面上项目(31170909)、北京市科委生物技术与医药产业前沿专项(Z131100005213002)、金属材料强度国家重点实验室开放课题(20141615)、北京市优秀博士学位论文指导教师科技项目(20121000101)、生物可降解镁合金及相关植入器件创新研发团队(广东省科技计划,项目编号 201001C0104669453)、北京市科技计划项目(Z141100002814008)等的支持。

参 考 文 献

[1] Gu X N,Xie X H,Li N,et al. In vitro and in vivo studies on a Mg-Sr binary alloy system developed as a new kind of biodegradable metal. Acta Biomaterialia,2012,8(6):2360-2374

[2] Bornapour M,Muja N,Shum-Tim P,et al. Biocompatibility and biodegradability of Mg-Sr alloys: The formation of Sr-substituted hydroxyapatite. Acta Biomaterialia, 2013, 9 (2): 5319-5330

[3] Fan Y,Wu G,Zhai C. Effect of strontium on mechanical properties and corrosion resistance of AZ91D. Materials Science Forum,2007,546/547/548/549:567-570

[4] Zeng X Q,Wang Y X,Ding W J,et al. Effect of strontium on the microstructure,mechanical properties, and fracture behavior of AZ31 magnesium alloy. Metallurgical and Materials Transactions A:Physical Metallurgy and Materials Science,2006,37A(4):1333-1341

[5] Brar H S,Wong J,Manuel M V. Investigation of the mechanical and degradation properties of Mg-Sr and Mg-Zn-Sr alloys for use as potential biodegradable implant materials. Journal of the Mechanical Behavior of Biomedical Materials,2012,7:87-95

[6] Aydin D S,Bayindir Z,Pekguleryuz M O. The effect of strontium(Sr)on the ignition temperature of magnesium(Mg):A look at the pre-ignition stage of Mg-wt%Sr. Journal of Materials Science,2013,48(23):8117-8132

[7] Lee Y C,Dahle A K,StJohn D H. The role of solute in grain refinement of magnesium. Metallurgical and Materials Transactions A:Physical Metallurgy and Materials Science,2000,31(11):2895-2906

[8] Guan R G,Cipriano A F,Zhao Z Y,et al. Development and evaluation of a magnesium-zinc-strontium alloy for biomedical applications—Alloy processing, microstructure, mechanical properties,and biodegradation. Materials Science & Engineering C:Materials for Biological Applications,2013,33(7):3661-3669

[9] Zhang E L, Yin D S, Xu L P, et al. Microstructure, mechanical and corrosion properties and biocompatibility of Mg-Zn-Mn alloys for biomedical application. Materials Science & Engineering C: Biomimetic and Supramolecular Systems, 2009, 29(3): 987-993

[10] Xu L P, Zhang E L, Yin D S, et al. In vitro corrosion behaviour of Mg alloys in a phosphate buffered solution for bone implant application. Journal of Materials Science—Materials in Medicine, 2008, 19(3): 1017-1025

[11] Borkar H, Hoseini M, Pekguleryuz M. Effect of strontium on flow behavior and texture evolution during the hot deformation of Mg-1 wt% Mn alloy. Materials Science and Engineering A: Structural Materials Properties Microstructure and Processing, 2012, 537: 49-57

[12] Celikin M, Kaya A A, Pekguleryuz M. Microstructural investigation and the creep behavior of Mg-Sr-Mn alloys. Materials Science and Engineering A: Structural Materials Properties Microstructure and Processing, 2012, 550: 39-50

[13] Guo K W. A review of magnesium/magnesium alloys corrosion and its protection. Recent Patents on Corrosion Science, 2010, 2: 13-21

[14] Yamamoto A, Honma R, Sumita M. Cytotoxicity evaluation of 43 metal salts using murine fibroblasts and osteoblastic cells. Journal of Biomedical Materials Research, 1998, 39(2): 331-340

[15] Matsuno H, Yokoyama A, Watari F, et al. Biocompatibility and osteogenesis of refractory metal implants, titanium, hafnium, niobium, tantalum and rhenium. Biomaterials, 2001, 22 (11): 1253-1262

[16] Li Y C, Wen C, Mushahary D, et al. Mg-Zr-Sr alloys as biodegradable implant materials. Acta Biomaterialia, 2012, 8(8): 3177-3188

[17] Cong M Q, Li Z Q, Liu J S, et al. Effect of Sr on microstructure, tensile properties and wear behavior of as-cast Mg-6Zn-4Si alloy. Materials & Design, 2014, 53: 430-434

[18] Kim B H, Park K C, Park Y H, et al. Effect of Ca and Sr additions on high temperature and corrosion properties of Mg-4Al-2Sn based alloys. Materials Science and Engineering A: Structural Materials Properties Microstructure and Processing, 2011, 528(3): 808-814

[19] Zhang W J, Li M H, Chen Q, et al. Effects of Sr and Sn on microstructure and corrosion resistance of Mg-Zr-Ca magnesium alloy for biomedical applications. Materials & Design, 2012, 39: 379-383

[20] Hirai K, Somekawa H, Takigawa Y, et al. Effects of Ca and Sr addition on mechanical properties of a cast AZ91 magnesium alloy at room and elevated temperature. Materials Science and Engineering A: Structural Materials Properties Microstructure and Processing, 2005, 403(1/2): 276-280

[21] Buha J. Reduced temperature (22-100 degrees C) ageing of an Mg-Zn alloy. Materials Science and Engineering A: Structural Materials Properties Microstructure and Processing, 2008, 492(1/2): 11-19

［22］ Clark J B. Transmission electron microscopy study of age hardening in a Mg-5 wt percent Zn alloy. Acta Metallurgica,1965,13(12):1281-1289

［23］ Gao X,Nie J F. Characterization of strengthening precipitate phases in a Mg-Zn alloy. Scripta Materialia,2007,56(8):645-648

［24］ Mima G,Tanaka Y. Main factors affecting aging of magnesium-zinc alloys. Transactions of the Japan Institute of Metals,1971,12(2):76-81

［25］ Liu F C,Liang W,Li X R,et al. Improvement of corrosion resistance of pure magnesium via vacuum pack treatment. Journal of Alloys and Compounds,2008,461(1/2):399-403

［26］ Borkar H,Hoseini M,Pekguleryuz M. Effect of strontium on the texture and mechanical properties of extruded Mg-1% Mn alloys. Materials Science and Engineering A:Structural Materials Properties Microstructure and Processing,2012,549:168-175

［27］ Hu M,Fei H,Gao J,et al. A study on microstructures and creep behaviors in the Mg-3Sr-xY alloys. Advanced Materials Research,2012,418:602-605

［28］ Obekcan M,Ayday A,Sevik H,et al. Addition of strontium to an Mg-3Sn alloy and investigation of its properties. Materialia in Tehnology,2013,47(3):299-301

［29］ Liu H M,Chen Y G,Zhao H F,et al. Effects of strontium on microstructure and mechanical properties of as-cast Mg-5 wt.% Sn alloy. Journal of Alloys and Compounds,2010,504(2):345-350

［30］ Chen K,Li Z Q,Liu J S,et al. The effect of Ba addition on microstructure of in situ synthesized Mg2Si/Mg-Zn-Si composites. Journal of Alloys and Compounds,2009,487(1/2):293-297

［31］ Gariboldi E,Spigarelli S. An analysis of strain-time relationships for creep in an as-cast Mg-Al-Si alloy. Materials & Design,2003,24(6):445-453

［32］ De Negri S,Skrobanska M,Delfino S,et al. The Mg-Zn-Si system:Constitutional properties and phase formation during mechanical alloying. Intermetallics,2010,18(9):1722-1728

［33］ Yuan G Y,Liu M P,Ding W J,et al. Microstructure and mechanical properties of Mg-Zn-Si-based alloys. Materials Science and Engineering A:Structural Materials Properties Microstructure and Processing,2003,357(1/2):314-320

［34］ Cong M Q,Li Z Q,Liu J S,et al. Effect of Ca on the microstructure and tensile properties of Mg-Zn-Si alloys at ambient and elevated temperature. Journal of Alloys and Compounds,2012,539:168-173

［35］ Huan Z G,Leeflang M A,Zhou J,et al. In vitro degradation behavior and cytocompatibility of Mg-Zn-Zr alloys. Journal of Materials Science—Materials in Medicine,2010,21(9):2623-2635

［36］ Aung N N,Zhou W. Effect of grain size and twins on corrosion behaviour of AZ31B magnesium alloy. Corrosion Science,2010,52(2):589-594

[37] Song D, Ma A B, Jiang J H, et al. Corrosion behavior of equal-channel-angular-pressed pure magnesium in NaCl aqueous solution. Corrosion Science, 2010, 52(2):481-490

[38] Zhao M C, Liu M, Song G L, et al. Influence of pH and chloride ion concentration on the corrosion of Mg alloy ZE41. Corrosion Science, 2008, 50(11):3168-3178

[39] Cipriano A F, Zhao T, Johnson I, et al. In vitro degradation of four magnesium-zinc-strontium alloys and their cytocompatibility with human embryonic stem cells. Journal of Materials Science—Materials in Medicine, 2013, 24(4):989-1003

[40] Kirkland N T, Staiger M P, Nisbet D, et al. Performance-driven design of biocompatible Mg alloys. The Journal of the Minerals, 2011, 63(6):28-34

第17章 镁锌合金体系

锌(Zn)是人体必需的微量元素,参与300多种酶反应,对免疫系统、生长发育有重要影响,对维持很多生物大分子的结构和功能稳定性具有至关重要的作用[1]。锌具有良好的生物相容性,人体血清中锌含量为$806\sim1131\mu g/L$,成年人一天需要摄入约15mg锌满足新陈代谢需求,过量的锌可以通过肠胃和肾脏代谢排出体外,锌缺乏则会降低成骨细胞活性及碱性磷酸酶活性。锌是镁合金的重要合金强化元素之一,通过固溶或时效析出强化能够大幅度提高镁的力学性能,同时锌的加入可提高镁的腐蚀电位,锌与钙、稀土等元素一样具有稳定镁腐蚀产物膜的作用,能够提高镁的降解性能。

Mg-Zn体系可降解镁合金兼具良好的力学、降解和生物相容性等性能,主要包括Mg-xZn、Mg-Zn-Ca、Mg-Zn-Mn、Mg-Zn-Sr、Mg-Zn-Ca-Fe等二元、三元或多元合金,可通过组织调控等手段获得较理想的力学与降解的综合性能,满足不同种类临床应用的需要。

17.1 组 织 调 控

合金的力学和降解等宏观性能由微观组织结构决定,受合金成分、加工方式等影响,因此,调控镁锌合金的成分和组织是使其达到应用要求的关键。

17.1.1 合金元素

Mg-Zn二元合金相图如图17.1所示,锌在镁中的极限溶解度可达6.2%(质量分数),锌含量大于这一浓度发生共晶等反应析出$Mg_{51}Zn_{20}$、Mg_7Zn_3或MgZn等中间化合物相。

医用Mg-xZn合金选择Zn含量通常并不多,不同锌含量的铸态Mg-Zn合金的组织主要包括基体(α-Mg)和沿晶界析出的第二相(γ-MgZn)。如图17.2所示的Mg-xZn合金[3],随Zn含量的增加,合金的晶粒尺寸逐渐减小。第二相主要通过共晶和共析反应生成,在Zn含量较低时析出相主要为MgZn中间相,当Zn含量增加到6%以上时有其他的中间相析出。扫描电镜结果(图17.3)证明,6%和9%Zn含量(质量分数)的合金晶界上除了黑色的MgZn相(EDS分析Zn质量分数10.34%,B点),还有白色的$Mg_{51}Zn_{20}$金属间化合物相(EDS分析Zn质量分数46.40%,A点),X射线衍射结果(图17.4)进一步证实了在Zn含量1.5%和3%

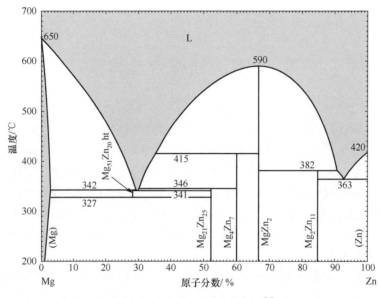

图 17.1　Mg-Zn 二元合金相图[2]

(质量分数)的 Mg-Zn 合金中存在 MgZn 中间相,而更高 Zn 含量的合金中出现
$Mg_{51}Zn_{20}$金属间化合物相。

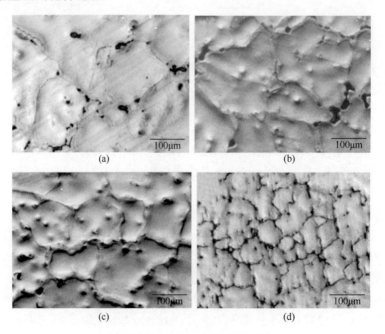

图 17.2　Mg-xZn 光学显微组织

(a) $x=0.5\%$;(b) $x=1.5\%$;(c) $x=3\%$;(d) $x=9\%$(质量分数)

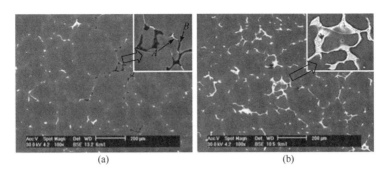

图 17.3　Mg-6Zn 合金(a)和 Mg-9Zn(质量分数)合金(b)的扫描电镜观察[3]

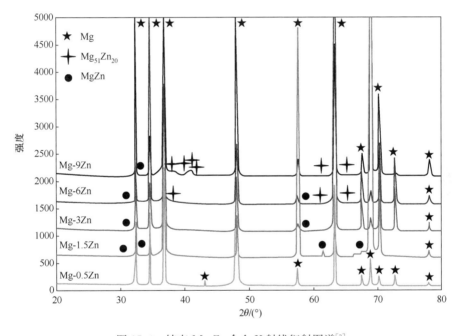

图 17.4　铸态 Mg-Zn 合金 X 射线衍射图谱[3]

　　虽然 γ-MgZn 等第二相的存在能显著提高镁的力学性能,但它们具有比基体 α-Mg 更高的腐蚀电位和缓慢得多的降解速率,易与 α-Mg 形成电偶腐蚀,这种不均匀的腐蚀将加速基体镁的降解。因而,医用 Mg-Zn 二元合金通常不希望出现第二相,以避免局部电偶腐蚀发生。当 Zn 的含量不超过 6%时,通过适当的热处理等材料制造工艺能够获得单相的 α-Mg 组织,使 Zn 完全固溶于 α-Mg 以提高力学强化效果并获得缓慢而均匀的降解。

　　在 Mg-Zn-x 三元或多元合金中,基体材料的成分及金属间化合物相的成分和体积分数依赖于添加的其他合金元素性质。如图 17.5 所示,在 Mg-2Zn-0.2x 合金[4]中 Zn 的含量相同,部分 Zn 固溶在 α-Mg 基体中,部分 Zn 以白色 MgZn 中间相的形式析出在晶界上。在添加 Ca 的 Mg-2Zn-0.2Ca 合金中,基体中没有 Ca,Ca 溶解在 MgZn 金属间化合物相中。Mg-2Zn-0.2Mn 合金的 Mn 全部均匀地固溶在基体中,而 Mg-2Zn-0.2Si 合金中的 Si 既没有固溶于 α-Mg 基体,也没有溶解于 MgZn 金属间化合物,而是以共晶 Mg$_2$Si 的形式析出[图 17.5(c)中呈汉字状]。

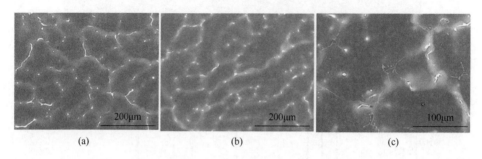

图 17.5　Mg-2Zn-0.2x 合金的 SEM 形貌[4]

(a) x=Ca;(b) x=Mn;(c) x=Si

对 Mg-5Zn-xCa 合金[5]的研究表明,沿晶界分布的第二相的体积分数随 Ca 含量的增加而增加,晶界逐渐变厚,在 3%Ca(质量分数)时形成网状结构[图 17.6(c)]。有研究表明[6,7]在 Zn/Ca 原子比小于 1.2 时,发生 α-Mg+Mg$_2$Ca+Ca$_2$Mg$_6$Zn$_3$ 共晶反应,而 Zn/Ca 原子比大于 1.2 时,发生 α-Mg+Ca$_2$Mg$_6$Zn$_3$ 共晶反应。图 17.6 中 Mg-5Zn-1.0Ca 和 Mg-5Zn-2.0Ca 晶界上析出的是三元 Ca$_2$Mg$_6$Zn$_3$ 相,而 Mg-5Zn-3Ca 合金晶界上析出的是 Mg$_2$Ca+Ca$_2$Mg$_6$Zn$_3$ 相。

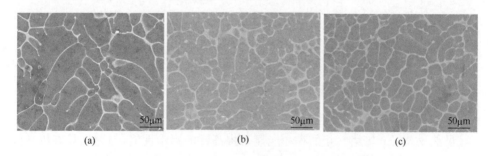

图 17.6　铸态 Mg-Zn-Ca 合金的背散射 SEM 显微结构[5]

(a) Mg-5Zn-1.0Ca;(b) Mg-5Zn-2.0Ca;(c) Mg-5Zn-3Ca

在 Mg-Zn 合金中加入锆、锶等元素,可显著细化晶粒[8-11]。如图 17.7 所示,铸态和 T4 处理的 Mg-4.0Zn-0.5Zr 合金具有均匀的等轴晶结构,少量第二相沿晶界析出。锆元素在镁合金凝固过程中作为形核点显著降低了其晶粒尺寸,有研究表明锆的细化晶粒效率由生长限制因子(GRF)决定,锆在镁合金的 RGF 值为

38.29,显著高于 Zn 的 5.31,二者协同作用使含锆 Mg-Zn 合金具有明显的晶粒细化效应[12]。合金元素钇能够使 Mg-Zn 合金形成长周期有序堆垛结构（LPSO 相），有利于镁合金强度和塑性的协调[13]。

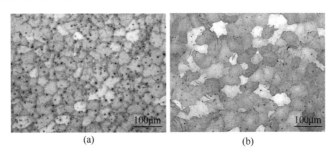

(a)   (b)

图 17.7　ZK40 合金金相图[9]

(a) 铸态；(b) 300℃保温 1h 固溶处理

17.1.2　加工方式

铸态 Mg-Zn 合金通常晶粒尺度较大，晶界的 $MgZn$、Mg_2Zn、Mg_7Zn_3 等金属间化合物析出相均为硬脆相，其含量和分布情况对镁合金的力学性能有很大的影响。同时，这些晶界析出相与 α-Mg 基体形成腐蚀电偶将加速 Mg 的腐蚀降解，因此，需对铸态 Mg-Zn 合金进行适当的热处理和变形加工，通过组织调控改善其力学和降解性能。

图 17.8 是 Mg-6Zn 合金铸态、固溶态和热挤压态的金相组织照片。Mg-6Zn 合金的铸态室温平衡组织为 α-Mg 和晶界上的 γ-MgZn 析出相。经过 350℃固溶热处理后晶粒有一定程度的长大，晶界上的析出相消失，Zn 原子完全固溶到 α-Mg 基体中，形成单相过饱和 α-Mg 固溶体；同时晶界细化，形成比较典型的尖锐三叉晶界，这是由于第二相的溶解作为驱动力使 Mg-6Zn 合金微观结构趋于固溶温度下的平衡组织，在固溶淬火过程中该结构被保留下来[15]。相比固溶态，经过 250℃热挤压的 Mg-6Zn 合金平行于挤压方向的晶粒显著细化，无明显的析出相。细小等轴晶的尺寸为 $10\sim30\mu m$，说明挤压过程中发生了动态再结晶。相对其他合金（如铝合金），镁合金更容易在热加工时发生动态再结晶。这是因为：①镁是密排六方结构，滑移系有限，变形时容易导致位错塞积，能很快达到动态再结晶所需的位错密度[16]；②镁堆垛层错能低，只有 $78mJ/m^2$（铝高达 $200mJ/m^2$）[17]，产生的扩展位错很难聚集，因此滑移和攀移都比较困难，利于发生再结晶；③镁合金晶界扩散速度高，亚晶堆积的位错能够被快速吸收，加快了动态再结晶过程[18]。对于含 Zn 镁合金，其层错能较纯镁更低，更容易发生动态再结晶[19]，晶粒细化效果更加明显。

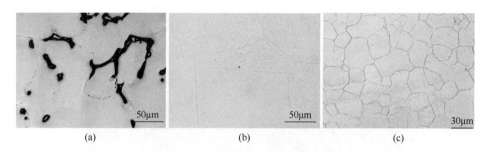

图 17.8　Mg-6Zn 金相显微组织[14]

(a) 铸态；(b) 固溶态；(c) 热挤压态

　　X 射线衍射图谱证实[图 17.9(a)]，铸态样品有比较明显的 γ-MgZn 相衍射峰，而固溶热处理后该相衍射峰消失，只有过饱和固溶体 α-Mg 的基体衍射峰，挤压态的 Mg-6Zn 合金也未发现明显的析出物衍射峰。铸态的 Mg-6Zn 合金中(100)、(002)、(101)三个晶面衍射峰的位置和衍射强度与镁的标准峰 PDF 卡片一致，而固溶态和挤压态合金由于 Zn 原子溶入基体形成过饱和固溶体引起了较大的晶格畸变，其衍射峰的位置与标准有一定偏差[图 17.9(b)]。

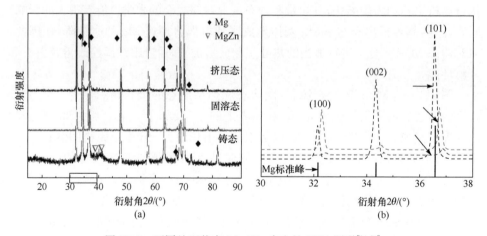

图 17.9　不同处理状态 Mg-6Zn 合金的 XRD 图谱[14,20]

　　尽管 XRD 没有检测到挤压态 Mg-6Zn 合金有析出相，但通过透射电镜明场像可以观察到均匀弥散的 MgZn 化合物析出相[图 17.10(a)]，主要包括两种形貌：一种为球形，直径 30nm 左右，一种为棒状，宽度 10nm，长度在 20～100nm。这些细小沉淀相与位错的缠结[图 17.10(b)]对材料的力学性能产生较大的影响。图 17.11 揭示了 Mg-6Zn 合金在加工过程中的组织演变。

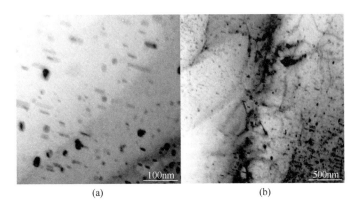

(a)　　　　　　　　　　　　(b)

图 17.10　挤压态 Mg-6Zn 合金 TEM 明场像[20]

(a) 棒状和球形 MgZn 化合物析出相;(b) 位错缠结

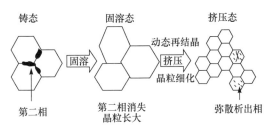

图 17.11　Mg-6Zn 合金加工过程中组织演变示意图[20]

17.1.3　大塑性变形

通过大塑性变形等处理,可以进一步细化 Mg-Zn 合金的晶粒,从而提高合金的力学和降解性能。如图 17.12 所示,通过等通道转角挤压处理(ECAP),原始的粗晶 ZM21 合金(Mg-1.78Zn-0.89Mn)晶粒逐渐细化[21]。在较少挤压道次的情况下部分原始粗晶由于未变形仍有保留[图 17.12(b) 和(c)],而最终经过多道次挤压,均匀的等轴细晶组织[约 520nm,图 17.12(f)]完全替代原粗晶组织[约 15μm,图 17.12(a)],证实这种处理方法可以有效地细化晶粒至亚微米或纳米的尺度。

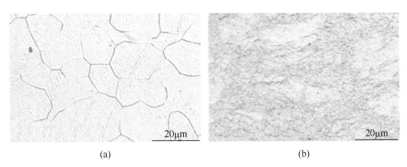

(a)　　　　　　　　　　　　(b)

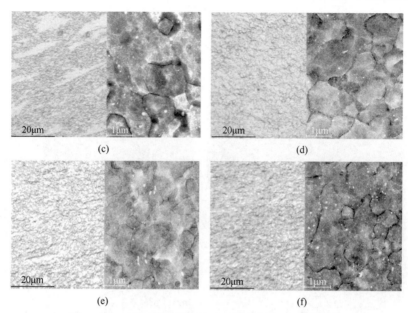

图 17.12　　ECAP 过程中 ZM21 镁合金的组织演变[21]

(a) 原始粗晶材料;(b) 200℃ 4 道次挤压;(c) 200℃ 6 道次挤压;(d) 200℃ 8 道次挤压;
(e) 200℃ 8 道次+150℃ 4 道次挤压;(f) 200℃ 8 道次+150℃ 8 道次挤压

　　铸态 Mg-Zn-Ca 合金[22]的平均晶粒尺度约为 97μm,第二相沿晶界连续分布 [图 17.13(a)];经过传统的热挤压处理后晶粒尺寸减小到约 5.4μm,多数第二相仍沿晶界分布,且有少量的第二相在晶界内部析出[图 17.13(b)];而经过高压扭转(HPT)处理后 α-Mg 晶粒仅约为 1.2μm,第二相以纳米尺度弥散在 α-Mg 晶粒内部,晶界处没有第二相析出[图 17.13(c)]。从 X 射线衍射结果也可以看出,由于热挤压温度较高(320℃),Mg_2Zn_3 中间相很容易析出,相较铸态 Mg-Zn-Ca 合金,热挤压的镁合金衍射峰增强。而由于第二相尺度和体积分数很小,HPT 处理的 Mg-Zn-Ca 合金很难检测到 Mg_2Zn_3 中间相的衍射峰[图 17.13(d)]。

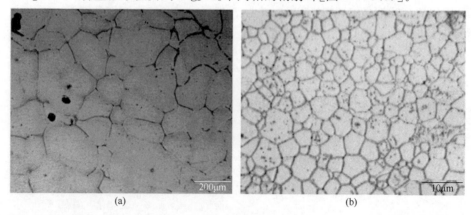

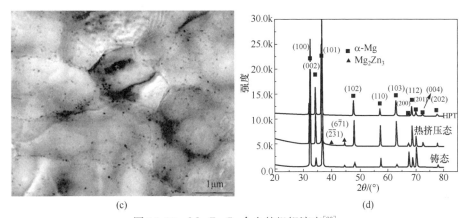

图 17.13　Mg-Zn-Ca 合金的组织演变[22]

(a) 铸态;(b) 热挤压态;(c) HPT 处理的显微组织图;(d) XRD 衍射图谱对比

17.2　力　学　性　能

锌对镁合金具有良好的强化作用,在固溶状态下,锌对镁合金的强化作用可以用下式描述[23]:

$$\sigma_{ys} = \sigma_{y0} + Z_F G (|\delta| + \beta |\eta|)^{3/2} c^{1/2} \tag{17-1}$$

其中,σ_{ys} 为屈服强度;σ_{y0} 为纯镁屈服强度;Z_F 为与合金元素有关的常数;G 为剪切模量;δ 为尺寸错配度参量;β 为位于 1/20 和 1/16 之间的常数;η 为模量错配度参量;c 为摩尔分数。

根据式(17-1),锌的强化效果随着摩尔分数升高而升高,在固溶条件下锌含量越高,强化作用越大。

表 17.1 列出了不同锌含量 Mg-Zn 二元合金的力学性能。Mg-Zn 合金的拉伸强度、压缩强度、延伸率等都远高于人骨,力学性能满足骨内固定等植入器械的要求。由表可见,Mg-Zn 合金中锌作为合金元素可以有效地提高镁合金的屈服强度、抗拉强度和压缩强度。

表 17.1　不同锌含量的镁锌二元合金力学性能

MgZn 合金	屈服强度/MPa	抗拉强度/MPa	延伸率/%	压缩强度/MPa
Mg-0.5Zn[24]	62 ± 1	145 ± 8	17.2 ± 1.3	237 ± 3
Mg-1.0Zn[24]	91 ± 1	169 ± 9	18.7 ± 1.4	295 ± 5
Mg-1.5Zn[24]	101 ± 1	190 ± 7	17.2 ± 1.5	305 ± 5
Mg-2.0Zn[24]	111 ± 1	198 ± 6	15.7 ± 1.6	315 ± 5

MgZn 合金	屈服强度/MPa	抗拉强度 /MPa	延伸率 /%	压缩强度 /MPa
Mg-4.0Zn[25]	～100*	～240*	～17*	～370*
Mg-6Zn[14]	167.6± 3.1	279.2± 2.7	20.3± 3.4	433.7· 0.7
人体密质骨	—	70～150	0～8	130～180

* 根据参考文献估算。

　　镁锌合金的力学性能不仅与合金元素及其含量相关，而且与晶粒大小、第二相的数量和分布有关。材料的加工状态是决定镁合金力学性能的另一个重要因素。表 17.2 列出了 Mg-Zn 系合金的拉伸力学性能比较。由表可以看到，铸态 Mg-Zn 合金的力学性能最低，屈服强度通常在 100MPa 以下，这很大程度上是由于粗大晶粒及晶界上大量第二相的影响。在挤压、热轧等热变形加工中，第二相或固溶于镁基体中形成固溶强化，或均匀弥散析出形成析出强化，经过热加工的 Mg-Zn 系合金均具有较高的屈服强度、抗拉强度及延伸率。

表 17.2　不同加工方式下镁锌合金的拉伸力学性能

合金	状态	抗拉强度 /MPa	屈服强度 /MPa	屈强比	伸长率 /%
ZK40[9]	铸态	176	96	0.55	4
Mg-Mn-Zn-Ca[26]	铸态	～190*	～70*	0.41	～9*
Mg-4Zn-1Ca[27]	铸态	182	63	0.35	9.1
Mg-6Zn-1Ca[27]	铸态	145	67	0.46	4.5
ZK60[28]	挤压	315	235	0.75	8
Mg-6Zn[14]	挤压	279	167	0.60	20
Mg-Zn-Mn[29]	挤压	280	246	0.88	～20
Mg-1Zn-2Y[13]	挤压	～290	—	—	～28.5
Mg-Y-Zn[30]	挤压	250～270	—	—	17～20
Mg-4Zn-1Sr[11]	热轧	275	—	—	12.8
Mg-4.0Zn-1.0Ca-0.6Zr[8]	热轧	—	320	—	18.7
ZM21[21]	ECAP	353	340	0.96	11.5
Mg-4Zn-0.4Ca[25]	ECAP	～250*	～96*	0.38	～24*

注：ECAP 表示等通道转角挤压。

* 根据文献估算。

　　屈服强度与抗拉强度比值（σ_{ys}/σ_b）称作屈强比。材料屈强比越低，意味着加工硬化指数和均匀延伸率越高，从而越不容易发生塑性失稳。强度较高的钢铁材料对屈强比有比较严格的要求，如飞机起落架钢的屈强比一般要求在 0.5～0.67，以避免使用中发生塑性失稳[31]。对于镁合金，高屈强比的材料可能会导致脆性显著,如挤压态 AZ61 镁合金经过时效处理后屈强比提高到 0.7 以上,塑性却显著下降[32]。屈强比低也有利于材料加工,如为使镁合金具有良好的冲压性能而通常要求具有较低的屈强比[33]。表 17.2 中铸态镁合金的屈强比较低,这很大程度上是材料本身屈服强度过低造成的。热加工态的镁合金则具有较高的屈强比,如 Mg-Mn-Zn 合金屈强比高于 0.88,但延伸率达到 20%,并没有表现出脆性。对于生物医用镁合金的器械加工和使用,在屈服强度满足使用要求的前提下选择较低的屈强比较为适合。

17.3　降解行为

17.3.1　电化学腐蚀降解行为

图 17.14 是 Mg-6Zn 合金和纯镁在模拟体液中的电化学极化曲线和交流阻抗谱。Mg-6Zn 腐蚀电位高于纯镁,而腐蚀电流密度小于纯镁,表明合金元素锌的加入改善了镁在模拟体液中的耐蚀性能,对腐蚀降解速率具有降低的调控作用。表 17.3 列出了 Mg-Zn 系合金的电化学极化曲线的拟合结果,表明镁合金的腐蚀电流不仅与合金元素有关,而且与合金的加工状态有关。

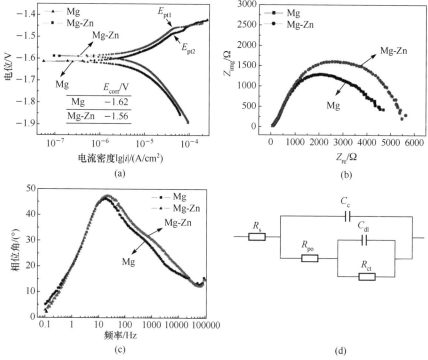

图 17.14　Mg-6Zn 合金与纯镁在 SBF 中的电化学腐蚀[14]

(a) 电化学极化曲线;(b) 交流阻抗谱 Nyquist 图;(c) Bode 图;(d) 拟合等效电路

表 17.3 镁锌系合金的电化学腐蚀降解性能

镁锌合金	溶液	腐蚀电位/V	腐蚀电流/($\mu A/cm^2$)
Mg-1Zn[34]	0.9%NaCl	−1.67	43.1
Mg-1Zn[24]	SBF	−1.56	47.4
Mg-2Zn[24]	SBF	−1.50	59.3
Mg-3Zn[3]	Kokubo's SBF	−1.70	103
Mg-6Zn[3]	Kokubo's SBF	−1.75	122
Mg-9Zn[3]	Kokubo's SBF	−0.85	147
Mg-1Zn-3Gd[34]	0.9%NaCl	−1.61	55.5
Mg-1Zn-1Sr[35]	SBF	−1.49	223
Mg-2Zn-0.2Mn[4]	Ringer's	−1.68	150
Mg-2Zn-0.24Ca as-cast[22]	Kokubo's SBF	−1.70	530
Mg-2Zn-0.24Ca ECAP[22]	Kokubo's SBF	−1.75	3.3
ZK40[9]	DMEM+FBS	−1.49	37.19
Mg-5Zn-1Ca[5]	SBF	−1.646	12.16
ZK60[10]	DMEM+FBS	—	23.52

图 17.14(b)和(c)分别是模拟体液中交流阻抗谱 Nyquist 图和 Bode 图。该腐蚀体系有两个时间常数,即降解过程有两个影响因素:电位和表面腐蚀产物膜的不完整性。图 17.14(d)是根据交流阻抗谱结果拟合的等效电路,该等效电路表示表面有一层不完整膜,在膜薄弱处溶液可以渗入膜的下层,与基体接触。其中各符号含义如下:R_s 为溶液电阻;C_c 为表面腐蚀膜的电容;R_{po} 为孔内电阻,表示表面腐蚀膜破坏处的电阻,可以表征膜的破坏情况;C_{dl} 为溶液渗透处的双电层电容;R_{ct} 为法拉第电荷转移电阻,与金属腐蚀降解的电化学反应有关。

根据拟合,纯镁的 R_{ct} 为 4270$\Omega \cdot cm^2$,Mg-6Zn 合金的 R_{ct} 为 5147$\Omega \cdot cm^2$。

实验中样品表面积是 $1cm^2$,设未覆盖的面积是 θ,真实反应区域的电荷转移电阻为 R_{ct}^0,而由电阻表达式为

$$R = \rho l/S \tag{17-2}$$

其中,S 为面积;ρ 为电阻率;l 为电阻长度(或厚度)。

由此可知,在其他条件不变的情况下,电阻和面积成反比。于是图 17-14(d)中的电荷转移电阻可以表示为

$$R_{ct} = R_{ct}^0/\theta \tag{17-3}$$

所有无膜区域的腐蚀机理可以认为一致,即认为 R_{ct}^0 不变,那么电荷转移电阻的改变可以认为是由 θ 的变化,即腐蚀产物膜的未覆盖面积变化引起的。对于

Mg-Zn 二元合金,Zn 在 Mg 中的固溶度有限[极限固溶度为 6.2%(质量分数)],该程度的 Zn 虽然会产生一定影响,但并不能从根本上改变 Mg 原子和 H_2O 发生反应的动力学和热力学。因此,假定 R_{ct}^0 不变,则电荷转移电阻的改变是由 θ 变化,即腐蚀产物膜的未覆盖面积变化引起的。从水溶液中 Zn-H_2O 及 Mg-H_2O 体系电位-pH 图(图 17.15)可以看出,Mg 在很宽的 pH 范围内以 Mg^{2+} 形式存在,当 pH>11.5 时 $Mg(OH)_2$ 才能稳定存在,这意味着水溶液中 Mg 很难达到钝化,将被持续腐蚀降解。而 Zn(以溶液中 Zn 离子浓度 10^{-6} mol/L 为例)在 pH<8.8 时以 Zn^{2+} 形式存在,8.8<pH<10.8 时以稳定的 $Zn(OH)_2$ 形式存在,即在该范围内 Zn 将发生钝化,阻碍降解。pH 高于 10.8 时钝化膜又会被溶解。Mg-6Zn 合金在降解过程中模拟体液的 pH 保持在 10 以下,此时 Zn 以稳定钝化膜形式存在,因而能够提高表面膜的稳定性和表面覆盖率,利于减缓镁合金的腐蚀降解。Zn 含量越高,则 $Zn(OH)_2$ 比例越高,越利于表面产物膜的稳定性,未覆盖面积 θ 相应减小,电荷转移电阻 R_{ct} 增大。由于镁合金腐蚀产物膜的破坏主要是腐蚀产物膜不稳定、易溶解引起的,如果加入的合金化元素能够稳定产物膜,则可以扩大覆盖面积,增加保护作用。根据上述分析,可以认为 Zn 有稳定镁合金在模拟体液中腐蚀产物膜的作用。

17.3.2 体外静态浸泡实验

为避免出现第二相的电偶腐蚀效应,Mg-Zn 合金可经过恰当的加工形成 α-Mg 的单相合金。以下仅以单相 Mg-6Zn 为例描述镁锌系合金在体外浸泡测试中的降解行为。

1. 氢气释放量及模拟体液 pH 变化

Mg-6Zn 合金样品的氢气释放量和 pH 在浸泡初期快速上升,之后速率逐渐变慢(图 17.16),这主要是因为样品表面被降解产物所覆盖,减缓了合金的进一步腐蚀。

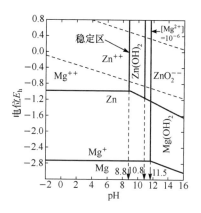

图 17.15 Mg-H_2O、Zn-H_2O 系统覆盖电位-pH 图[36]

2. 降解速率

图 17.17 是 Mg-6Zn 合金及纯镁在模拟体液中分别浸泡 3 天和 30 天的降解速率。第 3 天时 Mg-6Zn 合金的降解速率是 0.20mm/a,纯镁为 0.43mm/a。而第 30 天 Mg-6Zn 合金和纯镁则分别是 0.07mm/a 和 0.10mm/a。随着浸泡时间的延长,降解速率变慢,而无论浸泡 3 天还是浸泡 30 天的降解数据,Mg-6Zn 降解都要慢于纯镁,锌的加入提高了镁在模拟体液中的抗腐蚀性能。

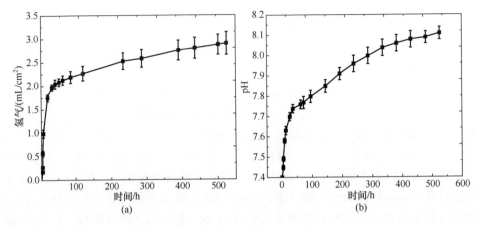

图 17.16　Mg-6Zn 合金在模拟体液中的体外降解

(a) 氢气释放；(b) 模拟体液 pH 变化[14]

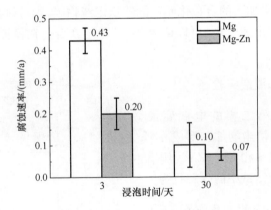

图 17.17　Mg-6Zn 合金在模拟体液中的降解速率[20]

3. 降解形貌及降解产物

Mg-6Zn 合金和纯镁在模拟体液中的降解形貌及表面降解产物成分如图 17.18 所示。浸泡 3 天后，纯镁和 Mg-6Zn 表面都有很多沉积产物。纯镁有比较严重的蚀坑，蚀坑中充满疏松的腐蚀产物，如图 17.18(a)所示；而 Mg-6Zn 合金表面则相对比较平整，未见较大的蚀坑，表面腐蚀产物也比较致密。30 天后，纯镁和 Mg-6Zn 都被一层较厚的腐蚀产物膜覆盖，同时在腐蚀产物膜上还有其他沉积盐，这层比较致密的腐蚀产物层具有很好的保护作用，使得镁的降解速率逐渐下降。

浸泡 3 天 Mg-6Zn 合金样品表面的 EDS 成分[图 17.18(e)]显示含有大量的

Ca、P 元素，Ca/P 摩尔比＜1，并且掺杂有少量的 Na。而 30 天后 Mg-6Zn 表面的腐蚀产物成分显示 Ca/P 摩尔比已经提高到了 1.15［图 17.18(f)］，表明镁表面随着浸泡时间的延长，腐蚀产物中会逐渐生成 Ca/P 摩尔比高的物相。这种含有大量 Ca、P 元素的沉积盐有利于体内的矿化。

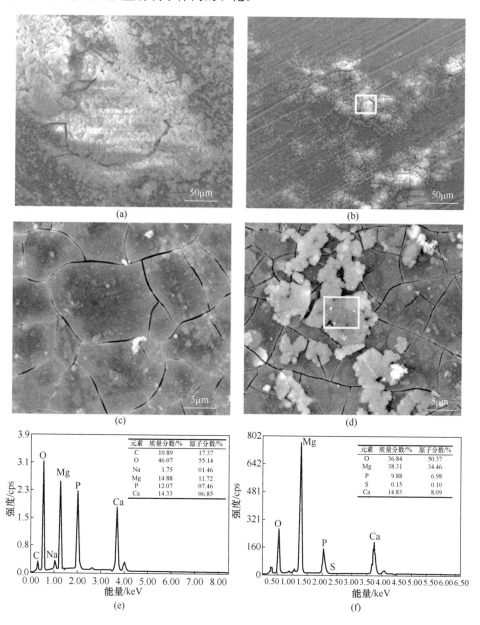

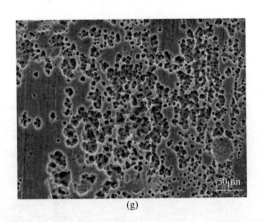

(g)

图 17.18　模拟体液浸泡后 Mg-6Zn 及纯镁降解形貌和降解产物成分[14,37]

(a) 纯镁 3 天；(b) Mg-6Zn 3 天；(c) 纯镁 30 天；(d) Mg-6Zn 30 天；

(e),(f)分别是图(b),(d)中方框区域的成分；(g)铬酸洗后的 Mg-6Zn 合金表面形貌

图 17.18(g)是浸泡 30 天后用铬酸清洗除去表面腐蚀产物后的形貌,可以看到分布不均匀较深的蚀坑。这些蚀坑在铬酸清洗之前都由腐蚀产物填充。

图 17.19 揭示了镁合金在模拟体液中降解过程及产物沉积机理。首先,镁基体被腐蚀降解,形成腐蚀坑,同时反应生成腐蚀产物 $Mg(OH)_2$。其次,在溶液中氯离子作用下 $Mg(OH)_2$ 分解为可溶性盐,样品表面产生过量的 OH^-,导致溶液

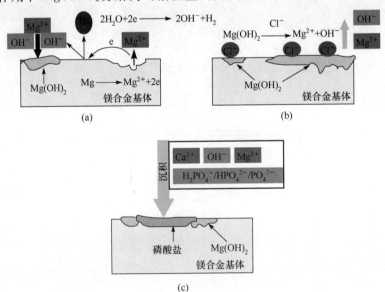

图 17.19　镁合金在 SBF 中降解及产物形成机理分析[37]

(a) 基体与水溶液之间的电化学作用；(b) $Mg(OH)_2$ 在氯离子作用下的分解；(c) Ca/P 盐的沉积

过饱和度增大,SBF 中的磷酸根解离增加,各种磷酸根(可用 $H_nPO_4^{(3-n)-}$ 综合表示)浓度增加,并和溶液中原有的钙离子以及降解产生的大量镁离子发生反应,生成难溶性沉淀物,其反应可以用下式简略表示:

$$H_nPO_4^{(3-n)-} + Ca^{2+} + Mg^{2+} + OH^- \longrightarrow Mg_xCa_y(PO_4)_z \quad (难溶盐)(17\text{-}4)$$

如果 OH^- 也参与反应,则会生成更加复杂的 $Mg_xCa_y(PO_4)_z(OH)$ 类难溶磷酸盐,如 HA。之后难溶磷酸盐沉积到样品表面,并填充腐蚀坑,形成比较致密的腐蚀产物膜,对基体起到一定的保护作用,同时由于该矿物层含有 Ca、P 元素,有利于提高材料在骨组织内的生物相容性。

17.3.3　体外动态腐蚀

对镁合金的骨科应用来讲,植入部位一般血流速度和体液交换速度都比较缓慢,体外静态浸泡可以在一定程度模拟;但对于心血管植入领域,静态浸泡和实际情况偏差比较大。心血管支架周围是一个动态环境,支架既受血液中离子的侵蚀,又受到血液在支架表面的冲刷作用,冲刷的流体剪切力已经证明了能破坏镁合金的腐蚀产物膜并加速镁合金的降解[38]。因此,采用通常的静态浸泡实验无法准确地预期镁合金支架在血管内的降解特征,对镁合金支架材料的体外降解热力学和动力学研究需要设计动态实验装置来模拟人体内的血流环境。根据 Doriot 等[39]的报道,成年人在安静的情况下血流作用在冠脉内壁的平均剪切力大约为 0.68Pa。由于人体冠脉中的血流大多为平流,因此动态降解实验中模拟体液的流速可以根据以下公式确定:

$$\tau = 32\eta Q/(\pi D^3) \tag{17-5}$$

其中,τ 是模拟体液作用在试样内壁的剪切力(0.68Pa);η 是溶液的黏度(1mPa·s);Q 是模拟体液的流量(cm^3/s);D 是试样内腔的半径(6.4mm)。同时,根据公式 $Re = \rho vL/\eta$[其中,Re 代表溶液雷诺数;ρ 代表模拟体液密度($1g/cm^3$);L 代表管道特征长度(D);η 是溶液的黏度(1mPa·s)]来计算和核对模拟体液的雷诺数,确保其雷诺数控制在 1000 以下以得到平稳的层流。

图 17.20 是 Mg-6Zn 合金试样在静态和动态降解过程中样品失重和 pH 变化的对比。在最初的 24h 内,动态腐蚀样品失重速率较高,而由于没有受到腐蚀介质冲刷作用,静态浸泡试样质量反而有所增加,这是由于试样表面的腐蚀层只有少量被溶解,大部分腐蚀产物都覆盖在合金表面导致整体重量增加。动态降解的 Mg-6Zn 样品在 48h 后失重速率开始放缓,这主要是由两个方面的原因造成的:一方面,Mg-6Zn 合金试样表面的腐蚀产物在某种程度上能对基体起到一定的保护作用,从而减小了合金试样的腐蚀速率;另一方面,SBF 本身是一种过饱和溶液,含有多种离子 Ca^{2+}、Mg^{2+}、$H_2PO_4^-$、HPO_4^{2-} 等,而各种磷酸根之间有如下解离平衡:

$$H_2PO_4^- \Longrightarrow H^+ + HPO_4^{2-} \tag{17-6}$$

$$HPO_4^{2-} \Longrightarrow H^+ + PO_4^{3-} \tag{17-7}$$

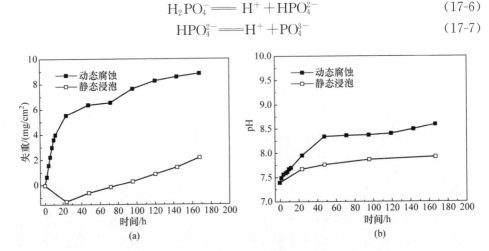

图 17.20　Mg-6Zn 合金试样在动态腐蚀和静态浸泡环境下的降解[40,41]

(a) 失重;(b) 模拟体液的 pH 变化

　　当 Mg-6Zn 合金持续降解时,溶液 pH 上升,磷酸根的两级解离将向右持续进行,导致溶液中 HPO_4^{2-} 和 PO_4^{3-} 逐渐增多,离子浓度过饱和,与 Ca^{2+}、Mg^{2+} 等结合形成难溶物沉淀到样品表面,阻碍降解进一步进行。降解过程中 SBF 的 pH 变化情况与失重结果一致。动态降解的 SBF 最终 pH 约为 8.6,而静态浸泡的 SBF 最终 pH 仅为 7.8,这也进一步证明了动态环境下 Mg-Zn 合金的降解要比单纯的浸泡环境更加剧烈。

　　Mg-6Zn 合金试样动态腐蚀 168h 后的横截面形貌如图 17.21(a)所示,样品的腐蚀层厚度大约为 250μm,腐蚀层中间有较大的孔洞,这可能是由合金腐蚀过程中产生的氢气聚集产生的。元素线扫描的结果[图 17.21(c)]显示,从基体到腐蚀层,镁元素的浓度迅速下降,表明大量的镁在动态降解过程中被 SBF 溶解。但锌元素的浓度沿线扫描路径的变化较小,说明大部分锌仍然留在腐蚀层里,从另一方面证实锌的加入能提高镁在生理环境中的抗腐蚀性能。钙和磷的浓度在从基体到腐蚀层的方向上逐渐增加,这与 Gruhl 等[42]对体内植入的合金基体及其腐蚀层界面上的钙磷浓度分析一致,钙和磷的这种分布规律可以归因于二者从溶液向基体扩散的机制。

　　Mg-Zn 合金样品表面的腐蚀形貌显示[图 17.21(b)],腐蚀层表面开裂,且分布着大小不一的沉积盐颗粒,其中磷和氧原子数的比例接近 1/4,锌元素的含量为 12.16%,大约是镁合金基体中锌浓度的 2 倍[图 17.21(d)~(e)]。锌元素在腐蚀层里的富集可能会影响镁合金的溶血率和细胞毒性,而腐蚀层表面沉积盐的存在则可能对 Mg-6Zn 合金的血液相容性带来负面的影响。一方面,这些沉积颗粒会相对增加腐蚀层的表面能和蛋白质及细胞等物质的附着面积,增加血小板聚集和

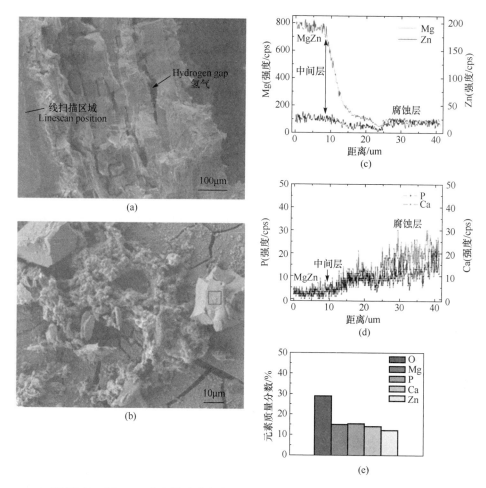

图 17.21　Mg-6Zn 合金样品动态腐蚀 168h 后的腐蚀形貌及腐蚀产物成分[41]

（a）横截面腐蚀形貌；（b）表面腐蚀形貌；（c）横截面腐蚀层元素线扫描镁和锌的分布；

（d）钙和磷的分布；（e）表面腐蚀产物成分［图(b)中方框］

血栓的风险；另一方面，附着在表面的沉积盐颗粒很可能会被流动的血液冲走而在别处扰乱血液的流动，甚至会堵塞一些较小的血管。

上述结果表明，Mg^{2+} 从 Mg-6Zn 合金基体到腐蚀介质的扩散和模拟体液中离子（如 Ca^{2+}）的反方向扩散主导了合金的动态腐蚀过程。图 17.22 给出了 Mg-6Zn 试样的失重和动态降解时间平方根之间的关系。通过软件拟合，可以看到二者基本符合线性关系，且这个关系可以用下面的方程表示：

$$y = 0.819 + 0.681x \tag{17-8}$$

其中，y 代表 Mg-6Zn 试样的失重；x 代表实验时间的平方根（$t^{1/2}$）。二者的线性关系表明，Mg-6Zn 样品的失重和时间呈现抛物线关系，即合金的腐蚀过程实质上是一个离子的扩散过程。

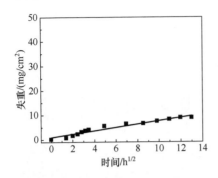

图 17.22　Mg-6Zn 合金试样动态腐蚀
失重随时间平方根的变化[41]

由于流动的环境能加快离子在溶液中扩散从而抑制局部离子浓度过高，这使得 Mg-6Zn 试样在循环的模拟体液中降解时，界面不能过多地聚集 Mg^{2+}。溶液中整体的 Mg^{2+} 浓度维持在一个较低的数值，导致降解界面上 Mg^{2+} 维持一定的浓度差和扩散驱动力，从而加快了 Mg-6Zn 基体的腐蚀速率。而在静态浸泡的环境中，Mg^{2+} 扩散较慢，界面上 Mg^{2+} 浓度较高，而浓度差较低，使得基体腐蚀速率减缓，这是动态和静态腐蚀速率相差较大的一个重要原因。

17.3.4　Mg-Zn 合金在降解过程中的力学衰减

镁合金在降解过程中重量逐渐减少，力学性能必然随之衰减。Mg-6Zn 合金在生理盐水中静态浸泡不同时间，其最大抗弯力（三点弯曲）与失重率的关系如图 17.23(a)所示。随着 Mg-6Zn 的腐蚀和降解，抗弯力急剧下降，表面因腐蚀而形成的深腐蚀坑（洞）是主要原因[图 17.23(b)]。

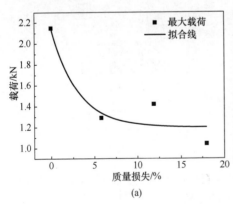

(a)

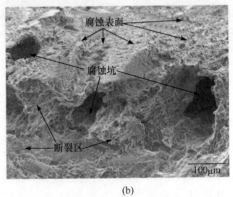

(b)

图 17.23　Mg-6Zn 合金不同降解时间三点弯曲最大抗弯力与
失重率关系(a)和弯曲断口形貌(b)

Cho 等[43]对 Mg-Ca-Zn 骨螺钉在体内和体外不同降解周期扭转和三点弯曲性能的比较显示，Mg-Ca-Zn 螺钉在体外 Hank's 溶液中浸泡 12 周后扭转强度仍保持了较高的水平，约为初始扭转强度的 78%；而在体内植入的螺钉在 12 周对扭转强度和最大抗弯力的保持仅分别为初始值的 26% 和 34%，52 周后进一步下降至

14%和 20%。由此可见,降解过程对镁合金力学性能的衰减有很大的影响
(表 17.4)。体外模拟环境较为单一,而在体内由于螺钉所处的微环境(包括体液、
组织、受力状况等)更为复杂,其强度下降更迅速。鉴于生物医用材料及器械在服
役过程中的力学衰减进程将直接影响其安全有效性,对可降解镁合金包括 Mg-Zn
合金在植入过程中的强度衰减规律的深入研究具有重要意义。

表 17.4　Mg-Ca-Zn 骨螺钉强度保持[44]

时间/周	0	2	4	8	12	26	52
扭转:体外/N·mm	91±4	77±8	77±13	64±28	71±25	—	—
弯曲:体内/MPa	401±22	—		—	137±14	118±19	84
扭转:体内/N·mm	91±4				24±3	20±4	13

17.4　细胞毒性与血液相容性

本节以 Mg-6Zn 合金为例,根据 ISO 标准 10993-5 采用浸提液法考察镁锌系
合金对 L-929 小鼠成纤维细胞、MC3T3-E1 小鼠类成骨细胞、人骨髓间质干细胞
hBMSC 等不同体系的细胞毒性,结果见表 17.5。

表 17.5　Mg-6Zn 合金浸提液的细胞毒性

细胞	种类	培养基	提供单位	接种密度	浸提原液离子浓度（浸提时间）	100%浸提液毒性分级
L-929	成纤维细胞	10%FBS+DMEM	中国科学院典型培养物保藏委员会细胞库	$5×10^4$/mL	Mg^{2+} 21.4mmol/L Zn^{2+} 0.06mmol/L (24h)	0~1
MC3T3-E1	前成骨细胞	10%FBS+α-MEM	中国科学院典型培养物保藏委员会细胞库	$2.5×10^4$/mL	Mg^{2+} 21.4mmol/L Zn^{2+} 0.06mmol/L (24h)	0~1
hBMSCs	干细胞	10%FBS+α-MEM	原代	$1×10^4$/mL	Mg^{2+} 21.4mmol/L Zn^{2+} 0.06mmol/L (24h)	0
VSMC	平滑肌细胞	10%FBS+高糖 DMEM	美国标准菌种收藏所	$1×10^4$/mL	Mg^{2+} 35.8mmol/L Zn^{2+} 0.101mmol/L (72h)	1~2

细胞	种类	培养基	提供单位	接种密度	浸提原液离子浓度(浸提时间)	100%浸提液毒性分级
HUAEC	内皮细胞	10%FBS+Ham F12	美国标准菌种收藏所	1×10^4/mL	Mg^{2+} 35.8mmol/L Zn^{2+} 0.101mmol/L (72h)	0
MEBDECs	上皮细胞	10 % FBS+DMEM/HamF12	原代	2×10^4/mL	Mg^{2+} 15.9mmol/L Zn^{2+} 0.014mmol/L (24h)	1

17.4.1　L-929 细胞毒性

不同浓度浸提液相对于阴性对照组细胞增殖率在同一时间点均无显著性差异($P>0.05$,图 17.24),而且在培养 2 天、4 天、7 天时细胞相对增殖率均在 90% 以上,说明不同浓度的 Mg-6Zn 合金浸提液对 L-929 细胞无明显毒性。各浸提液组培养 2 天的 L-929 细胞形态正常,呈现不规则的三角形或梭形,与阴性对照组无明显差异(图 17.25),随着培养天数的增加,细胞数量明显增多,生长 7 天后基本长满培养板底部。按细胞毒性分级标准,Mg-6Zn 合金对 L-929 细胞的毒性等级为 0~1级[45]。

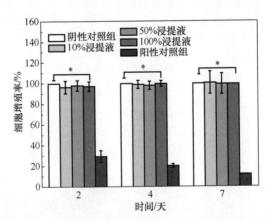

图 17.24　Mg-6Zn 合金浸提液对 L-929 的细胞毒性(*$P>0.05$)

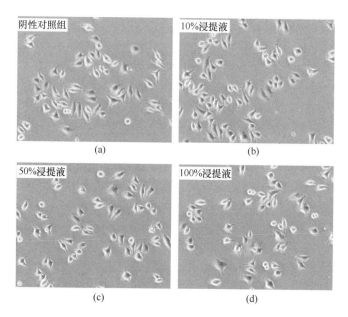

图 17.25　L-929 细胞在不同浓度 Mg-6Zn 浸提液中培养 2 天的形态

17.4.2　MC3T3-E1 细胞毒性

Mg-6Zn 合金浸提液对 MC3T3-E1 细胞毒性结果(图 17.26)显示,每个时间点、各个浓度浸提液组细胞相对增值率均无显著性差异,Mg-6Zn 合金对 MC3T3-E1 的细胞毒性为 0~1 级[37]。

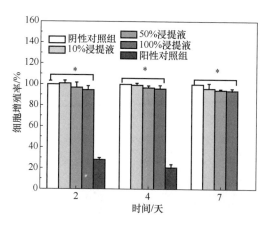

图 17.26　Mg-6Zn 合金浸提液对 MC3T3-E1 的细胞毒性($*P>0.05$)

17.4.3 hBMSCs 细胞毒性

Mg-6Zn 合金浸提液中 hBMSCs 细胞的增殖率与阴性对照组在第 2 天时无显著性差异,但第 4 天和第 8 天各浸提液组细胞增殖率(RGR)都高于阴性对照组($P < 0.05$),其中第 4 天 100% 浸提液组最高,RGR 为(119±5.7)%,第 8 天 10% 浸提液组最高,为(147±6.3)%,100% 浸提液组为(118±5.4)%。这表明 Mg^{2+}、Zn^{2+} 等溶出能够促进 hBMSCs 细胞增殖(图 17.27)。各组 hBMSCs 细胞在第 2 天时已经铺展成典型的梭形,形态上伸展十分完全,细胞生长正常(图 17.28),Mg-6Zn合金对 hBMSCs 的细胞毒性为 0 级[44]。

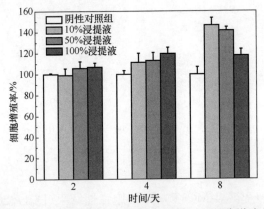

图 17.27　Mg-6Zn 合金浸提液的 hBMSCs 细胞增殖率

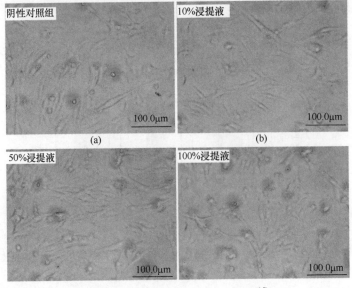

图 17.28　hBMSCs 细胞在不同浓度 Mg-6Zn 浸提液中培养 2 天的形态

17.4.4　VSMC 细胞毒性

Mg-6Zn 合金浸提液对 VSMC 的 MTT 毒性结果(图 17.29)显示,50%浸提液在 1 天、2 天和 3 天对 VSMC 的生长和增殖影响较小,而 50%浸提液组对 VSMC 有明显的细胞毒性,在第 3 天细胞相对增殖率小于 60%,Mg-6Zn 合金对 VSMC 的毒性为 1~2 级[40]。

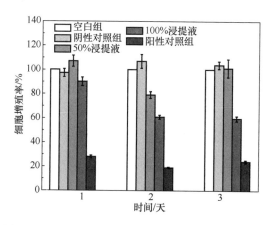

图 17.29　Mg-6Zn 合金浸提液对 VSMC 的细胞毒性

17.4.5　HUAEC 细胞毒性

相对于空白对照组,Mg-6Zn 合金浸提液组人脐动脉血管内皮细胞在 1 天、2 天和 3 天的 RGR 分别达到 198%、278%和 259%,表明浸提液明显地促进了 HUAEC 的增殖(图 17.30)。Mg-6Zn 合金对 HUAEC 的毒性为 0 级[40]。

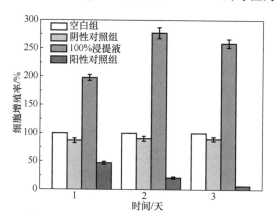

图 17.30　Mg-6Zn 合金浸提液的 HUAEC 细胞增殖率

17.4.6　MEBDECs 细胞毒性

小鼠肝外胆管上皮细胞在 40％Mg-6Zn 合金浸提液的 RGR 各时间点与空白对照组无明显差异，而 80％和 100％浸提液中 MEBDECs 的增殖率均明显低于阴性对照组，培养 1 天和 2 天的 RGR 在 75％左右，而培养 3 天后有较明显的上升，分别达到 96％和 80％（图 17.31），各组细胞形态正常，综合评判，Mg-6Zn 合金对 MEBDECs 的毒性为 1 级[46]。

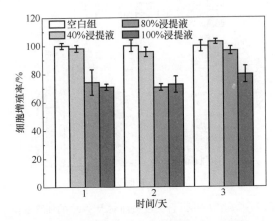

图17.31　Mg-6Zn 合金浸提液的 MEBDECs 细胞增殖率

镁合金降解的影响之一是体液中镁离子浓度的升高，Mg-6Zn 合金的浸提液中 Mg^{2+} 浓度为 15～40mmol/L，相比培养液约 0.8mmol/L 提高了 20～50 倍。对比浸提液对不同细胞的毒性发现，Mg-6Zn 对大鼠主动脉血管平滑肌细胞有轻微毒性，抑制了 VSMC 的生长和繁殖，对 L-929 成纤维细胞、MC3T3-E1 类成骨细胞和小鼠肝外胆管上皮细胞没有毒性，但也没有发现明显的促进作用，而对人体脐动脉血管内皮细胞和人骨髓间充质干细胞不仅没有任何毒性，而且具有明显的促进生长和增殖作用，Mg-6Zn 合金各浓度梯度浸提液的细胞相对增殖率均明显高于100％，这种活性增强可能是溶液中的 Mg 离子的刺激作用，例如，Zreiqat 等[47]发现人成骨细胞在复合有镁离子的生物陶瓷表面增殖明显，Feyerabend 等[48]发现 10mmol/L Mg 离子浓度能够促进软骨细胞增殖。镁合金降解的另一影响是降解产物 OH^-，改变周围局部环境 pH。浸提液结果表明，Mg-6Zn 合金的降解可以使培养液的 pH 上升到 8.9 左右，说明这几种细胞对于 pH 的波动都具有的一定耐受性。

表 17.6 列出了其他镁锌系合金的细胞毒性检测结果。由表可以发现，镁锌系生物合金均没有明显的细胞毒性。

表 17.6　多种镁锌系合金的细胞毒性

材料	细胞	毒性等级	参考文献
Mg-4.0Zn-1.0Ca-0.6Zr	小鼠成纤维细胞 L-929	1	[8]
Mg-5Zn-1.0Ca	小鼠成纤维细胞 L-929	0~1	[5]
Mg-xZn-1.0Ca(x=1,2,3)	小鼠成纤维细胞 L-929	0~1	[27]
Mg-1Zn-1Cu	人包皮成纤维细胞 hFFCs	1~2	[49]
Mg-1Zn-1Se	人包皮成纤维细胞 hFFCs	0~1	[49]
Mg-4Zn-0.5Zr(ZK40)	小鼠前成骨细胞 MC3T3-E1	1	[9]
Mg-5.4Zn-0.5Zr(ZK60)	人骨肉瘤细胞 MG-63	1~2	[10]
Mg-1.0Zn-1.0Ca	骨髓间充质干细胞 BM-MSCs	1	[50]

17.4.7　溶血实验

外源性溶血与生物材料的表面物理、化学特性有关,对于生物可降解材料,不仅需要考虑其本身对红细胞的破坏情况,还要考虑材料在体内降解带来的环境变化和降解产物对溶血率的影响。表 17.7 列出了镁锌系合金的溶血率。由表可以发现,镁合金的溶血率普遍较高,很多超过了植入材料溶血率所允许的上限(5%)。

表 17.7　镁锌系合金溶血率对比

材料	浸提液条件	溶血率/%	参考文献
Mg-6Zn	0.5g/mL(30min)	3.40[兔]	[37]
Mg-6Zn	3cm^2/mL (30min)	68.38[兔]	[51]
Mg-1Zn-1Mn	~0.25cm^2/mL (30min)	65.75[人]	[29]
Mg-5Zn-1.0Ca	~0.5cm^2/mL(30min)	4.07[人]	[5]
Mg-4.0Zn-1.0Ca-0.6Zr	3cm^2/mL(24h)	4.12[人]	[8]
Mg-5.5Zn-0.4Zr(ZK60)	~0.2cm^2/mL(30min)	28.78[兔]	[52]
Mg-35Zn-3Ca	N/A(30min)	1.062[鼠]	[53]
Mg-2.5Zn-0.5Zr	N/A(30min)	11.34[兔]	[54]
Mg-1.0Zn-1.0Ca	N/A(30min)	24.58[人]	[50]

注:N/A 表示文献中未提及。

调节镁合金浸提液 pH 从 12.01 至 7.35、4.93 和 2.48,从表 17.8 的结果可以发现,在相同的 Mg^{2+} 离子浓度下(11.4mg/L),浸提液的 pH 适中时(7.35 或 4.93),不会造成任何溶血(溶血率为 0),但是在较高和较低 pH(12.01 和 2.48)时,会造成严重的溶血(溶血率分别为 45.17% 和 38.40%)。因此可以认为镁合金降解过快,过高的 pH 破坏红细胞的细胞膜是造成溶血的主要原因。

表 17.8　pH 对镁合金浸提液溶血率的影响（Mg^{2+} 浓度 11.4mg/L）

pH	12.01	7.35	4.93	2.48
溶血率	45.17	0	0	38.40

根据 ISO 标准 10993-4：2002，溶血实验可以选取质量为 5g 的试样，也可以是表面积为 $30cm^2$ 的样品。对 Mg-6Zn 合金的溶血实验表明[51]，质量为 5g（表面积 $11.76cm^2$）的合金试样的溶血率明显小于质量为 2.675g（表面积为 $30cm^2$）的试样。这个差别是由于表面积大的试样和生理盐水的接触面积更大，反应更加充分，从而使得环境的 pH 更高。因此，溶血实验试样需要根据生物材料的实际应用来选择。骨科植入材料通常是块体，具有大的质量和较低的比表面积，因此选取试样时可以优先考虑以试样的质量为选取标准。心血管支架一般质量很小，但有很大的比表面积，应优先考虑试样表面积。

17.5　在体动物实验

Mg-Zn 系合金主要由人体必需的微量元素构成，具有良好的生物安全性和生物相容性，而且力学和腐蚀降解性能俱佳，在多种医学领域有广阔的应用前景，本节以 Mg-6Zn 合金为例详细报道 Mg-Zn 系合金在骨科和消化道外科的动物实验研究结果。

17.5.1　骨科植入动物在体实验

Zhang 等将 $\Phi4.5mm \times 10mm$ 的 Mg-6Zn 合金圆棒材植入新西兰兔股骨远端，如图 17.32 所示。

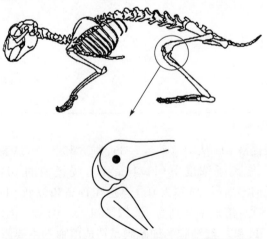

图 17.32　Mg-6Zn 合金棒材样品植入部位示意图

1. 术后观察

术后新西兰兔进食、饮水及活动正常,未出现死亡现象,手术部位未见炎症。

2. 血液生化指标

如图 17.33(a)所示,新西兰兔血镁浓度术后与术前没有显著性差异,血镁浓度并未因为植入镁合金棒而有大范围波动,身体中多余的镁可以通过肾脏代谢等功能排出体外。反应肾脏功能的重要指标包括肌酐(CREA)和血液尿氮(BUN),图 17.33(b)显示肌酐在术后第 3 天略低于术前,但通过单因素方差检验没有显著性差异($P > 0.05$);而血液尿氮[图 17.33(c)]在术后 3 天有轻微上升,随后逐渐恢复术前水平。谷丙转氨酶(ALT)和碱性磷酸酶(ALP)是灵敏的肝功能指标,肝细胞受损后可以被首先检测出来。图 17.33(d)和(e)结果显示镁合金植入后 ALT 和 ALP 与术前相比没有显著性差异,肝脏功能保持正常。

术后 3 天白蛋白[Alb,图 17.33(f)]略有降低,这可能是由手术过程中失血造成白蛋白流失导致的,随后白蛋白逐渐恢复到术前水平。肌酸激酶(CK)和乳酸脱氢酶(LDH)在术后 3 天升高[$P > 0.05$,图 17.33(g)和(h)]。CK 和 LDH 是临床的血清酶指标,常用来诊断心肌缺血等心脏疾病,这两种酶并非心肌独有,骨骼肌中也大量存在,因此当肌肉损伤时血清 CK 和 LDH 也会升高,尤其是兔骨骼肌中 CK 含量是人骨骼肌的两倍,肌肉损伤会释放更多 CK,因此 CK 和 LDH 在术后初期升高可能是手术中肌肉大面积损伤所导致的,随着伤口的愈合和恢复,这两种酶也很快恢复到正常水平。

从图 17.33 中新西兰兔术后各项血液生化指标结果来看,Mg-6Zn 合金的植入对新西兰兔的肝、肾功能没有造成损伤,而且由于肾脏对镁离子代谢的作用,也没有观察到血镁浓度的升高。手术造成了肌肉和骨骼较大的损伤,导致一些指标在术后初期有异常波动,但很快就恢复到术前的正常水平。

Xu 等[55]研究了 Mg-Zn-Mn 合金棒在大鼠体内降解过程中的血液生化指标。结果表明,植入 15 周后 BUN、CREA、血镁浓度等生化指标同植入前并没有显著性差异。上述结果都表明,Mg-Zn 系合金在动物体内的降解不会引起血液生化异常,对心、肝、肾等重要脏器没有明显副作用,具有良好的生物安全性。

3. 内脏组织切片

图 17.34 显示术后 6 周新西兰兔重要脏器的病理切片未见异常,心、肝、肾、脾细胞结构在形态学上无改变,无炎症细胞浸润,Mg-6Zn 合金在体内的降解没有对重要脏器产生危害,尤其是肾脏。由于镁合金降解产生的大量镁离子需要通过肾脏排除,负担加重并没有导致肾脏产生病理性改变,这一结果与血液生化的检测结果一致。

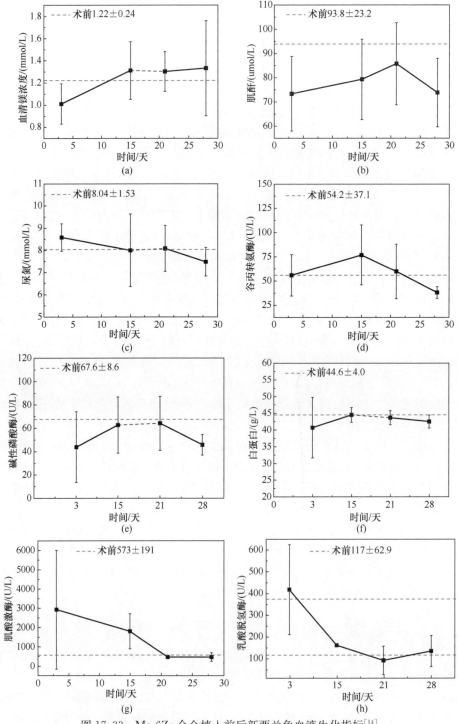

图 17.33　Mg-6Zn 合金植入前后新西兰兔血液生化指标[14]

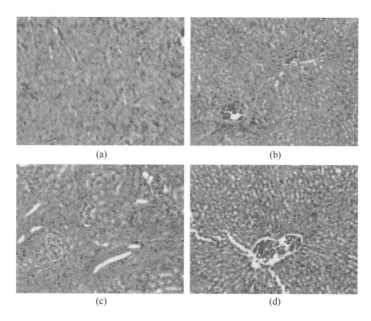

图 17.34　Mg-6Zn 合金植入兔股骨远端 6 周后脏器病理切片[56]

(a) 心；(b) 肝；(c) 肾；(d) 脾

4. Mg-6Zn 合金的体内降解

X 射线摄影结果显示(图 17.35)，术后 3 周 Mg-6Zn 合金植入棒材边缘模糊，表明镁合金已经发生了降解，镁合金棒材周围观察到气泡阴影，未经任何处理 6 周后气泡自然消除。Witte 等[57]将 WE43 合金植入豚鼠髓腔后第 4 周也发现有较大的皮下气泡，Li 等[58]观察到 Mg-Ca 合金在兔股骨内产生的氢气 2 个月后能够被机体自行吸收。氢气在血液、肌肉中都有一定的溶解度和扩散系数，因此能够依靠溶解、扩散被周围组织吸收。氢气被机体吸收后如何代谢、排出体外以及是否会造成身体的不良反应有待深入研究。Mg-6Zn 棒植入 6 周后边缘更加模糊，周围存在骨吸收。12 周时棒材边缘已经非常模糊，与周围组织无法分辨，棒材周围有成骨，股骨皮质外亦有成骨现象。24 周棒材已不能显影，提示材料大部分可能被吸收，股骨外皮质形成大量新骨。

5. Mg-6Zn 合金降解对周围组织的影响

Mg-6Zn 合金棒植入 6 周和 12 周后的硬组织切片染色如图 17.36 所示。由图可以看到，降解的镁合金周围有环状分布的新骨生成，靠近植入物表面的区域有腐蚀产物与周围组织混合在一起形成的类骨矿物。在 H&E 染色的切片中可以清晰地看到成熟的骨小梁结构及成骨细胞分布(图 17.37 黑色箭头所指)，表明在镁合

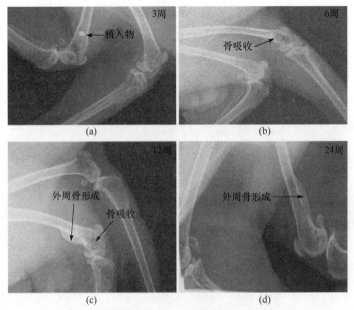

图 17.35　Mg-6Zn 合金棒植入兔股骨不同时间 X 射线片[59]

金降解的过程中股骨的缺损逐渐愈合。

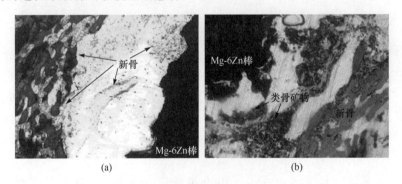

图 17.36　Mg-6Zn 植入棒材周围硬组织切片染色[20]
(a) 6 周；(b) 12 周

　　然而通过植入 14 周取材标本的荧光染色照片[图 17.38(a)]也可以看到,在已降解的 Mg 合金与新生骨之间有间隙,这是由于新骨的生长速率和镁合金的降解速率不匹配,如图 17.38(b)所示的模型,由于镁合金降解速率过高,虽然其表面也会有新的骨组织长入,但与原自体骨之间还是会产生空隙,这可能会造成植入体的松动,降低植入物的刚性支撑,从而影响植入效果。实际上,镁合金的降解速率不仅依赖于镁合金本身的降解性能,也与植入体的几何形状及植入部位的微环境等因素相关。

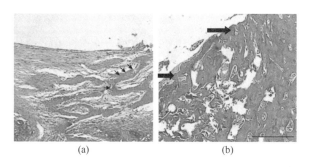

图 17.37　Mg-6Zn 植入棒材周围组织石蜡切片 H&E 染色[14]

(a) 6 周；(b) 18 周

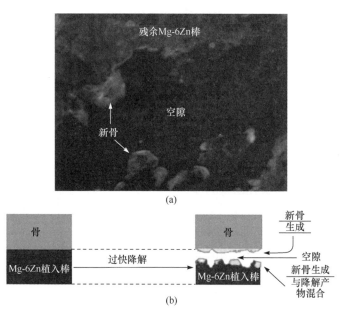

图 17.38　镁合金植入体与新骨界面空隙及形成机理

(a) 荧光染色显示植入体与新骨之间存在空隙；(b) 镁合金的快速降解导致界面空隙形成[14,45]

Han 等[60]探讨了 Mg-Zn 合金锚钉植入新西兰兔股骨髁后的降解情况。如图 17.39所示,在同一股骨髁内有 3 种不同的微环境,位置 A 股骨髁上层接近密质骨的区域,由松质骨板、各种骨髓组织及血管等包围植入物;位置 C 是接近股骨干骨髓腔的部位,仅有少量松质骨,植入材料被大量的骨髓造血组织包裹;位置 B 位于 A 和 C 中间的过渡区域。对于同一植入物,其不同部位接触的组织也有所不同,如图 17.39(c)所示,外侧与皮质骨接触而内侧多为松质骨或其他髓内组织。根据 Mg-Zn 合金植入 1~6 个月的 micro-CT 扫描结果,合金的降解速率 $C>B>A$,从软组织环境到松质骨到密质骨,镁合金的降解速率逐渐降低。

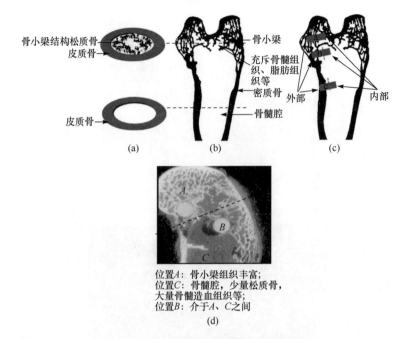

位置A：骨小梁组织丰富；
位置C：骨髓腔，少量松质骨，
大量骨髓造血组织等；
位置B：介于A、C之间
(d)

图 17.39　股骨髁不同部位示意图[60]

　　Zhang 等[55,61]对 Mg-Mn-Zn 合金植入鼠股骨的研究也发现,在骨髓腔内的合金降解速率要高于与密质骨接触的部位。密质骨的主要功能是承载应力,密质骨中 80%～90% 的体积为矿化组织,而松质骨的主要功能为代谢,只有约 20% 的矿化组织,主要为由互相交织的板状骨构成的网状结构,其中充斥骨髓组织、脂肪或造血组织等。正是由于这些不同的成分构成,造成了对生理环境因素较为敏感的镁合金出现了不同的腐蚀行为和降解速率。因此在 Mg-Zn 合金作为骨科产品的设计和应用中应充分考虑其植入环境所带来的影响。

　　包括 Mg-6Zn 合金在内的 Mg-Zn 系合金在骨科相关的动物实验中展现了良好的生物相容性,并显示出一定的骨传导性和骨诱导性,能够促进新生骨生长,达到骨科修复的目的[14,55,62]。

17.5.2　消化道植入动物在体实验

1. Mg-6Zn 合金盲肠植入在体研究

　　在距 SD 雄性大鼠盲肠末端约 1cm 处,切开长约 5mm 小口,置入直径 1mm,长度 5mm 的 Mg-6Zn 合金棒,以医用钛合金棒作为对照组,直接缝合作为空白组。

1）术后观察

各组动物生长良好，自由活动，饮食饮水正常，皮肤切口处均无感染、肿胀、坏死、炎症、红肿等情况。

2）血清学检测结果

术后 1～4 周不同组别的血清谷丙转氨酶 GPT、血清谷草转氨酶 GOT、血清尿素氮 BUN、血肌酐 CREA、血清镁离子等指标没有明显统计学差异，Mg-6Zn 合金的植入没有影响肝脏、肾脏等的功能[63,64]。图 17.40 显示 Mg-6Zn 合金组的血清血小板衍生因子 PDGF 含量与对照组没有差异，而各组术后各时间节点血清血小板衍化生长因子浓度高于术前[65]。血小板衍化生长因子能促使中性粒细胞分泌溶菌酶、中性蛋白酶及阴离子过氧化物，以便清除创伤部位的坏死组织和病原性微生物，对成纤维细胞、平滑肌细胞、单核细胞、中性粒细胞等有趋化吸引作用，并强力刺激成纤维细胞增殖及诱导其合成胶原和纤维连接蛋白等成分，形成肉芽组织，促进创面愈合。上述结果说明镁锌合金植入不影响伤口愈合。

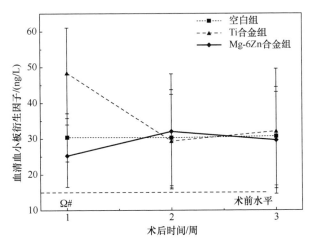

图 17.40　Mg-6Zn 合金植入盲肠后血清血小板衍化生长因子浓度

3）组织学检测

如图 17.41 所示，术后各实验组肝细胞结构清晰，肝细胞形态排列正常，肝小叶清晰规则，细胞质均匀，未见明确组织水肿、纤维化及炎症细胞浸润等异常变化，偶见小泡性脂肪滴空泡，肝组织结构未受明显影响。肾小球无水肿、炎症反应，未见肾小管细胞坏死；切口区盲肠愈合良好，肠绒毛形态正常。Mg-6Zn 合金组盲肠偶见炎症细胞浸润，轻微炎症，炎症细胞分级为 I 级。

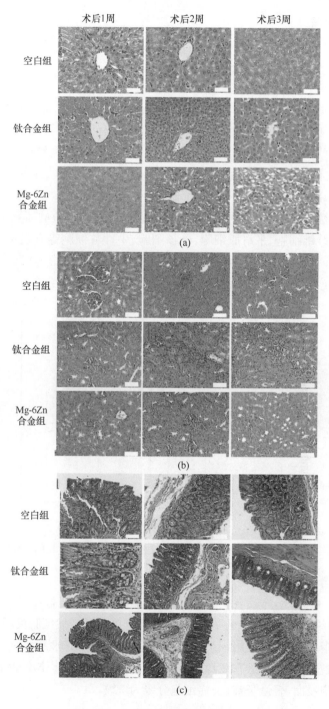

图 17.41　Mg-6Zn 合金植入后脏器病理切片[63,66]（Hematoxylin-eosin 染色）

（a）肝脏；（b）肾脏；（c）盲肠

4）免疫组织化学

创伤愈合包含炎症过程、血管形成、新生组织形成及最终的组织重构，是一个非常复杂的生理过程，需要各种各样的炎症细胞、创伤修复细胞、细胞外基质及各种细胞因子的交互作用。血管形成是创伤愈合过程中特别重要的一个环节，由多种细胞因子介导。转化生长因子（TGF-β1）能够调整细胞生长与扩增。在愈合早期，TGF-β1 能够通过本身趋药性促进细胞迁移并且通过聚合间叶细胞的炎症细胞、巨噬细胞、成纤维细胞迁移至创伤区域来加速愈合过程。和受体结合后，TGF-β1 激活修复细胞介导其他生长因子。TGF-β1 启动愈合级联反应和通过吸引巨噬细胞和刺激它们分泌其他细胞因子，包括成纤维细胞生长因子（FGF）、肿瘤坏死因子（TNF-α）等。在创伤愈合过程中，碱性成纤维细胞生长因子 b-FGF 被激活调节新生血管形成。b-FGF 作用于整个血管形成过程，通过介导巨噬细胞，成纤维细胞和内皮细胞迁移至受伤组织发挥重要作用，同时促进伤口收缩和新上皮形成的胶原、纤连蛋白、蛋白多糖合成。血管内皮生长因子（VEGF）是由细胞释放的信号蛋白，能够介导内皮细胞扩增、促进细胞迁移、抑制凋亡和增加血管渗透性，在愈合过程中制造新生血管。

图 17.42 显示了 Mg-6Zn 合金植入不同时间后盲肠组织 TGF-β1、TNF-α、VEGF 等细胞生长因子的免疫组化阳性表达。与空白组和钛合金对照组的对比表明（图 17.43），Mg-6Zn 能够明显促进 TGF-β1 在盲肠植入区域的表达，增加 TGF-β1 合成以促进愈合。Mg-6Zn 组的 b-FGF 和 VEGF 表达明显高于其他两组，推测 Mg-6Zn 合金通过促进 TGF-β1 合成分泌刺激 b-FGF 表达，b-FGF 继而上调 VEGF，b-FGF 介导内皮细胞，VEGF 调节新生微血管生长与分化，协同促进血管形成和肠管愈合。

TNF-α 作为一种内源性致热源能够介导愈合过程中的炎症，同时是潜在的中性粒细胞的诱导剂，促进帮助中性粒细胞迁移的内皮细胞上黏附分子的表达。局部增加的 TNF-α 会增加炎症发生和抑制吻合口愈合[68]。图 17.43（b）显示，在愈合早期（术后第 1 周）Mg-6Zn 合金能够抑制植入区周围 TNF-α 表达。肠道组织血流供应丰富，有很强的自我修复愈合能力，大约一周已经达到基本愈合，两周后 TNF-α 介导的炎症反应已经不能影响肠道愈合。锌对肠道内环境的稳定非常重要，几种锌依赖性抗氧化酶，如过氧化物歧化酶，可将过氧化物转化为过氧化氢，中和自由基的金属硫蛋白产生氢气。Mei 等[69]研究发现，锌显著抑制 TNF-α 和 IL-6 mRNA 的表达，提高 SOD 和谷胱甘肽过氧化物酶（GSH-Px）活性。Mg-6Zn 合金中含有近 6% 质量分数的锌，可能对减少炎症和刺激，缩短愈合过程中炎症期起到一定作用。

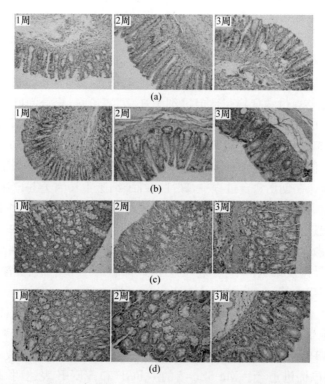

图 17.42 Mg-6Zn 合金植入不同时间后盲肠组织的免疫组化表达[63,67]

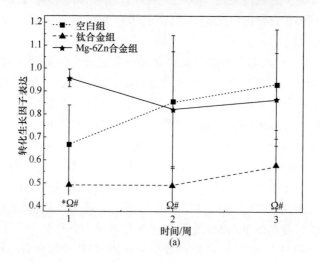

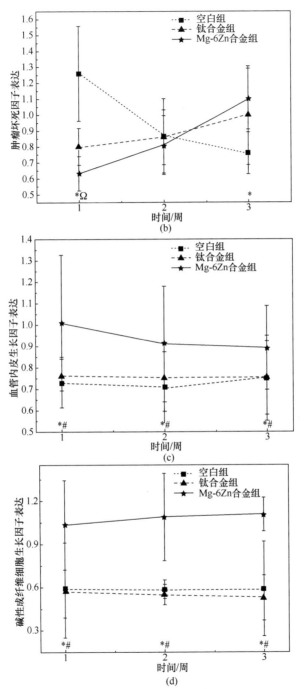

图 17.43　Mg-6Zn 合金与钛合金及空白组对盲肠组织免疫组化阳性表达的影响[67]

* Mg-6Zn 合金与空白组对比 $P<0.05$；♯ Mg-6Zn 合金与钛合金对比

$P<0.05$；Ω 钛合金与空白组对比 $P<0.05$

2. Mg-6Zn 合金胆总管植入在体研究

将内径 1.0mm、壁厚 0.1mm、长度 5mm 的 Mg-6Zn 合金管状支架植入新西兰兔胆总管。为防止支架移位,将支架缝合在胆总管壁上。

1) 术后观察

术后新西兰兔生长良好,活动自由,正常饮食饮水,巩膜无黄染,皮肤切口处均无局部感染、肿胀、坏死、炎症、红肿等情况,无死亡。

2) 血清学检测结果

术后 Mg-6Zn 合金组的血清镁离子浓度、血肌酐、血尿素氮、谷丙转氨酶等指标与空白组(直接缝合)及术前没有统计学差异。总胆红素及反应胰腺功能的血脂肪酶在术后 1~2 周内略有升高(图 17.44),但随后恢复到正常水平。

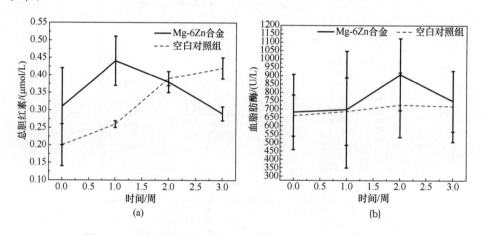

图 17.44　对照组和 Mg-6Zn 合金组新西兰兔血液生化指标[46]

(a) 血清总胆红素浓度;(b) 血清血脂肪酶浓度

3) 组织学检测

术后 3 周处死新西兰兔,解剖发现胆囊和胆总管内未见明显结石形成,肉眼下,巩膜无黄染,腹腔无异常腹水,肝脏、十二指肠、胃、胰、肾表面光滑无明显结节等异常。胆总管组织切片 HE 染色显示(图 17.45),Mg-6Zn 合金植入物周围胆总管未见明显炎症细胞浸润,切口区愈合良好,与对照组无异。

4) 免疫组织化学

对 Mg-6Zn 合金支架植入物周围胆总管组织切片进行免疫组织化学检测凋亡相关基因 *Bax*、*Bcl-2*,以及相关蛋白 TNF-α、caspase-3 和 NF-κB 的表达,结果如图 17.46 和图 17.47所示。凋亡是机体的一种保护机制,它能够去除无益细胞和

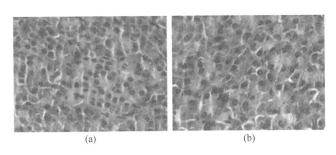

图 17.45　术后 3 周的植入物周围胆总管组织学检查[46]
(a) 对照组；(b) Mg-6Zn 合金组

保持内环境稳定。在细胞对凋亡刺激因素的反应过程中，NF-κB 信号通路起着重要作用，TNF-α 是 NF-κB 信号通路的一个下游蛋白，它可以通过配体结合和蛋白交联反应导致凋亡的发生。Caspase-3 是许多引起凋亡通路的最后执行者，是导致细胞凋亡的关键蛋白。Mg-6Zn 合金组的 Bax 表达高于对照组，但更具有意义的 Bax/Bcl-2 比值统计说明二者没有明显差异。术后 2 周和 3 周，Mg-6Zn 合金组 Caspase-3 的表达显著低于对照组，NF-κB 和 TNF-α 则没有明显差异。总体来讲，镁合金没有引起胆总管细胞的凋亡，这与体外的结果大相径庭[70]。首先，体内 Mg^{2+} 的累积低于体外细胞培养时的 Mg^{2+} 浓度。胆总管的压力为 12cm 水柱 (1176Pa)，每天有约 1500mL 胆汁通过肝脏排入肠道，这种动态的环境使体内镁离子不会在胆总管富集。其次，胆汁中含有丰富的无机和有机溶质，如胆固醇、胆汁酸、磷脂、钠离子等，镁锌合金支架植入胆总管后，表面易覆盖沉积物，形成胆盐堆积及上皮增生[71,72]。植入物和胆总管壁之间的沉积层和上皮组织中间层可能会对细胞的凋亡产生一定的影响，导致体内外结果的差异。

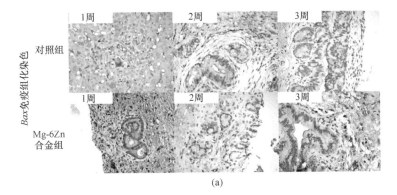

(a)

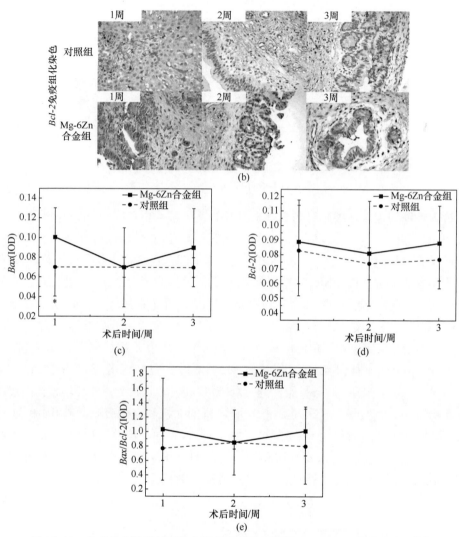

图 17.46　免疫组化检测新西兰兔胆总管植入区组织 *Bax*、*Bcl-2* 的表达水平[70]

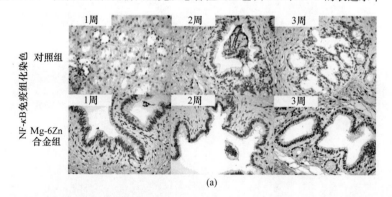

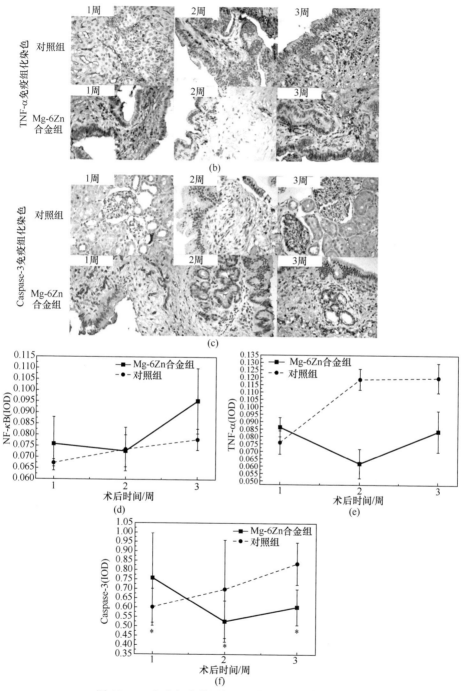

图 17.47　免疫组化检测新西兰兔胆总管植入区组织
NF-κB,TNF-α 和 Caspase-3 的表达水平[70]

5）Mg-6Zn 合金的体内降解

图 17.48 是对 Mg-6Zn 合金胆总管植入不同时间 CT 扫描的对比。术后 1 周镁锌合金植入物的体积已较术后当天有所减小,但大部分仍然保留,清晰可辨;而 2 周后大部分降解,体积进一步减小;术后 3 周已基本降解,CT 扫描已无法找到镁锌合金植入物。

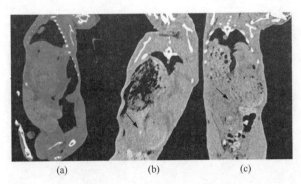

图 17.48　Mg-6Zn 合金支架植入新西兰兔胆总管 CT 扫描结果[73]

(a) 植入当天;(b) 植入 1 周;(c) 植入 2 周

从取出植入物的 SEM 形貌(图 17.49)来看,术后 1 周镁锌合金植入物的结构仍然较完整,仅局部有降解,表面有较浅的腐蚀坑;术后 2 周已约 58% 的支架被降解,剩余支架表面有较深的腐蚀坑。术后 3 周胆总管已无法找有整块结构的镁锌合金植入物,仅 9% 剩余。Mg-6Zn 合金支架在体内的降解速率约为 0.107mm/a。

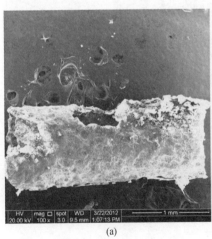 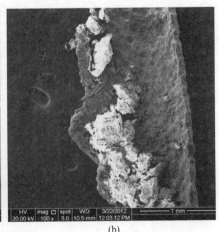

(a)　　　　　　　　　　　　　(b)

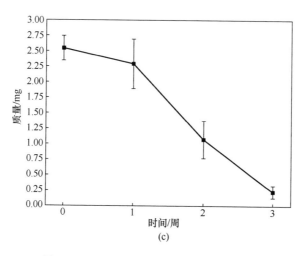

图 17.49　Mg-6Zn 合金支架体内降解形貌

(a) 术后 1 周；(b) 术后 2 周；(c) 随植入时间支架的质量变化[73]

从目前的结果来看，Mg-Zn 合金在肠道及胆道内具有良好的生物相容性，其植入不会引起炎症和相关细胞的凋亡等不良反应，Mg-Zn 合金的降解也较符合胃肠道植入物的要求，因此可降解 Mg-Zn 合金消化道植入器械具有广阔的应用前景，不仅能够在完成支撑或固定功能过程中逐步降解，而且可避免异物长期存在可能导致的局部和全身炎症反应，降低植入风险。

17.6　结论与展望

(1) 锌是镁的重要合金元素，能够有效提高合金强度，调控腐蚀降解性能；同时，锌也是重要的生命元素，对人体健康至关重要。体外体内研究已经证明，镁锌体系合金不仅具有良好的生物安全性基础，而且具有良好的力学和降解等综合性能。

(2) Mg-Zn 合金可以通过恰当的组织调控形成单相合金，具有相对均匀而缓慢的腐蚀降解性能，是医用镁锌合金的优先选择。

(3) 以 Mg-xZn 二元合金为基础，添加 Ca、Sr、Mn 等人体必需的微量元素发展出更多的三元或多元合金体系，并通过精确的组织调整和加工工艺控制，获得满足不同植入部位要求的材料，镁锌合金已经展示出广阔的应用前景。

参 考 文 献

[1] Tapiero H，Tew K D. Trace elements in human physiology and pathology：Zinc and metallo-thioneins. Biomedicine & Pharmacotherapy，2003，57(9)：399-411

[2] Okamoto H. Comment on Mg-Zn. Journal of Phase Equilibria，1994，15(1)：129-130

[3] Lotfabadi A, Idris M, Ourdjini A, et al. Thermal characteristics and corrosion behaviour of Mg-xZn alloys. Bulletin of Materials Science, 2013, 36(6): 1103-1113

[4] Rosalbino F, De Negri S, Saccone A, et al. Bio-corrosion characterization of Mg-Zn-X (X= Ca, Mn, Si) alloys for biomedical applications. Journal of Materials Science-Materials in Medicine, 2010, 21(4): 1091-1098

[5] Yin P, Li N F, Lei T, et al. Effects of Ca on microstructure, mechanical and corrosion properties and biocompatibility of Mg-Zn-Ca alloys. Journal of Materials Science-Materials in Medicine, 2013, 24(6): 1365-1373

[6] Larionova T V, Park W W, You B S. A ternary phase observed in rapidly solidified Mg-Ca-Zn alloys. Scripta Materialia, 2001, 45: 7-12

[7] Brubaker C O, Liu Z K. A computational thermodynamic model of the Ca-Mg-Zn system. Journal of Alloys and Compounds, 2004, 370(1/2): 114-122

[8] Guan R G, Johnson I, Cui T, et al. Electrodeposition of hydroxyapatite coating on Mg-4.0Zn-1.0Ca-0.6Zr alloy and in vitro evaluation of degradation, hemolysis, and cytotoxicity. Journal of Biomedical Materials Research Part A, 2012, 100(4): 999-1015

[9] Hong D, Saha P, Chou D T, et al. In vitro degradation and cytotoxicity response of Mg-4% Zn-0.5% Zr (ZK40) alloy as a potential biodegradable material. Acta Biomaterialia, 2013, 9 (10): 8534-8547

[10] Gu X N, Li N, Zheng Y F, et al. In vitro degradation performance and biological response of a Mg-Zn-Zr alloy. Materials Science and Engineering: B, 2011, 176(20): 1778-1784

[11] Guan R G, Cipriano A F, Zhao Z Y, et al. Development and evaluation of a magnesium-zinc-strontium alloy for biomedical applications-Alloy processing, microstructure, mechanical properties, and biodegradation. Materials Science & Engineering C: Materials for Biological Applications, 2013, 33(7): 3661-3669

[12] Lee Y C, Dahle A K, StJohn D H. The role of solute in grain refinement of magnesium. Metallurglcal and Materials Transactions A, 2000, 31A: 2895-2906

[13] Zhao X, Shi L L, Xu J. Biodegradable Mg-Zn-Y alloys with long-period stacking ordered structure: optimization for mechanical properties. Journal of the Medianical Behavior of Biomedical Materials, 2013, 18: 181-190

[14] Zhang S, Zhang X, Zhao C, et al. Research on an Mg-Zn alloy as a degradable biomaterial. Acta Biomaterialia, 2010, 6(2): 626-640

[15] Zhang J, Wang X, He Y, et al. Microstructural evolution of rheo-diecast AZ91D magnesium alloy with gadolinium addition. Materials Science Forum, 2010, 654/655/656: 667-670

[16] 陈振华, 许芳艳, 傅定发, 等. 镁合金的动态再结晶. 化工进展, 2006, 25(2): 140-146

[17] 钟浩, 张慧, 翁文凭, 等. 热挤压工艺对 AZ31 镁合金组织与力学性能的影响. 金属热处理, 2006, 31(8): 79-82

[18] 刘楚明, 刘子娟, 朱秀荣, 等. 镁及镁合金动态再结晶研究进展. 中国有色金属学报, 2006, 16(1): 1-12

[19] 王斌,易丹青,方西亚,等. ZK60 镁合金高温动态再结晶行为的研究. 材料工程,2009,11: 45-50

[20] 张绍翔. 新型生物医用可降解 Mg-6Zn 合金的研究. 上海:上海交通大学博士学位论 文,2010

[21] Ge Q,Dellasega D,Demir A G,et al. The processing of ultrafine-grained Mg tubes for bio-degradable stents. Acta Biomaterialia,2013,9(10):8604-8610

[22] Gao J H,Guan S K,Ren Z W,et al. Homogeneous corrosion of high pressure torsion treated Mg-Zn-Ca alloy in simulated body fluid. Materials Letters,2011,65(4):691-693

[23] Friedrich H E,Mordike B L. Magnesium technology:Metallurgy,design data,applications. Magnesium Technology:Metallurgy,Design,Data,Applications,Elsevier,2006:1-677

[24] Peng Q,Li X,Ma N,et al. Effects of backward extrusion on mechanical and degradation properties of Mg-Zn biomaterial. Journal of the Mechanical Behavior of Biomedical Materi-als,2012,10:128-137

[25] Hradilová M,Vojtěch D,Kubásek J,et al. Structural and mechanical characteristics of Mg-4Zn and Mg-4Zn-0. 4Ca alloys after different thermal and mechanical processing routes. Ma-terials Science and Engineering A,2013,586:284-291

[26] Zhang E,Yang L. Microstructure,mechanical properties and bio-corrosion properties of Mg-Zn-Mn-Ca alloy for biomedical application. Materials Science and Engineering A,2008,497 (1/2):111-118

[27] Zhang B,Hou Y,Wang X,et al. Mechanical properties,degradation performance and cyto-toxicity of Mg-Zn-Ca biomedical alloys with different compositions. Materials Science and Engineering C,2011,31(8):1667-1673

[28] Huan Z G,Leeflang M A,Zhou J,et al. In vitro degradation behavior and cytocompatibility of Mg-Zn-Zr alloys. Journal of Materials Science-Materials in Medicine, 2010, 21 (9): 2623-2635

[29] Zhang E,Yin D,Xu L,et al. Microstructure,mechanical and corrosion properties and bio-compatibility of Mg-Zn-Mn alloys for biomedical application. Materials Science and Engi-neering C,2009,29(3):987-993

[30] Hänzi A C,Hänzi. Design strategy for new biodegradable Mg-Y-Zn alloys for medical appli-cations. International Journal of Materials Research,2009,100(8):1127-1136

[31] 陈大明,康沫狂. 起落架用超高强度钢的屈强比问题. 航空材料学报,1992,12(1):50-56

[32] 刘子娟,刘楚明,周海涛. 热处理对挤压态 AZ61 合金力学性能的影响. 铸造,2006,55(9): 903-906

[33] 程永奇,陈振华,夏伟军,等. 退火处理对 AZ31 镁合金轧制板材组织与冲压性能的影响. 有 色金属,2006,58(1):5-10

[34] Kubasek J,Vojtech D. Structural characteristics and corrosion behavior of biodegradable Mg-Zn,Mg-Zn-Gd alloys. Journal of Materials Science-Materials in Medicine,2013,24(7): 1615-1626

[35] Li H,Peng Q,Li X,et al. Microstructures,mechanical and cytocompatibility of degradable Mg-Zn based orthopedic biomaterials. Materials & Design,2014,58:43-51

[36] Anik M,Celikten G. Analysis of the electrochemical reaction behavior of alloy AZ91 by EIS technique in H_3PO_4/KOH buffered K2SO4 solutions. Corrosion Science,2007,49(4):1878-1894

[37] Zhang S,Li J,Song Y,et al. In vitro degradation,hemolysis and MC3T3-E1 cell adhesion of biodegradable Mg-Zn alloy. Materials Science and Engineering C,2009,29(6):1907-1912

[38] Hiromoto S,Yamamoto A,Maruyama N,et al. Influence of pH and flow on the polarisation behaviour of pure magnesium in borate buffer solutions. Corrosion Science,2008,50(12):3561-3568

[39] Doriot P A,Dorsaz P A,Dorsaz L,et al. In-vivo measurements of wall shear stress in human coronary arteries. Coronary Artery Disease,2000,11(6):495-502

[40] 陈颖. 医用可降解镁锌合金的体外动态降解、生物相容性和表面改性研究.上海:上海交通大学硕士学位论文,2011,

[41] Chen Y,Zhang S,Li J,et al. Dynamic degradation behavior of MgZn alloy in circulating m-SBF. Materials Letters,2010,64(18):1996-1999

[42] Gruhl S,Witte F,Vogt J,et al. Determination of concentration gradients in bone tissue generated by a biologically degradable magnesium implant. Journal of Analytical Atomic Spectrometry,2009,24(2):181-188

[43] Cho S Y,Chae S W,Choi K W,et al. Biocompatibility and strength retention of biodegradable Mg-Ca-Zn alloy bone implants. Journal of Biomedical Materials Research Part B:Applied Biomaterials,2013,101(2):201-212

[44] Li J,Song Y,Zhang S,et al. In vitro responses of human bone marrow stromal cells to a fluoridated hydroxyapatite coated biodegradable Mg-Zn alloy. Biomaterials,2010,31(22):5782-5788

[45] Zhang Y,Tao H,He Y,et al. Cytotoxicity and hemolytic properties of biodegradable Mg-Zn alloy. Journal of Clinical Rehabilitative Tissue Engineering Research,2008,12(14):8162-8166

[46] Chen Y,Yan J,Zhao C,et al. In vitro and in vivo assessment of the biocompatibility of an Mg-6Z(n) alloy in the bile. Journal of Materials Science Materials in Medicine,2014,25(2):471-480

[47] Zreiqat H,Howlett C,Zannettino A,et al. Mechanisms of magnesium-stimulated adhesion of osteoblastic cells to commonly used orthopaedic implants. Journal of Biomedical Materials Research Part A,2002,62:175-184

[48] Feyerabend F,Witte F,Kammal M,et al. Unphysiologically high magnesium concentrations support chondrocyte proliferation and redifferentiation. Tissue Engineering,2006,12:3545-3556

[49] Persaud-Sharma D,Budiansky N,McGoron A J. Biocompatibility assessment of novel

bioresorbable alloys Mg-Zn-Se and Mg-Zn-Cu for endovascular applications: Studies. Journal of Biomimetics, Biomaterials and Tissue Engineering, 2013, 17: 25-44

[50] Zhang B P, Qiu H, Wang D W, et al. Improved blood compatibility of Mg-1. 0Zn-1. 0Ca alloy by micro-arc oxidation. Journal of Biomedical Materials Research Part A, 2011, 99 (2): 166-172

[51] Chen Y, Zhang S, Li J, et al. Influence of Mg^{2+} concentration, pH value and specimen parameter on the hemolytic property of biodegradable magnesium. Materials Science and Engineering B, 2011, 176(20): 1823-1826

[52] Yang X, Li M, Lin X, et al. Enhanced in vitro biocompatibility/bioactivity of biodegradable Mg-Zn-Zr alloy by micro-arc oxidation coating contained Mg_2SiO_4. Surface and Coatings Technology, 2013, 233: 65-73

[53] Park R S, Kim Y K, Lee S J, et al. Corrosion behavior and cytotoxicity of Mg-35Zn-3Ca alloy for surface modified biodegradable implant material. Journal of Biomedical Materials Research Part B: Applied Biomaterials, 2012, 100(4): 911-923

[54] Ye X Y, Chen M F, You C, et al. The influence of HF treatment on corrosion resistance and in vitro biocompatibility of Mg-Zn-Zr alloy. Frontiers of Materials Science in China, 2010, 4 (2): 132-138

[55] Xu L, Yu G, Zhang E, et al. In vivo corrosion behavior of Mg-Mn-Zn alloy for bone implant application. Journal of Biomedical Materials Research Part A, 2007, 83(3): 703-711

[56] He Y, Tao H, Zhang Y, et al. Biocompatibility of bio-Mg-Zn alloy within bone with heart, liver, kidney and spleen. Chinese Science Bulletin, 2009, 54(3): 484-491

[57] Witte F, Kaese V, Haferkamp H, et al. In vivo corrosion of four magnesium alloys and the associated bone response. Biomaterials, 2005, 26(17): 3557-3563

[58] Li Z, Gu X, Lou S, et al. The development of binary Mg-Ca alloys for use as biodegradable materials within bone. Biomaterials, 2008, 29(10): 1329-1344

[59] 何耀华, 陶海荣, 张岩, 等. 生物镁锌合金体内对心肝肾脾的生物相容性. 科学通报, 2008, 53(16): 1981-1986

[60] Han P, Tan M, Zhang S, et al. Shape and site dependent in vivo degradation of Mg-Zn pins in rabbit femoral condyle. International Journal of Molecular Sciences, 2014, 15 (2): 2959-2970

[61] Zhang E, Xu L, Yu G, et al. In vivo evaluation of biodegradable magnesium alloy bone implant in the first 6 months implantation. Journal of Biomedical Materials Research Part A, 2009, 90(3): 882-893

[62] Qi Z R, Zhang Q, Tan L L, et al. Comparison of degradation behavior and the associated bone response of ZK60 and PLLA in vivo. Journal of Biomedical Materials Research Part A, 2014, 102(5): 1255-1263

[63] Yan J, Chen Y, Yuan Q, et al. Comparison of the effects of Mg-6Zn and titanium on intestinal tract in vivo. Journal of Materials Science Materials in Medicine, 2013, 24(6): 1515-1525

[64] 袁青领,阎钧,郑起,等. 镁锌合金植入大鼠盲肠对肝肾功能电解质的影响. 材料导报, 2010,24(12):42-44

[65] 袁青领,阎钧,郑起,等. 镁锌合金植入动物体内的分子生物相容性. 中国组织工程研究, 2013,17(16):2921-2926

[66] Yuan Q, Yan J, Zheng Q, et al. Biocompatibility of a magnesium-zinc alloy implanted in rat cecum. Journal of Clinical Rehabilitative Tissue Engineering Research, 2010, 14 (42): 7966-7970

[67] Yan J, Chen Y, Yuan Q, et al. Comparison of the effects of Mg-6Zn and Ti-3Al-2.5V alloys on TGF-beta/TNF-alpha/VEGF/b-FGF in the healing of the intestinal tract in vivo. Biomedical Materials, 2014,9(2):025011

[68] Ishimura K, Moroguchi A, Okano K, et al. Local expression of tumor necrosis factor-alpha and interleukin-10 on wound healing of intestinal anastomosis during endotoxemia in mice. Journal of Surgical Research, 2002,108(1):91-97

[69] Mei X, Xu D, Xu S, et al. Novel role of Zn(II)-curcumin in enhancing cell proliferation and adjusting proinflammatory cytokine-mediated oxidative damage of ethanol-induced acute gastric ulcers. Chemico-Biological Interactions, 2012,197(1):31-39

[70] Chen Y, Yan J, Wang X, et al. In vivo and in vitro evaluation of effects of Mg-6Zn alloy on apoptosis of common bile duct epithelial cell. Biometals, 2014,27(6):1217-1230

[71] van Boeckel P G, Vleggaar F P, Siersema P D. Plastic or metal stents for benign extrahepatic biliary strictures: a systematic review. BMC Gastroenterol, 2009,9:96

[72] Meng B, Wang J, Zhu N, et al. Study of biodegradable and self-expandable PLLA helical biliary stent in vivo and in vitro. Journal of Materials Science Materials in Medicine, 2006, 17(7):611-617

[73] Chen Y, Yan J, Wang Z, et al. In vitro and in vivo corrosion measurements of Mg-6Zn alloys in the bile. Materials Science and Engineering C: Materials for Biological Applications, 2014,42:116-123

第18章 镁锂合金体系

镁锂合金是目前金属结构材料中最轻的合金,其密度为 $1.30\sim1.65g/cm^3$,称为超轻合金。它具有较高的比强度和比刚度、高弹性模量和抗压屈服强度、良好的塑性和冲击韧性,对缺口不敏感性等[1]。因此,Mg-Li 合金在航空、航天、3C 产业和汽车等领域将具有广阔的应用前景[2]。

最近,Mg-Li 合金作为生物医用材料的研究得到关注[3-6]。在体实验发现[7],LAE442[4% Li,2% Al,2% RE(质量分数)]具有比其他镁合金体系(①Mg-Al 体系:AZ31、AZ91;②Mg-RE 体系:WE43;③Mg-Ca 体系:Mg-0.8Ca)更为优异的耐蚀性能。

Li 是可以改变镁晶体结构的元素。Li 元素可降低 Mg 晶胞的轴比(c/a)。在 Mg-Li 合金中,随锂元素含量的变化,Mg-Li 合金组织结构发生三种形态(α,$\alpha+\beta$,β)的变化(图 18.1)。

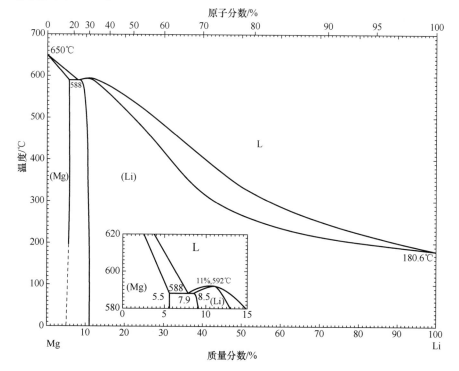

图 18.1　Mg-Li 二元相图[8]

当 Li 质量分数小于 5%时,形成 α 型 Mg-Li 合金[图 18.2(a)],α 相为 Li 在 Mg 中的固溶体,为密排六方结构。当 5%<Li 质量分数<11%时,则形成 α+β 型双相 Mg-Li 合金[图 18.2(b)]。当 Li 质量分数大于 11%时,则形成 β 型 Mg-Li 合金[图 18.2(c)],β 相为 Mg 在 Li 中的固溶体,为体心立方结构。

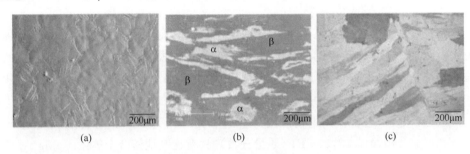

图 18.2　Mg-Li 合金显微组织[9]
(a) Mg-3.54%Li[9];(b) Mg-8.8%Li[10];(c) Mg-13.9%Li

18.1　组 织 调 控

镁合金的化学成分、组织结构因素(如晶粒度、第二相)会影响其耐蚀性能[11,12]。因此,调控 Mg-Li 合金组织具有重要意义。一般地,Mg-Li 显微组织调控可通过合金化、(挤压、轧制)塑性变形和热处理等方法实现。

18.1.1　合金化组织调控

二元 Mg-Li 合金力学性能较低、腐蚀性能较差。Mg-Li 合金作为医用金属材料,可添加的元素有 Al、Ca、Zn、Y、RE[13,14]等。合金化可以明显地提高 Mg-Li 合金的力学性能并改善其耐蚀性能。

(1) Al 元素。Al 在 Mg 中的极限固溶度达到 12.7%,可提高 Mg-Li 合金的强度和耐蚀性。

(2) Ca 元素。Ca 可细化晶粒、提高 Mg-Li 强度和耐蚀性能。Ca 在 Li 和 Mg 中的平衡分配系数均小于 1,Ca 的加入必将导致 Mg-Li 合金熔体的过冷度增大,从而细化合金显微组织[1]。

(3) Zn 元素。Zn 可溶于 α 相和 β 相中,提高 Mg-Li 合金的强度和耐蚀性能。

(4) RE 元素。稀土元素包括 Y 和 Ce 等。有研究表明,稀土元素 Y 它可以使 Mg 合金的枝晶组织细化,Mg 合金断口纤维组织比例提高;Y 溶解在 Mg 晶体中,能降低轴比(c/a),提高合金塑性;Y 与 Mg 的原子尺寸接近,在 Mg 中有较大固溶度(12%),可以实现固溶强化、沉淀强化,提高 Mg 合金机械强度和耐蚀性能[15,16]。

但是,在 Mg-Li-Al 合金中,加入 RE 元素因形成第二相 $Al_x RE$(如 $Al_2 Ce$、$Al_3 Ce$、$Al_3 RE$),RE 会降低合金的耐蚀性能,详见第 18.3.1 节。

常见的 Mg-Li 合金体系包括二元、三元和四元合金[1,3,4,17-27]。

二元合金:Mg-3.5Li、Mg-4Li、Mg-8.5Li、Mg-14Li。

三元合金:Mg-Li-Al (LA33、LA63、LA93)、Mg-Li-Ca (Mg-1Li-1Ca、Mg-4Li-1Ca、Mg-9Li-1Ca)、Mg-Li-Zn、Mg-Li-Ag、Mg-Li-Si、Mg-Li-Sn、Mg-Li-Zr、Mg-Li-In、Mg-Li-La、Mg-Li-Ga、Mg-Li-Tl、Mg-Li-Cd、Mg-Li-Ce、Mg-Li-Sm、Mg-Li-Y、Mg-Li-Sc。

四元合金:Mg-Li-Ca-Y、Mg-Li-Al-Zn、Mg-Li-Al-Ca、Mg-Li-Al-RE (LAE442[20]、Mg-Li-Al-Ce、Mg-Li-Al-Y)等。

本章讨论的 Mg-Li 合金体系涉及 21 种合金,其化学成分见表 18.1。

表 18.1　**Mg-Li 合金的化学成分**[3,4,17-27]（质量分数）　　　　（单位:%）

合金	Li	Al	Zn	Ca	Sr	RE	Mg
Mg-3.5Li	3.20	—	—	—	—	—	其余
Mg-4Li	4.05	—	—	—	—	—	其余
Mg-8.5Li	8.40	—	—	—	—	—	其余
Mg-1Li-0.5Ca	1.33	—	—	0.6	—	—	其余
Mg-4Li-1Ca	3.98	—	—	0.98	—	—	其余
Mg-9Li-1Ca	9.29	—	—	0.88	—	—	其余
LZ91	9.6	—	1.1	—	—	—	其余
AlL36	6	3	—	—	—	—	其余
Mg-8.5Li-1Al	8.50	0.95	—	—	—	—	其余
Mg-3.5Li-2Al-2RE	3.61	2.34	—	—	—	2.78(Y)	其余
Mg-3.5Li-4Al-2RE	3.78	3.86	—	—	—	1.70(Y)	其余
Mg-8.5Li-2Al-2RE	8.14	2.11	—	—	—	2.34(Y)	其余
LA92	8.6	1.5	—	—	—	—	其余
LAE912	8.9	1.1	—	—	—	1.9	其余
LAE922	8.7	1.6	—	—	—	1.6	其余
Mg-13Li	13	3	—	—	—	—	其余
Mg-13Li-X	13	3	1	0.5	0.5	—	其余
LANd442	4	4	—	—	—	2(Nd)	其余
LNd42	4	—	—	—	—	2(Nd)	其余
LAE442	4	4	—	—	—	2	其余
Mg-1Li-1Ca-1Y	1.21	—	—	1.12	—	1.0(Y)	其余

18.1.2　塑性变形组织调控

塑性变形是组织调控的重要手段。Mg-Li 合金常见塑性变形的方式有热挤压和轧制等。

1. 热挤压变形

1）Mg-Li-Ca 合金显微组织

Mg-1Li-0.5Ca 合金的金相显微组织如图 18.3(a)所示[4]。由图可见，挤压态合金的组织比较均匀，晶粒细小。Mg-1Li-0.5Ca 合金晶粒平均尺寸约为 8μm。该合金组织存在尺寸极其细小（3μm 左右）的晶粒聚集区，说明在挤压过程中发生了动态再结晶。Mg-1Li-0.5Ca 合金组织中含有弥散分布的第二相。这是由于 Li 元素与 Mg、Ca 形成了金属间化合物 $CaMg_2$、$CaLi_2$。图 18.3(b)为 Mg-1Li-0.5Ca 合金的 XRD 图谱。由图可以看出，Mg-1Li-0.5Ca 合金的组织由基体相（α-Mg）和两种金属间化合物（$CaMg_2$、$CaLi_2$）组成。这也可从 Mg-Li-Ca 三元相图在 150℃的等温截面图[28]得到证实，当 Ca 含量达到一定值时，Mg-Li-Ca 合金存在 $CaLi_2$ 和 $CaMg_2$ 相。需要指出的是，$CaLi_2$ 相是否存在目前还有争论[3]。

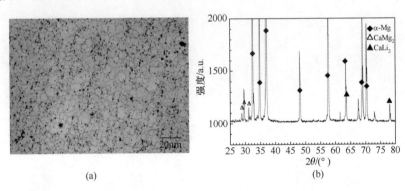

(a)　　　　　　　　　　　　　　　(b)

图 18.3　挤压态 Mg-1Li-0.5Ca 合金(a)金相组织和(b)XRD 图谱[4,5]

图 18.4 为铸态和挤压态的 Mg-9Li-1Ca 合金显微组织[3]。对于铸态合金，Mg_2Ca 相主要处于晶界处[图 18.5(a)]。而对于挤压态合金，细小的 Mg_2Ca 相沿着挤压方向弥散分布[图 18.4(b)]。Mg_2Ca 相可由图 18.4(a)能谱得到证实。热挤压工艺将合金组织晶粒平均尺寸从 279 μm 细化到 59μm。这是由于铸态合金均匀化处理时导致晶粒长大。根据杠杆原理计算，α-Mg 相、β-Li 相的体积分数分别为 26% 和 74%。在铸态和挤压态合金中 Mg_2Ca 相的体积分数分别为 5.54% 和 6.29%。显然，在挤压态合金组织中分散着更多的弥散 Mg_2Ca 相，且 Mg_2Ca 相常位居 α/β 相界面 α 相一侧[图 18.5(b)]。

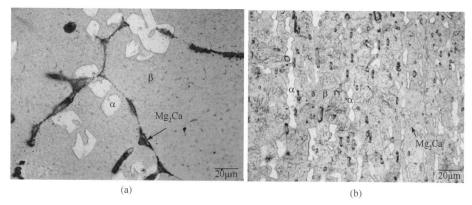

图 18.4　Mg-9Li-1Ca 合金的金相显微组织[3]

(a) 铸态；(b) 挤压态

　　由于钙元素含量的增加，Mg-12Li-5Ca 合金的微观结构是由树枝状结构和共晶区组成的[28]，显然与铸态 Mg-9Li-1Ca 合金有着明显的不同。Mg-12Li-5Ca 合金中的共晶组织是由 α 相与 Mg$_2$Ca 相构成的。在 Mg-12Li 合金加入 Ca 改可以生成初生 β 相枝晶组织。轧制变形可以导致 Mg-Li-Ca 合金中化学成分的重新分布。

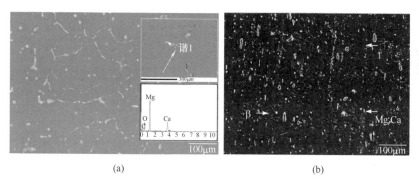

图 18.5　Mg-9Li-1Ca 合金的 SEM 图及能谱图[3]

(a) 铸态；(b) 挤压态

　　因此，Mg-9Li-1Ca 合金的微观结构由 α-Mg 相、β-Li 相和金属间化合物 Mg$_2$Ca 颗粒组成，这种颗粒主要分布在铸态合金的晶界处。相反地，在挤压态合金中 Mg$_2$Ca 颗粒主要嵌入在 α 相和 β 相边界处的 α 相中。

　　2) Mg-Li-Zn 合金组织

　　与 Mg-9Li-1Ca 合金的微观组织[3]相似，铸态 Mg-Li-Zn(LZ91)合金具有双相组织：β-基体相和呈板条状(20μm 宽、100μm 长)的 α 相[图 18.6(a)][17]。明亮区域和黑色区域分别对应于 α 相和 β 相。能谱显示，α 相中的 Zn 含量比 β 相中的高。弥散的超细纳米颗粒(Φ40nm)为圆形的 ZnO 和多边形的 MgO。α 相和 β 相的显微硬度分别为 52 和 48；体积分数分别为 27% 和 63%。图 18.6(b)为典型的轧制态纤维组织。退火处理后,这种纤维组织消失[图 18.6(c)]。拉长的 α 相沿轧制方向排列,而 β 相呈现平均晶粒度约 30 μm 的再结晶组织。弥散分布的氧化物仍然可见[图 18.6(d)],纳米 ZnO 颗粒具有六方纤锌矿(wurtzite)结构($a=0.325$nm、$c=0.521$nm)。

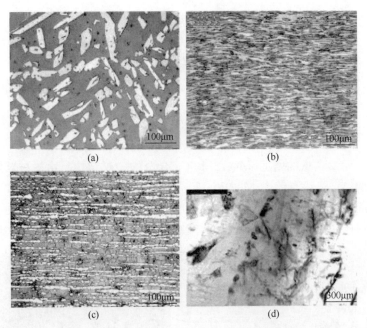

图 18.6　Mg-Li-Zn(LZ91)合金显微组织[17]

(a) 铸态;(b) 轧制态;(c) 退火态;(d) 退火组织中没有溶解的细小 ZnO 颗粒 TEM 照片

3) Mg-Li-Ca-Y 合金组织

Mg-1.21Li-1.12Ca-1Y 合金铸态显微组织[图 18.7 (a)、(b)]由粗大的 α-Mg、细小的第二相 $Mg_{24}Y_5$ 和 Mg_2Ca 相组成[26,27]。经过挤压后,合金组织晶粒度显著降低,Mg_2Ca 相沿挤压方向排布[图 18.7(c)、(d)]。$Mg_{24}Y_5$ 相较 Mg_2Ca 相粗大(图 18.8),主要分布在晶内。而 Mg_2Ca 相较为细小,在晶内和晶界都有分布。铸态组织中 Mg_2Ca 相与 α 相构成共晶区[图 18.8(a)、(b)]。

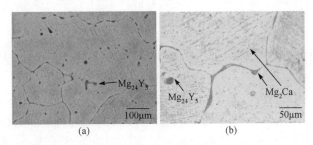

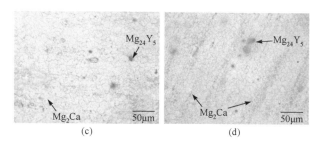

图 18.7　Mg-1.21Li-1.12Ca-1Y 合金铸态显微组织[26]

（a）铸态低倍图像；（b）铸态高倍图像；（c）挤压态纵向；（d）挤压态截面

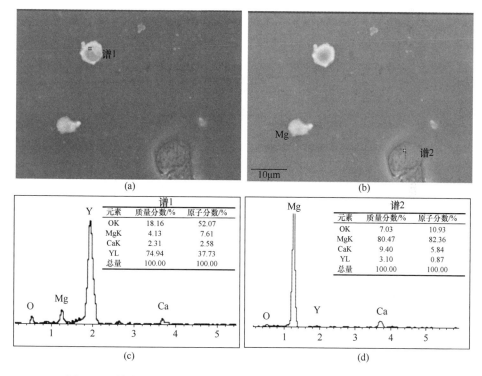

图 18.8　铸态 Mg-1.21Li-1.12Ca-1Y 合金第二相 SEM 形貌和能谱[26]

（a）晶内 Mg₂₄Y₅相；（b）晶界 Mg₂Ca 相；（c）谱 1 的能谱图；（d）谱 2 的能谱图

4）Mg-Li-(Al)-(RE)合金组织

由图 18.9 Mg-Li-(Al)-(RE)棒状挤压态合金显微组织可知，此合金未出现明显的扁平晶粒。Mg-3.5Li 为单相 α-Mg[图 18.9(a)]；Mg-8.5Li 和 Mg-8.5Li-1Al 合金为双相（α＋β）组织[图 18.9(b)、(c)]。而在 Mg-3.5Li-2Al-2RE、Mg-3.5Li-4Al-2RE 和 Mg-8.5Li-4Al-2RE 合金[图 18.9(d)～(f)]中还含有球状的金属间化合物 CeAl₂[19]。

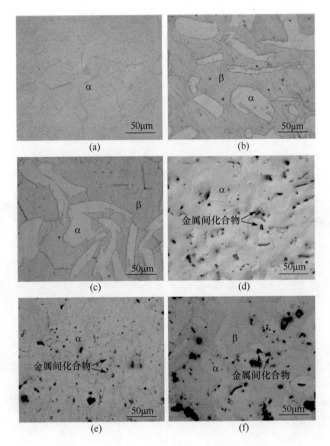

图 18.9　Mg-Li-(Al)-(RE)合金显微组织[19]

(a) Mg-3.5Li；(b) Mg-8.5Li；(c) Mg-8.5Li-1Al；(d) Mg-3.5Li-2Al-2RE；

(e) Mg-3.5Li-4Al-2RE；(f) Mg-8.5Li-2Al-2RE

5) Mg-6Li-3Al(AL36)合金显微组织

图 18.10 为挤压态 AL36 合金显微组织[18]。表 18.2 为 ZEK100、AX30、AL36 和 Mg-0.8Ca 合金的晶粒尺寸。

研究表明,直径为 30mm 棒的挤压态 AL36 合金纵向晶粒尺寸为 11～19μm [图 18.10(a)],横向晶粒尺寸为 8～25μm[图 18.10(b)]。与 ZEK100、AX30 和 Mg-0.8Ca 相比,因各向异性的影响,AL36 合金具有最粗的组织。随后的丝挤压工艺进一步细化了晶粒[图 18.10(c)、(d)]。ZEK100 合金呈现相对来说最细小的微观组织,晶粒直径只有约 1μm,而 AX30、AL36 和 Mg-0.8Ca 的显微组织为均匀的等轴晶,晶粒直径在 3μm 左右(表 18.2)。

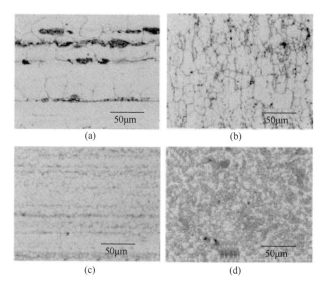

图 18.10　挤压态 AL36 合金[18]

纵向(a)和横向(b)直径为 0.5mm 的 AL36 挤压丝;纵向(c)和横向(d)显微组织

表 18.2　不同工艺条件下几种合金的平均晶粒尺寸[18]

状态	方向	合金			
		ZEK100	AX30	AL36	Mg-0.8Ca
铸态		226.3	246.7	131.9	239.5
挤压态	纵向	5.2	11.3	18.9	15.0
挤压态	横向	5.7	8.0	24.8	15.1
0.5 mm 丝	纵向	1.2	3.2	3.2	3.6
0.5 mm 丝	横向	1.2	3.5	2.3	2.8

6) Mg-5.5Li-3Al-1Zn-1Ce 合金组织

如前所述,挤压态 Mg-5.5Li-3Al-1Zn-1Ce 合金组织由白色的单相 α-Mg 组成[22][图 18.11(a)]。Mg-7.0Li-3Al-1Zn-1Ce 合金具有明显的两相(α+β)组织[图 18.11(b)]。挤压态 Mg-10.5Li-3Al-1Zn-1Ce 由单相 β-Li 组成[图 18.11(c)]。三种合金的基体中都存在金属间化合物 Al₃Ce。

2. 轧制变形

轧制变形可细化晶粒,提高合金强度。与图 18.9 比较,Mg-Li-Al-RE 合金冷轧组织出现明显的纤维状组织[21]。图 18.12 为两种合金经过轧制后平行于轧制方向的光学显微组织。α相和β相都被拉长到近似平行于轧制方向,且呈现出严重

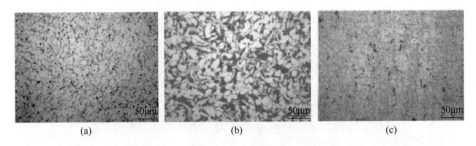

图 18.11　挤压态 Mg-5.5Li-3Al-1Zn-1Ce 显微组织（垂直于挤压方向）[22]
(a) Mg-5.5Li-3Al-1Zn-1Ce；(b) Mg-7.0Li-3Al-1Zn-1Ce；(c) Mg-10.5Li-3Al-1Zn-1Ce

塑形变形。Mg-8Li 主要由 α 相和 β 相组成[图 18.12(a)、(b)]，而 Mg-8Li-2Al-2RE 由 α 相、β 相和 REAl$_3$组成[图 18.12(c)、(d)]。β 相在两种合金中的比例大约为 65%。α 相为不连续分布。因为在室温变形，合金没有发生再结晶现象。虽然图 18.12和图 18.9 所示的合金成分几乎一样，但图 18.12 所示的金属间化合物 REAl$_3$与图 18.9(f)的 CeAl$_2$有些不相同。

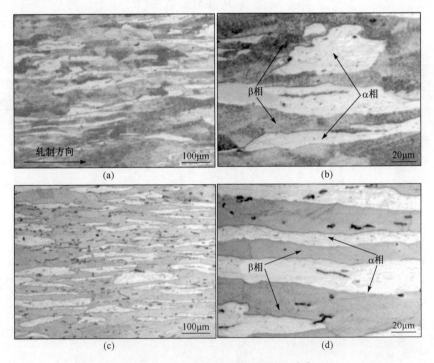

图 18.12　两种合金冷轧显微组织[21]
(a)，(b) Mg-8Li；(c)，(d) Mg-8Li-2Al-2RE

　　图 18.13 为 Mg-8Li 和 Mg-8Li-2Al-2RE 两种合金垂直于轧制方向的显微组织[21]。由图在 Mg-8Li 合金中一些细小的 α 相颗粒镶嵌在 β 相中，棒状的 α 相颗

粒倾向于轧制方向。然而,在 Mg-8Li-2Al-2RE 合金中,除了含有 La 和 Al 的条状沉淀,没有细小的 α 相颗粒镶嵌在 β 相中[图 18.13(b)]。这些沉淀物也分布在扁平的 α 相中。Al 和稀土元素形成的细小的 Al_3RE 似乎集中在 α 相和 β 相中的细长结构中。

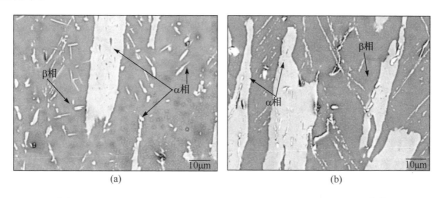

(a)　　　　　　　　　　　　　　　　　　(b)

图 18.13　Mg-8Li 和 Mg-8Li-2Al-2RE 合金冷轧板背散射照片[21]

(a) Mg-8Li;(b) Mg-8Li-2Al-2RE

Mg-4Li-1Ca 铸态显微组织为 α 相＋(α＋Mg_2Ca)共晶相[图 18.14(a)][25],而 Mg-4Li 铸态显微组织为单相 α-Mg[图 18.14(b)]。铸态 Mg-4Li-1Ca 和 Mg-4Li 的平均晶粒分别为 100μm 和 150μm。经过 300℃ 轧制后,Mg-4Li-1Ca 和 Mg-4Li 变形组织由变形孪晶和再结晶晶粒组成[图 18.15(a)、(b)]。轧制态 Mg-4Li-1Ca 和 Mg-4Li 的平均晶粒尺寸分别为 5μm 和 17μm。这表明,轧制显微组织较铸态组织得到明显细化,且由于第二相 Mg_2Ca 对晶界运动的限制作用,Mg-4Li-1Ca 的组织比 Mg-4Li 更加细小。与挤压态 Mg-1Li-1Ca 的显微组织[图 18.3(a)]比较,轧制态 Mg-4Li-1Ca 的组织具有高密度孪晶,晶粒较细。

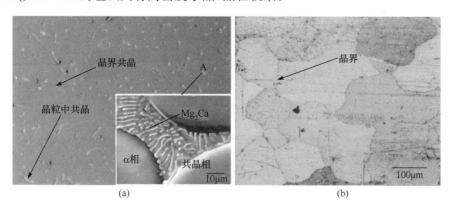

(a)　　　　　　　　　　　　　　　　　　(b)

图 18.14　Mg-4Li-1Ca(a)和 Mg-4Li(b)铸态显微组织[25]

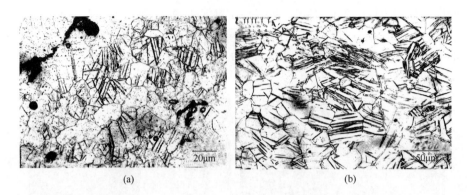

(a)　　　　　　　　　　　　　　(b)

图 18.15　Mg-4Li-1Ca(a)和 Mg-4Li(b)轧制显微组织[25]

18.1.3　热处理组织调控

Al 和 Zn 加入 Mg-Li 合金形成 Mg-Li-(Al,Zn)合金,包括 Mg-Li-Al(LA-系列)、Mg-Li-Zn (LZ-系列) 和 Mg-Li-Al-Zn (LAZ-s 系列)。β 相中的沉淀相 θ' 相 (MgLi$_2$X,X = Al 或 Zn) 导致 Mg-Li-(Al,Zn)合金的时效硬化。过时效产生 α 和 θ-MgLi(Al,Zn) 相沉淀[29]。

18.2　力 学 性 能

由图 18.16 可见,Mg-Li 合金的延伸率远远优于纯镁和商用镁合金 AZ91、AM60 和 WE43 及铁基合金,强度远高于高分子材料。

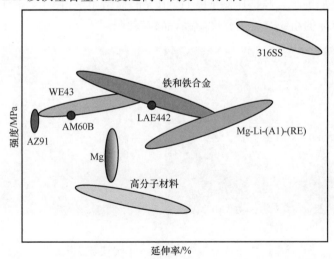

图 18.16　镁合金与高分子、铁合金和 316 不锈钢力学性能比较[19]

18.2.1　合金化对力学性能的影响

　　由图 18.17 和表 18.3 可知,在 Mg-Li 合金中加入合金元素 Al、Ca 和 RE 可显著提高合金抗拉强度(UTS)和屈服强度(YS),但降低了延伸率(E)。加入 Ca 元素形成弥散分布的 Mg_2Ca 相,产生弥散强化。Mg-8Li-2Al-2RE 合金由于加入了 2% Al 和 2%RE,产生了 α 相和 β 相固溶强化,提高了室温强度。Al 和 RE(Ce)的添加在 α 相和 β 相中产生了大量 Al_3RE 或 Al_3Ce 沉淀相[21]。Mg-Li 双相合金,除 LAE922 以外,几乎具有 30% 以上的延伸率,远高于 α 单相 Mg-Li 合金和 WE 合金(Mg-5Y-3.6RE-0.4Zr)的延伸率。因此,Mg8.5Li1Al 和 LA92 最适合作为支架材料,即 Li 质量分数 8.5%~8.6%,Al 质量分数 0.95%~1.5% 为最佳。

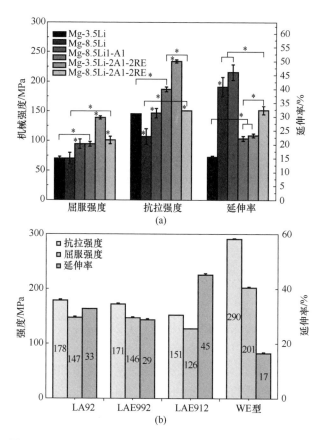

图 18.17　Mg-Li-(Al)-(RE)室温机械性能(* $P<0.05$)[19,23]

表 18.3　变形 Mg-Li 合金的力学性能比较[3,21,25-27,30,31]

合金	状态	抗拉强度/MPa	屈服强度/MPa	抗压强度/MPa	延伸率/%	屈强比/%
Mg-3.5Li	挤压	165	147	165	38	89
Mg-4Li	铸态	110	68	—	16	62
Mg-4Li	热轧	155	130	—	14	98
Mg-8.0Li	挤压	132	93	—	52	70
Mg-8Li	冷轧	126	75	—	37	60
Mg-8.5Li	挤压	129	95	94	49	74
Mg-14Li	挤压	105	68	71	51	65
Mg-4Li-1Ca	铸态	123.6	70.6	—	7.5	57
Mg-4Li-1Ca	热轧	208	192	—	6.5	92
Mg-9Li-1Ca	挤压	118	111	—	53	94
Mg-1Li-1Ca-1Y	铸态	57.0	44	—	1.47	77
Mg-1Li-1Ca-1Y	挤压	184	115	—	14.45	63
Mg-8Li-2Al-2RE	冷轧	205	171	—	34	83
Mg-9Li-2Zn-1Ca	轧制	214	187	—	13	87
Mg-14Li-1Al	挤压	233	232	—	20	99
Mg-14Li-1Al	轧制	131	103	—	10	79
LAE442	—	247	148	—	18	60

18.2.2　塑性变形对力学性能的影响

塑性变形包括热挤压、等通道角挤压和轧制,可导致镁合金组织晶粒细化和强度提高。镁合金晶粒尺寸与屈服强度关系符合 Hall-Patch 公式[3,12]。

1. 热挤压变形

晶粒细小的镁合金,具有较多的晶界,阻碍位错的滑移,所以合金强度要比晶粒粗大的镁合金高。Mg-9Li-1Ca 合金的显微组织如图 18.5 所示[3]。图 18.18(a) 为铸态和挤压态 Mg-9Li-1Ca 合金应力-应变曲线。铸态合金和挤压态 Mg-9Li-1Ca 合金的屈服强度与抗拉强度的比值分别为 75% 和 95%。延伸率分别为 4.2% 和 52.8%。与铸态合金相比,挤压态 Mg-9Li-1Ca 合金的抗拉强度和屈服强度分别增加了 15.8% 和 46.5%。挤压态合金的延伸率是铸态合金的 12.7 倍。晶粒细化导致 Mg_2Ca 相分布更为弥散,其体积分数从 5.54% 增加到 6.29%,挤压态合金的机械强度明显提高。

比较铸态 Mg-8Li 合金和 Mg-8.5Li 合金[图 18.18(b)]可知,金属间化合物

Mg_2Ca 颗粒的弥散强化作用[图 18.3(a)、图 18.5(b)]导致挤压态 Mg-9Li-1Ca 合金具有较高的屈服强度。这表明,Ca 元素可以提高 Mg-Li 合金的屈服强度。Mg-Li-Ca 合金良好的延展性表明这种合金具有潜在的临床应用前景。

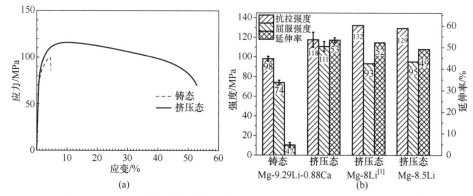

图 18.18　不同铸态和挤压态镁合金的应力-应变曲线和力学性能比较[3]

(a) 铸态和挤压态 Mg-9Li-1Ca 合金应力-应变曲线;(b) 铸态和挤压态
Mg-9Li-1Ca 合金、挤压态 Mg-8Li 和 Mg-8.5Li 合金的力学性能比较

由图 18.19 可知,虽然 Mg-Li-Al(AL36)合金挤压镁丝的抗拉强度比 ZEK100、AX30 和 Mg-0.8Ca 三种合金低,但也高达 270MPa,其塑性是最好的,高于 ZEK100 和 Mg-0.8Ca 合金 1~2 个数量级,略高于 AX30[18]。这与 AL36 具有的超细显微组织有关(图 18.10)。正是由于 AL36 合金具有良好的塑性,AL36 丝(Φ0.3~0.5mm)可做缝合线。

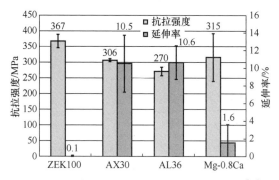

图 18.19　直径 0.5mm 的挤压镁丝拉伸性能[18]

2. 轧制变形对力学性能的影响

如同挤压变形一样,冷、热轧变形也可提高 Mg-Li 合金的强度。由表 18.3 可知,冷轧 Mg-8Li-2Al-2RE 合金的强度几乎是 Mg-8Li 的两倍,而延伸率则与 Mg-8Li 相当[21]。铸态的 Mg-4Li 合金经过热轧抗拉强度从 110MPa 提高到 155MPa。

铸态的 Mg-4Li-1Ca 经过热轧后抗拉强度从 123.6MPa 提高到 208MPa[25]。

3. 双相合金的超塑性

应当指出的是,双相 Mg-Li 合金具有较好的超塑性[图 18.20]。挤压态双相 Mg-Li 合金延伸率可达 50% 左右(表 18.3),其超塑性可达 800% 以上。在 573 K 和 $5×10^{-4}s^{-1}$ 初始应变速率下,Mg-8.42Li 合金获得了 920% 的延伸率[32]。Mg-8.3Li-0.99Zn 合金板在温度 573K、初始应变速率 $4.2×10^{-4}s^{-1}$ 条件下获得了延伸率为 840% 的超塑性[33]。合金 α 相与 β 相体积分数之比为 51∶49。

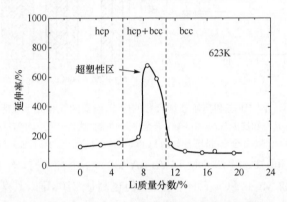

图 18.20　Mg-Li 二元合金典型的伸长性能[34]

18.3　降　解　行　为

镁合金的腐蚀降解行为受材料因素、环境因素和力学因素的影响[3,11,35-38]。材料因素包括化学成分、组织结构和热处理状态等。

18.3.1　合金元素对降解行为的影响

在一定含量下,Li、Ca、Zn 和 RE(Y)以及 Al 元素都能提高 Mg 合金的耐蚀性[14]。合金元素主要影响合金表面自然氧化膜和腐蚀产物膜的组成及第二相或金属间化合物的数量、尺寸与分布,从而影响其腐蚀降解行为。Mg-Li 合金由于合金元素的加入,会有 β 相[29]或金属间化合物析出相(如,Mg_2Ca、$Mg_{24}Y_5$、Al_3RE(Ce)、$MgLi_2Zn$ 等)[39]产生,这些相不同程度地对镁合金的腐蚀速率产生了影响。

1. Li 元素的影响

图 18.21(a)为 Mg-Li 合金在海水中的腐蚀失重[14],纯镁四天后已经彻底溶解。Mg-Li 合金质量损失-时间曲线表明,随着 Li 含量的增加,添加少量的 Li 降低

失重。因 Mg-40Li(原子分数)含有高浓度的 Li,刚刚形成的腐蚀产物厚膜马上剥落,所以腐蚀速率很高,而 Mg-12Li(原子分数)的腐蚀速率与 AZ91 相当。

　　研究表明[4],在 Hank's 溶液中浸泡 8h 后,Mg-1Li-0.5Ca 合金和 Mg-0.54Ca 合金的平均腐蚀速率分别为 $0.064mg/(cm^2 \cdot d)$ 和 $0.134mg/(cm^2 \cdot d)$,前者比后者的腐蚀速率降低了 110%。由图 10.21(b)可见,Mg-0.54Ca 合金在 Hank's 溶液中的腐蚀过程经历了一个先慢后快的过程。在浸泡第 2h 时,Mg-0.54Ca 合金析氢量开始明显增加。Mg-1Li-0.5Ca 合金的析氢速率比较平稳,析氢量的增长平缓,其析氢速率近似直线。这表明在 Hank's 溶液中 Mg-1Li-0.5Ca 合金耐蚀性明显优于 Mg-0.54Ca 合金。Mg-0.54Ca、Mg-1Li-0.5Ca 和 Mg-9Li-1Ca 三种合金随着 Li 含量的增加,析氢腐蚀速率也随之降低。另外,Mg-8.5Li-2Al-2RE 合金的腐蚀电流密度和析氢速率都低于 Mg-3.5Li-2Al-2RE 合金[19]。也就是说,Li 元素提高了 Mg-Li-Ca、Mg-Li-Al-E 合金在 Hank's 溶液中的耐蚀性能。究其原因,这主要是 Li 提高了 $Mg(OH)_2$ 腐蚀产物膜的致密度[3]。

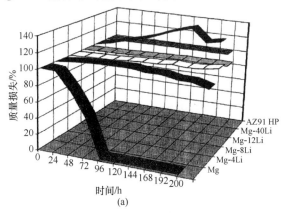

(a)

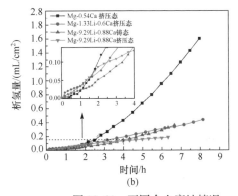

(b)

图 18.21　不同合金腐蚀情况

(a) Mg-Li 合金在海水中腐蚀失重[14];

(b) Mg-0.54Ca、Mg-1.33Li-0.60Ca 和 Mg-9Li-1Ca 合金在 Hank's 溶液中的析氢量比较[3,4]

图 18.22 为 Mg-1Li-0.5Ca 合金和 Mg-0.54C 合金在 Hank's 溶液中 pH 随浸泡时间的变化曲线[4]。两种合金的 pH 随着浸泡时间延长均呈上升趋势,出现三个阶段:第 I 个阶段即 pH 较快上升阶段,从开始到 6h 时,pH 呈线性增长,但 Mg-1Li-0.5Ca合金 pH 增长速率比 Mg-0.54Ca 合金慢;第 II 阶段为平稳上升阶段,在 6~10h 时后,两种合金 pH 的增长速率放缓,Mg-1Li-0.5Ca 合金持续上升到 36h,而 Mg-0.54Ca 合金则持续上升到 40h;第 III 阶段为基本稳定阶段,Mg-1Li-0.5Ca合金在 36h 后 pH 基本稳定在 8.9,而 Mg-0.54Ca 则在 40h 后稳定在 9.68。Mg-Li-Ca 合金中 α-Mg 作为阳极,失去电子产生 Mg^{2+},相邻的金属间化合物如 $CaMg_2$ 作为阴极,构成微电偶腐蚀,发生析氢反应,随着电化学过程的不断进行,OH^- 的增加使溶液 pH 升高。但当[Mg^{2+}]达到饱和时,便和 OH^- 反应生成 $Mg(OH)_2$ 沉淀,该沉淀具有较好的保护性[28]。特别是合金中 Li 元素的加入,导致 $Mg(OH)_2$ 膜的致密性提高[23]。所以,Mg-1Li-0.5Ca 合金的 pH 增加速度明显慢于 Mg-0.54Ca 合金。这与图 18.21(b)所示的析氢速率相吻合。尤其值得注意的是,该合金在后期 pH 趋于稳定。这说明 Li 元素可显著降低溶液 pH。因此,Mg-1Li-0.5Ca 合金具有很好的应用前景。

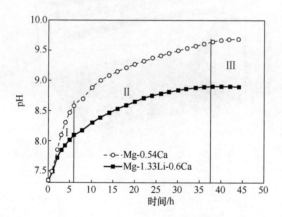

图 18.22　Mg-0.54Ca 和 Mg-1Li-0.5Ca 在 Hank's 溶液中 pH 随浸泡时间变化的曲线[4]

2. Ca 元素的影响

Ca 显著提高镁合金在高温下的抗氧化性。Ca 元素可以提高 Mg-Li 合金的耐蚀性能。最新研究表明[40],杂质元素 Ca 可在镁及其合金,如 AZ31、AZ80 和 AZ91D 外表面富集形成 CaO 薄膜。CaO 可生成氢氧化钙、碳酸钙、磷酸钙表面膜,使 $Mg(OH)_2$ 外层致密稳定且更具有保护性。

Ca 加入 Mg-Li 合金中能促进生成氢氧化钙、碳酸钙、磷酸钙表面膜,使 $Mg(OH)_2$ 外致密稳定且更具有保护性,故钙能够提高 Mg-Li 合金的耐蚀性。

研究表明[3],在 Hank's 溶液中,挤压态 Mg-1.27Li-0.95Ca 的腐蚀电流密度 $(3.98 \times 10^{-5} A/cm^2)$ 比挤压态 Mg-1.33Li-0.60Ca $(1.0 \times 10^{-4} A/cm^2)$ 低一个数量级。可见,少量 Ca[<1.5%(质量分数)]的加入降低了 Mg-Li 合金的腐蚀电流密度。

3. RE(Y)元素的影响

Y 元素在镁合金表面可形成钝化膜 Y_2O_3,其 Pilling-Bedworth 比(PB 比)为 1.13,减少了镁表面氧化物缺陷,提高了氧化膜致密性、保护性和耐蚀性,使得镁合金具有更高的击穿电位和更低的钝化电流。Y 的加入可减少非稀土化合物(阴极相)的数量,稀土化合物对合金的位错组织有钉扎作用,会减少因为析氢过程而生成的蚀坑[1,41]。

研究还表明[42],Y 元素在晶体表面的掺杂原子镶嵌能低于在晶内掺杂原子镶嵌能,Y 从晶内向晶体表面扩散。因为 Y 与氧的原子亲和能低于镁与氧的亲和能,所以 Y 元素在合金表面偏聚。Y-O、Mg-O 及 Mg-O-H 间的亲和能均为负数,这些原子间存在亲和力,可以在合金中相互作用形成化合物。

研究显示[3],在 Mg-Li-Ca 合金中添加元素 Y,可以提高 Mg-Li-Ca 合金耐蚀性。在 Hank's 溶液浸泡 6h 实验表明,Mg-1.33Li-0.60Ca 和 Mg-1.27Li-0.51Ca-0.61Y 合金失重腐蚀速率分别为 $31\mu g/(cm^2 \cdot h)$ 和 $16\mu g/(cm^2 \cdot h)$。Mg-1.27Li-0.51Ca-0.61Y 和 Mg-1.33Li-0.60Ca 合金的腐蚀电流密度分别为 $8.2 \times 10^{-5} A/cm^2$ 和 $1.0 \times 10^{-4} A/cm^2$。

然而,在 Mg-Li-Al-RE 合金中,RE 的作用可能与上述情况相反。也就是说,RE 在 Mg-Li-Al-RE 形成了金属间化合物 $Al_x RE$(如 $Al_2 Ce$)、$Mg_{12} La$、$Mg_{12} Ce$ 和 $Mg_3 Nd$,这些高电位的金属间化合物与低电位的基体 α 相形成微电偶腐蚀电池,从而提高合金降解速率[19,23]。

由图 18.23(a)可见,LAE912 和 LAE922 分别在 98 天和 330 天完全降解。WE 型合金(Mg-5Y-3.6RE-0.4Zr)94 天和 270 天之间腐蚀加速,然后在 505 天完全降解。而 LA92 表现出完全不同的降解行为,在整个 600 天的浸泡期间保持恒定的腐蚀速率,且 4/5 的样品没有受到破坏。显而易见,LA92 比 WE 型合金更适合作为医用材料。

而 WE 型合金的峰值出现在第 250 天,仅为 $2.1 mL/(cm^2 \cdot d)$。这是由于在表面膜中具有保护性 Y_2O_3 的形成降低了腐蚀速率。而 LA92 在 600 天的浸泡过程中腐蚀速率不超过 $0.2 mL/(cm^2 \cdot d)$,这表明样品表面反应层有效地阻止了 HBSS 中的酸性离子入侵。Mg-Li-Al-RE 合金(LAE912 和 LAE922)比 Mg-Li-Al

(LA92)耐蚀性差的一个重要原因可能是前者形成了大量的金属间化合物 $Mg_{12}La$、$Mg_{12}Ce$ 和 Mg_3Nd,他们具有比基体高得多的电极电位,从而导致局部微电偶腐蚀,加速了整个腐蚀过程[23]。

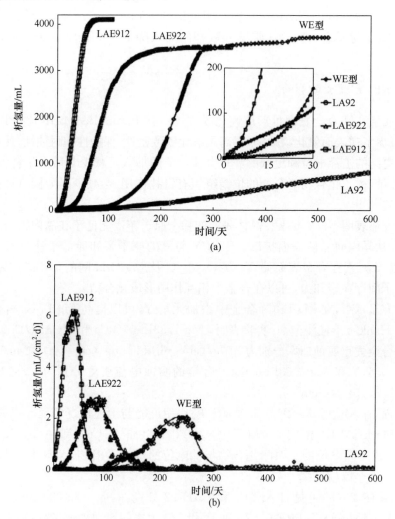

图 18.23　LA92,LAE912 和 LAE922 与 WE 型合金析氢曲线和析氢速率[23]

(a) 在 Hank's 溶液中析氢曲线,插图表明在最初的 30 天的不同响应;(b) 析氢速率

4. Al 元素的影响

LA92 析氢速率比 LAE912 和 LAE922 与 WE 型合金平稳[图 18.23(b)]。值得注意的是,析氢速率出现峰值,LAE912 第 36 天达到峰值 6.2mL/(cm² · d),LAE922 第 85 天达到峰值 2.9mL/(cm² · d)。这是由于 LAE922 合金较高的 Al

含量在表面形成了更多的氧化铝,有助于降低腐蚀。

　　Zhou[19]的研究进一步证实,Al 元素有助于提高 Mg-Li 合金的耐蚀性能。析氢速率和腐蚀电流密度数据表明,挤压态的 Mg-8.5Li-1Al 合金具有比挤压态 Mg-8.5Li更好的耐蚀性能。

18.3.2　自然氧化膜对降解行为的影响

　　Mg-Li 合金的自然氧化膜及腐蚀产物膜的形成对腐蚀速率有着重要影响。为了更好地研究 Mg-Li 合金的腐蚀行为,有必要对自然氧化膜层和空气暴露条件下腐蚀产物的成分和结构进行分析。

1. Mg-8Li 合金的自然氧化膜结构

　　Mg-8Li合金的自然氧化膜含有 Li、Mg 和 O 元素[10](图 18.24)。从氧化膜底部往外,Mg 浓度逐渐降低,Li 浓度逐渐升高。外层富含 Li 的氧化物。该膜层具有四层结构:顶层为 $Mg(OH)_2$ 和 Li_2O 的混合物、第二层为 $Mg(OH)_2$、Li_2O 和 MgO 混合物,第三层为 $Mg(OH)_2$、MgO、$LiOH$、Li_2O 和 Mg 的混合物,最底层为 MgO、Li_2O、Li 和 Mg 的混合物。

图 18.24　Mg-8Li 合金自然氧化膜结构示意图[10]

2. 双相 Mg-9Li-1Ca 合金的自然氧化膜结构[3]

1)长期空气暴露下的 Mg-9Li-1Ca 合金的自然氧化膜结构

　　在室温下,镁合金表面会迅速形成一层薄的氧化膜,随着暴露时间的延长,这层氧化膜的厚度会缓慢增加。通过研究这层氧化膜可以阐明合金元素和环境中物质,如氧气、二氧化碳和水对镁合金的影响。

　　以镁、钙和锂为代表的碱土金属和碱金属有着较强的失电子能力,在潮湿的环境下会形成 Li_2O、MgO、CaO、$LiOH$、$Mg(OH)_2$ 和 $Ca(OH)_2$ 等腐蚀产物。而在含有 CO_2 的条件下,则会形成 Li_2CO_3、$MgCO_3$ 和 $CaCO_3$。表 18.4 列举了镁、锂、钙这三种元素形成氧化物、氢氧化物和碳氧化物的标准焓,焓越低说明该元素的稳定性越强。

　　由表 18.4 可以得出碳酸盐的稳定性强于氢氧化物和氧化物。虽然 $Mg(OH)_2$

和 $Ca(OH)_2$ 的稳定性强于 MgO 和 CaO，但是 LiOH 的稳定性要低于 Li_2O。根据热力学基本原理，在自然氧化膜中可能存在 LiH，不存在 LiO[10]。

表 18.4　部分化合物的标准生成焓[43]　　　（单位：kJ/mol）

化合物	生成焓	化合物	生成焓	化合物	生成焓
Li_2CO_3	−1216.04	LiH	−90.6	CaO	−635.1
LiOH	−484.93	LiO	83.68	$MgCO_3$	−1096
Li_2O	−597.9	$CaCO_3$	−1206.9	$Mg(OH)_2$	−924.7
Li_2O_2	−632.62	$Ca(OH)_2$	−986.1	MgO	−601.7

　　Mg-9Li-1Ca 合金暴露在空气中自然氧化三年后氧化膜中各元素光电子能谱（XPS）分析结果如图 18.25 所示[3]。图 18.25(a) 为 Li、O 和 C 三种元素随深度变化的含量变化曲线，在 $971 \sim 2697\mu m$ 的范围内，三种元素的相对含量分别从 33.07%、36.55% 和 30.8% 变为 30.38%、32.05% 和 37.15%，说明外层氧化膜的锂含量要高于内层而氧和碳的分布情况正好相反。图 18.25(b) 则为 $500\mu m$ 处的元素分布情况，膜层中主要含有 C、O、Li 三种元素。图 18.25(c) 中较高的碳含量来源于空气中的 CO_2 和环境中的无定形碳。O 1s 峰的结合能分别处于 531.5eV、531.3eV 和 531.0eV 处[图 18.25(d)]，而 Li 1s 峰的结合能处于 55.2eV、55.6eV 和 54.9eV 处[图 18.25(e)]，这些峰分别代表了 Li_2CO_3、Li_2O_3 和 LiOH。锂元素表现出较强的活性和移动性，在外层氧化膜中与氧气和水发生如下反应：

$$4Li + O_2 \longrightarrow 2Li_2O \tag{18-1}$$
$$2Li + H_2O \longrightarrow Li_2O \tag{18-2}$$

　　Li_2O 的 PB 比是 0.58，远小于 1，氧化膜在拉应力的作用下变得疏松多孔。因此二氧化碳和水很容易侵入氧化膜内部进一步反应生成 Li_2CO_3 和 LiOH：

$$Li_2O + H_2O \longrightarrow 2LiOH \tag{18-3}$$
$$Li_2O + CO_2 \longrightarrow Li_2CO_3 \tag{18-4}$$

　　图 18.25(f) 中未找到明显的 Mg 1s 峰。但对 Mg-8Li 合金而言[10]，氧化膜的主要成分为 Li_2O 和 $Mg(OH)_2$。另外，XPS 结果并未找到 Ca 元素的 2s 和 2p 峰，说明氧化膜中不存在 Ca、CaO 或 $CaCO_3$。

　　2) 短期暴露下的 Mg-Li-Ca 合金的自然氧化膜结构

　　短期暴露下随着暴露时间的不同，从数小时到数天，氧化膜的成分会发生变化。将合金暴露在室温中 3 年以上，进一步 XRD 表征结果（图 18.26）显示存在 LiOH、Li_2O_2、Li_2CO_3 和 LiH。XRD 的结果与 XPS 的结果相一致，唯一不同的是 XPS 没有检测出 LiH。

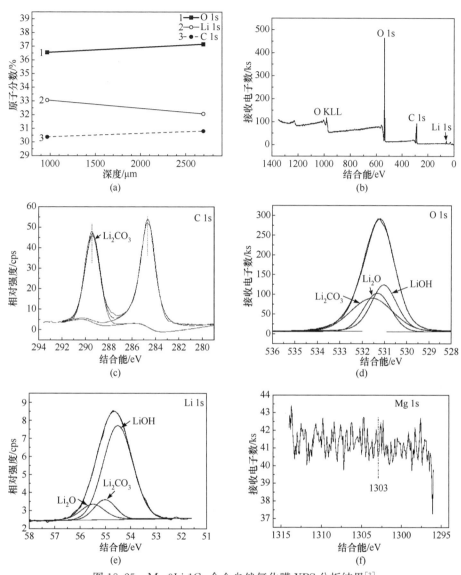

图 18.25　Mg-9Li-1Ca 合金自然氧化膜 XPS 分析结果[3]

（a）元素深度分布；（b）全谱；（c）C 1s；（d）O 1s；（e）Li 1s；（f）Mg 1s 高分辨图

将打磨好的双相 Mg-Li-Ca 合金暴露在室温 16h 后形成的氧化膜成分主要有 LiOH、Li_2O_2、Li_2CO_3、$MgCO_3$ 和 LiH。这个结果与电子探针面扫描（EPMA）的结果完全不同，是因为暴露的环境不同。因为水分和 CO_2 气体与膜反应生成 LiOH、Li_2CO_3、$MgCO_3$ 和 LiH，这层膜可以被认为是第二层。将打磨好的 Mg-8Li 合金暴露在室温下，形成的膜主要由四层组成，最外层是 $Mg(OH)_2$ 和 Li_2O；第二层是 $Mg(OH)_2$、Li_2O 和 MgO；第三层是 $Mg(OH)_2$、MgO、LiOH、Li_2O 和 Mg；最底层是 MgO、Li₂O、Li 和 Mg。在 Mg-8Li 合金表面的氧化膜中没有发现碳酸盐化合物 Li₂CO₃、MgCO₃。Mg-9Li-1Ca 和 Mg-8Li 的不同之处在于暴露时间的差异,因为碳酸盐化合物形成需要很长的时间。

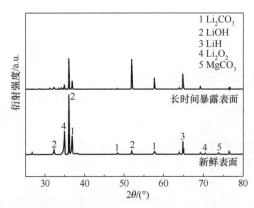

图 18.26　挤压态合金暴露在空气中形成的自然氧化膜的 XRD 图谱[3]

图 18.27 是通过 EPMA 检测到的挤压态 Mg-9Li-1Ca 暴露在室温下得到的膜层中 Mg、O、Ca 的分布图。白色代表 α-Mg 相,灰色代表 β 相。箭头指示的地方是嵌入到 α 相和 β 相界面处 Mg₂Ca 颗粒。图 18.27(c)、(d)进一步表明 Mg₂Ca 相的存在。图 18.27(d)表明有大量的 CaO 存在。

图 18.28 给出了合金长期暴露在空气中氧化膜的形成机制。双相 Mg-Li-Ca 合金形成的氧化膜由四层组成:最外层为含锂化合物(Li₂O、LiOH、Li₂CO₃)的混合物;第二层是 LiOH、Li₂O₂、Li₂CO₃、MgCO₃、LiH 的混合物;第三层主要由氧化物(Li₂O₂、Li₂O、MgO 和 CaO)组成;最底层是 α-Mg 和 β-Li 和晶界的氧化物。因此,在 Mg-9Li-1Ca 合金表面形成的自然氧化膜形成机制不同于镁及其他镁合金。XPS 结果揭示合金表面氧化膜主要由含锂化合物组成,表明金属与氧化膜之间存在锂离子的扩散。这是因为锂离子有较小的原子半径和较高的迁移率,容易与氧相结合。

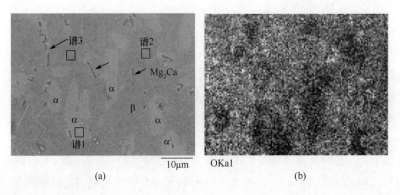

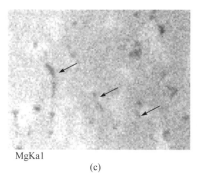
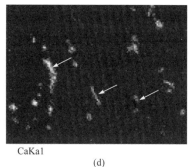

图 18.27　（a）挤压态 Mg-9Li-1Ca 合金暴露在空气中 16h 后的 EPMA 图像，
箭头所示为 Mg₂Ca 颗粒剥落产生的孔洞，光谱 1～3 为扫描点，其中的数据列于表 18.5 中；
（b）、（c）、（d）分别为 O、Mg、Ca 元素的分布[3]

表 18.5　通过点扫描分析得到 α 相和 β 相的能谱化学成分表[3]

（单位：%）

相	元素	谱 1		谱 2		谱 3		均值	
		质量分数	原子分数	质量分数	原子分数	质量分数	原子分数	质量分数	原子分数
α	Ca	0.25	0.14	—	—	—	—	0.08	0.05
	O K	11.81	16.92	3.80	5.67	10.81	15.56	8.81	12.71
	Mg K	87.94	82.94	96.20	94.33	89.19	84.44	91.11	87.24
β	O K	8.64	12.57	9.52	13.79	10.71	15.42	9.62	13.9
	Mg K	91.36	87.43	90.48	86.21	89.29	84.58	90.38	86.07

众所周知，金属离子的扩散系数与温度、固溶体类型、晶体结构、晶体缺陷、化学组成及应力有关。Li 离子的高扩散率是因为两种原因：①体心立方结构中的 Li 扩散系数高于密排六方，体心立方结构原子致密度 0.68 低于密排六方结构的 0.74；②高位错密度导致 Li 在挤压态合金中的扩散速率比铸态合金的高。Li 离子的迁移导致合金中产生大量的空位，特别是在合金与氧化膜层之间加速产生空位。空位的合并导致空缺的产生，当空缺达到临界尺寸时，氧化膜局部崩溃，结果导致氧化膜中微裂纹的形成。

综上所述，自然状态下形成的氧化膜主要有四层，最外层由含锂化合物（Li₂O、LiOH、Li₂CO₃）组成，第二层由 Li₂O₂、Li₂CO₃、MgCO₃ 和 LiH 组成，第三层由多种氧化物（Li₂O₂、Li₂O、MgO、CaO）组成，最底层是 α-Mg 和 β-Li 和晶界的氧化物（图 18.28）。

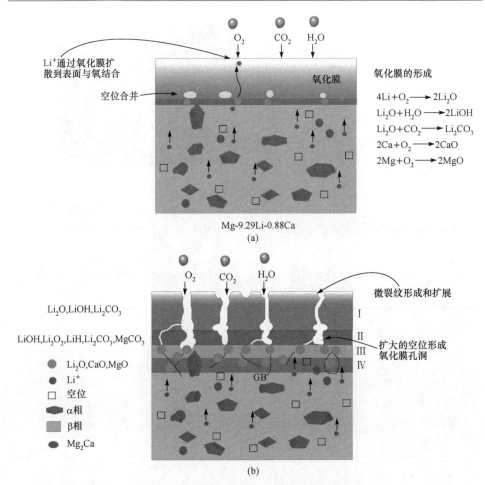

图 18.28　在双相 Mg-Li-Ca 合金表面氧化膜的形成机理模拟示意图[3]

18.3.3　Li 元素对腐蚀产物膜的组成影响

1. Li 元素对腐蚀产物膜的组成影响

镁合金表面腐蚀产物膜对腐蚀动力学有重要影响。在不同的环境中,因所形成的腐蚀产物膜结构不同,材料耐蚀性能表现有所不同。而腐蚀产物膜的组成首先受到合金自然氧化膜的影响,然后与溶液介质发生化学或电化学反应。

Li 元素对腐蚀产物膜的组成有重要影响。Mg-1Li-0.5Ca 和 Mg-0.54Ca 合金腐蚀产物如图 18.29 所示。Mg-1Li-0.5Ca 合金的腐蚀产物有 LiH、$Mg(OH)_2$、$MgCO_3$、$CaCO_3$、$CaMgCO_3$ 及 $CaMgPO_4$,并且 $MgCO_3$、LiH 的衍射峰强度最高。Mg-Ca 合金腐蚀产物有 $MgCO_3$、$CaCO_3$ 和 $CaMgPO_4$。Mg-1Li-0.5Ca 合金的腐蚀产物比 Mg-Ca 合金复杂,并且不同于 Mg-Li-Al 合金在人工海水中的腐蚀产物。

Mg-Li-Al 合金在 3.5% NaCl（质量分数）（pH＝7）溶液中的腐蚀产物主要为 $Mg(OH)_2$、LiOH 和 Al_2O_3[28]。

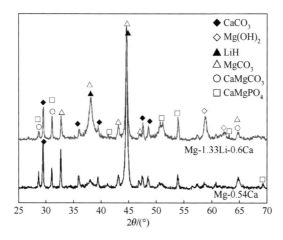

图 18.29　Mg-0.54Ca 和 Mg-1Li-0.5Ca 合金在 Hank's
溶液浸泡 8h 腐蚀产物的 XRD 图谱[4]

$MgCO_3$、$CaCO_3$ 的形成过程如下。

合金表面首先与空气中的氧形成 MgO、CaO 和 Li_2O，然后在 Hank's 溶液中转变为氢氧化物：

$$MgO + H_2O \longrightarrow Mg(OH)_2 \tag{18-5}$$

$$CaO + H_2O \longrightarrow Ca(OH)_2 \tag{18-6}$$

$$Li_2O + H_2O \longrightarrow 2LiOH \tag{18-7}$$

合金表面腐蚀后，基体中 Mg、Ca 和 Li 元素也会遭受溶液进一步的腐蚀：

$$Mg + 2H_2O \longrightarrow Mg(OH)_2 + H_2 \uparrow \tag{18-8}$$

$$Ca + 2H_2O \longrightarrow Ca(OH)_2 + H_2 \uparrow \tag{18-9}$$

$$2Li + 2H_2O \longrightarrow 2LiOH + H_2 \uparrow \tag{18-10}$$

Mg 和 Ca 生成氢氧化物后也和 HCO_3^- 结合，生成 $MgCO_3$、$CaCO_3$ 或 $Ca/MgCO_3$。由于 Hank's 溶液中 HCO_3^- 浓度较高，因此形成了较多的碳酸盐：

$$Mg^{2+} + OH^- + HCO_3^- \longrightarrow MgCO_3 + H_2O \tag{18-11}$$

$$Ca^{2+} + OH^- + HCO_3^- \longrightarrow CaCO_3 + H_2O \tag{18-12}$$

$(Ca/Mg)_3(PO_4)_2$ 是由 Ca 和 Mg 生成氢氧化物后，再与溶液中的 $H_2PO_4^-$ 或 HPO_4^{2-} 结合生成的。

$$3Ca^{2+}/Mg^{2+} + 4OH^- + 2H_2PO_4^- \longrightarrow (Ca/Mg)_3(PO_4)_2 + 4H_2O \tag{18-13}$$

$$3Ca^{2+}/Mg^{2+} + 2OH^- + 2HPO_4^{2-} \longrightarrow (Ca/Mg)_3(PO_4)_2 + 2H_2O \tag{18-14}$$

由此可见,浸泡初期,Li 的腐蚀导致 Mg 合金表面/溶液局部碱度快速升高,pH 远超过 10.43,从而加速了 $Mg(OH)_2$ 在合金表面的沉淀析出。Urquidi-Macdonald[30]指出,在碱性溶液中 Li 表面的钝化膜中含有薄而致密的 LiH 层。另外,与挤压态镁合金 AZ31 在仿生溶液中的腐蚀产物 $Mg(OH)_2$ 和 $Mg_3(PO_4)_2$[34] 相比,Mg-Ca 和 Mg-Li-Ca 合金表面腐蚀产物还含有 $CaCO_3$ 等碳酸盐。因而,在碱化的 Hank's 溶液中 Mg-1.33Li-0.6Ca 表面形成 LiH、$Mg(OH)_2$、$MgCO_3$、$CaCO_3$、$CaMgCO_3$ 以及 $CaMgPO_4$ 组成的致密保护膜,导致阴极析氢受到阻滞。这可以解释腐蚀初期 Mg-1.33Li-0.6Ca 比 Mg-0.54Ca 腐蚀速率大,随后腐蚀速率随着时间的增加越来越小,最终 Mg-1.33Li-0.6Ca 溶液的 pH 反而远低于 Mg-0.54Ca 的原因。从微观上来看,Li 元素可以在短时间内提高镁合金表面局部的 pH;而在宏观上表现出明显地降低了溶液 pH。

锂元素在模拟人体体液环境中生成保护性的碳酸锂、磷酸锂表面膜,从而使 $Mg(OH)_2$ 外层致密稳定。由图 18.30 可见,Mg-0.54Ca 产生点蚀和丝状腐蚀,而 Mg-1.33Li-0.6Ca 合金为均匀腐蚀。所以,Li 的存在使镁合金腐蚀类型发生了由点蚀或丝状腐蚀向均匀腐蚀的改变。

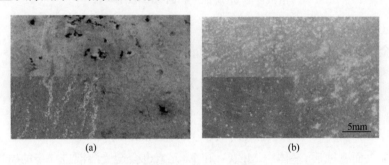

　　　　　　　(a)　　　　　　　　　　　　　(b)

图 18.30　Mg-0.54Ca 在 Hank's 溶液中浸泡 8h 和 Mg-1.33Li-0.6Ca
浸泡 36h 后 SEM 形貌[4]

2. 腐蚀产物膜对 Mg-1Li-0.5Ca 合金降解速率的影响

医用镁合金体外腐蚀动力学评价涉及腐蚀产物膜的影响,但文献报道的大多数实验没有给予考虑。由图 18.31(a)可见,随浸泡时间的延长,Mg-0.54Ca 和 Mg-1Li-0.5Ca 两种合金的析氢速率会发生逆转。在 1h 时,Mg-1Li-0.5Ca 合金中析氢速率为 $0.8mL/cm^2$,而 Mg-0.54Ca 合金析氢速率仅为 $0.6mL/cm^2$,此时 Mg-1Li-0.5Ca 合金的析氢速率略高于 Mg-0.54Ca 合金;在 1.8h 时,Mg-1Li-0.5Ca 合金析氢速率和 Mg-0.54Ca 合金析氢速率相等,都为 $1.6mL/cm^2$;在 2.2h 时,Mg-0.54Ca 合金析氢速率为 $2.1mL/cm^2$,而 Mg-1Li-0.5Ca 合金析氢速率为 $1.8mL/cm^2$,低于 Mg-0.54Ca 合金。可见,1.8h 是 Mg-1Li-0.5Ca 合金和

Mg-0.54Ca 合金析氢速率的转变点。这是由腐蚀产物膜组成的不同导致的。

由 Mg-1Li-0.5Ca 和 Mg-0.54Ca 合金在 Hank's 溶液中的极化曲线[图 18.31(b)]可见，Mg-1Li-0.5Ca 的腐蚀电流密度（4.36×10^{-5} A/cm²）与 Mg-0.54Ca 合金的腐蚀电流密度（4.8×10^{-5} A/cm²）相差不大，其值在同一个数量级。这是由于极化腐蚀实验时，试样浸泡时间较短，此时腐蚀产物膜层对腐蚀速率的影响较小。

但是，由于 Li 元素电极电位更负（−2.69V/SHE），Mg-1Li-0.5Ca 合金的自腐蚀电位（−1.598V/SCE）比 Mg-0.54Ca 合金自腐蚀电位（−1.541V/SCE）低 47mV/SCE。从热力学来说，Mg-1Li-0.5Ca 合金的耐蚀性比 Mg-0.54Ca 合金要略差，这一结果与析氢实验的初期结果一致。这里，Mg-1Li-0.5Ca 合金长时间的耐蚀性好于 Mg-0.54Ca 合金的根本原因是 Mg-1Li-0.5Ca 合金在浸泡腐蚀过程中形成致密的具有保护性的腐蚀产物，这样的保护层对 Mg-1Li-0.5Ca 合金耐蚀性能的提升起到了关键作用。这一结论也可从随后样品的腐蚀形貌和理论分析得到印证。这也是析氢量与时间的关系曲线所反映的，在初期，Mg-1Li-0.5Ca 合金的析氢量要略高于 Mg-0.54Ca 合金，而随着时间的推移，Mg-1Li-0.5Ca 合金表面腐蚀产物层的形成对 Mg-1Li-0.5Ca 合金基体形成保护，使得在析氢的中后期，Mg-1Li-0.5Ca 合金的析氢量增长减缓，明显慢于 Mg-0.54Ca 合金析氢量的增长。

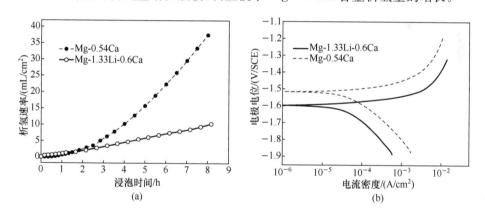

图 18.31　Mg-0.54Ca 和 Mg-1Li-0.5Ca 在 Hank's 溶液中的析出速率(a)和极化曲线(b)[3]

18.3.4　晶粒度对双相 Mg-9Li-1Ca 合金降解行为的影响

1. 晶粒度对降解速率的影响

晶粒度对金属腐蚀行为产生重要影响。有研究表明，对于钝化环境下的镁合金，其腐蚀速率与晶粒直径的关系类似于 Hall-Petch 公式屈服强度与晶粒度的关系[44]。

$$i_{corr} = i_0 + kd^{-1/2} \qquad\qquad (18\text{-}15)$$

其中, i_0 为与环境有关的腐蚀速率常量; k 为常量(与材料的成分和纯度有关); d 为晶粒尺寸。

挤压态和铸态 Mg-9Li-1Ca 合金的显微组织如图 18.4 和图 18.5 所示,腐蚀电流密度分别为 $6.74×10^{-5}\,A/cm^2$ 和 $8.36×10^{-5}\,A/cm^2$ (图 18.32),挤压态合金的耐蚀性能稍优于铸态合金,这与失重速率趋势相一致。

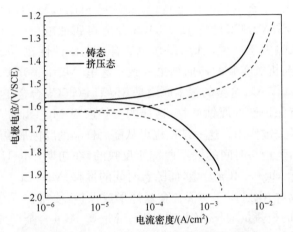

图 18.32　铸态和挤压态 Mg-9Li-1Ca 合金在 Hank's 溶液中的极化曲线[3]

铸态和挤压态 Mg-9Li-1Ca 合金浸泡在 Hank's 溶液中析氢速率的变化如图 18.33所示。每种合金的析氢速率与时间的曲线都经过明显的两个阶段。对于铸态合金,在浸泡开始的 130min 中,析氢腐蚀速率连续降低,表明有一层致密的腐蚀产物膜生成,腐蚀具有一段明显的孕育期。在随后的浸泡时间内,析氢的连续加速说明由于腐蚀产物膜的破裂和脱落,更多的新鲜表层暴露于溶液中。

挤压态合金在起始浸泡到 168min 析氢速率一直增加,说明镁合金持续降解。然而,168min 后析氢速率连续降低说明生成了致密的腐蚀产物膜。浸泡430min 后,铸态合金和挤压态合金的析氢速率分别为 $1.22mL/(cm^2 \cdot d)$ 和 $0.70mL/(cm^2 \cdot d)$。

另外,由图 18.33 可以看出,曲线 1 和曲线 2 被两个浸泡时间点 0.5h 和 4.6h 分成 A、B、C 三个区域。曲线 1 和 2 中的析氢速率的不同可以用 ΔH 来定义。

$$\Delta H = \nu_{H2} - \nu_{H1} \tag{18-16}$$

在区域 A 和区域 C 中, $\Delta H < 0$,这种结果与失重和极化曲线是一致的。然而在浸泡的中间区域, $\Delta H > 0$。这种结果与预期不一致。这表明失重和极化曲线得到的腐蚀速率不能反映 Mg-Li-Ca 合金双相的瞬时腐蚀速率。

另外,随着浸泡时间的变化,溶液的 pH 也增加(图 18.33)。在浸泡第一个小时,铸态合金和挤压态合金的 pH 变化区别不大;随着浸泡时间增加,两种合金的 pH 都有所增加。与铸态合金相比,挤压态合金表面更容易形成钝态膜。

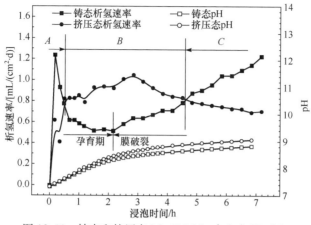

图 18.33　铸态和挤压态 Mg-9Li-1Ca 合金在 Hank's 溶液中的析氢速率和 pH 随时间的变化[3]

2. 晶粒度对双相 Mg-Li-Ca 合金腐蚀形貌的影响

两种合金在 Hank's 溶液中浸泡腐蚀 430min 后的腐蚀形貌如图 18.34 所示[3]。铸态合金表面有明显的点腐蚀坑[图 18.34(a)]，说明在金属间化合物 Mg₂Ca 和邻相 α-Mg 及 β 相之间同时发生了微电偶腐蚀。作为阴极的 Mg₂Ca 相有较高的自腐蚀电位－1.54V/SHE,作为阳极的 α-Mg 和 β 相有较低的自腐蚀电位,分别为－2.36V/SCE 和－3.17V/SHE。α-Mg 基体与 Mg₂Ca 相之间腐蚀电位的不同加速了 Mg-Ca 合金 α-Mg 基体的腐蚀。另外,在挤压过程中第二相Mg₂Ca 的破碎导致其弥散分布。其结果就是 Mg₂Ca 和邻相 β 相之间的微电偶腐蚀产生的腐蚀坑变得更小、更浅[图 18.34(b)]。因此,第二相的细化比晶粒细化发挥更重要的作用。

相反地,致密腐蚀产物膜的形成阻止了挤压合金中任何局部破裂。这归因于氢氧化物、碳酸盐、磷酸盐的形成。因此,双相 Mg-Li-Ca 合金中的组织细化可以将腐蚀类型由点蚀转变为全面腐蚀。

对于铸态合金[图 18.35(a)],Mg₂Ca 颗粒周围的 β 相首先受到腐蚀,在晶界上发生点蚀或晶间腐蚀。由于 Mg₂Ca 颗粒嵌入 α 相/β 相界面上的 α 相中,α 相更容易发生腐蚀 [图 18.35(b)]。由图 18.35 中的能谱可知,腐蚀产物 Mg(OH)₂ 在相邻 Mg₂Ca 颗粒周围形成。

此结果不同于文献报道[3],即 Mg-8Li 合金浸泡在 0.1mol/L 的 NaCl 溶液中发生丝状腐蚀。在浸泡的早期阶段,α 相和 β 相界面上发生局部腐蚀,随着时间增加,发生了丝状腐蚀。因此,双相 Mg-Li 合金中引入 Ca,可以导致腐蚀类型由丝状腐蚀变为点蚀,这是阴极相 Mg₂Ca 形成所导致的。

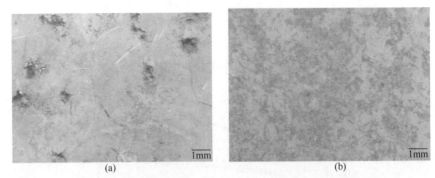

图 18.34　两种合金在 Hank's 溶液中浸泡 430min 后的腐蚀宏观形貌图[3]

(a) 在铸态 Mg-9Li-1Ca 合金表面出现明显的点蚀坑；

(b) 在挤压态 Mg-9Li-1Ca 合金表面出现全面腐蚀

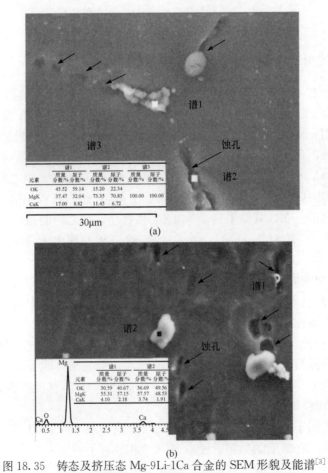

元素	谱1 质量分数/%	谱1 原子分数/%	谱2 质量分数/%	谱2 原子分数/%	谱3 质量分数/%	谱3 原子分数/%
OK	45.52	59.14	15.20	22.34		
MgK	37.47	32.04	73.35	70.85	100.00	100.00
CaK	17.00	8.82	11.45	6.72		

30μm

(a)

元素	谱1 质量分数/%	谱1 原子分数/%	谱2 质量分数/%	谱2 原子分数/%
OK	30.59	40.67	36.69	49.56
MgK	55.31	57.15	57.57	48.53
CaK	4.10	2.18	3.74	1.91

(b)

图 18.35　铸态及挤压态 Mg-9Li-1Ca 合金的 SEM 形貌及能谱[3]

(a) 铸态 Mg-9Li-1Ca 合金在 Hank's 溶液中浸泡 430min 后的 SEM 形貌及能谱，在合金表面出现明显的
晶间腐蚀；(b) 在挤压态 Mg-9Li-1Ca 合金表面发生微电偶腐蚀，在 Mg₂Ca 相周围的 α-Mg 中出现点蚀坑

双相 Mg-Li-Ca 合金的腐蚀机理可用图 18.36 来描述。通常地，Mg-Li 合金浸泡在 Hank's 溶液中会发生如下反应。

总反应：

$$2Li + 2H_2O \longrightarrow 2LiOH + H_2 \uparrow \tag{18-17}$$

$$Mg + 2H_2O \longrightarrow Mg(OH)_2 + H_2 \uparrow \tag{18-18}$$

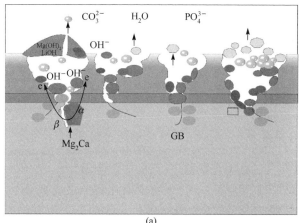

(a)

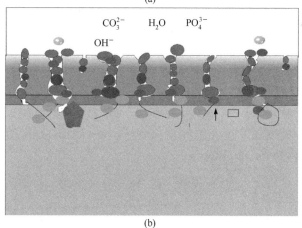

(b)

● LiOH　⬤ Mg(OH)₂　● Li₂O、MgO和CaO　⬤ (Mg,Ca)CO₃、MgₓCaᵧ(PO₄)z　◍ H₂

图 18.36　双相 Mg-Li-Ca 合金腐蚀机制示意图[3]

(a) 铸态合金表面腐蚀产物膜剥落是由于膜内有应力存在，内表面暴露于溶液中；

(b) 铸态合金表面膜的柱状通道被 LiOH、Mg(OH)₂、CaCO₃ 和 MgCO₃ 化合物封闭堵塞

腐蚀产物的形成：

$$2Li^+ + CO_3^{2-} \longrightarrow Li_2CO_3 \tag{18-19}$$

$$3Li^+ + PO_4^{3-} \longrightarrow Li_3PO_4 \qquad (18\text{-}20)$$

$$Mg^{2+} + CO_3^{2-} \longrightarrow MgCO_3 \qquad (18\text{-}21)$$

$$Ca^{2+} + CO_3^{2-} \longrightarrow CaCO_3 \qquad (18\text{-}22)$$

$$Mg^{2+} + Ca^{2+} + CO_3^{2-} \longrightarrow CaMgCO_3 \qquad (18\text{-}23)$$

$$3Mg^{2+}/Ca^{2+} + 2HPO_4^{2-} \longrightarrow (Ca/Mg)_3(PO_4)_2 + 2H^+ \qquad (18\text{-}24)$$

18.3.5 表面涂层对 Mg-Li-Ca 合金降解行为的影响

锌钙系磷酸盐转化膜(Zn-Ca-P)和 Ca-P 涂层[38,42]有望成为医用镁合金表面改性涂层。

1. Zn-Ca-P 涂层对 Mg-Li-Ca 合金降解行为的影响

Zn-Ca-P 涂层在制备工艺参数中,温度的影响最为显著。研究结果表明[6],当溶液温度低于 45℃时,Mg-Li-Ca 合金表面磷化膜的主要成分是 Zn 和 ZnO;而溶液温度≥50℃时,膜的主要成分是 $Zn_3(PO_4)_2 \cdot 4H_2O$ 和 $Ca_3(PO_4)_2$。不同温度下制备的 Zn-Ca-P 涂层,表面形貌有着明显的不同(图 18.37)。由于溶液的 pH 为 3,呈现酸性,镁合金发生腐蚀反应,导致表面有明显的腐蚀坑。温度在 40～45℃[图 18.37(a)、(b)]时,腐蚀坑比较明显,且有较小的颗粒物质附着在表面。随着温度的升高,表面有大量的花瓣状片状物质产生,主要成分为 $Zn_3(PO_4)_2 \cdot 4H_2O$。温度在 55℃[图 18.37(d)]表面的膜层致密性最好。温度在 55℃[图 18.37(e)]下,由于片状物质较大,所以有较多的裂纹。通过截面图[图 18.37(f)]也可以看出,55℃的膜层较致密。经 X 射线衍射分析可知(图 18.38),图 18.37(a)、(b)上的这种小颗粒物为 Zn 和 ZnO。

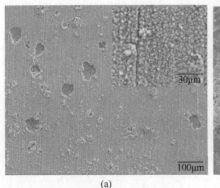
(a)
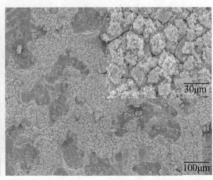
(b)

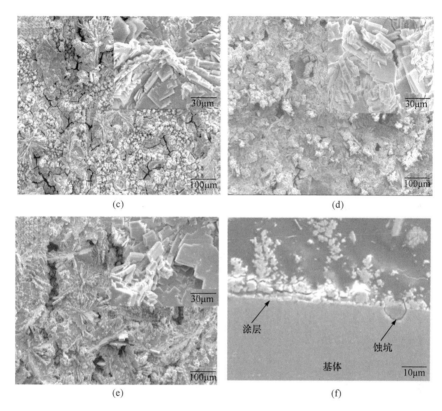

图 18.37　不同温度下制备的磷酸盐转化膜 SEM 图像[6]

(a) 40℃；(b) 45℃；(c) 50℃；(d) 55℃；(e) 60℃；(f) 55℃下转化膜截面图

由图 18.38 可以看出，在 40℃下，膜主要成分是 ZnO 及少量的 Zn；温度高于 50℃时，有明显的 $Zn_3(PO_4)_2 \cdot 4H_2O$ 生成。由 EDS 数据（表 18.6）可知，膜层的主要元素有 Mg、O、P、Zn、Ca。由于温度不同，膜层中各元素的含量也不同。在低于 50℃时，Zn 的含量都较高，45℃时最高；在高于 50℃时，P、O、Ca 含量有所增加；且在 55℃时，Ca 含量最高，主要是 $Zn_3(PO_4)_2 \cdot 4H_2O$ 和 $Ca_3(PO_4)_2$。这与 XRD 得到的结论是一致的。

表 18.6　**Zn-Ca-P 转化膜化学成分**(质量分数)[6]　　　（单位：%）

温度/℃	Mg	Zn	O	Ca	P
40	6.67	28.34	33.48	3.88	18.92
45	3.26	35.04	25.86	3.33	21.14
50	13.46	23.44	32.74	3.30	17.89
55	8.93	21.35	38.75	7.84	17.77
60	5.48	19.32	33.41	2.84	20.01

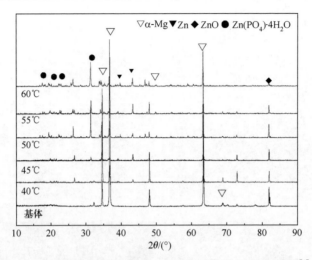

图 18.38　不同温度下制备的 Zn-Ca-P 转化膜的 XRD 图谱[6]

傅里叶红外分析(FT-IR)(图 18.39)显示,膜层主要有 CO_3^{2-}、PO_4^{3-} 和 OH^-。CO_3^{2-} 主要是由空气中的 CO_2 所导致的。随着温度的升高,PO_4^{3-} 和 OH^- 的峰增强,与之前 XRD 得到的膜层主要成分 $Zn_3(PO_4)_2 \cdot 4H_2O$ 相一致。所以,表面膜的主要成分是 $Zn_3(PO_4)_2 \cdot 4H_2O$ 及 Zn、ZnO。

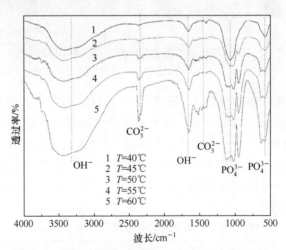

图 18.39　不同温度下制备的转化膜的 FT-IR 图[6]

将 Zn-Ca-P 涂层所有样品浸泡到 37℃的 Hank's 溶液中,随着时间的变化,析氢量也发生变化。由图 18.40 可见,40℃和 45℃下得到的膜耐蚀性能最差,这是因为涂层单质 Zn 与镁合金基体之间发生了电偶腐蚀,提高了腐蚀速率。60℃获得的涂层孔隙比较多且大,腐蚀溶液较容易进入内层与金属反应,55℃所得到的转化膜致密性相对较好,因而耐蚀性最好。

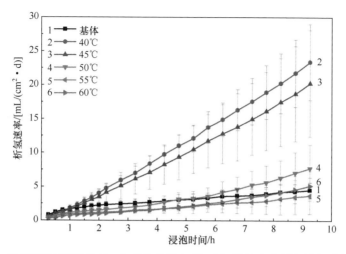

图 18.40　不同温度下得到的 Zn-Ca-P 转化膜在 Hank's 溶液中的析氢量与时间的关系[6]

　　由图 18.41 和表 18.7 可知,在 55℃时,自腐蚀电流密度(1.74×10^{-5} A/cm^2)是最小的,极化曲线得到的结果与析氢速率相一致,但耐蚀性提高的效果不是很明显。

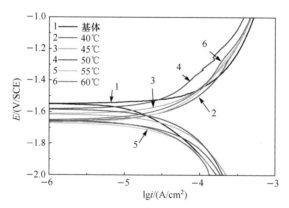

图18.41　不同温度下得到的 Zn-Ca-P 转化膜的极化曲线[6]

表 18.7　Zn-Ca-P 转化膜电化学参数[6]

温度/℃	开路电位/(V/SCE)	腐蚀电流密度/(A/cm^2)
40	-1.65	2.32×10^{-5}
45	-1.62	2.82×10^{-5}
50	-1.58	2.34×10^{-5}
55	-1.66	1.74×10^{-5}
60	-1.65	1.86×10^{-5}

EIS 数据如图 18.42 所示,Nyquist 图[图 18.42(a)]中有一个高频弧和一个低频弧。低频弧表征了双电层的特征,高频弧代表了转化膜的特性。膜层的电阻值越高,耐蚀性能越好,从 Bode 图[图 18.42(b)和(c)]中也可以看出,温度高的条件下得到的转化膜耐蚀性能比低温下的膜层耐蚀性能好。EIS 等效电路如图 18.43 所示,可以用 $R_s(C(R_1(Q(R_2))))$ 来表示,R_s 为溶液介电质的电阻,Q 为电学元件,表示金属与溶液电解质的电子转移,可用参数 Y、n 来表达。$Z_{CPE} = 1/[Y_0(j\varepsilon)^n]$,$0 \leqslant n \leqslant 1$。如果 $n=1$,则 CPE 是理想电容器,Y 等于容抗;如果 $n=0$,则 CPE 是纯阻抗,$Y=1/R$。C、R_1 表征了转化膜的特性,Q 和 R_2 表征了双电层的特性。由表 18.8 可见,在 55℃时,R_2 是最高的,R_1 的值较小于 60℃的值,C 和 Y 的值小于 60℃的值,这是因为 55℃得到的转化膜致密性要优于 60℃的致密性。

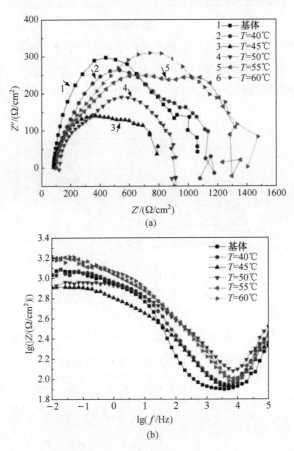
(a)

(b)

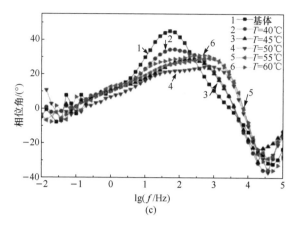

图 18.42　不同温度下得到的 Zn-Ca-P 转化膜的 EIS 数据

(a) Nyquist 数据图；(b)、(c) Bode 图[6]

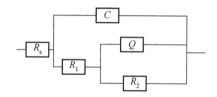

图 18.43　不同温度下得到的 Zn-Ca-P 转化膜的 EIS 数据等效电路图[6]

表 18.8　Mg-Li-Ca 合金 Zn-Ca-P 涂层 EIS 的模拟参数[6]

样品	$R_s/$ (Ω/cm^2)	$C/$ ($\mu F/cm^2$)	$R_1/$ (Ω/cm^2)	$Y/$ ($\mu\,\Omega^{-1} \cdot cm^{-2} \cdot s^{-1}$)	n	$R_2/$ (Ω/cm^2)
基体	122	14.7	563	276	0.61	754
$T=40℃$	167	8.02	333	123	0.56	682
$T=45℃$	144	8.03	642	440	0.62	467
$T=50℃$	210	3.07	689	74.5	0.69	310
$T=55℃$	170	2.36	1235	66.6	0.58	945
$T=60℃$	173	2.87	1353	102	0.57	286

2. Ca-P 涂层对 Mg-1Li-0.5Ca 合金降解行为的影响

Ca-P 涂层具有良好的生物相容性,可作为医用镁合金表面改性涂层[45-49]。

图 18.44 为 Mg-1Li-0.5Ca 合金 Ca-P 涂层 SEM 形貌和能谱图[5]。由图可见,Ca-P 涂层呈片状交错分布在基体表面[图 18.44(a)],涂层表面存在微孔

[图 18.44(b)]。孔洞的存在是电化学沉积过程中阴极表面析出气体氢的缘故。从电化学角度来看,这种孔洞结构的存在使得非导电性的 Ca-P 涂层在导电的金属基体上电沉积过程可持续,直到膜层沉积至所需的厚度。

　　Ca-P 涂层由 Ca、P 和 O 元素组成,且 O 元素含量最高[图 18.44(c)]。Ca/P 原子比平均值为 0.75,其比值低于 HA 的 1.67,也低于 Mg-Ca 合金和 AZ31 合金表面同类涂层 Ca/P 原子比(1.02~1.10)[16],此 Ca-P 涂层为缺钙或有组织缺陷的磷灰石(DCPD,$CaHPO_4 \cdot 2H_2O$)[16]。

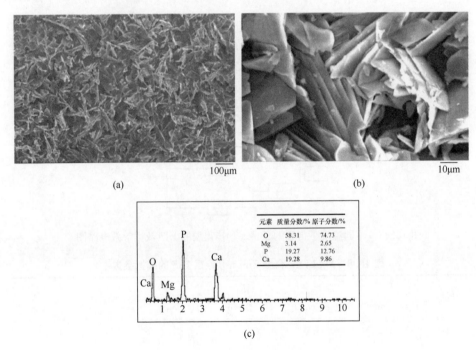

元素	质量分数/%	原子分数/%
O	58.31	74.73
Mg	3.14	2.65
P	19.27	12.76
Ca	19.28	9.86

图 18.44　Mg-1Li-0.5Ca 表面 Ca-P 涂层[5]
(a) SEM 形貌;(b) 图(a)的放大图;(c) EDS

　　Mg-1Li-0.5Ca 基体和涂层的平均失重腐蚀速率分别为 3.24g/($m^2 \cdot h$)和 1.92g/($m^2 \cdot h$)。可以看出,Ca-P 涂层明显地降低了镁合金腐蚀速率。由合金及涂层析氢速率随浸泡时间的关系曲线[图 18.45(a)]可知,基体的析氢过程分两个阶段:第一阶段为快速析氢阶段,第二阶段为缓慢析氢阶段。而 Ca-P 涂层在 Hank's 溶液中的析氢增长速率十分缓慢,在溶液中浸泡 8h 后有涂层的合金析氢速率仅为基体的 1/4。这表明 Ca-P 涂层在 Hank's 溶液中具有良好的耐蚀性。

　　由图 18.45(b)可见,随着浸泡时间的延长,Mg-1Li-0.5Ca 合金及其 Ca-P 涂层在 Hank's 溶液中 pH 总体呈上升趋势,并出现两个阶段:第一阶段为快速上升

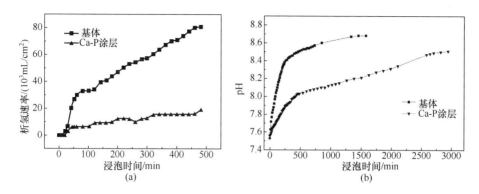

图 18.45　Mg-1Li-0.5Ca 合金及其 Ca-P 涂层析氢量和 pH 随浸泡时间的变化[5]

阶段,第二阶段为平稳上升阶段。

图 18.46 为 Mg-1Li-0.5Ca 合金及 Ca-P 涂层试样在 Hank's 溶液中的极化曲线。由图可见,具有涂层的合金自腐蚀电位从 -1.68V/SCE 上升到 -1.41V/SCE,提高了 0.27V/SCE。Mg-1Li-0.5Ca 合金涂层的腐蚀速率(6.86×10^{-6} A/cm²)比镁合金基体(5.77×10^{-5} A/cm²）小。

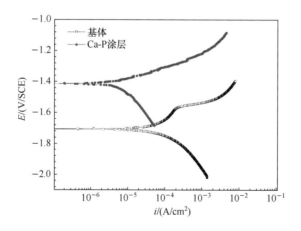

图 18.46　Mg-Li-Ca 合金及其 Ca-P 涂层极化曲线[5]

图 18.47 为浸泡后的试样表面 SEM 形貌,其中横向箭头表示点蚀,纵向箭头表示晶间腐蚀。由图 18.47(a)可见,Ca-P 涂层在模拟人体体液中浸泡 8h 后仅有轻微的腐蚀;而基体合金腐蚀较为严重[图 18.47(b)],试样的表面有明显的腐蚀坑,腐蚀坑较深,这种腐蚀类型属于点蚀。另外,沿着晶界处也发生了腐蚀,这种腐蚀形态为晶间腐蚀。

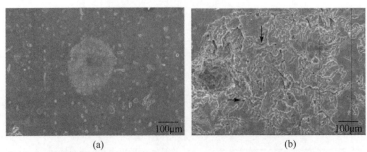

图 18.47　Mg-Li-Ca 合金表面 Ca-P 涂层及基体腐蚀形貌[5]

(a) 涂层；(b) 基体

18.4　细胞毒性与血液相容性

18.4.1　细胞毒性

微量 Li 对人体具有必需功能或有益作用。研究表明[28-30]，Mg-Li 合金具有良好的生物相容性。

Feyerabend 等[50]研究了元素 Li 的细胞毒性和炎症反应。小鼠巨噬细胞（RAW264.7）、人成骨肉瘤细胞（MG63）以及人脐带血管外周细胞（HUCPV）用于评价 Li 元素的细胞毒性。细胞在含有 Li 元素的培养基中（锂元素含量在 $10\mu mol/L\sim2mmol/L$ 变化）培养 48 h 以后，锂元素在实验浓度范围内对不同种类细胞均没有表现出明显的细胞毒性。

锂元素的炎症反应分析是通过测试小鼠巨噬细胞 RAW264.7 分泌的细胞激素量来评估的。这种由肿瘤衍生得到的小鼠巨噬细胞系可以分泌一氧化氮（NO）和肿瘤坏死因子 α（TNF-α），可作为体外炎症反应分析的重要因素。这些细胞将被培养在低糖 DMEM 培养基中，加入 2nmol/L 谷氨酸盐以及 10% 胎牛血清。基于 TNF-α 测试结果，当白介素 1 号（1L-1α）的分泌量达到浓度为 1mmol/L 时，可作为晚期炎症标志。如图 18.48 所示，Li 元素几乎不会引起白介素 1 号的分泌。

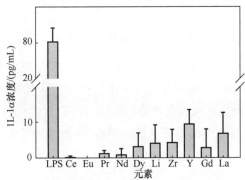

图 18.48　在含不同元素培养基中培养 RAW264.7 细胞 48h 分泌出来的 1L-1α[50]

Zhou[19]研究了六种 Mg-Li-(Al)-(RE)合金的体外生物相容性,包括它们的血液相容性以及对血管内皮细胞(ECV304)和血管平滑肌细胞(VSMC)的影响。在 Mg-Li-(Al)-(RE)合金浸提液中培养的 ECV304 以及 VSMC 细胞的存活率如图 18.49 所示。结果表明,除了 Mg-8.5Li-2Al-2RE 合金,ECV304 细胞的存活率没有明显减少。此外,VSMC 细胞的增殖在第 1 天得到促进,但在第 3 天和第 5 天时明显下降,这个结果对于血管支架应用是非常有利的。因为它可以有效促进内皮化,同时又可以有效阻止血管内再狭窄的发生。

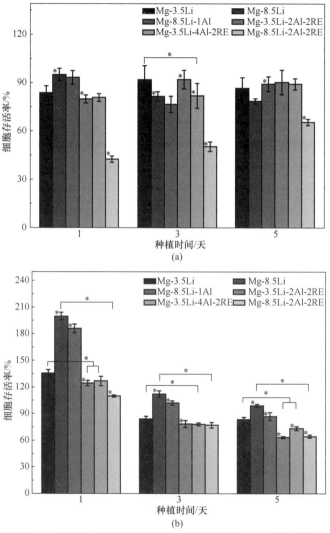

图 18.49　ECV304(a)以及 VSMC(b)细胞在 Mg-Li-(Al)-(RE)
合金培养基浸提液培养 1 天、3 天、5 天后的存活率($*P<0.05$)[19]

　　浸提液中离子浓度如图 18.50 所示。之前的研究结果表明,当 Mg^{2+} 浓度达到 7mmol/L 时,MG63 的细胞存活率将降到阴性对照组的 60% 以下[51]。在含有 $50\mu g/mL$、$100\mu g/mL$ 以及 $500\mu g/mL$ 镁颗粒的培养基中,大鼠成骨肉瘤细胞 (UMR106) 的存活率分别为 90.0%、79.3% 以及 79.80%[52]。在 Zhou 的研究中,浸提液中 Mg^{2+} 浓度超过 $300\mu g/mL$(12.5mmol/L)。而且,在镁合金腐蚀的同时会产生大量的 OH^-,导致浸提液的 pH 升高。这些结果都可以导致 ECV304 细胞及 VSMC 细胞存活率降低。Al^{3+} 的浓度低于 $1\mu g/mL$,大约为 0.037mmol/L,这个浓度远低于其骨细胞 IC50 的值 4mmol/L[53],可以预期 Al^{3+} 对于细胞存活率影响不大。虽然之前的研究表明 Li 元素浓度在 $10\mu mol/L \sim 2mmol/L$ 时无细胞毒性,但由于本实验中 Li 元素的浓度很高,远远超过这个范围,因此 Li 元素的细胞毒性有待进一步研究。

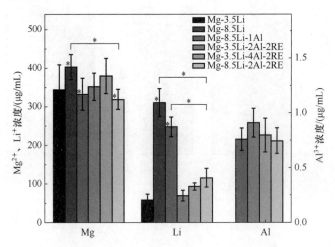

图 18.50　浸提液中 Mg^{2+}、Li^+、Al^{3+} 的离子浓度($*P<0.05$)[19]

　　Luo 等[24]研究了 Mg-13Li-3Al-1Zn-0.5Ca-0.5Sr 合金对小鼠成纤维细胞(L-929)的体外细胞毒性。在不同浸提液浓度培养基中培养五天后的细胞形貌如图 18.51 所示,在三种不同浓度浸提液培养基中培养的 L-929 细胞形貌与阴性对照组接近。

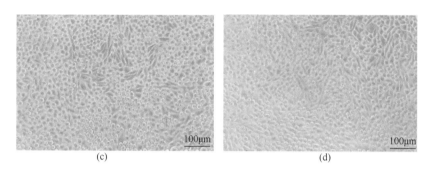

图 18.51 L-929 细胞在 Mg-13Li-X 合金浸提液中培养五天后的细胞形貌[24]
(a) 阴性对照；(b) 25% 浸提液；(c) 50% 浸提液；(d) 100% 浸提液

图 18.52 为在不同浸提液浓度的培养基中培养 1 天、3 天、5 天后 L-929 细胞的存活率。从图中可以看出，不同浸提液浓度的培养基中 L-929 细胞的存活率与阴性对照组没有明显差别。根据 ISO 10993-5[54]，本实验中间接接触细胞毒性实验表明 Mg-13Li-3Al-1Zn-0.5Ca-0.5Sr 合金的细胞毒性为 0～1 级。Mg-13Li-X 合金具有可接受的安全性。

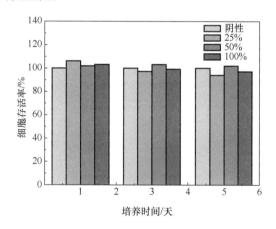

图 18.52 在不同浓度浸提液中培养 1 天、3 天、5 天后的 L-929 细胞存活率[24]

18.4.2 血液相容性

Zhou 等[19]研究了六种 Mg-Li-(Al)-(RE)合金的血液相容性。图 18.53 表明，除了 Mg-8.5Li-2Al-2RE 合金的溶血率高于 5%，Mg-3.5Li、Mg-8.5Li、Mg-8.5Li-1Al、Mg-3.5Li-2Al-2RE 和 Mg-3.5Li-4Al-2RE 五种合金的溶血率均低于 5%，满足良好血液相容性标准。

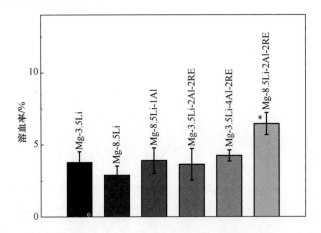

图 18.53　Mg-Li-(Al)-(RE)合金的血液相容性[19]

　　另外,黏附在六种 Mg-Li-(Al)-(RE)合金表面的血小板形貌保持圆整,没有观察到伪足产生,展现出低的致血栓性(图 18.54)。

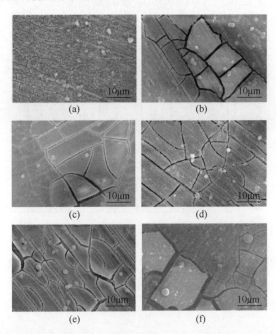

图 18.54　Mg-Li-(Al)-(RE)合金表面血小板黏附 SEM 形貌[19]

(a) Mg-3.5Li;(b) Mg-8.5Li;(c) Mg-8.5Li-1Al;(d) Mg-3.5Li-2Al-2RE;

(e) Mg-3.5Li-4Al-2RE;(f) Mg-8.5Li-2Al-2RE

　　图 18.55 为黏附在 Mg-Li-(Al)-(RE)合金表面的血小板数目。由此可见,Mg-3.5Li、Mg-8.5Li、Mg-8.5Li-1Al、Mg-3.5Li-2Al-2RE 血小板数目没有明显差

异。Mg-3.5Li-4Al-2RE 表面血小板数目比 Mg-8.5Li-2Al-2RE 多很多($P<0.005$)。血液相容性实验结果表明,Mg-Li-(Al)-(RE)合金具有作为血管支架材料的潜力。

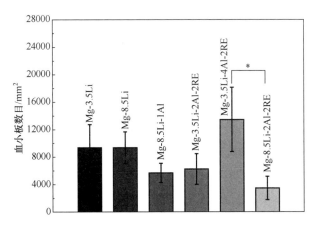

图 18.55　Mg-Li-(Al)-(RE)合金表面血小板黏附数(*$P<0.05$)[19]

18.5　在体动物实验

可降解镁合金植入物在 20 世纪中叶被引入骨科和创伤外科治疗[55]。在肌肉骨骼系统手术中,可降解镁合金被制成骨钉、骨板和骨棒作为新一代可降解植入材料得到了广泛的研究。目前对于 Mg-Li 合金的体内动物实验仅限制于对 LAE442 合金的研究,主要集中于德国,包括汉诺威医学院的 Witte[7,20,56]研究小组、汉诺威大学 Krause 研究小组以及汉诺威兽医大学 Wolters。国内有相关体外毒性实验,未发现相关动物实验报道[19]。LAE442 合金中的稀土元素主要包括铈(质量分数大约为 51%)、镧(质量分数大约为 22%)、钕(质量分数大约为 16%)以及镨(质量分数大约为 8%)。2004 年,Frank 等[20]以聚乳酸(SR-PLA96)为参照,考察对比了 4 种镁合金 AZ31、AZ91、WE43 和 LAE442 在动物体内的腐蚀行为和骨反应。所有埋植在豚鼠股骨髓内部位的镁合金棒(Φ1.5mm×20.0mm)都发生了生物降解反应,相对于 SR-PLA96,镁合金的腐蚀更为不均匀,并且在实验的四种镁合金中,LAE442 的体内降解速率最慢。术后 1 周 Mg 合金棒周围观察到皮下气泡,气泡在接下来的 2~3 周逐渐消失,未观察到气泡对豚鼠的不利影响。

实验动物分别于 6 周和 18 周后处死,实验观察到 Mg 合金腐蚀部位由富含 Ca、P 元素的转换层所替代,并与周围的骨组织直接接触,通过免疫荧光法和骨组织形态计量学检测新生骨含量,首先在骨膜和骨内膜区域观察到新生骨的形成(图 18.56)。Mg 合金棒周围骨矿化区面积和骨矿化沉积率明显高于聚乳酸材料,呈现高的矿化附着速率和骨质量增加,研究者认为腐蚀中释放的镁离子可以引起骨细胞活化。

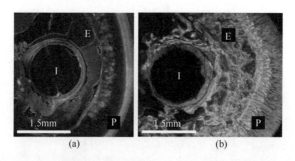

图 18.56　豚鼠股骨大粗隆下 10mm 处切片荧光照片[7]

(a) 可降解高分子;(b) 镁合金棒新生骨染成绿色

I 为植入残留物;P 为骨膜骨形成;E 为骨内膜骨形成

　　AZ91D 和 LAE442 镁合金棒(Φ1.5mm×20.0mm)植入豚鼠股骨 18 周后骨再生程度进行二维和三维重构[20],发现 18 周后 AZ91D 发生严重点蚀,基本完全降解,而 LAE442 保持较完整外形,并且腐蚀更为均匀(图 18.57、图 18.58)。合金的体内腐蚀速率比体外腐蚀速率小四个数量级。实验结果表明,相较于传统商用镁合金,挤压态 LAE442 合金腐蚀速率非常低,仅为 0.31~0.58 mm/a,LAE442 的耐蚀能力得到较大提高。利用同步辐射源微断层扫描仪(SRμCT)对 LAE442 以及 WE43 稀土元素铈的分布做出检测。对于 LAE442 合金,铈元素分布于合金内部,邻近骨组织未检测到铈元素信号,而 WE43 则腐蚀严重,铈元素大量进入周围骨组织(图 18.59)。对植入部位截面的 EDX 分析也同样印证了这一结果,LAE442 中的稀土元素分布于腐蚀产物层或者保留在植入合金内部,不会进入周围骨组织[7]。LAE442 在进行在体实验后,动物肝脏和骨中 Li 含量分别为 1.4μg/kg 和 0.08mg/kg,低于其耐受浓度 2.8μg/kg 和 0.13mg/kg[28]。

　　通过测量骨矿化面积(图 18.60)发现,镁合金植入物周围骨内膜骨的生长明显快于植入可降解高分子材料周围骨内膜骨的生长。相对于对照组,镁合金植入物周围骨矿沉积率也明显增加(图 18.61),并且在周围软组织中没有观察到新生骨形成。四种实验镁合金自身对骨生长的刺激反应没有明显差异。

　　Witte 等[57]以豚鼠作为动物模型(因为豚鼠和人类的皮肤敏化相似度较高),通过目前最常用的 Magnusson-Kligman 测试法研究比较了不同镁合金做成的可降解植入材料与标准植入材料 Ti6Al4V 合金的皮肤致敏潜力。镁合金在体内的降解是一个腐蚀过程[7,56],腐蚀产物颗粒可能会引起接触性皮炎和植入物无菌性松动[56,57]。实验结果表明,当撤离实验皮肤补块后,WE43、LAE442 以及

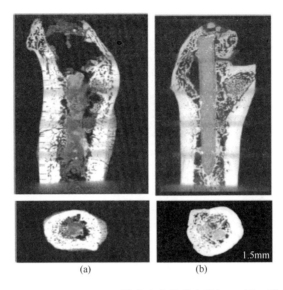

图 18.57　AZ91D 和 LAE442 镁合金在股骨内降解 18 周二维重构[56]

(a) AZ91D 棒；(b) LAE442 棒

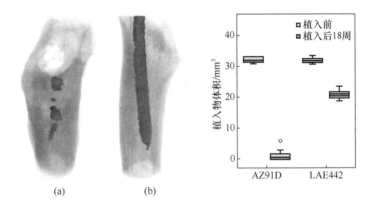

图 18.58　AZ91D 和 LAE442 镁合金体内降解 18 周三维重构

(a) AZ91D；(b) LAE442[56]

Ti6Al4V 的测试皮肤区域表现出红疹。在 24 h 后,AZ91 组的红疹仅保留 20%,
LAE442 组保留 11%,Ti6Al4V 组保留 10%(图 18.62)。为了确认 24h 后的过敏
性红疹,实验又做了皮肤活体组织检查。结果表明,实验材料的过敏性组织形态学
标准明显小于阳性对照组(图 18.63)。同时也发现实验材料的嗜碱性粒细胞的数
量与阴性对照组相比没有明显差别(图 18.64)。这个研究表明实验镁合金与对照
组及标准植入材料相比,没有表现出皮肤致敏潜力。

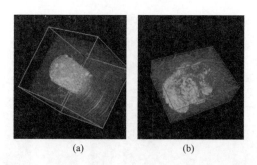

(a)　　　　　　　　　　(b)

图 18.59　LAE442 合金(a)以及 WE43 合金(b)植入部位铈元素的空间分布[56]

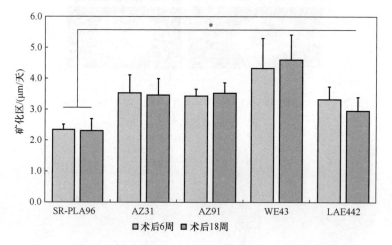

图18.60　实验镁合金以及 SR-PLA96 植入后 6 周以及 18 周的骨标本矿化区[7]

采用 Masson-Goldner 染色法染色非钙化部分($*P<0.05$)

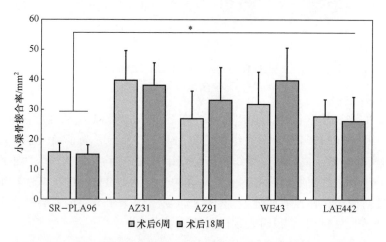

图 18.61　荧光下观察非钙化区域估算的小梁骨接合率($*P<0.05$)[7]

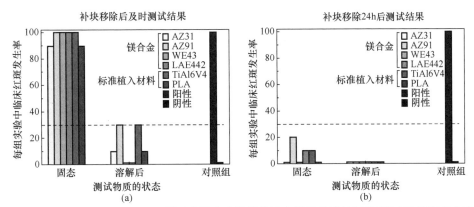

图 18.62　Magnusson-Kligman 测试中取离皮肤补块后立即测量到的红斑率(a)以及取离皮肤
补块 24h 后的红斑率(b)[57]

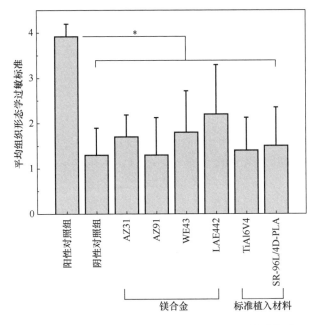

图 18.63　取离皮肤补块 24h 后皮肤活体组织检查的组织形态学标准($*P<0.05$)[57]

　　Witte 等[20]将挤压态 LAE442 合金以及表面涂覆 MgF_2 的 LAE442 植入兔子的股骨骨节。结果表明,在整个植入过程中没有观察到不良宿主反应以及感染。所有的血液检测[包括 ALT、AST、碱性磷酸酶、肌酸酐、总蛋白以及血细胞计数(红细胞、白细胞、红细胞压积以及血红蛋白)]都在兔子的正常生理学范围内。组织病理学分析表明,对于滑膜组织、肾脏以及肝脏,仅发现少数案例表现出轻微毒性,包括一例形成纤维化组织,伴随软骨化生,两例发生颗粒细胞浸润,一例患发焦慢性淋巴浆细胞性间质性肾炎,九例发生原因不明的异嗜性粒细胞最小焗灶浸润。

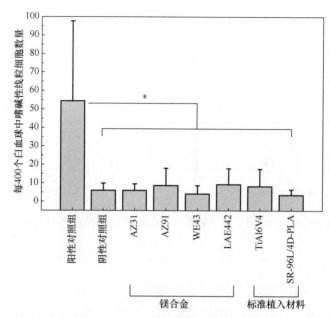

图 18.64 取离皮肤补块 24h 后组织学切片嗜碱细胞的细胞计数($*P < 0.05$)[57]

剩余金属区域的 2D 测试结果表明,表面涂覆 MgF_2 的 LAE442 比没有涂层的 LAE442 具有更小的腐蚀倾向。术后 6 周可以观察到植入材料发生明显腐蚀。所有样本没有观察到骨吸收增加,并且在植入材料周围发生新骨形成。无论在表面涂覆 MgF_2 的 LAE442 还是无涂层 LAE442 合金周围,整个手术过程中没有观察到皮下气泡的产生,也没有观察到纤维组织的生成(图 18.65)。通过血液成分测试发现,在术后 6 周内,表面涂覆 MgF_2 后,LAE442 释放到血液中的稀土元素(铈、钕、镧)以及铝元素明显减少。手术 6 周后,腐蚀导致表面 MgF_2 涂层保护作用的衰减,表面涂覆 MgF_2 的 LAE442 释放到血液中的合金元素增加,而没有涂层的 LAE442 释放到血液中的合金元素在术后 6 周开始减少。

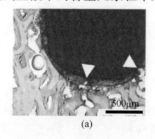
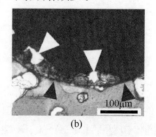

(a)　　　　　　　　　(b)

图 18.65 涂覆 MgF_2 的 LAE442 植入兔子后组织切片[20]

(a) 无涂层镁合金的横断面切片没有观察到无纤维包裹和直接骨接触;
(b) 黑色箭头所指区域为没有纤维包裹的直接骨接触区域
非钙化切片的二维区域测试由白色箭头指出溶解的以及镁合金植入物腐蚀破坏区域

12 周后三维重构图如图 18.66 所示,LAE442 样品表面呈现典型的点蚀现象,而 MgF_2 处理的样品表面则更加均一,伴有较深的点蚀坑。滑膜组织、肝脏和肾脏组织切片显示,除个别实验体,均未见病理性损伤。实验结果表明,在 LAE442 表面制备 MgF_2 涂层,具有良好的生物相容性,可有效提高 LAE442 镁合金的耐蚀性能,并改善合金在动物体内的腐蚀行为。

图 18.66　LAE442(a)和 LAE442+MgF_2(b)镁合金植入 12 周后三维重构[20]

18.6　结论与展望

与其他类型的镁合金相比,Mg-Li 合金最大的优势在于其优异的塑性(延伸率)(图 18.67)和耐蚀性能。因此,Mg-Li 合金作为血管支架和骨植入材料具有良好的发展前景。

(1) 随 Li 含量的增加,塑性提高,但抗拉强度和屈服强度降低。综合考虑力学性能、耐蚀性和生物相容性,Mg-Li 医用合金中 Li 的质量分数选择在 1%～13% 比较合适。对于血管支架,Li 含量可偏高些。因双相 Mg-Li 合金具有超塑性,利于加工成形,或许作为支架更具前景;对于骨植入材料,为满足强度的要求,Li 含量可偏低些,质量分数为 4% 以内或许可行。

(2) 合金化可适当提高 Mg-Li 合金强度,可加入的合金元素有 Al、Zn、Ca、RE 等。Mg-Li 医用合金的体系可采用 Mg-Li-Ca、Mg-Li-Ca-Y、Mg-Li-Al-RE、Mg-Li-Ca-RE 和 Mg-Li-Zn-RE 等。Al 和 RE 同时使用则降低了 Mg-Li 合金的耐蚀性能。

(3) Mg-Li 合金在人体体液中的腐蚀具有特殊性,α-Mg 和 β-Li 会同时发生腐蚀,腐蚀速率的表征方法不同于常规镁合金,Mg-Li 合金腐蚀机理仍然有待探索和理解。

(4) 发展与 Mg-Li 合金基体结合力良好,具有结构功能一体性的涂层面临挑战。

（5）虽然 Mg-Li 合金可有效促进内皮化、防止血管内再狭窄的发生,没有明显的细胞毒性、炎症反应和皮肤致敏潜力,表现出良好血液相容性。但是,Li 元素的细胞毒性研究还有待进一步研究。

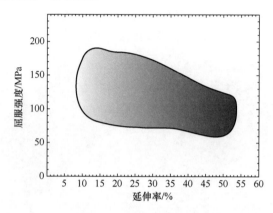

图 18.67　Mg-Li 合金屈服强度与延伸率关系图

致谢

本章内容受到国家自然科学基金项目(51241001、51571134、51601108)和山东省自然科学基金(ZR2011EMM004、2016ZRB01A62)及山东科技大学科研创新团队支持计划项目(2014TDJH104)、山东煤炭安全高效开采技术与装备协同创新中心资助。张芬、李硕琦、孙麓、戚威臣、孙芯芯、姜科、崔蓝月参与了本章的撰写和文献整理工作。中科院金属所陈荣石研究员提供了 Mg-Ca 和 Mg-Li-Ca 合金,在此一并表示感谢!

参 考 文 献

[1] 张密林,Elkin F M. 镁锂超轻合金.北京:科学出版社,2010
[2] 曾荣昌,柯伟,徐永波,等. Mg 合金的最新发展及应用前景.金属学报,2009,37(7):673-685
[3] Zeng R C,Sun L,Zheng Y F,et al. Corrosion and characterisation of dual phase Mg-Li-Ca alloy in Hank's solution:The influence of microstructural features. Corrosion Science,2014,79:69-82
[4] 曾荣昌,郭小龙,刘成龙,等. 医用 Mg-Ca 和 Mg-Li-Ca 合金腐蚀研究.金属学报,2011,47(11):1477-1482
[5] 曾荣昌,孔令鸿,许苏,等. 医用 Mg-Li-Ca 合金表面 Ca-P 涂层腐蚀研究. 重庆理工大学学报:自然科学版,2010,(10):34-39
[6] Zeng R C,Sun X X,Song Y W,et al. Influence of solution temperature on corrosion resistance of Zn-Ca phosphate conversion coating on biomedical Mg-Li-Ca alloys. Transactions of Nonferrous Metals Society of China,2013,23(11):3293-3299

[7] Witte F,Kaese V,Haferkamp H,et al. In vivo corrosion of four magnesium alloys and the associated bone response. Biomaterials,2005,26(17):3557-3563

[8] Yang C W. Tensile mechanical properties and failure behaviors of friction stir processing (FSP) modified Mg-Al-Zn and dual-phase Mg-Li-Al-Zn alloys. Materials Science—Advanced Topics. Intech,in Goatia,European Union,2013:303-336

[9] Białobrzeski A,Saja K. Corrosion behaviour of binary ultralight Mg-Li alloys for plastic forming. Archives of Foundry Engineering,2011,11(5):385-387

[10] Song Y W,Shan D Y,Chen R,et al. Investigation of surface oxide film on magnesium lithium alloy. Journal of Alloys and Compounds,2009,484(1):585-590

[11] Zeng R C,Zhang J,Huang W J,et al. Review of studies on corrosion of magnesium alloys. Transactions of Nonferrous Metals Society of China,2006,16:s763-s771

[12] Zeng R C,Kainer K U,Blawert C,et al. Corrosion of an extruded magnesium alloy ZK60 component—The role of microstructural features. Journal of Alloys and Compounds,2011, 509(13):4462-4469

[13] Song G. Control of biodegradation of biocompatable magnesium alloys. Corrosion Science, 2007,49(4):1696-1701

[14] Haferkamp H,Boehm R,Holzkamp U,et al. Alloy development,processing and applications in magnesium lithium alloys. Materials Transactions,2001,42(7):1160-1166

[15] Hort N,Huang Y,Fechner D,et al. Magnesium alloys as implant materials—Principles of property design for Mg-RE alloys. Acta Biomaterialia,2010,6(5):1714-1725

[16] Quach N C,Uggowitzer P J,Schmutz P. Corrosion behaviour of an Mg-Y-RE alloy used in biomedical applications studied by electrochemical techniques. Comptes Rendus Chimie, 2008,11(9):1043-1054

[17] Chiu C H,Wu H Y,Wang J Y,et al. Microstructure and mechanical behavior of LZ91 Mg alloy processed by rolling and heat treatments. Journal of Alloys and Compounds,2008,460 (1):246-252

[18] Seitz J M,Wulf E,Freytag P,et al. The manufacture of resorbable suture material from magnesium. Advanced Engineering Materials,2010,12(11):1099-1105

[19] Zhou W,Zheng Y,Leeflang M,et al. Mechanical property,biocorrosion and in vitro biocompatibility evaluations of Mg-Li-(Al)-(RE) alloys for future cardiovascular stent application. Acta Biomaterialia,2013,9(10):8488-8498

[20] Witte F,Fischer J,Nellesen J,et al. In vivo corrosion and corrosion protection of magnesium alloy LAE442. Acta Biomaterialia,2010,6(5):1792-1799

[21] Hong Y,Chen R S,Han E H. Microstructures and mechanical properties of cold rolled Mg-8Li and Mg-8Li-2Al-2RE alloys. Transactions of Nonferrous Metals Society of China,2010, 20:s550-s554

[22] Jiang B,Liu X H,Wu R Z,et al. Microstructures and mechanical properties of various Mg-Li wrought alloys. Journal of Shanghai Jiaotong University (Science),2012,17:297-300

[23] Leeflang M, Dzwonczyk J, Zhou J, et al. Long-term biodegradation and associated hydrogen evolution of duplex-structured Mg-Li-Al-(RE) alloys and their mechanical properties. Materials Science and Engineering B, 2011, 176(20): 1741-1745

[24] Luo S, Zhang Q Q, Zhang Y C, et al. In vitro and in vivo studies on a MgLi-X alloy system developed as a new kind of biological metal. Materials Science Forum, 2013, 747/748: 257-263

[25] Nene S, Kashyap B, Prabhu N, et al. Microstructure refinement and its effect on specific strength and bio-corrosion resistance in ultralight Mg-4Li-1Ca (LC41) alloy by hot rolling. Journal of Alloys and Compounds, 2014, 615: 501-506

[26] Zeng R, Qi W, Zhang F, et al. In vitro corrosion of Mg-1.21 Li-1.12 Ca-1Y alloy. Progress in Natural Science: Materials International, 2014, 24(5): 492-499

[27] Zeng R C, Qi W C, Song Y W, et al. In vitro degradation of MAO/PLA coating on Mg-1.21 Li-1.12 Ca-1.0 Y alloy. Frontiers of Materials Science, 2014, 8(4): 343-353

[28] Song G, Kral M. Characterization of cast Mg-Li-Ca alloys. Materials Characterization, 2005, 54(4): 279-286

[29] Yamamoto A, Ashida T, Kouta Y, et al. Precipitation in Mg-(4-13)% Li-(4-5)% Zn ternary alloys. Materials transactions, 2003, 44(4): 619-624

[30] Urquidi-Macdonald M, Macdonald D D, Pensado D, et al. The electrochemical behavior of lithium in alkaline aqueous electrolytes. Journal of the Electrochemical Society, 2001, 47(5): 833-840

[31] Leeflang M, Zhou J, Duszczyk J. Deformability and extrusion behavior of magnesium-lithium binary alloys for bio-medical applications. Proceeding of 8th International Conference on Magnesium Alloys and Their Applications, Wiley-VCH, DGM, Weinheim, 2009

[32] 曹富荣,丁桦,李英龙,等. 超轻双相镁锂合金的超塑性,显微组织演变与变形机理. 中国有色金属学报, 2009, 19(11): 1908-1916

[33] Kojima Y, Inoue M, Tanno O. Superplasticity of Mg-Li Alloy. Journal of the Japan Institute of Metals, 1990, 54(3): 354-355

[34] 马图哈 H K,丁道云. 非铁合金的结构与性能. 北京:科学出版社, 1997

[35] Zeng R C, Han E H, Ke W. Fatigue and corrosion fatigue of magnesium alloys. Materials Science Forum. 2005, 488-489: 721-724

[36] 曾荣昌,韩恩厚,柯伟,等. 挤压镁合金 AM60 的腐蚀疲劳. 材料研究学报, 2005, 19(1): 1-7

[37] Zeng R C, Jun C, Dietzel W, et al. Electrochemical behavior of magnesium alloys in simulated body fluids. Transactions of Nonferrous Metals Society of China, 2007, 17(1): 166-170

[38] Zeng R C, Chen J, Ke W, et al. pH value in simulated occluded cell for magnesium alloys. Transactions of Nonferrous Metals Society of China, 2007, 17: s193-s199

[39] Xin Y, Hu T, Chu P. In vitro studies of biomedical magnesium alloys in a simulated physiological environment: A review. Acta Biomaterialia, 2011, 7(4): 1452-1459

[40] Feliu Jr S, Galván J, Pardo A, et al. Native air-formed oxide film and its effect on magnesium

alloys corrosion. The Open Corrosion Journal, 2010, 3:80-91

[41] He W, Zhang E, Yang K. Effect of Y on the bio-corrosion behavior of extruded Mg-Zn-Mn alloy in Hank's solution. Materials Science and Engineering C, 2010, 30(1):167-174

[42] 刘贵立. 稀土对镁合金应力腐蚀影响电子理论研究. 物理学报, 2007, 55(12):6570-6573

[43] 刘新锦, 朱亚先, 高飞. 无机元素化学. 北京:科学出版社, 2005

[44] Ralston K, Birbilis N, Davies C. Revealing the relationship between grain size and corrosion rate of metals. Scripta Materialia, 2010, 63(12):1201-1204

[45] 张春艳, 曾荣昌, 陈君, 等. 镁合金 AZ31 表面液相沉积 Ca-P 生物陶瓷涂层的研究. 稀有金属材料与工程, 2009, 38(8):1363-1367

[46] Yan Z C, Chang Z R, Long L C, et al. Comparison of calcium phosphate coatings on Mg-Al and Mg-Ca alloys and their corrosion behavior in Hank's solution. Surface and Coatings Technology, 2010, 204(21):3636-3640

[47] Zhang C Y, Zeng R C, Chen R S, et al. Preparation of calcium phosphate coatings on Mg-1. 0 Ca alloy. Transactions of Nonferrous Metals Society of China, 2010, 20:s655-s659

[48] 张春艳, 高家诚, 曾荣昌, 等. 镁合金 AZ31 表面 Ca-P 涂层在 Hank's 溶液中的腐蚀行为. 硅酸盐学报, 2010, (5):885-891

[49] 张春艳, 高家诚, 曾荣昌, 等. 电化学沉积法制备镁基 Ca-P 生物陶瓷涂层的研究. 功能材料, 2010, (6):952-956

[50] Feyerabend F, Fischer J, Holtz J, et al. Evaluation of short-term effects of rare earth and other elements used in magnesium alloys on primary cells and cell lines. Acta Biomaterialia, 2010, 6(5):1834-1842

[51] Hallab N J, Vermes C, Messina C, et al. Concentration and composition dependent effects of metal ions on human MG-63 osteoblasts. Journal of Biomedical Materials Research, 2002, 60 (3):420-433

[52] Di Virgilio A L, Reigosa M, de Mele M F L. Biocompatibility of magnesium particles evaluated by in vitro cytotoxicity and genotoxicity assays. Journal of Biomedical Materials Research Part B:Applied Biomaterials, 2011, 99(1):111-119

[53] El-Rahman S S A. Neuropathology of aluminum toxicity in rats (glutamate and GABA impairment). Pharmacological Research, 2003, 47(3):189-194

[54] ISO B. 10993-5:Biological evaluation of medical devices. Tests for in vitro cytotoxicity, 1999

[55] Mcbride E D. Absorbable metal in bone surgery:A further report on the use of magnesium alloys. Journal of the American Medical Association, 1938, 111(27):2464-2467

[56] Witte F, Fischer J, Nellesen J, et al. In vitro and in vivo corrosion measurements of magnesium alloys. Biomaterials, 2006, 27(7):1013-1018

[57] Witte F, Abeln I, Switzer E, et al. Evaluation of the skin sensitizing potential of biodegradable magnesium alloys. Journal of Biomedical Materials Research Part A, 2008, 86(4):1041-1047

第 19 章　镁锡合金体系

锡(Sn)元素在镁合金中的固溶度为 14.48%（质量分数）[1]，对镁合金具有固溶强化作用，并可提高镁合金的室温塑性。金属锡的致密系数为 1.31，有助于合金表面形成钝化膜，提高镁合金的耐蚀性；从锡元素的生物学效应角度来看，金属锡在通常情况下的毒性极小，动物经口摄入大剂量金属锡，未发现特殊毒性。一个体重 70kg 的成年人每天需要约 7.0mg 的锡；锡元素相比于稀土元素而言是价格非常低廉的合金元素。Mg-Sn 系合金与 Mg-Al、Mg-Zn 系等合金相比，它的凝固区间较小，凝固过程中产生的缩孔、缩松、热裂等铸造缺陷较少。同时 Sn 在 Mg 中有较大的固溶度，满足了固溶处理及脱溶沉淀的要求，能够开发出强韧性能俱佳的镁合金[2,3]。基于上述原因，Mg-Sn 系合金是一种具有可控降解速率和高强韧优点的新型生物医用镁合金材料，Mg-Sn 系合金作为新型生物医用材料的研究开发受到了人们的密切关注，具有广阔的市场应用前景。

本章从材料的制备方法、力学性能、降解行为、细胞毒性和在体动物实验等多个方面来介绍 Mg-Sn 系合金，同时探索其作为新型可降解植入材料应用的可能性。

19.1　Mg-Sn 系合金的制备方法

Mg-Sn 系合金按化学成分可以分为 Mg-Sn 二元合金、Mg-Sn-X 三元合金，或由这些合金体系组成的四元或多元合金。Mg-Sn 二元合金，Sn 的含量在 1%～10%[4,5]。Mg-Sn-X 三元合金系中，X 主要包括 Mn、Zn、Al、Ca、RE、Li、Y 等元素[6-8]。Mg-Sn 系合金的制备方法主要包括熔炼工艺，加工工艺和热处理工艺三个方面。

19.1.1　熔炼工艺

镁锡系合金可以使用所有的压力铸造来生产，包括砂型铸造、金属模铸造、半金属模铸造、壳型铸造、熔模铸造。制备镁锡合金最主要采用金属模铸造，金属模铸造也称硬模铸造，是用金属材料制造铸件，并在重力下将熔融金属浇入铸型获得铸件的工艺方法。

韩兆宇等[9]提出了 Mg-5Sn 基合金的熔炼方法，实验原料为工业纯镁（99.5%）、纯锡（99.9%）、纯铝（99.5%）、纯锌（99.5%），在井式电阻炉中熔炼，采用 RJ-2 作为覆盖剂和精炼剂,熔炼开始前将所有原料在 200℃下干燥预热 30min。首先使 Mg 块在 720℃下熔炼 30min,然后扒渣加入 Al、Sn 或者 Zn 和 Sn 的混合物,然后在 720℃下继续熔炼 20min,扒渣结束后在 740℃下精炼 25min,降温到 695℃开始浇注。

生物医用 Mg-Sn-Mn 合金[10]的制备使用镁锭、镁锰中间合金以及锡锭等原料。合金的熔炼是在图 19.1 的装置(型号:SG2-5-12,功率 5kW)中进行的。具体过程如下:在多功能有色合金熔炼炉热处理炉中加入镁锭,并在其表面撒上覆盖剂,待镁锭完全熔化后,继续加热至 740℃左右,随后加入锡块和镁锰中间合金,并采用 RJ-2 覆盖剂进行保护。搅拌 10min,静置 10min 后将合金液出炉,并用 CO_2/SF_6 混合气体保护,进行浇注。

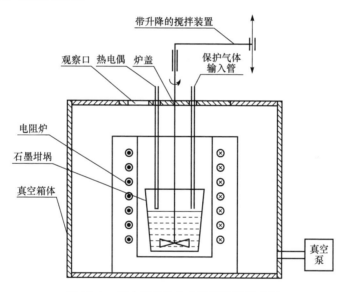

图 19.1　多功能有色合金熔炼装置示意图

19.1.2　加工工艺

镁锡合金的铸造件存在晶粒较粗大、力学性能较差等缺陷,可以通过塑性变形改善这些缺陷,并能使镁锡合金具有更高的强度和延展性。目前镁锡合金的塑性成形主要有轧制、挤压、锻造等方法[11]。

(1) 轧制是镁合金采用较多的变形工艺,大量的研究表明轧制后镁合金的晶粒得到细化,同时性能也得到提高,在轧制过程中较易出现裂边现象,主要原因是轧制温度过低或者是变形量过大,轧制可以分为单向轧制和交叉轧制。镁合金轧制时的温度范围一般为 225～450℃,在此温度区间内进行轧制,会很容易发生动态再结晶,使得轧制后性能得到改善。当轧制温度在 225℃以上时,轧制的变形量在 85.7％以上也不会出现裂纹,但当轧制温度在 225℃以下时,较易产生裂纹,严重的会导致合金开裂[12]。

(2) 镁合金的塑性变形能力较差,采用挤压的方法,能够产生比轧制更强的三向压应力状态,最大限度地发挥镁合金的塑性,可以细化晶粒从而改善各向异性和成型性能[13]。镁及镁合金的典型挤压温度范围是 300～500℃,挤压温度的高低取决于合金种类和挤压件形状。镁合金挤压的挤压比在(10∶1)～(100∶1)变化。

Jiang 等[14]对铸态的 Mg-9Li-5Sn 合金进行了挤压加工,具体方法为将铸造的 Mg-9Li-5Sn 合金加工为直径 75mm、长 100mm 的圆柱体,工艺参数为挤压比 27,挤压温度 250℃,得到表面光滑、尺寸精确的挤压件。

(3) 锻造是一种借助工具或磨具在冲压或压力的作用下加工金属机械零件或零件毛坯的方法。合金通过锻造变形还可以消除内部缺陷,如空洞、破碎第二相化合物、减弱或消除成分偏析,从而获得均匀、细小的晶粒组织[15]。与镁锡合金的铸造成型相比,锻造镁锡合金具有一定的优势:①镁合金锻造后组织更致密、无孔隙,性能也较好,应用范围也更广;②当晶粒取向与载荷方向相同时,锻造镁锡合金具有优异的静态和动态强度。

19.1.3　热处理工艺

Mg-Sn 系合金通过合适的热处理方法可以使得合金的力学性能和加工性能都得到改善。Mg-Sn 系合金常用的热处理方法有退火、固溶处理及时效等,选用何种热处理手段与合金成分、产品要求等条件有关。不同的热处理工艺对合金的作用也大不相同,例如,适当的退火工艺可以减小镁合金的铸造内应力,从而提高工件的尺寸稳定性,有的热处理工艺也可以使合金元素固溶到基体中,从而对镁合金起到固溶强化作用。此外,通过合理的热处理方法可以有效地改善 Mg-Sn 系合金的组织,从而提高合金的力学性能和耐蚀性能。

固溶处理是镁合金在热处理方法中采用最多的方法,不同镁合金在选择固溶温度以及固溶时间上的区别是很大的,固溶温度过低或者固溶时间不够就会起不到固溶效果,但是若固溶温度过高或者固溶时间过长就会引起晶粒的异常长大,严重的甚至会引起过烧。合适的固溶热处理工艺会提高镁合金的力学性能。

刘红梅等[16]研究了固溶处理(460～500℃保温 1～96h)＋人工时效处理(210～290℃保温 1～160h)对 Mg-5％Sn(质量分数)合金组织演变的影响及组织与显微硬度之间的关系。结果表明,镁锡二元合金经 480℃固溶处理后,合金中的 Mg_2Sn 相基本溶解到镁基体中,但是固溶处理后继续进行时效处理使得 Mg_2Sn 相又重新析出,经过时效处理后合金的显微硬度明显提高。

　　石章智等[17]研究了镁锡合金的时效强化,合金在时效之前,需经过均匀化和固溶处理。Mg-Sn 基合金的均匀化温度分别为 450℃,处理时间都是 48h。均匀化之前用锡纸包覆样品,埋入装有 MgO 粉末的 Al 坩埚中,以防合金烧损。均匀化结束后,将样品放入冷水中淬火并将样品在水中搅拌,使之快速冷却。均匀化和淬火之后的样品可以直接放入干燥箱中进行时效热处理。Mg-Sn 基合金时效温度为 200℃,时效时间大于合金发生过时效的时间。时效样品同样要用锡纸包裹,以防氧化。如果样品放置一段时间再进行时效热处理,则要先对样品进行固溶处理,以防合金发生自然时效,溶质在人工时效之前已经脱溶。Mg-Sn 基合金的固溶温度为 480℃,处理时间是 30min。

19.2　Mg-Sn 系合金的力学性能

　　Sn 元素可以显著细化镁合金的微观组织,并提高力学性能。当 Sn 加入时,铸态镁合金的组织从粗大的等轴晶向树枝晶转变。合金中可沉淀析出分布在晶粒内部和晶界处的 Mg_2Sn 相,Mg_2Sn 是一种强化相。位于晶界的 Mg_2Sn 相可以阻碍滑移运动,从而显著提高合金的强度和硬度;晶内的 Mg_2Sn 相能够阻碍位错运动,可以提高合金的强度和韧性。

19.2.1　Mg-Sn 二元合金的力学性能

　　刘红梅等[5]探索了 Sn 含量不同时 Mg-Sn 二元合金的力学性能,表 19.1 为 Mg-Sn 二元合金的室温力学性能。研究表明,当 Sn 加入量小于 5%(质量分数)时,Mg-Sn 合金的铸态组织得到明显细化;Sn 的加入量为 5%(质量分数)时,合金的晶粒尺寸最小;当 Sn 加入量为 10%(质量分数)时,晶粒又有粗化的现象。Sn 在初生 α-Mg 枝晶间有明显的偏聚现象。铸态镁的抗拉强度和延伸率在 Sn 含量小于 5%(质量分数)时都随着 Sn 含量的增加而提高,Sn 的细晶强化起到主要作用;当 Sn 含量达到 10%(质量分数)时,Mg-Sn 合金的抗拉强度和延伸率都降低,延伸率下降趋势更快,细晶强化作用消失和脆性的 Mg_2Sn 数量增多是主要原因。

表 19.1　Mg-Sn 二元合金的室温力学性能

Mg-Sn 系二元合金	处理状态	抗拉强度/MPa	延伸率/%
Mg-1Sn	铸态	85	5
Mg-3Sn	铸态	97	7
Mg-5Sn	铸态	124	8
Mg-10Sn	铸态	92	3

19.2.2 Mg-Sn 多元合金的力学性能

李莉课题组[10,18,19]采用多元微合金化设计,开发出一系列兼具无毒、可完全降解和高强韧的医用 Mg-Sn 系合金,其力学性能见表 19.2。

表 19.2 Mg-Sn 系多元合金在不同工艺下的室温力学性能

Mg-Sn 系多元合金	处理状态	抗拉强度/MPa	延伸率/%
Mg-Sn-Mn	铸态	184	24
	固溶态	181	18
	轧制态	207	23
Mg-Sn-Zn	铸态	170	18
	固溶态	204	20
	轧制态	220	14
	挤压态	222	11
Mg-Sn-Zn-Mn	铸态	160	18
	固溶态	220	27
	轧制态	241	13
	挤压态	241	16

19.3 Mg-Sn 系合金的降解行为

近年来,镁合金的研究与应用取得了飞速发展,随着对镁合金降解的深入研究,合理控制镁合金在人体中的腐蚀速率已完全可以实现。因此,镁合金又一次受到研究者的青睐,并希望将其发展为一种可降解的植入材料。近年来,国内外研究者孜孜不倦地对医用镁及镁合金展开了深入探索,剖析其腐蚀机理[20]。下面将对 Mg-Sn 基生物材料腐蚀行为的研究成果进行概述。

19.3.1 Mg-Sn 合金的降解行为研究

Ha 等[21]研究了挤压态的 Mg-Sn 合金在氯化钠溶液中的腐蚀行为(图 19.2),Sn 质量分数在 2%~8%,Mg_2Sn 相的含量随着 Sn 含量的增多而增加,当 Sn 的质量分数增加到 6%时,晶粒尺度开始稍微减小,随着进一步添加 Sn,晶粒尺寸分布不均匀现象加剧;Mg-(2%~8%)Sn(质量分数)合金经过挤压处理后,腐蚀类型为局部腐蚀,当 Sn 质量分数为 8%时,由于氢气释放速率的增加和起始电位数目的增多,合金的总体溶出速率增大;Mg-Sn 合金的腐蚀主要是依靠金属间化合物

Mg_2Sn，Mg_2Sn 可以显著增加氢气释放速率，并充当点蚀起始位点。

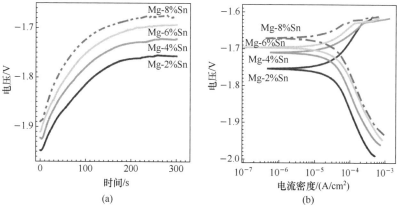

图 19.2　Mg-(2%～8%)Sn 合金在 0.2M NaCl 溶液中的电化学测试结果

(a) 腐蚀电位曲线；(b) 动电位极化曲线

19.3.2　Mg-Sn-Mn 合金的降解行为研究

Fang 等[22]研究了 Mg-Mn-Sn 合金在不同的热处理方法下的降解性能，热处理方法有三种：固溶＋人工时效、挤压＋人工时效、挤压＋轧制＋人工时效。研究发现（图 19.3），挤压＋轧制＋人工时效可以明显提高 Mg-Mn-Sn 合金的腐蚀性能。

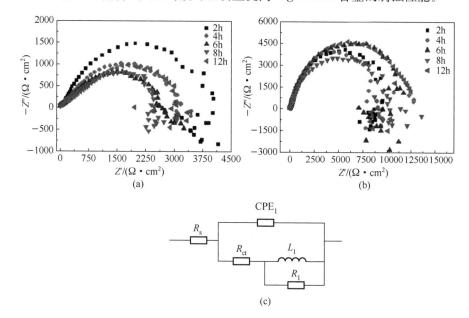

图 19.3　Mg-5Sn-1.5Mn 合金的在不同处理状态下的电化学阻抗谱的 Nyquist 图

(a) 挤压＋人工时效处理状态；(b) 挤压＋轧制＋人工时效处理状态；(c) 等效电路模型

　　图 19.4 和表 19.3 所示为 Mg-Sn-Mn 合金在模拟体液（SBF）中的极化曲线和通过拟合后得到的电化学腐蚀数据[23]。对铸态 Mg-Sn-Mn 合金而言，腐蚀速率相对较快；经过 T4 处理后，Mg-Sn-Mn 合金内部存有的 Mg₂Sn 相发生溶解，形成了单相过饱和固溶体，因此没有第二相与基体之间的电偶作用[24]，故而腐蚀速率降低；经过热轧及热挤压后，Mg-Sn-Mn 合金晶粒尺寸得到了细化，同时获得了较好的组织均匀性，则会因附加的钝化效应而促使其腐蚀电流密度降低[25,26]。同时细晶粒的微观组织结构表现出较多晶界存在，沿晶界分布的第二相，出于其连续、均匀、细致的分布可以构成一张很好的腐蚀阻挡网，从而阻止腐蚀的进一步扩展[27]，提高了镁合金的耐蚀性，故 Mg-Sn-Mn 合金的腐蚀速率较铸态时显著下降。

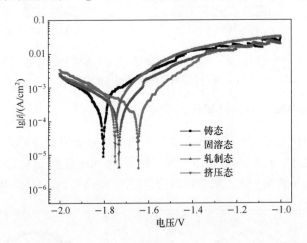

图 19.4　Mg-Sn-Mn 合金在模拟体液（SBF）中的动电位极化曲线

表 19.3　Mg-Sn-Mn 合金的在模拟体液（SBF）中的电化学腐蚀数据

处理状态	$E_{corr}/(V/SCE)$	$I_{corr}/(\mu A/cm^2)$	$V_{corr}/(mm/a)$
铸态	−1.80	66.9	1.5
固溶态	−1.65	25.8	0.6
轧制态	−1.73	36.2	0.8
挤压态	−1.75	21.6	0.5

　　图 19.5 所示为 Mg-Sn-Mn 合金浸泡在模拟体液（SBF）中初期 pH 的变化情况。由图可以看出，初始 pH 约为 7.40，随着时间的变化，溶液的 pH 逐渐增加；铸态及固溶态 Mg-Sn-Mn 合金在浸泡初期 pH 上升较快，而轧制态及挤压态 Mg-Sn-Mn合金 pH 的增加速率比热变形前低，并以相对稳定的速率持续上升。Zhen 等[28]研究了挤压态 Mg-Sn-Mn 合金在 Hank's 溶液中 pH 的变化，浸泡 5 天

时,pH 由 7.4 增加到将近 11;5~30 天 pH 基本稳定不变。

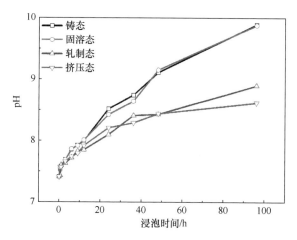

图 19.5　Mg-Sn-Mn 合金浸泡模拟体液(SBF)中初期 pH 的变化

有文献[29]指出,人体内部环境的 pH 对健康及治疗恢复有重要的影响,尽管新陈代谢可以自我调节 pH 以保持机体的酸碱稳定,但如果初期镁合金腐蚀速率过快,局部碱性则难以避免,机体组织长期处于碱性环境中容易诱发碱性中毒[30],而细胞对环境的酸碱度也较为敏感,能够承受的正常 pH 范围为 6.0~9.0[31],过高则易造成细胞失活,甚至能够引发溶血现象从而影响材料的生物相容性[32]。结合图 19.5,可以认为轧制态和挤压态 Mg-Sn-Mn 合金在模拟体液(SBF)中浸泡初期 pH 对机体是耐受的。

图 19.6 给出了轧制态和挤压态 Mg-Sn-Mn 合金浸泡不同时间初期极化曲线。表 19.4 记录了由合金浸泡不同时间初期极化曲线通过塔菲尔关系拟合得到的电化学腐蚀数据。由此可见,随着浸泡时间的延长,腐蚀电位正向移动,腐蚀电流密度逐渐变小,电化学腐蚀速率逐渐降低。分析认为 Mg-Sn-Mn 合金浸泡到模拟体液(SBF)中,基体的化学溶解与模拟体液(SBF)的侵蚀作用造成基体表面发生快速腐蚀,镁的溶解产生大量的 OH^-,进而促使局部 pH 升高。如图 19.5 所示,浸泡初期 pH 呈现上升趋势,局部地区由于 pH 升高,当$[Mg^{2+}][OH^-]$达到 $Mg(OH)_2$ 的溶度积时,会诱发表面生成具有较好保护性的 $Mg(OH)_2$ 腐蚀产物层[33],并随着腐蚀产物的不断沉积,基体表面的活跃区域减少,对应的腐蚀速率会降低,此外由于大量的 Cl^- 存在,可将表面沉积的腐蚀产物溶解为 $MgCl_2$,大大削弱腐蚀产物沉积层对基体的保护作用,当腐蚀产物的溶解与生成达到平衡时,腐蚀速率也基本保持稳定状态[34]。

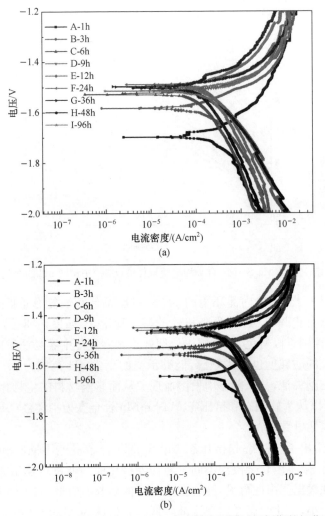

图 19.6　轧制态与挤压态 Mg-Sn-Mn 合金浸泡不同时间初期的极化曲线

(a) 轧制态；(b) 挤压态

表 19.4　中 Mg-Sn-Mn 合金浸泡不同时间初期的电化学腐蚀数据

时间/h	轧制态			挤压态		
	E_{corr}/V/SCE	I_{corr}/(μA/cm^2)	V_{corr}/(mm/a)	E_{corr}/V/SCE	I_{corr}/(μA/cm^2)	V_{corr}/(mm/a)
0	−1.73	36.2	0.8	−1.75	21.6	0.5
1	−1.69	30.7	0.69	−1.64	18.3	0.41
3	−1.58	27.6	0.62	−1.56	18.0	0.40
6	−1.53	23.2	0.52	−1.52	16.5	0.37
9	−1.51	24.3	0.55	−1.53	17.0	0.38

续表

时间/h	轧制态			挤压态		
	E_{corr}/V/SCE	I_{corr}/(μA/cm^2)	V_{corr}/(mm/a)	E_{corr}/V/SCE	I_{corr}/(μA/cm^2)	V_{corr}/(mm/a)
12	−1.51	22.7	0.51	−1.47	16.1	0.36
24	−1.48	17.9	0.40	−1.46	13.9	0.31
36	−1.49	18.4	0.41	−1.45	10.2	0.23
48	−1.50	13.6	0.31	−1.46	7.7	0.17
96	−1.51	15.0	0.34	−1.45	8.4	0.19

将在模拟体液(SBF)浸泡 24h 的 Mg-Sn-Mn 合金取出,通过 SEM 观察其表面形貌(图 19.7)。观察发现,铸态和固溶态 Mg-Sn-Mn 合金表面出现大量微裂纹,裂纹边缘附着腐蚀产物。分析认为,这些裂纹的部位应该是沉积了较多腐蚀产物失水发生收缩而造成的干裂[35];而轧制态与挤压态 Mg-Sn-Mn 合金则依然能够观察到试样预处理时留下的划痕,说明腐蚀状况较轻,但表面仍附着白色的腐蚀颗粒,挤压态 Mg-Sn-Mn 合金附着的腐蚀产物较为明显,其腐蚀产物层主要元素为 C、O、Mg、P、Ca。将四种合金直接进行 XRD 测试分析(图 19.8),除含有基体 α-Mg 相和 Mg$_2$Sn 相的峰值信号外,没有其他信号,未见其他相的峰值,这可能与腐蚀产物含量较少有关。

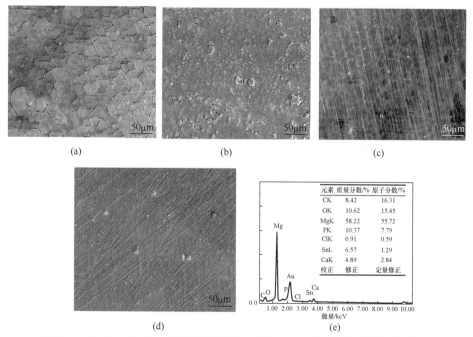

图 19.7 Mg-Sn-Mn 合金模拟体液(SBF)中浸泡 24 h 表面形貌及能谱分析结果
(a) 铸态合金;(b) 固溶态合金;(c) 轧制态合金;(d) 挤压态合金;(e) 图(d)面扫得到的 EDS 分析结果

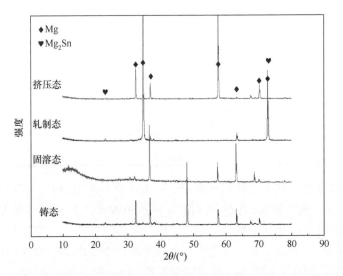

图 19.8　Mg-Sn-Mn 合金模拟体液(SBF)中浸泡 24h XRD 图谱

图 19.9 为 Mg-Sn-Mn 合金模拟体液(SBF)中浸泡 96h 的表面形貌及 EDS 能谱分析结果。通过 SEM 观察形貌发现,表面白色腐蚀产物增多,裂纹加深加大,裂纹层有增厚的迹象,并且裂纹表现出连续性,即由一个较为严重的部位向四周扩展[图 19.9(a)、(c)、(d)、(f)]。根据张汉茹等[36]的研究,Cl^- 具有强烈的吸附性和穿透性,能够容易地锲入金属表面钝化膜,使金属分层开裂,较大的 Cl^- 浓度及较长的腐蚀时间都会使这种锲入作用加强,致使试样表面出现腐蚀开裂的情况。

图 19.9(b)给出了高倍腐蚀产物照片,表明腐蚀产物层呈现多孔状,孔径为 100~500nm。由图 19.9(d)发现,腐蚀表面存在一些针状颗粒组成的团簇,EDS 能谱分析指出这些针状团簇中富积着 Cl^-,Cl 元素的含量远高于其他区域,其中可能有大量的 $MgCl_2$。而挤压态镁合金 EDS 能谱分析指出,腐蚀产物层主要成分为 C、O、Mg、P、Ca,未发现 Cl 元素。对四种合金表面腐蚀产物进行 XRD 物相分析发现(图 19.10),铸态和固溶态镁合金表面腐蚀产物主要为 $Mg(OH)_2$,而轧制态和挤压态镁合金的腐蚀产物中 $Mg(OH)_2$ 含量较少,在 XRD 分析未检测到。

图 19.11 给出了合金模拟体液(SBF)中浸泡 96 h 的 FT-IR 图谱。如图所示,四个图谱没有明显区别,除了 $3700cm^{-1}$ 的吸收峰对应 OH^- 来自于 $Mg(OH)_2$,其他峰值信息相同,如 $570cm^{-1}$ 对应 OH^- 同样来自于 $Mg(OH)_2$;$860cm^{-1}$ 和 $1460cm^{-1}$ 吸收峰对应 CO_3^{2-},可能来自腐蚀产物中的碳酸盐[37];$1000cm^{-1}$ 对应 PO_4^{3-} 可能来自腐蚀产物中的磷酸盐[38]。因此可以推断,腐蚀产物中除 $Mg(OH)_2$ 外还有 Mg 和 Ca 的碳酸盐或者磷酸盐。Xin 等[39]证实了镁合金与模拟体液(SBF)发生作用形成不溶解的镁和钙的磷酸盐和碳酸盐[即 Mg_3(或 $Ca)(PO_4)_2$·nH_2O 或者 Mg_3(或 $Ca)CO_3$·nH_2O]会沉淀在腐蚀产物中。

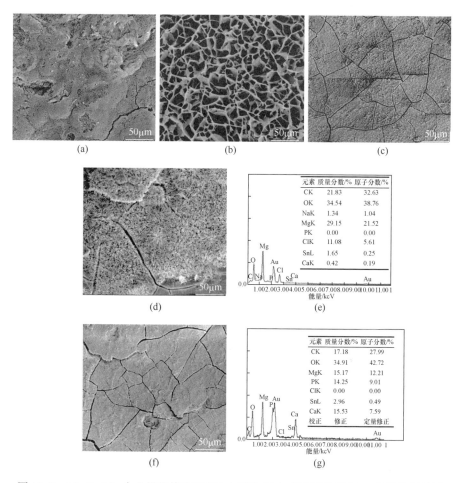

图 19.9　Mg-Sn-Mn 合金模拟体液(SBF)中浸泡 96 h 表面形貌及 EDS 能谱分析结果
(a) 铸态合金;(b) 图(a)高倍表面形貌;(c) 固溶态合金;(d) 轧制态合金;
(e) 图(d)EDS 能谱分析结果;(f) 挤压态合金;(g) 图(f)EDS 能谱分析结果

图 19.12 给出了四种合金在模拟体液(SBF)中浸泡 720h 后的腐蚀形貌,试样取出后发现挤压态 Mg-Sn-Mn 合金的完整性明显优于其他几种状态的合金。如图所示,经过 720h 的浸泡,四种合金表面均发生了较为严重的腐蚀,腐蚀坑较大且深[图 19.12(b)、(d)],深坑内粗糙不平[图 19.12(b)],产生了腐蚀台阶[图 19.12(a)、(c)],甚至发生崩解[图 19.12(a)]及坍塌[图 19.12(b)]。由图 19.12(d)可见,试样膜层表面有许多凸起的降解产物,EDS 能谱分析表明主要成分为 C、O、Mg,仅有少量的 P、Ca。对四种合金表面腐蚀产物进行 XRD 物相分析,如图 19.13所示,衍射图谱指出腐蚀产物主要是 Mg(OH)$_2$ 和少量的 HA。图 19.14给出了合金在模拟体液(SBF)中浸泡 720h 的 FT-IR 图谱,除轧制态没

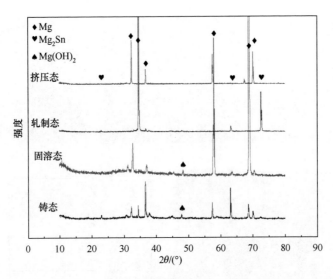

图 19.10　Mg-Sn-Mn 合金模拟体液（SBF）中浸泡 96h 的 XRD 图谱

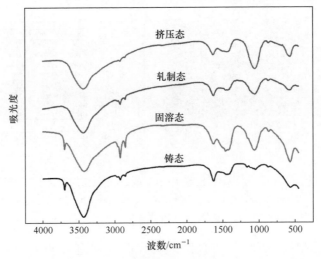

图 19.11　Mg-Sn-Mn 合金模拟体液（SBF）中浸泡 96h 的红外光谱 FT-IR 图谱

有 $3700cm^{-1}$ 的吸收峰对应 OH^- 来自于 $Mg(OH)_2$ 外,四个图谱没有明显区别,$570cm^{-1}$ 同样对应 OH^- 来自于 $Mg(OH)_2$,$860cm^{-1}$ 和 $1460cm^{-1}$ 吸收峰对应 CO_3^{2-} 来自腐蚀产物中的碳酸盐,$1000cm^{-1}$ 对应 PO_4^{3-} 来自腐蚀产物中的磷酸盐,但在 FT-IR 图谱没有发现 $600cm^{-1}$ 左右的吸收峰对应 P-O 来自于 HA 的信息,可能与刮下产物的量有关。因此,结合图 19.13 可以推断,腐蚀产物中除 $Mg(OH)_2$ 和 HA 外还有 Mg 和 Ca 的碳酸盐或者磷酸盐[即 Mg_3（或 Ca）$(PO_4)_2$·nH_2O 或者 Mg_3（或 Ca）$CO_3·nH_2O$]。

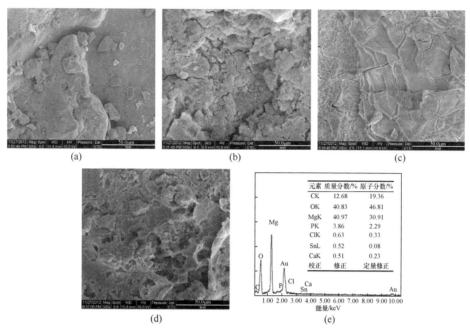

图 19.12 Mg-Sn-Mn 合金模拟体液(SBF)中浸泡 720h 表面形貌及 EDS 分析结果

(a) 铸态合金;(b) 固溶态合金;(c) 轧制态合金;(d) 挤压态合金;(e) 图(d)面扫得到的 EDS 分析结果

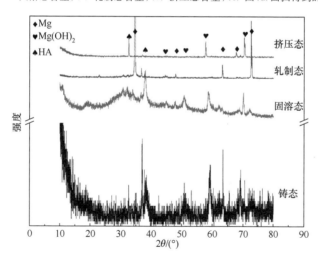

图 19.13 Mg-Sn-Mn 合金模拟体液(SBF)中浸泡 720 h 的 XRD 图谱

综上所述,Mg-Sn-Mn 合金在模拟体液(SBF)中的降解实验的结果显示,在模拟体液(SBF)中四种合金腐蚀速率的顺序:铸态>轧制态>固溶态>挤压态;720h 的浸泡实验结果显示,在浸泡初期均表现出较大的腐蚀速率,随着时间的延长,腐蚀逐渐变慢。SEM 观察发现,随着浸泡的持续,表面腐蚀产物膜层由最初的网状

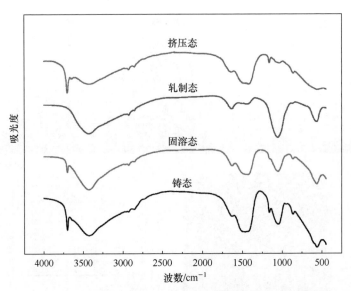

图 19.14　Mg-Sn-Mn 合金模拟体液(SBF)中浸泡 720h 的 FT-IR 图谱

膜层逐渐增厚,网状裂纹逐渐变深变大,导致腐蚀坑及腐蚀台阶产生,腐蚀产物主要成分为 $Mg(OH)_2$,此外还含有少量的 HA 以及磷酸盐或碳酸盐。

19.3.3　Mg-Sn-Ca 合金的降解行为研究

　　Leil 等[40]研究了挤压处理对 Mg-Sn-Ca 系合金降解性能的影响,实验选择 Mg-3Sn、Mg-3Sn-1Ca 和 Mg-3Sn-2Ca 三种合金,使用极化和盐雾的方法研究腐蚀行为。研究结果见表 19.5,挤压后 Mg-3Sn、Mg-3Sn-1Ca 和 Mg-3Sn-2Ca 三种合金的腐蚀性能都比铸态时得到了提升,其耐蚀性能可以与 AZ91D 媲美,腐蚀行为主要受到合金中第二相的影响,Mg_2Sn 相影响最显著,$Ca_{2-x}Mg_xSn$ 相次之,Mg_2Ca 相的影响最小。

表 19.5　Mg-Sn-Ca 合金不同处理状态下的腐蚀速度

合金	处理状态	电位(极化实验)/mV	腐蚀速率/(mm/g)	
			极化实验	盐雾实验
Mg-3Sn	铸态	-1364.8 ± 14.8	1.41 ± 0.62	1.65 ± 0.05
	挤压态	-1363.5 ± 4.0	0.80 ± 0.13	1.50 ± 0.21
Mg-3Sn-1Ca	铸态	-1366.6 ± 11.7	2.07 ± 0.31	2.34 ± 0.21
	挤压态	-1391.4 ± 2.1	1.76 ± 0.08	1.91 ± 0.40
Mg-3Sn-2Ca	铸态	-1403.6 ± 5.2	5.92 ± 0.23	5.99 ± 0.44
	挤压态	-1392.0 ± 2.5	3.14 ± 0.08	2.28 ± 0.16

19.4 Mg-Sn 系合金的生物相容性

植入材料对机体的适应性和亲和性主要是指材料的生物相容性。材料在植入机体后,会引起各种组织反应,主要包括由外科手术引起的软组织及硬组织损伤反应、植入物表面氧化反应、材料的水解或降解、服役过程中在循环应力下造成的材料疲劳损伤及表面磨损腐蚀等,严重时不仅植入物周边组织异常,更有甚者会造成血和尿液中溶解的元素浓度升高,造成排斥或排异反应等。因而,表征其体外生物相容性为生物医用材料深入研究提供了可靠的依据。

19.4.1 Mg-Sn 合金的细胞毒性和血液相容性

Gu 等[41]研究了 Mg-1Sn 合金的细胞毒性和血液相容性。研究表明,Mg-1Sn 合金浸提液对 L-929 细胞和 NIH3T3 细胞无细胞毒性;合金浸提液培养 MC3T3-E1 细胞 2 天和 4 天,细胞活性下降,细胞密度低;Mg-1Sn 合金对 ECV304 细胞有毒性作用,但对于 VSMC 细胞无显著影响。铸态和轧制态 Mg-1Sn 合金的溶血率研究发现,铸态的 Mg-1Sn 合金的溶血率为 18%,而经过轧制后合金的溶血率明显增加,溶血率超过 50%。浸泡镁合金的生理盐水在溶血实验后进行 pH 检测,结果发现高的溶血率和较高的 pH 存在一定的对应关系,轧制态 Mg-1Sn 合金与稀释血接触保温 60min 后,溶液变成棕色。

19.4.2 Mg-Sn-Mn 合金的细胞毒性和血液相容性

Zhen 等[28]对 Mg-Sn-Mn 合金进行了血液相容性检测和细胞活性实验等体外生物相容性研究。血液相容性检测结果显示,Mg-Sn-Mn 合金对红细胞无破坏性影响,并显示出优良的抗凝血性能。细胞活性实验结果如图 19.15 所示。Mg-Sn-Mn合金对 L929 细胞的生长无不良影响;对血管平滑肌细胞(VSMC)显示出较轻微的毒性。实验结果显示,Mg-Sn-Mn 合金具有优秀的力学性能和抗腐蚀性能、较低的离子释放速率和优良的相容性,作为骨科植入材料具有重要应用前景。

杨小荣和 Hou 等[10,18]对不同工艺状态的 Mg-Sn-Mn 合金血液相容性进行了研究。溶血率实验显示,固溶态合金的溶血率为 9.4 %,轧制态合金的溶血率为 2.7 %,挤压态镁合金表现出了与之相当的数据,其溶血率为 2.9 %。生物医用材料的溶血率须低于 5 %,显而易见,铸态合金的溶血率略低于该数值,而经过固溶处理后合金溶血率却达到了 9.4 %,远远大于 5 %,这表明固溶态合金在与血液接触时发生了溶血现象,不适宜作为与血液接触的医用材料。固溶态合金表现出较高的溶血率可能与其耐腐蚀性能较差有关联:其一,文献[32]指出,降解过程中产

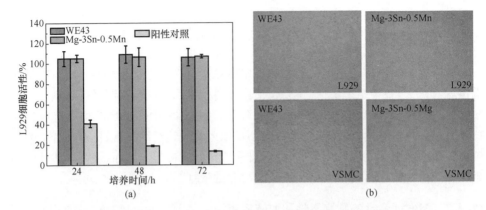

图 19.15　WE43 和 Mg-Sn-Mn 合金的相对细胞活性实验

(a) L929 细胞在 WE43 和 Mg-Sn-Mn 合金的浸提液培养 24h、48h 和 72h 后细胞的活性检测结果；
(b) L929 细胞在 WE43 和 Mg-Sn-Mn 合金的浸提液中培养 72h 后的细胞形貌的光学显微照片

生的 pH 升高会使材料溶血率变大，而固溶态镁合金在降解初期 pH 升高较快。其二，腐蚀速率较快则表现出与血液接触时有大量的 Mg^{2+} 释放，会造成血液中红细胞细胞壁两侧的渗透压不同，造成细胞壁破裂从而导致产生溶血现象[42]；通过热变形后(热轧、热挤压)，Mg-Sn-Mn 合金的溶血率得到显著降低，表现出良好的血液相容性。

19.5　Mg-Sn 系合金的动物实验研究

目前，对 Mg-Sn 系合金的动物实验以及临床实验研究报道较少，Hou 等[18]对 Mg-Sn-Mn 合金的动物实验研究取得了一定的成果。研究表明，Mg-Sn-Mn 合金植入动物体内的早期阶段是安全的，实验动物对挤压态 Mg-Sn-Mn 合金的腐蚀降解是耐受的。

19.5.1　Mg-Sn-Mn 系合金动物植入实验方法

将挤压态的 Mg-Sn-Mn 合金加工成 $\Phi 2mm \times 4mm$ 的棒，经 $1200^{\#}$ 砂纸打磨、抛光后，进行医疗消毒备用。选择成年实验兔 10 只，体重 2.0～2.5kg，随机分为三组，其中两组为实验组(分别记作 A 组和 B 组各 4 只)，另外一组作为对照组，实验中选用剂量为 10mg/kg 舒泰和 $10\mu g/kg$ 左旋美托嘧啶对动物进行全身麻醉，用 25g/L 的碘酒和医用酒精对手术区域消毒，A 组实验时，在无菌手术下逐层切开，暴露大白兔背部皮下肌肉(脊柱左侧)，在肌肉内部并排植入两枚上述合金棒，如图 19.16(a)所示；B 组实验时在无菌手术下暴露大白兔的股骨，用直径 2mm 的骨钻,慢速钻孔至骨髓腔内,将棒状样品放入钻孔内,使其一端略高出股骨平面,另一端伸入骨髓腔,在同一兔子左腿股骨下 1/3 处隔一定距离植入两枚上述合金棒,如图 19.16(b)所示;对照组分别切开得到 A、B 实验组相当的创面,但不进行样品植入,逐层缝合伤口,并进行创面消毒。术后五天内以 0.08g/kg 的剂量给兔子肌内注射头孢唑林钠,每天两次防止感染。动物分笼饲养,自由活动,动物接触器具均使用拜安(癸甲溴铵溶液)消毒,饲养一周内在饮用水中加入 4 万单位/升的庆大霉素,促使动物术后尽快恢复正常饮食。

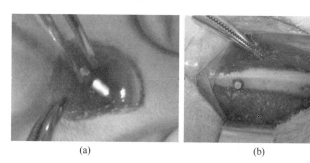

(a)　　　　　　　　　　　　(b)

图 19.16　Mg-Sn-Mn 合金棒植入部位
(a) A 组背部皮下肌内植入部位;(b) B 组股骨植入部位

在术前一天及术后不同时间点抽取实验兔耳缘静脉血 1mL,使用大生化测定其血液中镁离子浓度,以监测 Mg-Sn-Mn 合金棒植入后对机体血液中镁离子浓度的影响。选取术后不同时间点对植入部位拍摄 X 射线片,观察植入物的降解情况。术后选定时间,以戊巴比妥钠过量麻醉并处死动物,取心脏、肝、肾、脾等全身脏器组织,制备病理切片并经 HE 染色观察组织病理学改变,并使用扫描电镜、元素能谱、X 射线物相分析等表征手段分析镁合金棒在体内的降解产物。

19.5.2　Mg-Sn-Mn 系合金动物植入实验结果

图 19.17 给出了 Mg-Sn-Mn 合金植入动物体内术后不同时间点的 X 射线表现。如图所示,镁合金棒周围有大量气体团聚[图 19.17(b)、(h)],这是因为镁合金植入后和体液发生作用,产生了氢气,由于新陈代谢存在滞后性与有限性,单位时间内生成的氢气量过大,大于机体正常代谢的气体量,而短时间内得不到有效代谢,故积存于纤维囊中而形成肉眼可见的气团;但随着时间的延长,植入早期出现的气泡逐渐消失[图 19.17(e)、(i)],表明镁合金降解产生的氢气可以正常代谢而排出,分析认为可能是机体通过某些途径将其排出体外的,如被机体吸收进入血路而通过肺排出积气,分析对比 X 射线发现,植入股骨处的镁合金棒周边团聚的气

体比植入背部肌肉内的消失得早,可能是实验动物活动而致使植入部位(股骨外端)血运旺盛而导致气体代谢较快。Witte 等[43]和 Zhang 等[44]同样在镁合金动物实验过程中发现纤维囊中的气团,并能被机体较快吸收,Witte 在实验中证明气体释放不会成为镁降解过程中对动物机体产生危害的因素。

从图 19.17 还可以看到,镁合金棒植入不同部位展现出了相异的腐蚀速率:植入背部肌肉的镁合金棒降解速率相对较慢,到第 2 周时合金棒几乎没有降解迹象;第 4 周和第 6 周时才观察到明显的降解痕迹,合金棒表面显示模糊和毛糙;至第 10 周植入物仍然存在,却有了较大尺度的缩小,但存在部分仍然完整。而植入到股骨中的合金棒则表现出较快的腐蚀速率,第 4 周时就可观察到明显的降解痕迹,深入到骨髓腔中的合金棒表面显示模糊和毛糙;第 6 周时深入骨髓腔中的合金棒发生了较严重的降解,直径变小,模糊与毛糙严重;至第 10 周时,合金棒已经不能完全显影,主体部分已经发生降解,只剩下少量不规则形状残余合金显影。分析认为,植入位置的不同造成合金棒在机体内表现出不同的降解状态,合金棒植入背部肌肉时由于组织的包裹作用,材料的降解速率较慢,而植入股骨时,由于合金棒的大部分处在骨髓腔内,在体液的不断冲刷下,材料的降解速率表现较快。

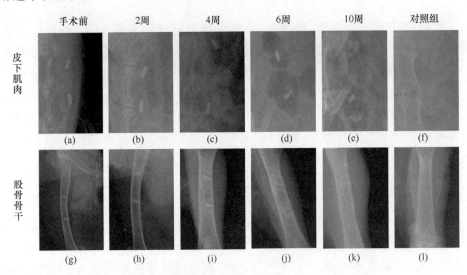

图 19.17   Mg-Sn-Mn 合金植入动物体内术后 X 射线表现

图 19.18 给出了 Mg-Sn-Mn 合金植入动物体内血液中镁离子浓度的动态变化曲线。如图所示,各时间点的血液中镁离子浓度在 1.15~1.75mmol/L 波动,其中实验动物的血镁浓度正常值区间为 0.82~2.22mmol/L[45]。显然,Mg-Sn-Mn 合金植入后对其血液中镁离子浓度影响甚微,浓度指标正常,并未因外来镁合金的

植入引起镁离子在体内的积累。由此可见,实验动物肝肾功能状态良好,Mg^{2+} 在机体内表现出强大的代谢功能;由图 19.18 可见,除术后 1 天略高之外(且也在正常值范围内),其他时间点的 Mg^{2+} 浓度均保持在一个较低的区间波动,因此可以判断,Mg-Sn-Mn 合金植入动物体内后,其主要降解产物 Mg^{2+} 除参与机体正常的生理反应而被吸收外(大多以血液中镁离子的形式表达),多余的 Mg^{2+} 被动物排泄出,从而不会引起血液中镁离子浓度的显著变化。甚至有的研究者[46]认为,高镁离子浓度的摄入不会引起不良反应,肾脏的强大排泄系统和骨骼的存储缓冲功能足以使机体血镁浓度维持平衡。

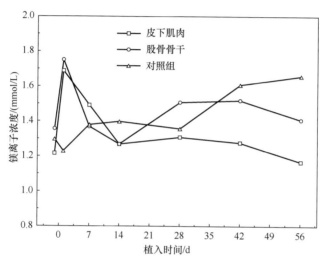

图 19.18　Mg-Sn-Mn 合金植入动物体内血中镁离子浓度

图 19.19 所示为 Mg-Sn-Mn 合金植入动物背部肌肉和股骨中 4 周后全身脏器的病理切片。如图 19.19 所示,光学显微镜下分别观察实验动物的心脏[图 19.19(a)、(e)]、肝脏[图 19.19(b)、(f)]、肾脏[图 19.19(c)、(g)]、脾脏[图 19.19(d)、(h)]等组织病理切片发现,各组织均并未见明显异常,细胞结构在形态学上无明显改变,没有炎症细胞浸润,表明 Mg-Sn-Mn 合金对动物机体脏器(心、肝、肾、脾)表现出较好的生物相容性。结合图 19.17 和图 19.18 分析认为,在 Mg-Sn-Mn 合金棒植入早期,合金棒发生初步降解(如图 19.17 所示,植入物周边有气团聚集则表明发生降解),其降解产物被吸收后对外周血液中镁离子浓度(术后一天较高但也在正常范围内)和肝肾等脏器无显著影响,表明在植入期间并未对实验动物机体的循环、泌尿、免疫等系统产生毒性影响。由此可以推断,Mg-Sn-Mn 合金植入动物体内的早期阶段是安全的,实验动物对挤压态 Mg-Sn-Mn 合金的腐蚀降解是耐受的,对进一步深入开展应用研究具有重要

意义。

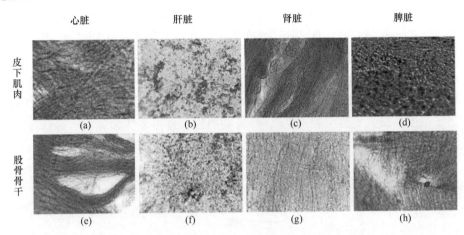

图 19.19　Mg-Sn-Mn 合金实验动物内脏组织的病理切片

　　图 19.20 给出了 Mg-Sn-Mn 合金植入动物体内 4 周后的表面形貌及 EDS 能谱分析结果。如图所示，镁合金在体内降解形貌与体外实验相似，表面附着一层降解产物层，降解产物表面粗糙且结构较为疏松，表现出不规则的龟裂状[图 19.20(a)]，甚至还有层状崩解的痕迹[图 19.20(c)]。EDS 分析其成分指出，降解产物表面中除含有 C、O、Mg、P、Ca 之外，还含有 N 元素，分析认为是 Mg-Sn-Mn 合金在体内降解时产物表面有蛋白质等吸附。对比发现，植入股骨中的镁合金降解产物中 Ca 含量相比较高，而 Ca 元素是骨中的主要成分。分析认为，Mg-Sn-Mn 腐蚀产物生成受到骨环境的影响，其相互影响机制尚需进一步探讨。图 19.21 给出了腐蚀产物的 XRD 衍射图谱，Mg-Sn-Mn 合金植入实验动物的位置不同，却生成了相似的腐蚀产物，主要成分为 $Mg(OH)_2$，而 HA 的量相对较少。

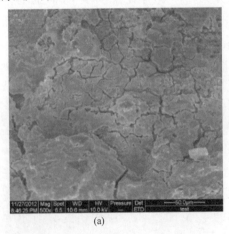

(a)

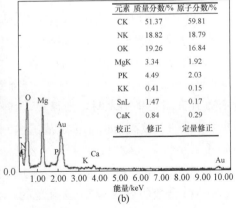

元素	质量分数/%	原子分数/%
CK	51.37	59.81
NK	18.82	18.79
OK	19.26	16.84
MgK	3.34	1.92
PK	4.49	2.03
KK	0.41	0.15
SnL	1.47	0.17
CaK	0.84	0.29
校正	修正	定量修正

(b)

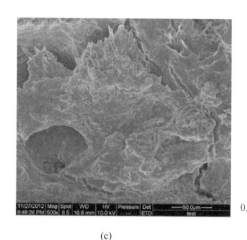

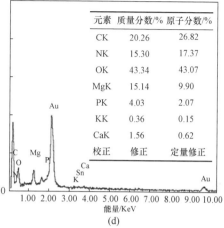

元素	质量分数/%	原子分数/%
CK	20.26	26.82
NK	15.30	17.37
OK	43.34	43.07
MgK	15.14	9.90
PK	4.03	2.07
KK	0.36	0.15
CaK	1.56	0.62
校正	修正	定量修正

(c)　　　　　　　　　　　　　　　　　　　　(d)

图 19.20　术后 4 周取出植入物形貌及 EDS 能谱分析结果

（a）皮下肌肉植入物；（b）a 图面扫得到的 EDS 能谱分析结果；

（c）股骨骨干内植入物；（d）图（c）面扫得到的 EDS 分析结果

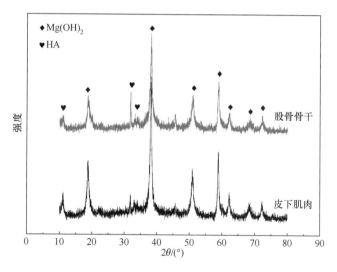

图 19.21　植入物表面腐蚀产物 XRD 衍射图谱

图 19.22 为合金表面腐蚀产物的 FT-IR 图谱。如图所示，除了 $600cm^{-1}$ 左右对应的 P-O 峰来自羟基磷灰石以及 $750cm^{-1}$、$3700cm^{-1}$ 的吸收峰对应 OH^- 来自于 $Mg(OH)_2$，也有其他吸收峰信息，如 $860cm^{-1}$ 和 $1460cm^{-1}$ 吸收峰来自 CO_3^{2-}，可能来自腐蚀产物中钙或者镁的碳酸盐，但在图 19.21 所示的 XRD 衍射图谱中没有发现该峰的信息，可能与含量较少有关。而图 19.19 中，未见实验动物肝、肾等脏器组织显示异常。由此可见，早期动物植入实验时降解产物未对实验动物的循环

系统产生负面影响,机体对合金的降解产物是耐受的。

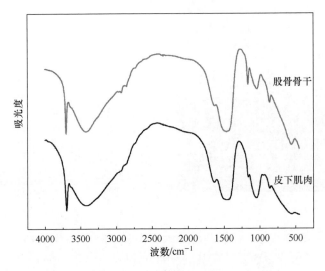

图 19.22　植入合金表面腐蚀产物 FT-IR 图谱

19.5.3　Mg-Sn-Mn 系合金动物血管内植入实验研究

图 19.23 给出了 Mg-Sn-Mn 支架的植入过程及植入后的造影情况,将支架送入髂动脉,给球囊压力使支架撑开,选定支架直径与动脉血管直径比例在 1.13：1～1.24：1时支架释放[47],释放时间为 10s 左右,造影后如图 19.23(d)所示,显示支架到位。

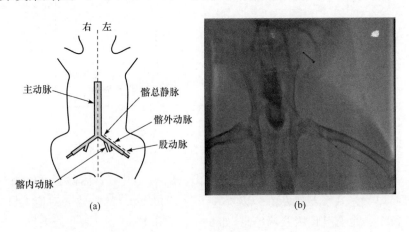

(a)　　　　　　　　　　　　　(b)

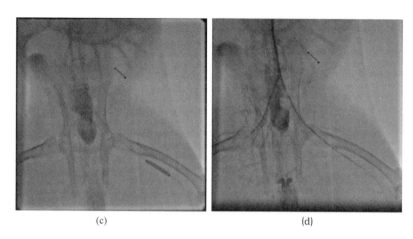

(c)　　　　　　　　　　　　　　(d)

图 19.23　镁合金支架的植入过程

(a) 支架植入位置示意图;(b) 介入导丝进入位置;(c) 支架的释放;(d) 支架释放后的造影

　　图 19.24 给出了镁合金裸支架植入动物髂动脉中血液镁离子浓度的变化。如图所示,植入前后血液中镁离子浓度变化不大,植入一周后略有升高,达到 1.39mmol/L,但仍在实验动物的血镁浓度正常值区间内(正常值区间为 $0.82\sim2.22$mmol/L),因此未因裸支架的植入引起镁离子在体内的积聚,Mg^{2+} 在机体内表现出强大的代谢功能。

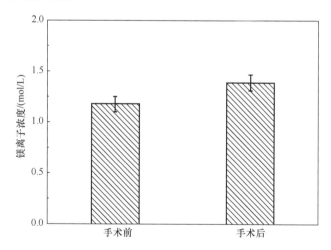

图 19.24　镁合金裸支架植入前后血液中镁离子浓度

　　图 19.25 给出了 Mg-Sn-Mn 合金裸支架植入实验动物髂动脉中的病理切片。如图所示,光学显微镜下分别观察实验动物的心脏、肝脏、肾脏等病理切片发现:心脏组织中心肌细胞结构正常,无明显病理变化,仅有轻度淤血现象,形态学上无明

显改变,也没有炎症细胞浸润;肝脏细胞结构正常,但有轻度淤血并伴随部分颗粒变性。分析认为,可能是植入实验时注射部分造影剂造成的不良反应,但未见明显的组织水肿、纤维化等异常变化,这提示动物肝脏本身没有器质性的改变;肾小管上皮细胞结构清晰,局部有淤血但未见明显病理变化,表明肾脏功能保持正常状态。这表明镁合金裸支架对动物机体脏器(心、肝、肾)表现出较好的生物相容性,镁合金裸支架植入动物体内的早期阶段是安全的。

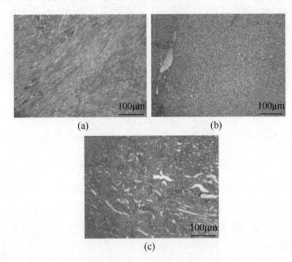

图 19.25　镁合金裸支架植入后实验动物的心脏、肝脏、肾脏病理切片
(a) 心脏;(b) 肝脏;(c) 肾脏

　　图 19.26 给出了 Mg-Sn-Mn 合金裸支架植入实验动物髂动脉中的表面形貌及 EDS 能谱分析结果,如图 19.26 所示。镁合金在血管内的降解形貌与在体外降解形貌相似,表面附着一层降解产物,降解产物表面粗糙且结构较为疏松,存在大量因失水干裂或是氯离子作用形成的微裂纹,局部表现出不规则的龟裂状,如图 19.26(a)和(c)所示;甚至还有层状崩解的痕迹,如图 19.26(a)所示;处在不同位置的裸支架环形单元表现出不同的腐蚀速率,支架内侧壁腐蚀程度较为严重,如图 19.26(a)所示。分析认为,可能是血流的冲刷作用使腐蚀加速。EDS能谱分析其成分指出,降解产物表面中除含有 C、O、Mg、P、Ca 之外,还含有 N 元素,认为是 Mg-Sn-Mn 合金裸支架血管中降解时产物表面吸附有血液中的蛋白质等。

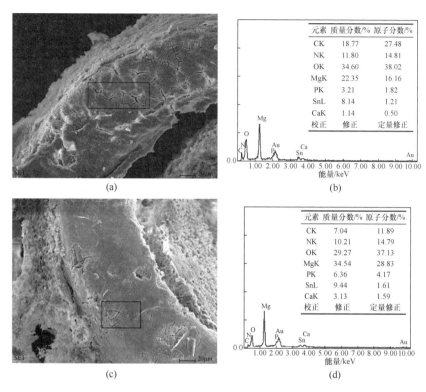

图 19.26　镁合金裸支架植入后的表面形貌及 EDS 分析结果

(a) 支架内壁形貌；(b) 图(a)对应位置的 EDS 分析结果；

(c) 支架外壁形貌；(d) 图(c)对应位置的 EDS 分析结果

19.6　结论与展望

Mg-Sn 系合金作为医用镁合金具有无毒、安全可降解、较好的综合力学性能和耐蚀性能等，因此其作为新型的医用可降解镁合金有广阔的市场应用前景。

(1) Mg-Sn 合金可通过合金化来适当提高其综合力学性能和耐蚀性能，合金化元素有 Mn、Zn、Al、Ca、RE、Li、Y 等。已研究的医用可降解 Mg-Sn 合金的体系有 Mg-Sn-Mn、Mg-Sn-Mn-Zn 等。

(2) Mg-Sn 合金的塑性较好，可进行多种塑性加工变形，如挤压、轧制和拉拔等。塑性变形后 Mg-Sn 合金的力学性能可明显提高。Mg-Sn 系合金与稀土镁合金、Mg-Li 系合金和 Mg-Al 系合金等比较，力学性能没有明显优势，未来可通过大塑性挤压，轧制等变形方式，进一步提高其力学性能，使其在骨科及外科植入修复器械应用上有较大发展前景。

(3) Mg-Sn 合金在模拟体液浸泡初期腐蚀速率较快,随着时间的延长,腐蚀逐渐变慢,但为了增加 Mg-Sn 合金的耐蚀性,实现可控降解,表面改性技术应用是十分必要的。未来 Mg-Sn 系合金表面可以通过合金化元素形成表面纳米涂层技术,进一步增加其耐蚀性能,实现可控降解。

(4) Mg-Sn 合金支架进行了动物植入实验,支架的植入未引起明显的生理变化,血液中镁离子浓度正常,对实验动物的脏器组织进行病理切片观察发现各组织未见明显病理异常,表现出较好的生物相容性。

致谢

感谢国家高技术研究发展计划(863 项目,No. 2009AA03Z423),国家自然科学基金青年科学基金项目(No. 51301049),国家自然科学基金(No. 81271676)和国家自然科学基金(No. 81350026)等的支持。

参 考 文 献

[1] Bowles A L,Blawert C,Hort N,et al. Microstructural investigations of the Mg-Sn and Mg-Sng-Al alloy systems. Magnesium Technology,2004,2004:307-310

[2] 闫蕴琪,张廷杰,邓炬,等. 耐热镁合金的研究现状与发展方向. 稀有金属材料与工程,2004,33(6):561-565

[3] Mordike B L. Creep-resistant magnesium alloys. Materials Science and Engineering A,2002,324(1):103-112

[4] Massalski Thaddeus B,Okamoto H,Subramanian P R,et al. Binary alloy phase diagrams. ASM International,1990,1990:1485

[5] 刘红梅,陈云贵,唐永柏,等. 铸态 Mg-Sn 二元合金的显微组织与力学性能. 四川大学学报:工程科学版,2006,38(2):90-94

[6] Shi B Q,Chen R S,Wei K. Effect of element Gd on phase constituent and mechanical property of Mg-5Sn-1Ca alloy. Transactions of Nonferrous Metals Society of China,2010,20:s341-s345

[7] Wei S H,Zhu T P,Hodgson M,et al. Effects of Sn addition on the microstructure and mechanical properties of as-cast,rolled and annealed Mg-4Zn alloys. Materials Science and Engineering A,2013,585:139-148

[8] Zhao H D,Qin G W,Ren Y P,et al. Microstructure and tensile properties of as-extruded Mg-Sn-Y alloys. Transactions of Nonferrous Metals Society of China,2010,20:s493-s497

[9] 韩兆宇,许春香,程伟丽. Al,Zn 含量对 Mg-5Sn 基合金微观组织和力学性能的影响. 铸造,2013,62(5):430-435

[10] 杨小荣. 生物医用 Mg-Sn-Mn 合金的显微组织及性能研究. 哈尔滨:哈尔滨工程大学硕士学位论文,2011.

[11] 林金保,王渠东,陈勇军. 镁合金塑性成形技术研究进展. 轻金属,2006(10):76-80

[12] Bernhard E. Future aspects of magnesium sheet materials using a new production technology. Ima-Proceedings,2005,62:29-36.

[13] 于宝义,包春玲,宋鸿武,等. 提高 AZ91D 镁合金挤压管材力学性能的研究. 轻合金加工技术,2005,33(9):31-32

[14] Jiang B,Yin H M,Yang Q S,et al. Effect of stannum addition on microstructure of as-cast and as-extruded Mg-5Li alloys. Transactions of Nonferrous Metals Society of China,2011,21(11):2378-2383

[15] 陈振华. 变形镁合金. 北京:化学工业出版社,2005:75-78

[16] 刘红梅,陈云贵,唐永柏,等. 热处理对 Mg-5wt% Sn 合金组织与显微硬度的影响. 材料热处理学报,2007,28(1):92-95

[17] 石章智. 镁锡基合金组织调控和几种镁合金中沉淀相晶体学的研究. 北京:清华大学博士学位论文,2011.

[18] Hou L D,Li Z,Pan Y,et al. In vitro and in vivo studies on biodegradable magnesium alloy. Progress in Natural Science:Materials International,2014,24(5):466-471

[19] 侯理达. 不同挤压比对 Mg-Sn 系合金组织与性能的影响. 哈尔滨:哈尔滨工程大学硕士学位论文,2011.

[20] Xin Y,Hu T,Chu P K. In vitro studies of biomedical magnesium alloys in a simulated physiological environment:A review. Acta Biomaterialia,2011,7(4):1452-1459

[21] Ha H Y,Kang J Y,Kim S G,et al. Influences of metallurgical factors on the corrosion behaviour of extruded binary Mg-Sn alloys. Corrosion Science,2014,82:369-379

[22] Fang D Q,Ma N,Cai K L,et al. Age hardening behaviors,mechanical and corrosion properties of deformed Mg-Mn-Sn sheets by pre-rolled treatment. Materials & Design,2014,54:72-78

[23] 刘西伟. Mg-3Sn-0.5 Mn 合金的降解行为及生物相容性. 哈尔滨:哈尔滨工程大学硕士学位论文,2013.

[24] 薛俊峰. 镁合金防腐蚀技术. 北京:化学工业出版社,2010:38-48

[25] Orlov D,Ralston K D,Birbilis N,et al. Enhanced corrosion resistance of Mg alloy ZK60 after processing by integrated extrusion and equal channel angular pressing. Acta Materialia,2011,59(15):6176-6186

[26] 陈振华. 镁合金. 北京:化学工业出版社,2004:390-395

[27] 宋光铃. 镁合金腐蚀与防护. 北京:化学工业出版社,2006:110-116

[28] Zhen Z,Xi T F,Zheng Y F,et al. In vitro Study on Mg-Sn-Mn alloy as biodegradable metals. Journal of Materials Science & Technology,2014,30(7):675-685

[29] 高家诚,胡德,宋长江. 医用镁合金降解及其对人体的影响. 功能材料,2012,43(19):2577-2583

[30] Song G L. Control of biodegradation of biocompatable magnesium alloys. Corrosion Science,2007,49(4):1696-1701

[31] Lévesque J,Hermawan H,Dubé D,et al. Design of a pseudo-physiological test bench specific

to the development of biodegradable metallic biomaterials. Acta biomaterialia,2008,4(2):
284-295

[32] 杨柯,谭丽丽,任伊宾,等. AZ31 镁合金的生物降解行为研究. 中国材料进展,2009,28(2):
26-30

[33] 曾荣昌,郭小龙,刘成龙,等. 医用 Mg-Ca 和 Mg-Li-Ca 合金腐蚀研究. 金属学报,2011,
47(11):1477-1482

[34] Xin Y C,Huo K F,Tao H,et al. Influence of aggressive ions on the degradation behavior of
biomedical magnesium alloy in physiological environment. Acta Biomaterialia,2008,4(6):
2008-2015

[35] Baril G,Pebere N. The corrosion of pure magnesium in aerated and deaerated sodium sul-
phate solutions. Corrosion Science,2001,43(3):471-484

[36] 张汉茹,郝远. AZ91D 镁合金在含 Cl-溶液中腐蚀机理的研究. 铸造设备研究,2007(3):
19-23

[37] Gray J E,Luan B. Protective coatings on magnesium and its alloys—A critical review. Jour-
nal of Alloys and Compounds,2002,336(1):88-113

[38] Alvarez-Lopez M,Pereda M D,Del Valle J A,et al. Corrosion behaviour of AZ31 magnesium
alloy with different grain sizes in simulated biological fluids. Acta Biomaterialia,2010,6(5):
1763-1771

[39] Xin Y C,Huo K F,Hu T,et al. Corrosion products on biomedical magnesium alloy soaked
in simulated body fluids. Journal of Materials Research,2009,24(8):2711-2719

[40] Leil T Abu,Hort N,Dietzel W,et al. Microstructure and corrosion behavior of Mg-Sn-Ca
alloys after extrusion. Transactions of Nonferrous Metals Society of China,2009,19(1):40-44

[41] Gu X N,Zheng Y F,Cheng Y,et al. In vitro corrosion and biocompatibility of binary magne-
sium alloys. Biomaterials,2009,30(4):484-498

[42] Baumann H,Bethge K,Bilger G,et al. Thin hydroxyapatite surface layers on titanium pro-
duced by ion implantation. Nuclear Instruments and Methods in Physics Research Section
B:Beam Interactions with Materials and Atoms,2002,196(3):286-292

[43] Witte F,Fischer J,Nellesen J,et al. In vitro and in vivo corrosion measurements of magnesi-
um alloys. Biomaterials,2006,27(7):1013-1018

[44] Zhang S X,Zhang X N,Zhao C L,et al. Research on an Mg-Zn alloy as a degradable bioma-
terial. Acta Biomaterialia,2010,6(2):626-640

[45] 张广道,黄晶晶,杨柯,等. 动物体内植入镁合金的早期实验研究. 金属学报,2009,43(11):
1186-1190

[46] Hartwig A. Role of magnesium in genomic stability. Mutation Research/Fundamental and
Molecular Mechanisms of Mutagenesis,2001,475(1):113-121

[47] Schwartz Robert S,Chronos Nicolas A,Virmani R. Preclinical restenosis models and drug-e-
luting stents:Still important,still much to learn. Journal of the American College of Cardiol-
ogy,2004,44(7):1373-1385

第 20 章　镁(硅、锰、锆、银)合金体系

镁合金作为一种新型的可降解医用金属材料已经得到了材料、医疗工作者的极大关注。目前,研究者已经对几种常用的镁合金进行了大量的相关研究工作,包括 AZ31、AZ91 和纯镁等。除此之外,研究者还发展了大量的新型镁合金,包括 Mg-Ca 合金、Mg-Zn 合金等。所有的研究结果显示镁合金有作为一种可降解医用金属材料的可行性。本章集中在 Mg-Si、Mg-Mn、Mg-Zr 和 Mg-Ag 四种合金体系,重点介绍这几种合金的微观组织、力学性能、耐蚀性能和生物相容性,为发展新型镁合金提供一些参考。

20.1　Mg-Si 体系

20.1.1　Si 的作用

Si 是镁合金的一种合金化元素,与 Mg 具有共晶合金体系,形成高熔点的 Mg_2Si 相。少量加入 Si 可以有效地提高合金液的流动性,但是 Si 元素对提高镁合金的耐蚀性能没有贡献,特别是与铁元素同时存在时会降低合金的耐蚀性能。工业上,常通过添加 Si 元素来提高镁合金的耐高温性能和耐摩擦磨损性能。

在采用常规的熔炼浇铸(ingot metallurgy, IM)获得的 Mg-Si 合金中,由于 Mg_2Si 相的形貌比较粗大,分布不均匀,因此合金的延伸率和强度都比较低。为此,开发 Mg_2Si 相变质细化措施成为 Mg-Si 合金研究一个非常重要的内容。

硅元素最近被认为是人体基本元素之一[1]。在人体中,主要以硅酸衍生物或者硅酸盐形式存在,为结缔组织中黏多糖和胶原的正常生长和分泌所需。硅在黏多糖与蛋白交联中起重要作用,可以在多种组织和器官中提高强度、降低结缔组织中细胞外基质的渗透性。例如,主动脉和其他动脉、气管,腱、骨、牙齿和皮肤等[2,3]。硅是骨骼、软骨形成初期阶段所必需的组分,也可以起到新骨矿化的催化作用[2,3],有报道称 Si 有助于愈合和免疫系统重建[1]。另外,还有研究发现有以下几种事实和作用。

(1) 在对小鸡和兔子的研究中发现,当注射或者摄取含硅的化合物时,可以防止内膜增厚和动脉弹性纤维断裂、增加内皮分泌肝素蛋白多糖,也可以降低血管平滑肌细胞的形貌转变、迁移、增殖和内皮增生,同时 Si 具有抗动脉粥样硬化的功效[3]。

（2）有研究指出，如果每天面敷硅酸胶体两次，口服 10mg 硅酸胶体可以改善皮肤的厚度和强度、改善皱纹，也可以提高头发和指甲的健康程度，但是研究的样本数太少，其改善效果仍然有待于进一步验证[1]。

（3）Si 可以补足葡萄糖活性，进而可能预防或者治疗骨关节炎（osteoarthritis）、骨质疏松（osteoporosis）、血管动脉瘤（vascular aneurysms）和静脉曲张（varices）[3]。

（4）对小鸡进食缺 Si 的食料，发现头盖骨和长骨结构出现异常、关节形成不足，并且软骨内骨生长存在缺陷[2]。

当人体缺 Si 元素时，常常表现在[2]：①皮肤衰老，例如，出现皱纹；②脱发；③骨发育不良；④指甲脆。尽管发现老年痴呆症患者中 Si 含量偏高，但是口服过量的 Si 元素仍然被认为是无毒性的[1,2]。正常成人平均每日的摄取量应该在329mg 左右[2]。因此，将 Si 作为一种合金化元素应用于可降解镁合金的设计和制备中，可能在促进骨组织形成和抑制内皮增生方面有一定的作用。

20.1.2　组织调控

Si 在固态镁中几乎没有固溶度。依据 Si 在镁合金中的含量，形成具有不同形式的 Mg_2Si 相，分别呈现共晶和初生两种典型的组织特征。当 Si 含量小于1.16%（原子分数）时，Si 以共晶 Mg_2Si 相存在。共晶 Mg_2Si 相与共晶 α-Mg 一般以层片结构分布在晶界处，高倍组织显示共晶 Si 多呈现长条状形状。而当 Si 含量大于 1.16%（原子分数）时，形成初生 Mg_2Si 相。初生的 Mg_2Si 相呈树枝状、不规则多边形块状结构。图 20.1 为亚共晶 Mg-Si 合金典型的微观组织。图 20.2 是过共晶 Mg-2.0Si 合金的典型微观组织。图 20.2(a)中黑色的不规则块状相就是初生 Mg_2Si 相。在高倍显微镜下，如图 20.2(b)所示，块状 Mg_2Si 相具有非常规则的棱角，比共晶的 Mg_2Si 相明显要大很多。当 Si 含量进一步提高时，就会有树枝状初生 Mg_2Si 相出现，如图 20.3 所示。Mg_2Si 相是一个非常硬的相，因此在纯镁中添加 Si 元素可以显著地提高合金的硬度和耐磨性能，而且随着 Si 含量的增加，硬度增加，耐磨性也增加[4]。

采用常规铸造方法获得的过共晶 Mg-Si 合金中，Si 以粗大块状的初生 Mg_2Si 和细长的共晶 Mg_2Si 存在，因此其力学性能，特别是塑性较差。为了获得较高的力学性能，研究者分别从不同的角度，对合金的组织，特别是 Mg_2Si 相的形貌进行了细致的研究，希望通过改变其形貌和分布来提高合金的力学性能，特别是塑性。到目前为止，已经进行了的研究方法包括铸造合金化法、热处理法和塑性变形法。铸造合金化法就是在合金熔炼的过程中，添加某种合金化元素，通过改变 Mg_2Si 相的形核和长大过程，达到改变其大小和形貌的目的。热处理就是通过高温固溶处理方法，使共晶 Mg_2Si 相完全固溶，然后再经过低温时效的方法使 Mg_2Si 相析出。热处理法不仅可以提高合金的塑性,而且可以提高合金的强度,但是对初生 Mg_2Si 相几乎没有作用。塑性变形可以将初生 Mg_2Si 相和共晶 Mg_2Si 相破碎细化,同时也可以将基体的晶粒细化,可以显著地提高合金的强度和塑性。

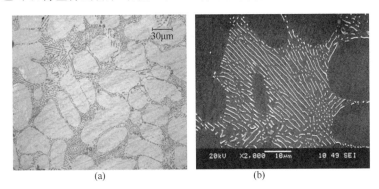

图 20.1　Mg-0.6Si 合金的微观组织[5]

(a) 金相组织;(b) SEM 组织

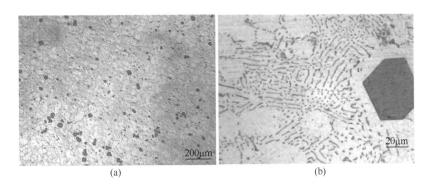

图 20.2　Mg-2.0Si 合金的微观组织

(a) 低倍组织;(b) 高倍组织

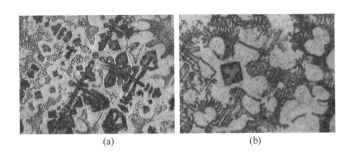

图 20.3　Mg-8Si 合金的微观组织[6]

(a) 树枝状 Mg_2Si;(b) 分布于晶间的共晶 Mg_2Si

　　到目前为止,报道最多的还是采用元素合金化来改变 Mg_2Si 相的形貌和大小,又称为变质处理(modification)。锑(Sb)对初生 Mg_2Si 相具有变质细化作用,而且初生 Mg_2Si 相的大小和形貌与 Sb 的加入量密切相关[7-9]。当加入 0.4% Sb(质量分数)时,初生 Mg_2Si 相显著减小,但是其形貌没有明显变化,仍然以树枝状为主。当加入 1.2% Sb(质量分数)时,初生 Mg_2Si 相的尺寸进一步减小,并且形貌也从树枝状变为以细小的颗粒为主[8]。Sb 的变质细化不存在过变质现象,即细化效果不会随着 Sb 加入量的增加而消失。

　　锶(Sr)也对 Mg_2Si 相也有变质细化的作用[10-12]。Cong 等[11]的研究发现,加入 Sr 后,初生 Mg_2Si 相由粗大的树枝状转变为多边形或者细小的块状,而共晶 Mg_2Si 相变为细小的纤维状。初生 Mg_2Si 相的大小随着 Sr 含量的增加先明显地减小,随后又增大,最佳的 Sr 加入量为 0.5%(质量分数),过量 Sr 会与 Si 和 Mg 形成 SrMgSi 相,严重降低合金的力学性能[11],即 Sr 元素存在过变质现象。

　　稀土元素对 Mg_2Si 相的形貌和大小有着显著的影响。杜军的研究[13]发现,加入 0.4% Ce(质量分数)就会对初生 Mg_2Si 相产生变质细化作用,Mg_2Si 的形态由树枝状转变为非规则外形的颗粒,一直到加入 2.0% Ce(质量分数),这种细化效果仍然存在。钕(Nd)也对初生 Mg_2Si 相有变质细化作用,但是存在过变质现象,最佳的加入量为 1.0% Ce(质量分数)[14]。Wang 等[15,16]发现 0.5%(质量分数)的镧(La)元素可以显著细化过共晶 Mg-5Si 合金中的初生 Mg_2Si 相,由树枝状的形貌改变为多边形,但是当 La 含量增加到 0.8%(质量分数)或者更高时,初生 Mg_2Si 相又会变为树枝状形貌,尺寸也随着增大,即 La 也存在过变质的现象。Jiang 的研究[17]发现,钇(Y)元素对初生 Mg_2Si 和共晶 Mg_2Si 的形貌和大小都有变质和细化作用,并且其效果与 Y 的加入量有关。当合金中 Y 的含量为 $0.1\%\sim0.4\%$(质量分数)时,初生 Mg_2Si 和共晶 Mg_2Si 的形貌和大小都没有变化;当 Y 含量增加到 0.8%(质量分数)时,初生 Mg_2Si 相显著减小,同时共晶 Mg_2Si 也由汉字形变为细小的纤维状。当 Y 含量继续增加到 1.2%(质量分数)时,初生 Mg_2Si 又变粗大且尺寸甚至比原始的还要大,但是共晶 Mg_2Si 的形貌仍然保持细小的纤维状,如图 20.4 所示。

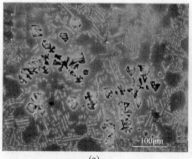 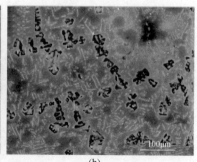

(a)　　　　　　　　　　　　　　　　(b)

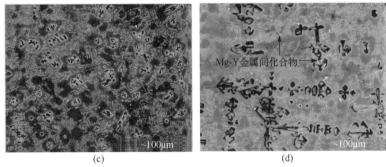

图 20.4　Mg-5Si-xY 合金的微观组织

(a) 0.1Y;(b) 0.4Y;(c) 0.8Y;(d) 1.2Y

　　Guo 等的研究[10]发现,添加 0.5%(质量分数)的铋(Bi)可以细化初生 Mg_2Si 相,使其由粗大的树枝状转变为多边形,尺寸也可以细化到 $30\mu m$,但是对共晶 Mg_2Si 却没有影响。当添加过量的 Bi 时,如 0.8%(质量分数),会导致初生 Mg_2Si 的形貌又变为树枝状,大小也粗化,即 Bi 的这种变质细化作用存在过变质现象。

　　Chen 等[18]研究了钡(Ba)和 Sb 联合合金化对 Mg_2Si 相的影响。结果表明:Ba 和 Sb 都可以有效地改变初生 Mg_2Si 相的形貌并细化 Mg_2Si 相,而且不存在过变质的问题[18]。经过细化处理,初生 Mg_2Si 相由树枝状转变为多边形[18]。在 Ba 含量保持在 1.0%(质量分数)时,随着 Sb 含量的增加,初生 Mg_2Si 相的尺寸减小,而且两种元素共同加入的细化效果比其中任何一种的效果都好[18]。

　　Wang 等[19]报道了 KBF_4 对过共晶 Mg-5Si 合金中初生 Mg_2Si 相形貌的影响。研究发现,随着 KBF_4 加入量的增加,树枝状的 Mg_2Si 逐渐变为八面体形状,并且不存在过变质的现象。

　　另外,适量 Zn 元素的加入也会起到变质细化的作用[5]。0.5%(质量分数)的 Zn 元素就可以显著地将层状分布的共晶 Mg_2Si 相变为细小的纤维状,如图 20.5(a)所示,但是过量的 Zn 反而使共晶 Mg_2Si 相转变为汉字形。

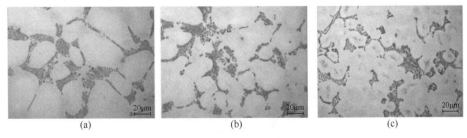

图 20.5　Mg-0.6Si-xZn 合金的微观组织[5]

(a) 0.2Zn;(b) 1.3Zn;(c) 1.5Zn

熔体外施加物理场也对 Mg₂Si 相的形貌和大小有一定的作用。Moussa 等[20]研究发现:在凝固过程中施加高强超声后,树枝状初生 Mg₂Si 相变成多边形块状,而且尺寸也显著变小,并且随着施加温度升高和振幅增加,Mg₂Si 相的尺寸减小[20]。Du 等[21-23]发现对 Mg-Si 合金液施加交流电也可以有效地减小初生 Mg₂Si 相的大小,而且 Mg₂Si 相大小与施加交流电时熔体的温度有密切的关系。相对于 Ca 和 Sr 碱土金属元素对 Mg₂Si 的细化作用,施加电流的细化作用更加明显,但是在施加电流的同时添加 Ca 和 Sr 元素不会进一步减小 Mg₂Si 的大小[23]。

挤压塑性变形可以很好地细化基体组织,而且可以在变形过程中使第二相进行再分布。因此适当选择挤压变形工艺可以很好地改善合金的微观组织,提高合金的力学性能,包括强度和塑性。

图 20.6 是几种含 Zn 的 Mg-Si 合金变形后的微观组织(挤压方向)。相比较 Mg-Si 合金的铸态组织(图 20.1 和图 20.5),挤压变形后的 Mg-Si 合金的基体晶粒尺寸明显减小[图 20.6(a)、(b)]。同时分布其中的 Mg₂Si 相沿着挤压方向再分布,铸态时的层状分布特征完全消失,Mg₂Si 相的尺寸也明显变小。加入不同量的 Zn 元素,基体的晶粒尺寸随着 Zn 含量的变化逐渐变小,而且 Mg₂Si 相也有变小的趋势,但是依然沿着挤压方向排列。尽管挤压变形工艺可以很好地细化基体晶粒和第二相,但是由于变形过程对基体有一定的要求,因此对于那些 Si 含量较高的合金体系,变形工艺就存在一定的局限性,也因此很难将变形工艺应用于过共晶 Mg-Si 合金,来细化过共晶 Mg₂Si 相。

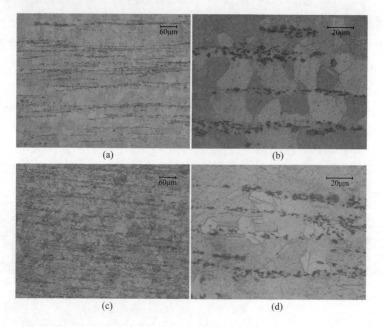

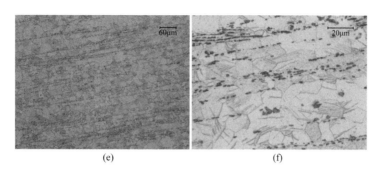

图 20.6　挤压变形态 Mg-Si-xZn 合金的微观组织

(a)、(b) Mg-0.6Si；(c)、(d) Mg-0.6Si-0.5Zn；(e)、(f) Mg-0.6Si-1.3Zn

20.1.3　力学性能

Mg-Si 合金的力学性能很大程度上取决于合金中 Mg_2Si 的形貌。粗大的树枝状初生 Mg_2Si 和针状的共晶 Mg_2Si 都能够使合金的力学性能下降,因此,所有能够改善 Mg_2Si 形貌和减少其尺寸的方法都会提高合金的力学性能,特别是合金的塑性。具有初生 Mg_2Si 相的 Mg-Si 合金,其主要特点是块状 Mg_2Si 相硬度大和具有良好的高温稳定性,因此其耐磨和耐高温性能较基体镁有很大的提高,所有这类合金更多地应用于高温和摩擦磨损环境下。作为生物材料应用的镁合金,一般不需要高温性能。镁合金的整体耐磨性能也比较低,因此更多的是希望获得高强度、高塑性和耐腐蚀的镁合金。从这一点出发,亚共晶的 Mg-Si 合金更适合生物材料的应用。

Gu 等[24]仔细地研究了几种 Mg 基二元合金的铸态和变形态的力学性能,合金元素含量都控制在 1%(质量分数),如图 20.7 所示。铸态时,Si 的加入显著提高了合金的屈服强度和抗拉强度,Mg-1Si 是所研究的二元合金中强度最高的,同时其延伸率达到 15%左右,处于所研究合金的中等水平。可见,Si 是一个非常有效的合金化元素。经过变形处理后,Mg-Si 合金的强度较铸态时有很大的提高,但是与其他变形合金相比较,强度只能是中等水平,与此同时,变形后合金的延伸率显著下降,只有不到 4%的水平。

Chen 等[18]通过 Ba 和 Sb 双重合金化处理,改变了初生 Mg_2Si 的形貌和大小,并对处理前后合金的拉伸性能进行了检测。无论单一 Ba 元素合金化,还是 Ba 和 Sb 复合合金化,都可以显著地提高合金的抗拉强度和延伸率。但是单一 Ba 合金化与 Ba/Sb 联合合金化后合金的抗拉强度与延伸率变化不大。Sr 的加入也可以改变 Mg_2Si 相的形貌和减小尺寸,从而明显地提高合金的力学性能,但是过量 Sr 的加入会形成 SrMgSi 相,严重降低合金的力学性能[11]。Zn 的加入也可以显著地

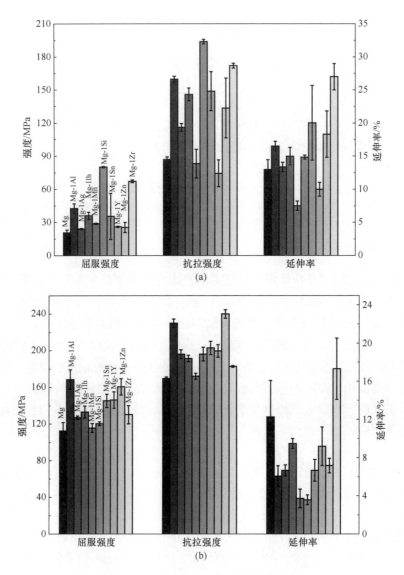

图 20.7　几种二元 Mg 合金的力学性能[24]

(a) 铸态；(b) 变形态

提高 Mg-Si 合金的拉伸强度和塑性,但是对合金的拉伸屈服强度影响不大。另外,过量加入 Zn 反而导致强度与塑性同时下降,如图 20.8 所示。

塑性变形工艺不仅可以改变 Mg_2Si 相的大小和分布,而且可以减小基体合金的晶粒尺寸,将铸态时的粗大树枝晶转变为细小的等轴晶。正是这种对合金微观组织的巨大改变,带来了合金力学性能的变化。

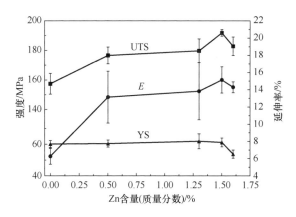

图 20.8　Mg-0.6Si-xZn 合金拉伸性能随 Zn 含量的变化[5]

UTS:抗拉强度;E:延伸率;YS:屈服强度

　　图 20.9 是这几种合金强度和延伸率随 Zn 含量的变化。首先,Mg-0.6Si 合金经过塑性变形,其抗拉强度由铸态时的不到 160MPa,增加到 225MPa;延伸率更是由铸态时的 6% 达到 31%,发生非常显著的提高。

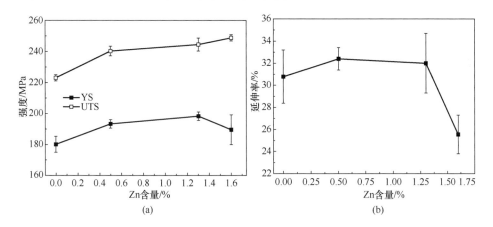

图 20.9　挤压态 Mg-0.6Si-xZn 合金的力学性能随 Zn 含量的变化[25]

(a) 拉伸强度;(b) 延伸率

　　添加 Zn 元素显著提高合金的拉伸强度,但是在高 Zn 含量时塑性有所下降。当加入 0.5%(质量分数)的 Zn,屈服强度和抗拉强度都明显提高,延伸率有小幅升高。继续增加 Zn 含量到 1.3%(质量分数),强度略有增加,但是延伸率却开始下降。1.5%Zn(质量分数)时,屈服强度开始下降,延伸率更有大幅降低。

20.1.4 降解行为

有关 Mg-Si 合金在生物环境下的腐蚀降解性能的研究非常有限。Gu 等[24]对一系列 Mg 基二元合金在 SBF 和 Hank's 溶液中的腐蚀性能进行了详细研究。铸态时,Mg-1Si 在 SBF 和 Hank's 溶液中的氢气释放体积都非常大,高于纯镁和除 Mg-Y 合金以外的其他所研究的二元合金。说明 Si 的加入降低了铸态合金的耐蚀性能。经过变形处理,Mg-1Si 合金的氢气释放体积较铸态合金有明显下降,比变形后纯镁具有更好的耐蚀性能,但是仍然是几种合金中氢气释放最多的合金之一,仅比 Mg-1Al 合金好。长达 30 天的浸泡实验也反映出同样的变化趋势:Si 的加入很大程度上对镁的耐蚀性能没有作用,或者降低了合金的耐蚀性能。

在对亚共晶 Mg-0.6Si 以及含 Ca 和 Zn 的 Mg-Si 合金耐蚀性能研究中发现[26],Mg-0.6Si 合金在 Hank's 溶液中腐蚀速率为 0.38mg/(cm² • d),如图 20.10 和表 20.1 所示。由于没有同时进行纯镁和其他合金的对比实验,因此,很难判断 Mg-Si 合金的耐蚀性能是否降低。仅从电化学腐蚀数据来看,与文献报道的纯镁耐蚀性能相比,Mg-0.6Si 合金的耐蚀性能没有明显的降低或提高,基本都处在一个数量级上,腐蚀电流密度在 $10^{-6} \sim 10^{-5} A/cm^2$ 范围内。但是从几种亚共晶 Mg-Si 合金的电化学腐蚀数据来看,通过后续的变质处理,可以在一定程度上改善 Mg-Si 合金的耐蚀性能。Ca 元素和 Zn 元素都可以改善 Mg-Si 合金的耐蚀性能[26]。Ca 元素和 Zn 元素不仅改善了合金中 Mg_2Si 相的形貌,而且在合金中形成了新相,分别为 CaMgSi 和 MgZn 相。这些新相的形成有可能改变合金的中电化学腐蚀行为。另外,Zn 元素会有部分固溶于基体中,从而提高基体的电极电位,也可能减少合金相与基体间的电极电位差,从而减少电化学腐蚀趋势。

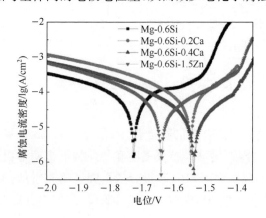

图 20.10 几种亚共晶 Mg-Si 合金的电化学曲线[26]

表 20.1　几种亚共晶 Mg-Si 合金的电化学腐蚀数据[26]

合金	腐蚀电位/V	腐蚀电流密度/($\mu A/cm^2$)	腐蚀电阻/Ω	腐蚀速率/[$mg/(cm^2 \cdot d)$]
Mg-0.6Si	−1.727	30.6	711	0.38
Mg-0.6Si-0.2Ca	−1.547	36.3	606	0.39
Mg-0.6Si-0.4Ca	−1.536	14.3	1518	0.15
Mg-0.6Si-1.5Zn	−1.630	12.6	1583	0.14

变形处理显著地细化了基体,提高了合金的强度,改善了合金的延伸率,但是同时也在合金中增加了很多晶界,可能会促进晶界腐蚀。图 20.11 是几种变形 Mg-0.6Si-xZn 合金的电化学极化曲线,以及腐蚀电位随 Zn 含量的变化。从图 20.11 所示的极化曲线可以看出,Zn 加入后,对腐蚀电流密度的影响比较小,不同 Zn 含量的合金腐蚀电流密度集中在 $36\sim85$ $\mu A/cm^2$,但是随着 Zn 含量的增加,腐蚀电位略有增加。对比变形前后电化学腐蚀数据可以看出,变形处理对 Mg-Si 合金的耐蚀性能提高非常有限。对于 Mg-Si-Zn 合金,变形处理在一定程度上降低了合金的耐蚀性能。这一现象可能与变形之后组织细化,产生大量晶界相关。

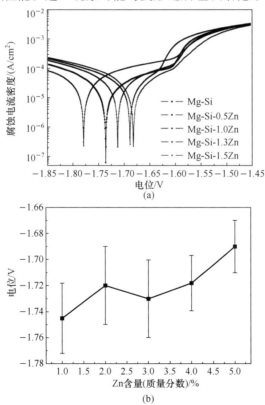

图 20.11　挤压态 Mg-0.6Si-xZn 合金的电化学腐蚀特性随 Zn 含量的变化[25]

(a) 塔菲尔曲线;(b) 腐蚀电位

Sirinivasan 等[7]的研究发现,Si 加入 AZ91 合金中,可以提高 AZ91 的抗腐蚀性能,而且经过 Sb 细化 AZ91+Si 合金后,耐蚀性能进一步提高。

Ben-Hamu 等[27]的研究却发现,Si 加入 Mg-Zn-Mn 后耐蚀性能的变化与 Si 含量有关。当只加入 0.5%Si(质量分数)时,合金的耐蚀性能显著下降。Si 含量增加到 1.0%(质量分数),甚至 10.0%(质量分数)时[28],合金的耐蚀性能又提高,如图 20.12 所示,达到与 Mg-Zn-Mn 基体相当的耐蚀性能[27]。分析认为,这种耐蚀性能的变化与合金中 Mg_2Si 的形貌相关。多边形的 Mg_2Si 相比汉字形的 Mg_2Si 更有利于提高合金的耐蚀性能[27]。需要指出的是,当 Si 加入到 Mg-Zn-Mn 合金中时,Si 与合金的 Mn 相形成了新的第二相 Mn_5Si_3,这些相的形成使得合金的腐蚀变得更加复杂,因此其背后的真正原因就十分复杂。另外,这些研究所采用的腐蚀体系都是 3.5%NaCl,并非模拟体液。

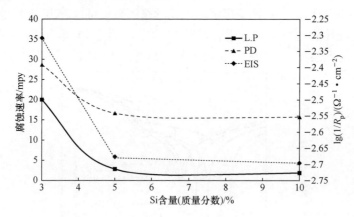

图 20.12　几种方法检测获得的 Mg-Zn-Mn-xSi-0.4Ca 合金在 3.5%NaCl 中的腐蚀速率[28]
L.P.:线性极化;PD:动电位方法;EIS:电化学阻抗谱法(electrochemical impedance spectroscopy)

20.1.5　细胞毒性与血液相容性

针对 Mg-Si 合金进行有关细胞毒性的文献报道比较少。Gu 等[24]同样对比研究了多种二元镁合金的细胞毒性,选择了 5 种有代表性的细胞,分别是 L-929、NIH3T3、MC3T3-E1、ECV304 和 VSMC,结果如图 20.13 所示。对于这 5 种细胞,Mg-Si 合金都表现出很好的细胞活性,无论培养 2 天还是 7 天,细胞毒性都保持在 0~1 级水平。根据医疗器械对细胞相容性的要求,0~1 级毒性视为合格。

在对血液相容性的研究中发现,Mg-1Si 合金的溶血率小于 5%,表现出良好的抗溶血性能,如图 20.14 所示。相对比,纯镁、Mg-Al、Mg-Zn 和 Mg-Zr 等合金的溶血率却远远高于 5%的要求。Mg-1Si 合金同样表现出来良好的抗血小板黏附特性,如图 20.15 所示。其表面黏附的血小板数量与 Mg-1Mn 合金相当,远远低于其他几种二元合金系。

　　Si 元素本身可以防止内膜增厚和动脉弹性纤维断裂、增加内皮分泌肝素蛋白多糖,也可以降低血管平滑肌细胞的形貌转变、迁移和增值及减少内皮增生、抗动脉粥样硬化等生理功效,而 Mg-1Si 又表现出良好的细胞相容性、抗溶血和凝血特性,因此,以 Mg-1Si 二元体系可望发展可降解的镁合金血管支架材料。

　　但需要指出的是,Mg-1Si 合金的这种良好的细胞毒性和血液相容性是否与合金的 Si 含量相关,或者说 Si 含量的变化是否会导致细胞毒性和溶血等问题,需要更进一步的深入研究。

　　从上面的实验结果综合来看,作为一种医用可降解材料,Mg-Si 合金具有一定的优势和特点,以亚共晶 Mg-Si 最为适宜。另外,Mg_2Si 相的形貌不仅影响合金的力学性能,也影响合金的耐蚀性能,所以选择合金的变质元素是关键。

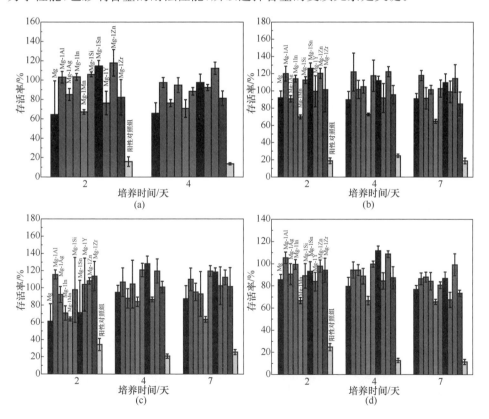

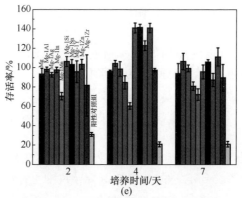

图 20.13　几种二元镁合金细胞毒性[24]

(a) L-929;(b) NIH3T3;(c) MC3T3-E1;(d) ECV304;(e) VSMC

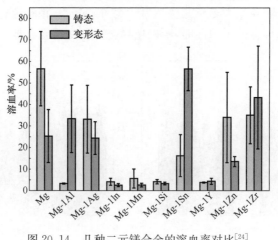

图 20.14　几种二元镁合金的溶血率对比[24]

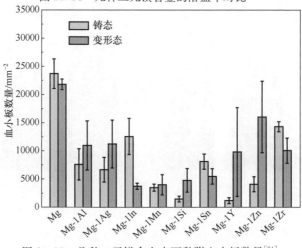

图 20.15　几种二元镁合金表面黏附血小板数量[24]

20.2　Mg-Mn 体系

20.2.1　Mn 的作用

Mn 元素也是镁合金的一种微量合金化元素，对镁合金的力学性能贡献不大，但可以与镁合金中的 Fe 以及其他重金属元素形成化合物。这种化合物有些可以在熔炼过程中排出熔体外，也有的对镁合金的性能没有危害，因此可以提高包括 Mg-Al、Mg-Al-Zn 在内的镁合金的耐腐蚀性能。Mn 本身在镁合金中固溶度非常低，因此在镁合金中可以加入的量也是十分有限的。商业镁合金中 Mn 含量很少有超过 1.5%（质量分数）的。

锰是人体必需的微量元素，在大分子代谢中具有广泛作用，参与免疫反应、血糖稳态、三磷酸（ATP）调节、生殖、消化和骨骼生长[29]。锰还是许多金属蛋白酶的重要成分，如锰超氧化物歧化酶、抗精氨酸酶、磷酸烯醇丙酮酸和谷氨酸合成酶[29]。锰参与神经元功能和神经递质释放。锰还能通过钙通道进入人神经元末端。有报道指出，缺锰饮食导致大鼠癫痫发作，影响神经元的功能[29]。锰缺失尽管比较少见，但是可以引起发育缺陷，包括骨骼畸形、大分子代谢改变和生育能力下降。锰的安全摄入量为 2～5mg/d。锰主要通过胆管系统排出体外。锰过量也存在一定的危害，会导致多种神经毒性症状，此外，运动异常、帕金森疾病都与锰过量有关联[29]。

20.2.2　组织调控

Mg-Mn 二元合金是一个偏晶合金体系，在固态时，Mn 在镁中的固溶度非常小，只有不到 0.04%（原子分数）。因此，Mg-Mn 合金铸态时更多是 Mn 元素以单质 Mn 存在于基体镁中。由于 Mn 元素具有与合金中的 Fe 和 Ni 等重金属结合的特点，可以减轻这些重金属对镁合金抗腐蚀性能的危害，因此，Mn 更多是用来提高镁合金的耐蚀性能。美国 ASM 标准中专门介绍了 Mg-Mn 合金，合金牌号为 M1A，含有 1.2%Mn（质量分数），是一种锻造和变形镁合金。其主要的性能就是良好的耐蚀性能。当合金中含有一定量的 Al 元素时，Mn 元素会与 Al 元素形成 $MnAl$、$MnAl_4$ 或者 $MnAl_6$ 化合物。

图 20.16 是 Mg-Mn 二元合金铸态时的微观组织随 Mn 含量的变化。纯镁铸态时晶粒比较粗大，当加入 0.5%（质量分数）的 Mn 后，合金的晶粒有所细化。随着 Mn 含量的继续增加，晶粒尺寸一直在减小，直到 1.5%（质量分数）时，晶粒尺寸大约为 250 µm，大约只有初始纯镁晶粒的 1/5。上述结果表明，Mn 元素对纯镁具有一定的细化作用。

Mn 元素不与 Mg 元素形成化合物,因此在高纯度时,Mn 以细小的单质 Mn 存在,如图 20.17 所示。当合金中存在微量元素,如 Fe、Al、Ni 等元素时,Mn 就会与这些元素形成金属间化合物,或者在熔体静置时沉淀于坩埚底部,即使残留在合金中,也会以细小的颗粒相存在,减小了 Fe 和 Ni 等合金元素对镁合金性能的破坏作用。

由于 Mn 元素不具备强化作用,因此,在制备高强度和耐蚀性能的镁合金时,Mn 元素更多作为一种微量化元素,起到提高耐蚀性能的作用。通过其他高合金化元素来提高合金的强度。Zn 元素是一种镁合金强化元素。因此,采用 Zn 来提高 Mg-Mn 合金性能是一种非常好的选择。美国 ASM 标准有一个牌号为 ZM21 的合金,含有大约 2.0%Zn 和 0.5%Mn(质量分数)元素。该合金是一种锻造和变形合金,可以提供中等强度和好的成型性能。Zn 加入 Mg-Mn 合金中,首先细化了合金的晶粒。Zn 在镁合金中具有非常大的固溶度,大约是 6%(质量分数),因此加入 2.0%(质量分数)的 Zn 不会在合金中形成化合物,即使有,形成的数量也是很小的,更多的 Zn 固溶于基体合金中,起到固溶强化的作用。

Mn 和 Zn 的加入都细化了镁合金的铸态晶粒尺寸,因此,Mg-Mn 和 Mg-Mn-Zn 合金仍然表现出很好的变形能力。经过变形处理,合金的晶粒尺寸进一步变小细化,如图 20.18 所示。Zn 的加入使得 Mg-Mn 合金的晶粒尺寸更进一步细化,而且再结晶更加完整。由于合金中只有很少的第二相存在,因此,变形后合金微观组织在变形横纵方向上的组织差异比较小,都呈现出再结晶等轴晶组织特征。这一方面可以提供高的性能;另一方面,合金在横纵方向上的力学性能差异也将缩小。

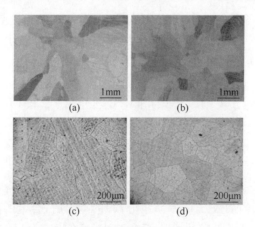

图 20.16　Mg-Mn 合金铸态微观组织[30]

(a) Mg;(b) Mg-0.5Mn;(c) Mg-1Mn;(d) Mg-1.5Mn

图 20.17　Mg-Mn 合金中单质 Mn 以细小的颗粒存在于基体中[30]

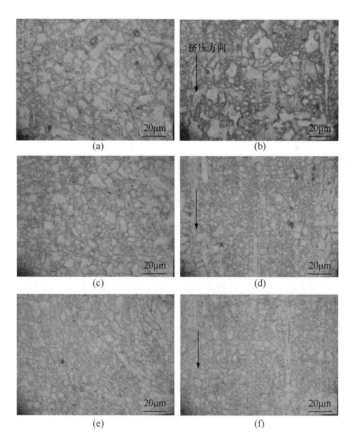

图 20.18　几种变形态镁合金的微观组织

(a)和(b) Mg-1Mn；(c)和(d) Mg-1Zn-1Mn；(e)和(f) Mg-1Zn-1Mn

20.2.3　力学性能

纯镁作为生物可降解材料应用的最大问题可能是其力学性能太低,无法承载。因此,提高镁合金的强度是发展可降解镁的主要任务之一。塑性变形是一种非常有效的方法,在不增加任何金属元素的前提下,通过细化镁合金的晶粒尺寸,就可以提高镁合金的力学性能。但是经过变形后,镁合金的力学性能仍然比较低,因此,进行低含量的合金化处理就成为提高强度的有效措施。Mn 加入 Mg 中,不与 Mg 形成化合物,也不在 Mg 中产生大的固溶,因此,Mn 元素既没有弥散强化的效果,也没有固溶强化的效果。所以 Mn 对镁的强化效果更多来自于细化基体镁造成的强化。从这一点来看,Mn 对提高镁的强度作用十分有限。图 20.19 是 Mg-Mn 二元合金拉伸强度随 Mn 含量的变化。由图可见,Mn 加入后,合金的屈服强度和抗拉强度都有一定的提高,并且随着 Mn 含量的增加,强度一直在增加,到 1.5%(质量分数)时,合金的强度达到 100MPa,约为纯镁的 1.6 倍。与此同时,合金的延伸率却随着 Mn 含量的增加不断下降,如图 20.20 所示,到 1.5%(质量分数)时,延伸率下降到 6%,下降了 1.2%。因此,铸态时 Mn 最佳的加入量应该控制在 1.0%(质量分数)左右。

在 Gu 等[24]几种二元 Mg 合金的研究中,1%Mn(质量分数)只是略微提高铸镁的屈服强度,但是降低了抗拉强度和延伸率(图 20.7)。即使是挤压态合金,Mn 的加入也没有提高镁的强度,却降低了合金的延伸率。

尹冬松的研究结果[30]表明,变形处理有效地减小合金的晶粒尺寸,提高合金的力学性能。经过变形处理后,Mg-1.0Mn 的屈服强度提高到 206MPa,是铸态时的约 8 倍;抗拉强度提高到 260MPa,是铸态时的 2.8 倍;延伸率提高到了 18.7%。见表 20.2。从力学性能的对比可以看出,变形处理细化了基体合金,提高了合金的强度,特别是屈服强度,同时也提高了合金的塑性。

合金化是提高 Mg-Mn 合金力学性能的有效途径。Zn 元素是镁合金的主要合金化元素,在镁中有很高的固溶度。因此,通过 Zn 合金化可以提高 Mg-Mn 合金的力学性能。尹冬松的研究[30]表明,加入 1%Zn(质量分数)有效地细化了合金的晶粒尺寸,提高了合金的力学性能。抗拉强度提高到了 174.5MPa,是 Mg-Mn 合金的两倍;延伸率提高到 12.1%,是原来的两倍。变形处理又进一步提高了 Mg-Mn-Zn 的力学性能。抗拉强度提高到 280MPa,延伸率提高到 21.8%。继续增加 Zn 含量达到 2%(质量分数),尽管合金的力学性能继续升高,但是升高的幅度已经非常有限,见表 20.2。

Jian 等[31]在 Mg-1.5Mn 合金中加入 0.5%Ce(质量分数),并进行等径角变形(ECAP),将合金的晶粒尺寸细化到 1.2μm,合金的抗拉强度达到 256.37MPa,延伸率 17.69%,较铸态的合金强度和塑性都大大提高。但是其耐蚀性能却没有报道。Yang 等[32]采用大变形挤压工艺,将 Mg-1.5Mn-0.5Ce 的抗拉强度提高到

286~291MPa,同时延伸率达到 20.7%~27.9%,表现出良好的高强高韧性能。其耐蚀性能也没有报道。

郑晓华等[33]的研究结果表明,增加适量的 Y 元素到 Mg-1.0Mn 合金中可以提高合金的耐蚀性能,但是过量的 Y 加入将会降低合金的耐蚀性能。

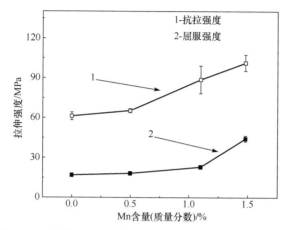

图 20.19 铸态 Mg-Mn 合金拉伸强度随 Mn 含量的变化[30]

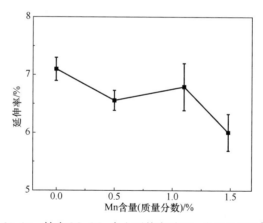

图 20.20 铸态 Mg-Mn 合金延伸率随 Mn 含量的变化[30]

表 20.2 Mg-Mn 和 Mg-Mn-Zn 合金的力学性能[30]

合金	状态	抗拉强度/MPa	拉伸屈服强度/MPa	延伸率/%
Mg-1Mn	铸态	89.2 ±7.6	23.0 ±4.3	6.7 ±1.0
Mg-1Mn-1Zn	铸态	174.5 ±1.5	43.6 ±5.4	12.1 ±1.1
Mg-1Mn-2Zn	铸态	182.4 ±6.8	58.6 ±5.7	11.0 ±1.0
Mg-1Mn	挤压态	206.2 ±14.6	260.8 ±2.3	18.7 ±8.7
Mg-1Mn-1Zn	挤压态	246.5 ±4.5	280.8 ±0.9	21.8 ±0.6
Mg-2Mn-1Zn	挤压态	248.8 ±0.8	283.8 ±1.0	20.9 ±0.7

20.2.4　降解行为

对于镁合金,Mn元素一直以来都是一种提高耐蚀性能的合金化元素。特别是在工业合金的设计和制备中,受原材料的纯度影响,很难避免有微量的重金属元素,如Fe和Ni等对镁合金耐蚀性能具有危害性的元素。Mn元素的加入可以很好地减轻或者消除这些元素带来的危害,提高合金的耐蚀性能。而对于生物医用镁合金的设计,由于不考虑成本,可以使用高纯度的镁作为原材料,因此,Mn的作用就有可能降低。已有的研究结果表明,Mn的加入仍然小幅度地提高镁合金的耐蚀性能。图20.21是几种铸态Mg-Mn合金电化学腐蚀电位和点式电位的随Mn含量的变化。Mn的加入都小幅度提高了腐蚀电位。但是Mn对Mg-Mn合金的腐蚀电阻几乎没有提高,当Mn含量达到1.5%(质量分数)时,腐蚀电阻反而有所下降。通过腐蚀电流密度计算的腐蚀速率,也反映出同样的变化趋势,如图20.21(b)所示。Mn含量在1.0%(质量分数)及以下时,Mg-Mn合金相对于纯镁腐蚀速率几乎没有明显的变化,但是在1.5%(质量分数)时,腐蚀速率却出现明显的增加。

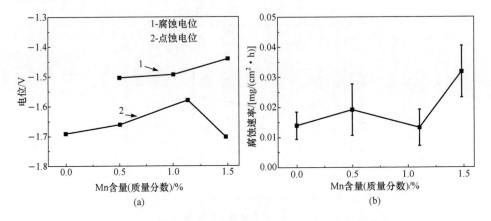

图 20.21　铸态Mg-Mn合金电化学特性随Mn含量的变化
(a) 点蚀电位和自腐蚀电位;(b) 腐蚀速率[30]

Gu等[24]对比分析几种二元镁合金耐蚀性能的结果表明,铸态时,Mg-1.0Mn的耐蚀性能比纯镁的略好,但是挤压态的Mg-1.0Mn表现出非常好的耐蚀性能,较纯镁有很大提高。Mn元素对镁合金耐蚀性能的提高是所有合金化元素中贡献最大的。但是,不同的溶液和检测腐蚀性能的方法不同,获得结果也会截然不同。

电化学检测的腐蚀性能只能从腐蚀电流密度推算出,反映的耐蚀性能并不全面。浸泡法实验的时间长,可以较为全面地评价镁合金的腐蚀性能。Mg-Mn合金在模拟体液浸泡过程中重量与表面形貌的分析如图 20.22 所示。Mg-Mn 合金浸泡于模拟体液中,首先将与模拟体液进行表面的化学反应,形成表面反应层,造成重量的增加。随着时间延长,这一反应层并不消失,而是继续增厚。对表面反应层的 EDS 分析,并没有 Mn 元素存在或者说 Mn 元素的含量非常低,因此,Mg-Mn 合金中的 Mn 并没有在反应层体现,也就无法改变 Mg-Mn 合金与纯镁在模拟体液中的腐蚀行为。

将 Mg-Mn 合金表面形成的反应层去掉后,发现 Mg-Mn 合金的重量是随着时间降低的,也就是说,Mg-Mn 合金在浸泡的过程中一直与液体发生反应。但是随着时间的延长,这种反应速率是逐渐降低的。例如,实验结果表明[30],经过 50h,合金的腐蚀速率基本保持不变,约为开始时的 1/6,如图 20.23 所示。长期浸泡测试的腐蚀速率结果表明,纯镁和几种 Mg-Mn 合金的腐蚀速率基本上没有差异。

图 20.22　Mg-Mn 合金在模拟体液中浸泡重量和表面形貌的变化[24]

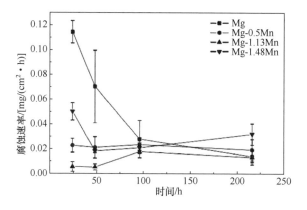

图 20.23　Mg-Mn 合金浸泡时腐蚀速率随时间的变化[30]

从上面的实验结果来看,Mn 元素对镁合金耐蚀性能的影响与合金的加工状态有密切关系。加工状态改变了合金的微观组织和 Mn 相的分布。变形处理细化了基体的组织,也使得镁合金中的第二相重新再分布。Mn 不与镁形成第二相,变形处理可以使 Mn 相分布更加均匀,因此腐蚀更多趋向于均匀腐蚀。可能这也是挤压态 Mg-Mn 合金表现出更好耐蚀性能的原因。

适量添加 Zn 元素在提高合金力学性能的同时,也能适当地提高合金的耐蚀性能。Zn 含量在 1%～2%(质量分数)时,对 Mg-Mn 合金耐蚀性能的贡献最大,继续增加 Zn 含量,合金的耐蚀性能就会下降,如图 20.24 所示。Zn 加入量大时,就会有 MgZn 相形成。第二相的形成就容易与基体镁形成原电池反应,降低合金的耐蚀性能。经过变形处理,Zn 对 Mg-Mn 合金耐蚀性能的影响规律仍然与铸态时一致,1%～2%Zn(质量分数)提供了最好的耐蚀性能,更多的 Zn 将会降低合金的耐蚀性能。

对于变形态镁合金另外一个关注点就是,变形后合金的组织呈现出一定的各向异性:横向组织与纵向组织的差异。这种组织的差异是否会引起合金腐蚀性能的各向异性? 在对变形 Mg-Mn-Zn 合金横纵向腐蚀性能的研究发现,横纵向的腐蚀速率变化趋势是一致的,尽管存在一些差异,但是横纵向的差异不显著,如图 20.25所示。Zn 元素的加入并没有改变 Mg-Mn 合金腐蚀速率随时间的变化趋势,仍然是开始的腐蚀速率比较快,随着浸泡时间的延长,腐蚀速率急速下降,到浸泡 7 天时,腐蚀速率只有开始的 1/6。这表明 Zn 元素的加入没有改变镁合金与溶液反应形成保护层。但是简单地从速率变化趋势,还很难看出 Zn 的加入是否增加了保护层的保护作用。

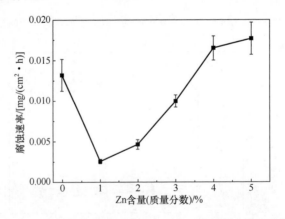

图20.24　Zn 对铸态 Mg-Mn-xZn 合金腐蚀速率的影响[30]

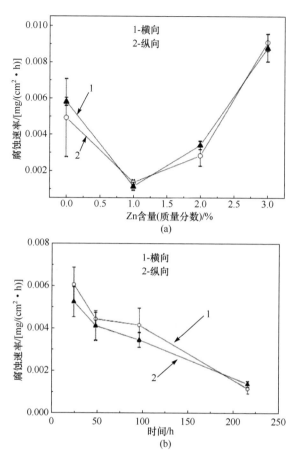

图 20.25　变形态 Mg-Mn-Zn 合金的腐蚀速率随不同参数的变化
(a) Zn 含量；(b) 时间

20.2.5　细胞毒性与血液相容性

对 Mg-1Mn 细胞毒性评价的实验结果表明,5 种细胞与 Mg-Mn 合金浸提液培养 1 天到 7 天的时间,细胞的存活率都小于 75%,如图 20.13 所示,其毒性为 2 级。作为一种可降解镁合金植入材料,细胞毒性 2 级就无法满足相容性要求,需要后续的改进。

在对 Mg-Mn 合金血液相容性的研究中,Mg-Mn 合金也表现出非常好的抗溶血性,溶血率低于 5%。Mg-Mn 合金表面的血小板黏附数量也越低于纯镁和其他几种二元镁合金,表现出很好的抗血小板黏附性能,如图 20.14 和图 20.15 所示。

20.2.6　在体动物实验

镁合金的体内降解与体外降解存在巨大的差别。模拟体液尽管从无机成分上达到对体液的模拟，但是体液中的有机成分对材料腐蚀和降解也有很大的影响。其次，体内骨组织对材料的反应，也影响合金的降解。镁合金降解容易使周围的体液呈现出局部的碱性，会促使磷酸盐在其表面沉积。进一步促进骨组织的沉积。这一系列生物反应又降低镁合金的腐蚀降解速率。研究者一直尝试找出一种可行的体外实验方法来评价或者预测镁合金的体内腐蚀降解行为，但是到目前为止，还没有找到切实可行的方法。采用体内植入实验仍然是研究镁合金降解行为必不可少的途径。

就像在上述体外实验中指出的，镁合金中的 Mn 元素还没有参与到表面反应层的形成中，因此 Mn 对反应层的形成没有直接影响。但是 Mn 的加入可以减缓镁合金的降解速率。徐丽萍[34]将 Mg-Mn、Mg-Mn-Zn 以及 WE43 合金植入大鼠的股骨内，采用不同时间观察骨及植入镁合金横截面的方法，对比研究几种镁合金的体内降解速率。研究发现，包括 Mg-Mn、Mg-Mn-Zn 以及 WE43 合金在内的几种镁合金在股骨中存在降解。由于降解使得镁合金植入体的外表面呈现不规则形状。植入 9 周后就有新骨形成，随着时间的延长，更多的镁合金被降解，形成的新骨数量增加，如图 20.26 所示。通过比较不同植入时间时股骨中残留镁合金截面积的变化来表征镁合金的降解速率发现，植入 9 周后，Mg-Mn 合金降解最快，50%以上的 Mg-Mn 合金发生了降解，而 Mg-Mn-Zn 和 WE43 合金的降解速率相当，分别降解了 10%～17% 和 11%～31%。植入 18 周后，Mg-Mn 合金降解了约 65%，Mg-Mn-Zn 合金降解了约 54%；WE43 降解了约 30%。如图 20.27 所示。初步的体内植入实验说明，Mg-Mn-Zn 合金具有比 Mg-Mn 合金更为良好的抗腐蚀性能。

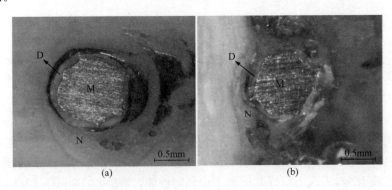

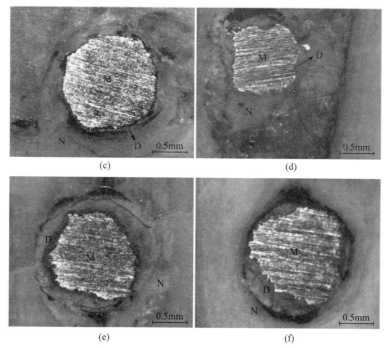

图 20.26　植入 9 周和 18 周后合金与周围骨组织横截面的光学照片[34]
(a)和(b) Mg-Mn;(c)和(d) Mg-Mn-Zn;(e)和(f) WE43;(a),(c)和(e) 植入后 9 周;
(b),(d)和(f) 植入后 18 周(M=镁合金植入体;D=降解层;N=新骨)

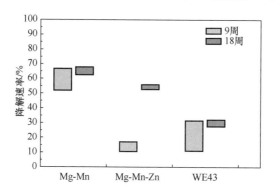

图 20.27　Mg-Mn、Mg-Mn-Zn 和 WE43 合金植入 9 周和 18 周的降解速率[34]

　　体内植入的环境不同,镁合金的腐蚀降解行为也是截然不同的。在对 Mg-Mn-Zn 合金植入大鼠股骨中的实验研究发现,植入股骨中和植入骨髓中的镁合金其腐蚀降解的速率存在很大差别。图 20.28 是 Mg-Mn-Zn 合金试样在植入 6 周后,不同截面处取样获得的横截面。由图可以看出,植入股骨不同位置的镁合金植入体的横截面积截然不同。具体而言,位于皮质骨处的合金横截面积较大,位于皮质骨/骨髓腔交界处合金的截面积略小,位于骨髓腔合金的截面积更小。比较不同位置的镁合金植入体的横截面积可知,镁合金植入体在骨髓腔内降解得最多。

在对 Mg-Mn-Zn 植入体植入后不同时间不同部位横截面的变化进行统计分析,发现镁合金体内腐蚀降解的行为其实是十分复杂的。单看一个时间一个横截面的计算无法给出镁合金正确的体内降解行为的判断。如图 20.29 所示,不同时期、不同部位镁合金的降解是不一样的,这就反映出 Mg-Mn-Zn 合金在镁合金中的降解是不均匀的。整体表现为在皮质骨中降解得比较慢,在骨髓腔中降解快。以术后 6 周为例,位于骨髓腔的那端降解了 95%,而位于皮质骨的另一端只降解了约 5%。

从这一点上推断,其他的镁合金可能存在类似的问题:降解的不均匀性和不确定性。正是这种降解的不确定性给患者带来了新的困惑:什么时间完全降解? 由此看来,即使是体内植入实验也无法给出一个满意的答复。植入环境的差异,造成腐蚀降解的差异,也给器械的设计带来新的问题。

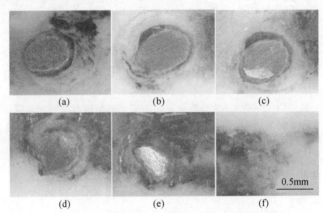

图 20.28　Mg-Mn-Zn 合金植入 6 周后不同位置的横截面形貌[34]

(a)～(c) 皮质骨;(d) 皮质骨/骨髓腔界面处;(e)～(f) 骨髓腔

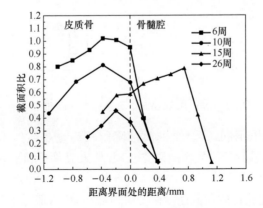

图 20.29　术后不同时间 Mg-Mn-Zn 植入体剩余横截面积与原始横截面积的比值[34]

　　对于镁合金可降解材料,人们除了关心其降解速率,最为关注的就是这些合金化元素去了哪里,是残留在植入部位,还是进入了人体的循环系统。如果残留在植入部位,就意味着残留在了新骨中,那么就需考虑是否对新骨的功能造成危害;如果进入人体的循环系统,那么就要考虑是否会对人体的生理环境造成影响。通过对 Mg-Mn、Mg-Mn-Zn 以及 WE43 合金植入后周围骨组织合金元素的分布分析来看,合金元素的不同,降解后的再分布也是截然不同的。图 20.30～图 20.32 分别是三种合金植入 18 周后周围组织的元素扫描照片。由图可见,在未降解植入体(剩余植入体)位置分布着相当数量的 Mg 元素;相对而言,只有较少量的 Mg 分布在降解层中。P 元素和 Ca 元素主要分布在降解层和周围的新生骨中。Mn 元素主要分布在剩余植入体中,少量分布在降解层和周围的新生骨中;Zn 元素则均匀分布在剩余植入体、降解层和新生骨中,表明 Zn 元素易于快速被周围的骨组织吸收;而 Nd 和 Y 则主要分布在剩余植入体和降解层中,只有极少量分布在新生骨中。这说明 Mn 元素可以被周围的新骨吸收,Zn 元素既可以进入体液也可以被骨组织吸收,而稀土元素不易被骨组织吸收。这些残留在新骨中的 Mn 和 Zn 元素,是否会对新骨造成影响,现在还难以给出结论。而没有进入新骨中的稀土元素最后又会到人体的哪里,是否参与新陈代谢,这也是一个新的问题。

　　上述几种镁合金体内降解实验的结果给我们一个新的启示,选择可降解镁合金的合金化成分,一定要考虑这些元素降解后的残留和代谢。选择那些既对镁合金的耐蚀性能和力学性能有贡献,又可以在体内新陈代谢的元素将会是一个首要的选择。

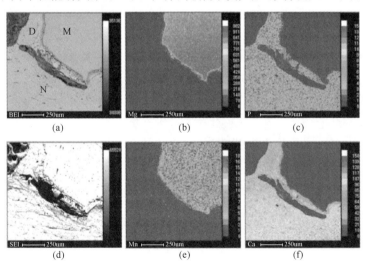

图 20.30　Mg-Mn 合金植入 18 周后界面处元素分布图[34]

(a) 背散射图;(b) Mg 元素;(c) P 元素;(d) 二次电子像;(e) Mn 元素;

(f) Ca 元素(M=Mg 合金植入体;D=降解层;N=新骨)

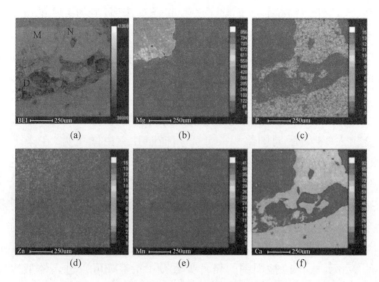

图 20.31　Mg-Mn 合金植入 18 周后界面处元素分布图[34]

(a) 背散射图;(b) Mg 元素;(c) P 元素;(d) 二次电子像;(e) Mn 元素;

(f) Ca 元素(M=Mg 合金植入体;D=降解层;N=新骨)

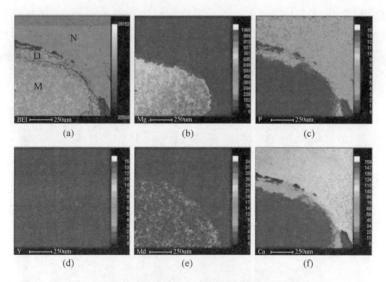

图 20.32　WE43 合金植入 18 周后界面处元素分布图[34]

(a) 背散射图;(b) Mg 元素;(c) P 元素;(d) Y 元素;(e) Nd 元素;

(f) Ca 元素(M=Mg 合金植入体;D=降解层;N=新骨)

作为可降解骨植入镁合金材料,镁合金的骨相容性是至关重要的性能。骨相容性是一个非常全面的评价,前面通过体外的细胞培养已经初步评价了几种镁合

金的细胞毒性。植入后的骨反应更能全面地反映镁合金的骨相容性。图 20.33
是 Mg-Mn-Zn 合金植入不同时期周围组织的病例分析。图中白色区域为去除剩
余植入体后留下的孔洞,黑色圆圈粗略地表示镁合金植入体的原始位置。术后 6
周,从低倍图片可见螺旋状新骨生成,如图中箭头所指。同时可见,镁合金植入体
与骨组织之间有一约 $30\mu m$ 厚的隔膜。该隔膜分为两层,靠近镁合金植入体一侧
的一层被染为淡蓝色,靠近新生骨组织的一层被染为深蓝色。从高倍图片可以观
察到,靠近新生骨的一层为成纤维细胞带,富集大量成纤维细胞,如箭头 A 所指;
靠近镁合金植入体的一层可能为滑膜层,如箭头 B 所指。术后 10 周,在植入体周
围可见更多的新生骨形成。植入体/骨界面处的隔膜依然存在。但是该隔膜的厚
度似乎与镁合金植入体的植入时间没有明显关联,仍为 $30\mu m$。术后 26 周,有更多
新生骨形成,新生骨更加成熟,与宿主骨没有明显不同。植入体/骨界面处的隔膜
仍然存在,并且与术后 6 周、10 周时无异,如图中箭头 A、B 所指。对比分析不同
时期的骨反应可以看出,Mg-Mn-Zn 合金表现出良好的骨反应。

　　对植入不同时期血液血常规检测可知,术后白细胞、红细胞及血红蛋白的检测
结果均在参考值范围内。对于血小板数量,术前和术后的检测结果均超出参考范
围,但是术前与术后相比并没有明显差异。大鼠血液生化检测结果表明,术后 6
周、21 周、26 周 ALT 值略有升高,其余生化指标未见异常。总体来说,镁合金植
入后,并没有给大鼠的肝、肾功能带来异常反应。同时,镁合金的降解也并未影响
到大鼠血清无机盐含量,特别是 Mg^{2+} 含量。这些基本数据反映出,镁合金植入
后,大鼠没有异常反应,没有明显的炎症反应。这些都预示着,作为一种可降解镁
合金植入材料,Mg-Mn-Zn 合金具有一定的发展潜力。

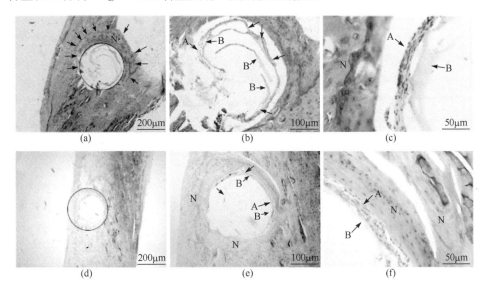

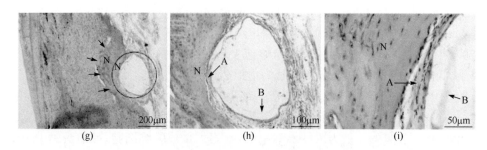

图 20.33　术后 6 周、10 周和 26 周 Mg-Mn-Zn 植入体周围骨组织的病理分析[34]

(a)～(c) 6 周；(d)～(f) 10 周；(h)～(i) 26 周（"N"表示新骨，

箭头 A 指示一层与新骨结合的膜，箭头 B 指示与镁合金植入体接触的膜）

20.3　Mg-Zr 体系

Zr 元素是镁合金中比较常用的一种合金化元素，但是更多是用来作为镁合金的一种细化剂。Zr 可以显著地细化镁合金的晶粒，达到细晶强化的作用。商业的镁合金专门有一类含有 Zr 的镁合金。Zr 与其他合金化元素一起，形成了多种商业的镁合金。Zr 与 Al 和 Mn 元素形成化合物，使得 Zr 元素的细化效果丧失，因此镁合金设计时，不能将 Zr 与 Al 和 Mn 元素一起作为合金元素加入镁合金中。Zr 在镁合金中的固溶度及其微弱，只有不到 0.4%（质量分数）。一般镁合金中的 Zr 含量不超过 1%（质量分数）。Li 等的研究发现[35]，在 Mg-5Zr 中，有单质 Zr 存在，这就是 Zr 固溶度低的原因。单独将 Mg-Zr 合金作为一个合金对象，开展的研究比较少。但是含 Zr 其他合金体系的研究十分多。

Gu 等[24] 对 Mg-Zr 合金的研究指出，铸态时 Mg-1Zr 合金表现出非常好的屈服强度、抗拉强度以及良好的延伸率。特别是铸态时的延伸率达到 27%，是所研究二元合金中最高的，表现出 Zr 元素的细化作用。即使在变形态，Mg-Zr 合金也表现出中等的强度和最好的延伸率，说明 Zr 元素在提高镁合金塑性方面的作用。氢气释放速率方面，Mg-Zr 合金的氢气释放速率远比纯镁的低，同时也低于其他几种二元镁合金。离子溶出实验也反映出同样的结果：Mg-Zr 合金表现出良好的耐蚀性能。

Zhou 等[36] 采用 Zr 元素对 Mg-1Ca 和 Mg-2Ca 合金进行合金化处理，发现 Zr 元素加入后确实细化了 Mg-1Ca 合金的微观组织，也提高了该合金的力学性能。但是对于 Mg-2Ca 合金，当 Zr 含量从 0.5% 提高到 1.0% 时，微观组织也没有得到细化，力学性能也没有得到提高。究其原因，Zr 元素的作用主要是细化基体，对 Mg-Ca 合金中形成的 Mg_2Ca 相没有细化和变质效果，无法消除 Mg_2Ca 引起的材料力学性能缺陷。

Li 等[35]研究了 Mg-Zr-Sr 体系的医用镁合金材料。也证实了 Zr 元素的细化作用,并且 Zr 含量增加,细化效果增加,但是 Sr 含量增加并没有引起晶粒细化。在对力学性能的研究中发现,Mg-5Zr 合金的压缩强度要比纯镁的高。在含 1%Zr(质量分数)的合金中,Sr 含量由 2%增加到 5%(质量分数)时压缩强度增加,但是在 Zr 含量为 2%~5%(质量分数)时,Sr 含量的增加降低了合金的压缩强度。Zr 元素和 Sr 元素只有在较低含量时会降低镁合金的耐蚀性能,在高含量时,都会导致耐蚀性能下降。Li 等的研究建议[35],Zr 和 Sr 的含量都应该控制在 5%(质量分数)以内。

在细胞毒性方面,Mg-Zr 合金也表现出良好的细胞相容性,其表面细胞的成活率高于纯镁、Mg-Mn 和 Mg-Sng 合金。但是 Mg-Zr 合金的溶血率尽管比纯镁的低,但是远远高于标准建议的 5%,达到了 30%~45%。表面黏附的血小板数量也很多,远远高于 Mg-Mn 合金,仅比纯镁的少。上述结果说明,Mg-Zr 合金的血液相容性比较差,容易造成溶血和凝血问题。镁合金中 Zr 含量过高时,就会有单质Zr 析出,会造成合金的生物相容性下降[35]。同样,Sr 含量增加也会导致细胞毒性和溶血率增加[35]。

在对几种 Mg-Zr 合金的动物植入实验中,发现[35]:Mg-5Zr、Mg-1Zr-2Sr 和 Mg-2Zr-5Sr 合金植入体周围的骨结合率和新骨密度都比空白对照组(没有植入体)显著增加,并且 Mg-1Zr-2Sr 和 Mg-2Zr-5Sr 合金植入体周围的骨结合率和新骨密度都比 Mg-5Zr 合金的显著要高。这些都表明,尽管体外细胞实验 Mg-Zr 合金和 Mg-Zr-Sr 合金表现出一定的细胞毒性,但是体内植入实验表现出良好的相容性和促进骨生长特性。

作为生物材料的设计,Zr 元素仍然将起到细化镁合金的作用,所以更多地与其他合金元素一起加入镁合金中,而且要严格控制其加入量在 1.0%(质量分数)左右。

20.4　Mg-Ag 体系

Ag 也是镁合金中的一个重要元素。以 Mg-Ag 为基础,发展了几种含 Ag 镁合金材料,如 ASTMEQ21 和 QE22。Ag 元素加入含有稀土的镁合金中,可以进一步提高合金的强度和高温性能,所以这些合金都用来发展航空用镁合金。Ag 元素在生物材料中应用最多的是 Ag 的杀菌效应。Ag 元素被认为是杀菌性能最强的金属元素。研究者已经成功地将 Ag 元素应用于制备抗菌材料,包括抗菌塑料和抗菌金属等。

在生物镁合金中,有关 Mg-Ag 合金的研究也是比较少的。Gu 等[24]的研究表明,加入 1%(质量分数)的 Ag 到纯镁中,可以提供中等强度和中等的延伸率,强度要高于 Mg-1Mn（质量分数）和 Mg-1Si（质量分数），延伸率也比这两个合金好。加入 Ag 后，无论铸态合金还是变形态合金，其耐蚀性能都比纯镁合金有所提高。而 Mg-Ag 合金对 5 种细胞的毒性实验显示，Mg-Ag 合金的细胞毒性与纯镁相当，或者略好于纯镁，细胞毒性在 0 级或者 1 级。作为生物材料是符合标准要求的。但是溶血实验发现，不论铸态还是变形态 Mg-1Ag 合金，都导致很高的溶血率，达到 25%～35%，远高于标准要求。表面的血小板黏附数量尽管比纯镁的少，但是比 Mg-Si 和 Mg-Mn 合金的高很多。因此，Mg-Ag 合金的血液相容性还有待提高。

Tie 等[37]将镁合金的可降解性和 Ag 元素的抗菌性能结合在一起，研究了几种 Mg-Ag 合金[Ag 含量分别为 1.870%，3.820% 和 6.0%（质量分数）]。研究发现，合金中主要存在 Mg_4Ag 第二相。铸态时，Mg-Ag 合金的耐蚀性能较纯镁差很多，热处理可以显著提高所有合金的力学性能和耐蚀性能，与纯镁接近或者好于纯镁。镁合金中 Ag 含量的增加不会提高 pH 和 Ag 的释放量。采用成骨细胞和 MG63 细胞株的细胞实验发现，所有的合金都表现出非常好的细胞相容性。与此同时，抗菌实验却发现所有合金的抗菌率都达到 90%（抗金黄色葡萄球菌和表皮葡萄球菌）。发展抗菌镁合金是 Mg-Ag 系合金一个非常独特的选择。Ag 离子的释放有时会导致细胞毒性，如何适当地控制 Ag 离子的溶出是该合金发展的重要方向。

20.5　结论与展望

就像其他所有的镁合金一样，Mg-Si 系、Mg-Mn 系、Mg-Zr 系和 Mg-Ag 系都可以作为可降解镁合金进行相关的研究，并且将面临同样的问题，例如，降低腐蚀速率和生物相容性，特别是合金元素代谢对人体产生的急性毒性和慢性毒性。从目前文献报道来看，合金元素对耐蚀性能的贡献都不大，但是对力学性能的影响是很显著的。从生物相容性和合金元素对人体的影响来看，Mg-Si 和 Mg-Mn 合金更有可能作为合金体系来发展。Mg-Ag 合金系由于 Ag 离子的释放而具有了独特的抗菌性能，可能会为发展可降解镁合金提供一种独特的优势。而 Mg-Zr 合金系作为一种单独的体系可能性比较小，Zr 元素更多地作为一种辅助元素应用于镁合金中。

致谢

感谢东北大学基础科研业务费重大专项（编号 14100801）的资助。

参 考 文 献

[1] Minerals. http://www.healingwithnutrition.com/mineral.html[2015-3-20]

[2] http://www.nutrition.org/nutinfo/[2015-3-20]

[3] McCarty M F. Reported antiatherosclerotic activity of silicon may reflect increased endothelial

synthesis of heparan sulfate proteoglycans. Medical Hypotheses,1997,49(2):175-176

[4] Kumar K K A,Pillai U T S,Pai B C,et al. Dry sliding wear behaviour of Mg-Si alloys. Wear, 2013,303(1/2):56-64

[5] Zhang E,Wei X,Yang L,et al. Effect of Zn on the microstructure and mechanical properties of Mg-Si alloy. Materials Science and Engineering A,2010,527(13/14):3195-3199

[6] Pan Y C,Liu X F,Yang H. Microstructural formation in a hypereutectic Mg-Si alloy. Materials Characterization,2005,55(3):241-247

[7] Srinivasan A,Ningshen S,Kamachi Mudali U,et al. Influence of Si and Sb additions on the corrosion behavior of AZ91 magnesium alloy. Intermetallics,2007,15(12):1511-1517

[8] 郭小宏,杜军,李文芳,等. Sb 对过共晶 Mg-4.8%Si 合金中 Mg2Si 初晶变质的影响. 中国有色金属学报,2010,20(1):24-29

[9] 郑荣军,井晓天,卢正欣,等. 锑含量对 Mg26Al26Si 合金组织性能的影响. 铸造技术,2007, 28(4):512-514

[10] Guo E J,Ma B X,Wang L P. Modification of Mg_2Si morphology in Mg-Si alloys with Bi. Journal of Materials Processing Technology,2008,206(1/2/3):161-166

[11] Cong M,Li Z,Liu J,et al. Effect of Sr on microstructure,tensile properties and wear behavior of as-cast Mg-6Zn-4Si alloy. Materials & Design,2014,53(0):430-434

[12] Alizadeh R,Mahmudi R. Effects of Sb addition on the modification of Mg_2Si particles and high-temperature mechanical properties of cast Mg-4Zn-2Si alloy. Journal of Alloys and Compounds,2011,509:9195-9199

[13] 杜军,吕信裕,李文芳. 稀土 Ce 对过共晶 Mg. 材料工程,2011,(6):1-4

[14] Hu J L,Tang C P,Zhang X M,et al. Modification of Mg_2Si in Mg-Si alloys with neodymium. Transactions. Nonferrous Metals Society of China,2013,23:3161-3166

[15] Wang L,Guo E,Ma B. Modification effect of lanthanum on primary phase Mg_2Si in Mg-Si alloys. Journal of Rare Earths,2008,26(1):105-109

[16] 马宝,王丽,郭二军. 镧对 Mg_2Si 合金中 Mg_2Si 相变质的影响. 中国稀土学报,2008,26(1): 87-91

[17] Jiang Q C,Wang H Y,Wang Y,et al. Modification of Mg_2Si in Mg-Si alloys with yttrium. Materials Science and Engineering A:Structural Materials Properties Microstructure and Processing,2005,392(1/2):130-135

[18] Chen K,Li Z Q. Effect of co-modification by Ba and Sb on the microstructure of Mg_2Si/Mg-Zn-Si composite and mechanism. Journal of Alloys and Compounds,2014,592:196-201

[19] Wang H Y,Wang W,Zha M,et al. Influence of the amount of KBF4 on the morphology of Mg_2Si in Mg-5Si alloys. Materials Chemistry and Physics,2008,108(2/3):353-358

[20] Moussa M E,Waly M A,El-Sheikh A M. Effect of high-intensity ultrasonic treatment on modification of primary Mg_2Si in the hypereutectic Mg-Si alloys. Journal of Alloys and Compounds,2013,577:693-700

[21] Du J,Iwai K. Effect of temperature ranges of alternating current imposition on modification

of primary Mg₂Si crystals in hypereutectic Mg-Si alloy. Materials Transactions, 2009, 50(3):622-630

[22] Du J,Iwai K. Effects of operating parameters on modification of primary Mg₂Si crystals in hypereutectic Mg-Si alloy treated by imposition of alternating current. Materials Transactions,2009,50(6):1467-1476

[23] Du J,Iwai K,Li W F,et al. Effects of alternating current imposition and alkaline earth elements on modification of primary Mg₂Si crystals in hypereutectic Mg-Si alloy. Transactions of Nonferrous Metals Society of China,2009,19(5):1051-1056

[24] Gu X,Zheng Y,Cheng Y,et al. In vitro corrosion and biocompatibility of binary magnesium alloys. Biomaterials,2009,30(4):484-498

[25] Zhang E,Xu J. Microstructure,mechanical properties and biocorrosion resistance of wrought Mg-Si-Zn alloy for biomedical application. Materials Science and Engineering C(Submitted)

[26] Zhang E,Yang L,Xu J,et al. Microstructure,mechanical properties and bio-corrosion properties of Mg-Si(-Ca,Zn) alloy for biomedical application. Acta Biomaterialia,2010,6(5):1756-1762

[27] Ben-Hamu G,Eliezer D,Shin K S. The role of Mg₂Si on the corrosion behavior of wrought Mg-Zn-Mn alloy. Intermetallics,2008,16:860-867

[28] Ben-Hamu G,Eliezer D,Shin K S. The role of Si and Ca on new wrought Mg-Zn-Mn based alloy. Materials Science and Engineering:A,2007,447(1/2):35-43

[29] 陈峥,于佳,崔德华,等. 锰的生物作用与神经毒性. 神经疾病与精神卫生,2010,10(3):217-222

[30] 尹冬松. 医用镁合金力学性能与腐蚀行为研究. 哈尔滨:哈尔滨工业大学博士学位论文. 2008

[31] Jian W,Kang Z,Li Y. Effect of hot plastic deformation on microstructure and mechanical property of Mg-Mn-Ce magnesium alloy. Transactions. Nonferrous Metals Society of China,2007,14:1158-1163

[32] Yang Q,Jiang B,Li X,et al. Microstructure and mechanical behavior of the Mg-Mn-Ce magnesium alloy sheets. Journal of Magnesium and Alloys,2014,2:8-12

[33] 郑晓华,张小茹,张代东,等. 钇对 Mg-Mn 合金腐蚀性能的影响. 中国稀土学报,2012,30(5):594-599

[34] 徐丽萍. 医用镁合金的表面改性及生物相容性的体外体内研究. 北京:中国科学院研究生院博士学位论文. 2008

[35] Li Y,Wen C,Mushahary D,et al. Mg-Zr-Sr alloys as biodegradable implant materials. Acta Biomaterialia,2012,8(8):3177-3188

[36] Zhou Y L,An J,Luo D M,et al. Microstructures and mechanical properties of as cast Mg-Zr-Ca alloys for biomedical applications. Materials Technology,2012,27(1):52-54

[37] Tie D,Feyerabend F,Müller W D,et al. antibacterial biodegradable Mg-Ag alloys. European Cells and Materials,2013,25:284-298

第21章　镁钇系合金

作为一类重要的合金化元素,稀土元素在冶金、材料领域起着独特的作用。在镁合金领域,稀土突出的净化、强化性能逐渐被人们所认识,被认为是镁合金中最具使用价值和最具发展潜力的一类合金化元素。钇(Y)元素是过渡族元素,其化学性质与镧系元素相似,因此也称为稀土元素。Y 元素在镁中具有较大的固溶度,约为 12.3%(质量分数)[1],所以,Y 元素在镁合金中能起到更好的固溶强化及时效析出强化,同时,Y 的细化作用也很明显,能使 Mg-Y 合金的力学性能得到提高。更重要的是,Y 元素可以与镁合金中的 H、O、S 等元素相互作用,并将熔液中的 Fe、Co、Ni、Cu 等有害金属夹杂物转化为金属间化合物除去,从而提高镁合金的抗腐蚀性[2,3]。另外,Y 元素毒性低,现在已经开发出含 Y 的药物,并且成功用于癌症治疗[4]。目前为止,Mg-Y 系合金被认为是最具有应用前景的镁基生物材料之一。

本章主要介绍 Mg-Y 系合金的制备方法、力学性能、耐腐蚀性能、细胞毒性和在动物活体中的实验情况,并对将来开发应用中所面临的问题和挑战提出解决方案。

21.1　Mg-Y 系合金的制备方法

按照成分分类,Mg-Y 系合金可分为 Mg-Y、Mg-Y-RE 和 Mg-Y-X 三类合金。Mg-Y 二元合金,主要含有 Mg、Y 两种元素和微量的杂质元素(Fe、Co、Ni、Cu)。一般 Y 的含量在 1%~18%(质量分数)不等[3,5-7]。Mg-Y-RE 合金主要是指 WE 系列合金,其中 WE43 合金最为常用。WE 合金中稀土元素(RE)主要由 Nd、Ce、Dy、Yb、Er 和 La 组成,而且一般包含少量的 Zn、Zr 元素[8-11]。Mg-Y-X 合金主要有 Mg-Y-Zn,Mg-Y-Zn-Zr,Mg-Y-Ca-Zr 系列合金[12-14]。和传统的镁合金结构材料相比,生物医用镁合金具有其特殊性:合金元素含量准确、夹杂氧化物少,杂质元素低且结构复杂。因此,生物医用 Mg-Y 系合金需要重新开发新的工艺以满足实际使用要求,新工艺主要包括熔炼、加工、热处理等工序。

21.1.1　熔炼工艺

工程结构材料的 Mg-Y 系合金一般采用传统冶炼方法制备,即重力铸造,俗称硬模铸造。其工艺流程为,在 SF_6 和 CO_2 混合气保护作用下,将合金置入不锈钢坩埚中,在电炉中熔炼,达到所需温度和时间后,将熔体倒入已经预热的不锈钢模具中冷却成型[8,15,16]。通过传统铸造工艺制备出来的镁合金一般存在缺陷区域或夹渣,而且 Fe、Co、Ni、Cu 等杂质元素的存在会严重影响该合金的腐蚀性能,导致腐蚀不可控。如果直接用于生物材料,容易产生块体脱落,导致医疗事故。因此,需要一些特殊工艺来制备纯度要求更高的 Mg-Y 系合金。

Chou 等[13]利用二次熔炼工艺制备了 Mg-Y-Ca-Zr 合金,先将所需配比的 Mg、Y、Ca 合金置于石墨坩埚放入感应炉中,抽真空后充入超高纯氩气一起净化熔炼,去除残渣和氧化物,然后在氩气和 SF$_6$ 混合气保护下,将熔体倒入不锈钢坩埚在电阻炉中重新熔炼,当熔体温度达到 780℃后,将配比好的 Zr 中间合金加入熔体中,并且每间隔 1~5min 就搅拌 10s,以使 Zr 元素在熔体中分散均匀,如此保温 30min 后将熔体倒入预热温度为 500℃的不锈钢模具中成型。

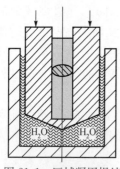

图 21.1 区域凝固提纯工艺图解[17]

Peng 等[7]提出了区域凝固提纯工艺来制备高纯 Mg-Y 合金,如图 21.1 所示。该工艺的特点是铸锭靠水逐渐冷却。以制造 Mg-8Y(质量分数)合金为例,在 SF$_6$ 和 CO$_2$ 混合气保护作用下,将纯镁和纯钇放入不锈钢坩埚中,在 750℃混合熔炼 1.5h 后,将熔体倒入预热温度为 500℃的不锈钢模具中铸造成型,然后模具在保护气作用下,在 670℃保温 1h,接着将整个带着熔体的不锈钢模具以 10mm/s 的速率浸入连续冷水中,当整体模具刚好完全没入水中时,停留 1s,当熔体内部的液相线与外部冷却水高度齐平时,凝固过程结束。

通过 FLOW-3D 软件来模拟局部凝固的凝固过程,该模型用来决定温度剖面图和凝固进程的运动,图 21.2 揭示了该工艺的纯化机制,由于局部凝固过程中的温度梯度和扇形凝固装置使杂质元素凝固在熔体的底部和表面,将杂质和基体分

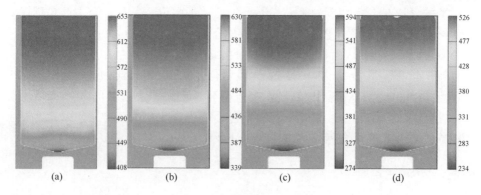

图 21.2 Mg-Y 合金在不同时间的 FLOW-3D 凝固过程[7]

(a)=1s;(b)=3s;(c)=8s;(d)=12s

离就能得到高纯度的 Mg-Y 合金。Peng 等[18]还提出先用区域凝固提纯工艺制备高纯 Mg-6.32Y-0.43Zn(质量分数,%)铸态合金,将铸态合金在高压条件下重新熔化后再凝固来得到所需的 Mg-Y 系合金。

21.1.2 加工工艺

为了进一步提高合金的性能,铸态合金锭还需进一步加工处理,最常用的就是轧制和挤压[16,19]。彭秋明等[20]提出了一种镁合金板材加工方法,将 Mg-1.5Ca-1.5Y 铸锭在 $0.45T_m$(277℃)固溶处理 10h 后,如图 21.3(a)、(b)所示,使用板式轧机进行轧制,上下轧板为波纹板和平板,均为模具钢板,波纹板的每个波纹符合正弦曲线,波纹的高度 d 为 5mm,每两个波纹中间的距离 λ 为 20mm,厚度为 30mm,平板的厚度为 30mm。轧制时使用板式轧机,轧制速度为 1mm/min,每步轧制的压下量为待轧件厚度的 20%。图 21.3(c)中可以看出轧制后得到均匀细小晶粒组织的 Mg-1.5Ca-1.5Y 板材。

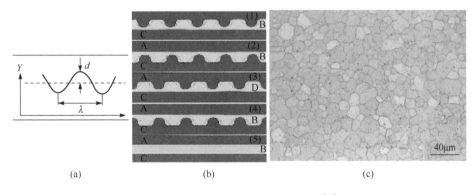

(a)   (b)   (c)

图 21.3 一种镁合金板材加工方法[20]

(a) 波纹板示意简图,其中 d 为波纹的高度,λ 为波纹的宽度;

(b) 轧制过程示意图;(c) 轧制的 Mg-1.5Ca-1.5Y 板材金相图

另外,如图 21.4(a)所示,彭秋明等[21]还提出了一种一次成型的轧制方法,将 Mg-1.5Ca-4Sc-1.5Y 镁合金锭放在二氧化碳直线激光器上,将激光器和镁合金锭之间的距离调整为 550mm,激光束角度为 5°,然后打开氩气,让镁合金锭以 300r/min 的旋转速度转动,并以 0.1m/s 的速度进给,用激光器将上述镁合金锭切成镁合金卷。将上述镁合金卷直接引入双辊轧机,同时开启直径为 400mm 的大轧辊和直径为 100mm 的小轧辊,大轧辊中上轧辊的旋转速度是 90r/min,下轧辊的旋转速度是 75r/min;小轧辊中上下轧辊的旋转速度均为 360r/min,小轧辊的线速度与上述大轧辊中上轧辊线速度相等。经过上述工序,便可以得到厚度为 10mm 的 Mg-1.5Ca-4Sc-1.5Y 的镁合金板材,如图 21.4(b)所示,轧制后 Mg-1.5Ca-4Sc-1.5Y 板材组织的晶粒度小。

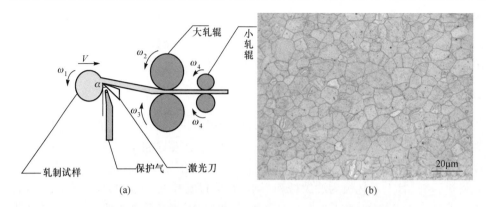

图 21.4　轧制过程的简介示意图(a)及 Mg-1.5Ca-4Sc-1.5Y 板材微观示意图(b)[21]

　　传统的挤压工艺主要由正向分流挤压来得到棒材,如图 21.5(a)所示,对于正向挤压主要是通过分流压头挤压实现,即在高温下先分成几股合金,然后在大压力下挤压成管材。正挤压的主要缺点是压力高,温度高,再结晶组织明显,同时由于不同股合金之间是通过机械挤压连接的,不能形成完全致密无缝的管材,一方面降低了管材的力学性能,另一方面也降低了合金的耐蚀性。Peng 等[17]通过反挤压工艺制备出镁合金棒材和管材,工艺如图 21.5(b)、(c)所示。以制备 Mg-8Y-0.5Zn(质量分数,%)合金棒材为例,将直径 60mm,高度 180mm 的 Mg-8Y-0.5Zn(质量分数,%)合金铸棒在 540℃固溶处理 12h,然后在 60℃的热水中淬火,随后在 410℃保温 1h 后立即进行反挤压处理,得到直径为 10mm 的棒材,力学性能更为优异[14]。

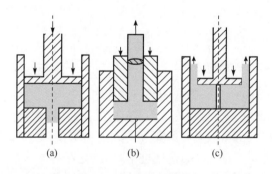

图 21.5　挤压工艺图[17]

(a) 传统正向分流挤压;(b) 反向挤压(棒材);(c) 反向挤压(管材)

　　彭秋明等[22]还提出了一种通过常温旋转挤压工艺来制备镁合金无缝管材的方法,如图 21.6 所示,该工艺是在室温条件下,利用压头高速旋转与挤压棒材摩擦产生热能,在其接触面上达到软化,然后利用反向挤压方法挤压制备出无缝镁合金管材。优点是挤压压力低,制备的无缝管材应力小,组织均匀,力学性能和耐腐蚀性能高。

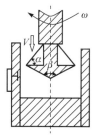

图 21.6　挤压模具示意简图[22]

此外,还有一些特种工艺来制备特殊需求的 Mg-Y 系合金。Bobe 等[23]利用甩带和液相烧结相结合的工艺制备了有孔结构的 W4(Mg-4Y)镁合金短纤维带。如图 21.7(a)所示,在高纯氩气保护中通过甩带工艺制备的镁合金短纤维带长度为 4~8mm,直径为 100~250μm。接着如图 21.7(b)所示,纤维带经过沉积、烧结、激光喷射加工处理得到多孔结构的圆柱状样品。

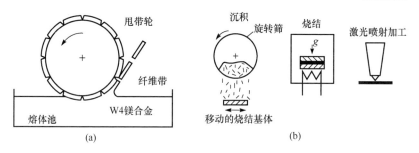

图 21.7　W4 镁合金短纤维的制备示意图[23]
(a) 甩带工艺;(b) 沉积、烧结、激光喷射加工工艺

Peng 等[24]采用区域凝固提纯工艺和甩丝工艺相结合,制备出了直径 50μm 左右,长度 30cm 左右的微米丝,以 Mg-7Y-0.2Zn(质量分数,%)合金为例,先通过区域凝固提纯制备出合金锭,然后将合金锭加工成直径 10mm、长度 20mm 的圆柱试样用于熔融甩丝,甩丝装置的铜轮速度分别为 20m/s、30m/s、40m/s。得到三种不同参数的微米合金丝,如图 21.8 所示。其中,与铸态 Mg-7Y-0.2Zn 合金相比,甩丝速度为 40m/s 的合金丝力学性能、耐蚀性能明显提高。

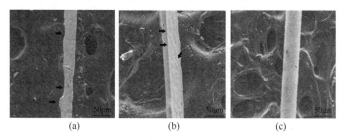

图 21.8　不同速率得到的 Mg-7Y-0.2Zn 微米合金丝及微观形貌[24]
(a) 20m/s;(b) 30m/s;(c) 40m/s

21.1.3　Mg-Y 系合金热处理工艺

Mg-Y 系合金的热处理工艺包括均匀化退火、固溶处理和时效强化。由于合

金成分不同,Mg-Y 系合金退火温度一般在 500℃左右[9],固溶处理温度范围一般为 420~540℃[3,15,25],而时效温度范围一般为 150~280℃[9,15]。此外,最近开发的应力时效和高压时效等新的方法,通过改变析出强化相的形貌和尺寸,可以同时提高合金的强度和塑性。

21.1.4　小结

镁基生物材料较高的化学活性,造成其在生物体内降解速率过高。为了降低其降解速率,一方面,通过成分控制,改进 Mg-Y 系合金的熔炼工艺来制备高纯合金,例如,Chou 等[13]提出的二次熔炼工艺和 Peng 等[7]提出的区域凝固提纯工艺;另一方面,通过成形加工和热处理来细化组织、消除缺陷,如激光切割、旋转反挤压和甩丝工艺。这些工艺还存在一些不足,因此,完善和探索更高要求的冶炼工艺和多种成型工艺、实现合金的均匀可控降解是未来的主要研究方向。

21.2　Mg-Y 系合金的力学性能

21.2.1　Mg-Y 系合金的力学性能

适量 Y 元素的添加能细化晶粒,导致 Mg-Y 合金力学性能提升。相比于纯 Mg 铸态合金,Mg-Y 系铸态合金力学性能包括拉伸屈服强度、极限拉伸强度、延伸率、压缩屈服强度、极限压缩强度和压缩率都显著提升[13,26],见表 21.1。

热处理对 Mg-Y 系合金力学性能也有较大的影响。Mg-Y 系合金经过固溶处理之后,一方面,晶界处的第二相固溶进基体中通过固溶强化来提高合金的力学性能[26];另一方面,热处理也能导致合金晶粒的粗化,从而导致力学性能降低[13,27]。

Mg-Y 系铸态合金通过挤压工艺,由于细晶强化作用和析出相的均匀分布,强度和塑性都会得到进一步提高[26,27]。通过甩带工艺和烧结工艺相结合制备 Mg-4Y 合金短纤维带,由于其特殊的多孔形貌,力学性能很低[23]。而通过甩丝工艺制备的 Mg-Y 合金微米丝由于 Y 元素的固溶强化、晶粒细化和非晶相的存在,使微米丝的强度得到大大提升,但塑性明显降低[24]。

表 21.1　不同工艺的 Mg-Y 系合金在室温下的力学性能

合金成分(质量分数)/%	处理工艺	拉伸性能			压缩性能			参考文献
		屈服强度/MPa	极限强度/MPa	延伸率/%	屈服强度/MPa	极限强度/MPa	压缩率/%	
纯 Mg	铸态	18	66	2.0	40	182	11.9	[13]
Mg-1Y-0.6Ca-0.4Zr	铸态	78	127	2.8	72	298	29.9	[13]
Mg-1Y-0.6Ca-0.4Zr	固溶	44	106	4.4	58	228	19.0	[13]

续表

合金成分(质量分数)/%	处理工艺	拉伸性能			压缩性能			参考文献
		屈服强度 /MPa	极限强度 /MPa	延伸率 /%	屈服强度 /MPa	极限强度 /MPa	压缩率 /%	
Mg-4Y-0.6Ca-0.4Zr	铸态	92	158	5.5	102	309	22.7	[13]
Mg-4Y-0.6Ca-0.4Zr	固溶	42	85	3.6	59	230	14.9	[13]
Mg-1.5Y-1.2Zn-0.44Zr	铸态	78	122	7.2	—	344	—	[26]
Mg-1.5Y-1.2Zn-0.44Zr	固溶	85	139	8.4	—	366	—	[26]
Mg-1.5Y-1.2Zn-0.44Zr	挤压	178	236	28	—	471	—	[26]
Mg-8Y-1Er-2Zn	挤压	275	359	19	—	—	—	[27]
Mg-7.25Y-0.31Zn	反挤压后固溶时效	149	246	19.1	—	—	—	[27]
Mg-4Y	甩带后烧结	—	—	—	—	15～22	—	[23]
Mg-7Y-0.2Zn	铸态	148	189	7.5	—	—	—	[24]
Mg-7Y-0.2Zn	甩丝	495	541	1.9	—	—	—	[24]

21.2.2　小结

纯镁合金通过添加合金元素 Y,力学性能得到提高,而通过热处理和各种成型加工工艺制备的 Mg-Y 合金与铸态 Mg-Y 合金相比,其力学性能明显提升,特别是通过甩丝工艺制备的 Mg-Y 系丝材,强度上能满足生物材料的需求。但是,Mg-Y 系丝材也存在不足,由于丝材的不均匀和丝材表面硬化层的存在,其韧性较差。因此,制备高强度和高韧性的 Mg-Y 系合金还有待进一步研究。

21.3　Mg-Y 系合金的降解行为

镁合金的耐蚀性比较差,如何提高镁合金耐蚀性一直是镁合金开发领域的一大热点。Mg-Y 系合金表现出较好的耐蚀性,得到了国内外学者的广泛关注,成为了生物医用镁合金研究的一大热点。

21.3.1　Mg-Y 系合金的降解行为

1. Mg-Y 系合金的降解性能

表 21.2 列出了一部分国内外学者研究测得的 Mg-Y 系合金的降解性能。由表可以看出,在模拟人体体液(SBF)中,随着 Y 元素的增加,Mg-Y 合金的抗腐蚀

性能提高[28]。经过轧制处理的 Mg-Y 合金相比于铸态合金,在 SBF 中和 Hank's 溶液中的抗腐蚀性能均有明显提升[6]。挤压态的 Mg-12Gd-3Y-0.6Zr 经过固溶处理(T4 态)、人工时效(T5 态)、固溶处理后人工时效(T6 态),其在 3.5%NaCl 的抗腐蚀性能均明显上升[29]。自钝化处理的 Mg-3Sc-3Y 合金具有优异的抗腐蚀性能[30]。经过变形处理、甩丝处理和高压处理的 Mg-Y 合金的抗腐蚀性能也有显著上升[24,31,32]。

表 21.2 Mg-Y 系合金的降解性能

合金成分	处理工艺	腐蚀介质	腐蚀率	参考文献
Mg-Y	铸态	SBF	$5.4mg/(cm^2 \cdot d)$	[28]
Mg-4Y	铸态	SBF	$0.15mg/(cm^2 \cdot d)$	[28]
	铸态	SBF	$3.16mm/a$	
Mg-1Y	轧制	SBF	$1.65mm/a$	
	铸态	Hank's	$0.62mm/a$	
	轧制	Hank's	$0.38mm/a$	[16]
	挤压态		$7.922\times10^{-4}mg/(cm^2 \cdot d)$	
Mg-12Gd-3Y-0.6Zr	T4 态		$5.281\times10^{-5}mg/(cm^2 \cdot d)$	
	T5 态	3.5%NaCl	$1.697\times10^{-3}mg/(cm^2 \cdot d)$	[29]
	T6 态		$1.433\times10^{-3}mg/(cm^2 \cdot d)$	
Mg-3Sc-3Y	自钝化	Hank's	$0.01mL/(cm^2 \cdot d)$	[30]
Mg-Y-Er-Zn	18R 长程有序的变形	SBF	$0.568mm/a$	[31]
	铸态	SBF	$5.187mm/a$	
Mg-7Y-0.2Zn	40m/s 甩丝		$0.366mm/a$	
	30m/s 甩丝		$0.708mm/a$	
	20m/s 甩丝		$4.296mm/a$	
	局部凝固净化	SBF	$(2.02\pm0.05)mm/a$	[24]
	650℃高压		$(1.37\pm0.03)mm/a$	
	750℃高压		$(1.22\pm0.03)mm/a$	
	850℃高压		$(0.81\pm0.01)mm/a$	
Mg-6.32Y-0.43Zn	局部凝固净化		$(0.60\pm0.02)mm/a$	
	650℃高压		$(0.25\pm0.02)mm/a$	
	750℃高压	Hank's	$(0.18\pm0.01)mm/a$	[32]
	850℃高压		$(0.16\pm0.01)mm/a$	

2. Mg-Y 系合金的腐蚀机理

Mg-Y 系合金腐蚀主要以局部腐蚀为主,一般来说,镁合金的腐蚀行为与合金的微观组织结构以及表面膜的性质有很大关系[33]。随着 Y 的添加,富 Y 的 Mg-Y相增多,构成了铸态组织中典型的共晶组织中的第二相($Mg_{24}Y_5$)。第二相对镁合金腐蚀行为的影响因素主要有以下两个方面,一是由于其与基体的电位差,与基体构成了微电偶,加速基体的腐蚀;二是连续网状的第二相可以适当地保护合金,防止腐蚀进一步发生。Sudholz 等[3]研究发现,$Mg_{24}Y_5$相对于纯镁电极电位高,与纯镁形成了微电偶腐蚀,加速了基体的腐蚀速率,因此,第二相的存在没有起到降低合金腐蚀速率的作用。随着 Y 元素含量增加,第二相体积分数不断增多,原电池数量不断增多,加速了合金的腐蚀。

镁合金在溶液中的表面膜主要以多孔的 $Mg(OH)_2$ 为主,容易损坏。在一些柔和的电解质溶液中,这些破坏的表面膜开始溶解。随着浸泡时间的延长,表面膜的保护性下降,腐蚀区域扩大到整个表面。研究表明,Y 元素以 Y_2O_3 形式存在于表面膜中,可以改善膜的腐蚀行为[3]。而形成 Y_2O_3 前提是 Y 元素被氧化,在溶液中 Y 元素被氧化的概率要低于在空气中的概率。因此,形成的表面膜 Y_2O_3 的体积分数有限,不能保护合金。NaCl 溶液也影响了合金的腐蚀行为,这是因为这些电解质中都含有 Cl^-,它比 OH^- 和 SO_4^{2-} 小,它可以穿过表面膜,破坏其自然保护性。此外生成的 $Mg(OH)_2$ 等腐蚀产物存在较多的缺陷,分布不均匀,很难阻止腐蚀的进一步发展,因此,在 NaCl 溶液中,Cl^- 破坏了表面膜,加速合金的腐蚀。

同时应该注意的是,在合金浸泡过程中,有些局部区域会优先发生腐蚀,这些优先发生腐蚀的区域主要有晶界、第二相周围和表面膜不完整区。晶界处由于其能量高,是缺陷富集区,为了达到能量最低,有较大的腐蚀倾向。第二相附近优先腐蚀主要在其与基体之间的结合部位形成明显的微电偶,因此,在浸泡时容易优先发生腐蚀。对于表面膜,由于 Mg 的表面膜本身就不完整,浸泡形成的 MgO 同样不完整,加上 Cl^- 对表面膜的破坏,很容易暴露出新鲜镁基体,因此也是优先发生腐蚀的部位。Mg-8Y 合金在 NaCl 溶液中浸泡后表面出现很多腐蚀坑,这些腐蚀坑的出现,说明表面不是全面均匀腐蚀,而是出现了优先腐蚀区域[34]。

21.3.2　提高 Mg-Y 系合金耐蚀性的途径

1. 通过添加合金化元素提高 Mg-Y 系合金耐蚀性

加入能提高镁合金耐蚀性的合金元素,可以提高合金的腐蚀电位,同时可以改善合金的表面膜,这是提高镁合金耐蚀性的根本途径。易建龙等[35]通过腐蚀失重、交流阻抗、极化曲线等手段研究了铈(Ce)对 Mg-9Gd-4Y-1Nd-0.6Zr 合金耐蚀性能的

・662・ 可降解金属(下册)

影响。结果表明,随着 Ce 的加入,Mg-9Gd-4Y-1Nd-0.6Zr-xCe 合金的腐蚀速率逐渐降低,当 Ce 含量为 0.5% 时合金的腐蚀速率最小,可提高镁合金的耐蚀性能。

Brar 等[36]研究了 Mg-3Sc-3Y 合金的降解性和自钝化膜在体外降解中的作用。结果表明,自钝化膜的形成在最初的 24h 起到了阻碍腐蚀的作用,但随着时间延长到 23 天,这种阻碍作用变得不明显。通过分析测试得知,氧化层成分主要为 Sc_2O_3 和 Y_2O_3,且 Sc_2O_3 的含量高于 Y_2O_3。与经过抛光的该合金的腐蚀速率相比,在高达 23 天的测试中,自钝化膜的形成显著降低了腐蚀速率,达到了 $0.01mL/(cm^2 \cdot d)$。此研究表明,通过向合金中添加 Sc 和 Y 元素使之形成选择性氧化膜,是一种有效地控制植入材料降解速率的途径。

2. 通过改变熔炼方法提高 Mg-Y 系合金耐蚀性

Peng 等[37]通过区域凝固提纯工艺制备的高纯 Mg-Y 系合金在 3.5%(质量分数)的 NaCl 溶液中用恒电位仪测试其极化曲线,并估算其腐蚀速率。与传统铸造方法得到的合金相比,区域凝固提纯制备的 Mg-Y 系生物合金的耐蚀性得到了提高。Peng 等[24]研究了 Mg-Y 基微米丝的降解性能。熔炼提取法得到的 Mg-Y 系微米丝中第二相粒子减少了,同时微观结构变得均匀,因此消除了点蚀和微电池腐蚀现象。在模拟人体体液(SBF)中得到的降解速率为 0.366mm/a,不到铸态样品的 10%。浸泡 2h 后不同合金的极化曲线如图 21.9 所示。这种微米丝相比于铸态的样品来说,其电势更正。同时在阳极分支上观察到了稳定的点蚀现象发生。例如,铸态试样的腐蚀电位为 -1649mV/SCE,通过 30m/s 的提取速度得到的微米丝的腐蚀电位却变到了 -1587mV/SCE。此外,微米丝击穿电位的值与铸态试样相比转向更正的方向。由表 21.3 可见,在提取速度为 40m/s 时,腐蚀电流密度从铸态试样的 $0.227mA/cm^2$ 降到微米丝的 $0.016mA/cm^2$。其微米丝的腐蚀速率为 0.366mm/a,比铸态试样腐蚀速率的 10% 还要低。更为重要的是,这个值比可降解植入物的临界值(0.5mm/a)还要低。

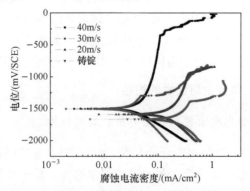

图 21.9　不同工艺制备的镁合金的极化曲线[24]

表 21.3　从 SBF 中测得的极化曲线得到的电化学参数[24]

样品	状态	腐蚀电位/mV	腐蚀电流密度/(mA/cm²)	击穿电位/mV	腐蚀速率/(mm/a)
微米丝	40m/s	−1580	0.016	−347	0.366
	30m/s	−1509	0.031	−1296	0.708
	20m/s	−1587	0.188	−925	4.296
铸锭	—	−1649	0.227	−1392	5.187

　　图 21.10 为铸态试样和转轮速度为 40m/s 的阻抗谱、拟合电路及拟合值。从图中可以看出,铸态试样的阻抗谱是由高频容抗弧和低频感抗弧组成的,拟合电路为 $R_s(C_{dl}R_{ct})(LR_L)$。R_s 代表溶液电阻,R_{ct} 为电荷转移电阻,即试样表面感应电流过程的电荷转移阻力;C_{dl} 为双电层电容;考虑到感应行为,电感 L 及其电阻 R_L 被引入拟合电路模型中。一般来说,感抗弧代表的是点蚀现象的发生。铸态合金的腐蚀过程可以描述为,在腐蚀过程的初期,溶液与合金反应在表面生成双电层,然而,由于合金中粗糙第二相的存在,容易发生 Mg 微电池腐蚀或点蚀。这样,释放

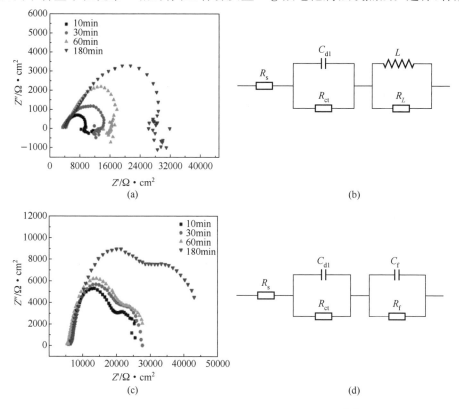

图 21.10　不同浸泡时间的阻抗谱和拟合电路图[24]

(a)和(b)铸态;(c)和(d)挤压速率为 40m/s 的微米丝

的氢气破坏了产物膜,导致腐蚀加剧。相应地,导电带的阻抗谱包括两个高频和中频容抗弧,拟合电路为 $R_s(C_{dl}R_{ct})(C_fR_f)$,第二个容抗弧主要与离子从腐蚀产物层或氧化层的扩散有关。C_f 是膜的电容,R_f 为膜的电阻。随着转轮速度的提高,冷却速率也相应提高。同时 Y 在镁基体中的溶解度也提高,导致第二相含量的减少,因此,一个致密的氧化膜层在腐蚀过程中产生了。除此之外,高的冷却速率导致形成更加均匀、无定形的结构。腐蚀电位和击穿电位都变正了,因此,耐蚀性能得到了提高。

除此之外,从拟合电路的拟合值可知(表 21.4),微米丝比铸态试样表现出更高的耐蚀性能。并且随着浸泡时间的延长,其值越来越大,表明双电层变得越来越厚。此外,由于浸泡时间的延长,越来越高的 R_f 值表明在溶液介质和镁基体表面生成的氧化膜已经非常致密和稳定了,这就解释了它在 SBF 中降解速率低的原因。

表 21.4　不同合金拟合电路的部分阻值[24]

材料	时间/s	溶液电阻/Ω	电荷转移电阻/Ω	膜电阻/Ω
微米丝(40m/s)	10	5867	13779	10632
	30	6457	14774	10579
	60	5642	16317	10117
	180	6452	24492	17715
铸锭	10	3499	5968	
	30	3624	10595	
	60	4280	12532	
	180	4405	20210	

3. 通过改变凝固方式提高 Mg-Y 系合金耐蚀性

Peng 等[7]研究了 Mg-Y 合金力学性能和耐蚀性能,发现区域凝固提纯工艺制备的 Mg-Y 合金,具有高纯化合金,并且提高合金的力学性能和耐腐蚀性能、细化晶粒、减小二次枝晶间距、操作简单的优点,这主要是因为局部凝固过程的高温梯度和扇形凝固装置使杂质聚集在熔体的表面和底部,纯化熔体。

Peng 等[32]研究还发现,高压凝固技术是一种有效提高 Mg-Y 系合金腐蚀性能的方法。用浸泡法和电化学测试法测试了该合金在模拟体液和 Hank's 溶液中的腐蚀行为。与在高频区只有一个简单的容抗弧的铸态试样相比,经高压凝固之后的试样既含有容抗弧又含有感抗弧。腐蚀性能的提高主要与连续的二次枝晶晶界和试样表面不断积累的氧化膜相关。这证明了高压凝固技术是一种有效提高 Mg-Y 系生物植入材料抗腐蚀性能的途径。

从图 21.11 可以看出,铸态 Mg-Y 合金在 SBF 中的腐蚀速率可达 2.18mm/a。然而,高压 850-Mg-Y 合金的腐蚀速率却变为 1.19mm/a。还可以明显地看出,同

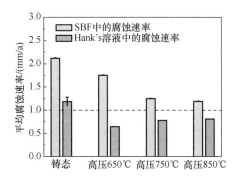

图 21.11　通过质量损失来计算 Mg-Y 合金在 SBF 和 Hank's 溶液中的腐蚀速率[32]

一种试样在 Hank's 溶液中的腐蚀速率均低于在 SBF 中的腐蚀速率。而且经过高压处理之后的试样在 Hank's 溶液中的腐蚀速率低于 1mm/a。

从图 21.12、表 21.5 和表 21.6 中可以看出，随着高压温度的提高，极化曲线变得更正，腐蚀电位也越来越正，腐蚀电流密度越来越低。四种试样均出现了钝化

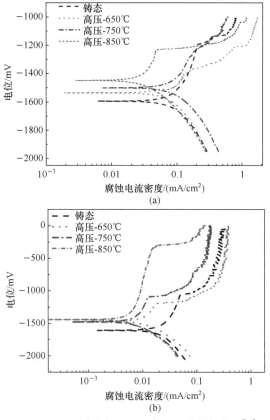

图 21.12　不同状态 Mg-Y 合金的塔菲尔曲线[32]

(a) 在 SBF 中；(b) 在 Hank's 溶液中

平台。然而,与 SBF 中测试结果不同的是,首先,经高压处理后的试样在 Hank's
溶液中也观察到了相同的约为−1470mV 的腐蚀电位;其次,与 SBF 中测得的结
果相比,Hank's 溶液中测得的腐蚀电流更小,与浸泡结果相符合。最后在 Hank's
溶液中也观察到了"V 形"的钝化极值,即最小值 270mV,在高压-650℃-Mg-Y 合
金中被观察到。

表 21.5　从 SBF 中测得的极化曲线推得的电化学参数[32]

合金	腐蚀电位/mV	腐蚀电流密度/(mA/mm²)	击穿电位/mV	腐蚀速率/(mm/a)
铸态 Mg-Y	−1607±71	8.19±0.21 ×10⁻⁴	−1194±61	2.02±0.05
HP-650℃-Mg-Y	−1549±52	6.02±0.11 ×10⁻⁴	−1215±25	1.37±0.03
HP-750℃-Mg-Y	−1508±45	5.35±0.11 ×10⁻⁴	−1145±21	1.22±0.03
HP-850℃-Mg-Y	−1459±52	3.60±0.03 ×10⁻⁴	−1250±42	0.81±0.01

表 21.6　从 Hank's 中测得的极化曲线推得的电化学参数[32]

合金	腐蚀电位/mV	腐蚀电流密度/(mA/mm²)	击穿电位/mV	腐蚀速率/(mm/a)
铸态 Mg-Y	−1600±82	2.6±0.02 ×10⁻⁴	−1061±11	0.60±0.02
HP-650℃-Mg-Y	−1471±52	1.1±0.02 ×10⁻⁴	−1208±21	0.25±0.02
HP-750℃-Mg-Y	−1470±20	7.9±0.01 ×10⁻⁵	−1113±52	0.18±0.01
HP-850℃-Mg-Y	−1466±80	6.9±0.01 ×10⁻⁵	−350±12	0.16±0.01

从图 21.13 和图 21.14 可以看出,铸态 Mg-Y 合金在所有的浸泡时间中都可
以观察到高频感抗弧的存在,表明形成的腐蚀膜层并不稳定。与此相反,经高压处
理后的试样,阻抗谱图形主要由高中频容抗弧和低频感抗弧组成。在 Hank's 溶
液中的阻抗谱图形与之相似,但是低频的感抗弧随着浸泡时间的延长却变得更加
明显。

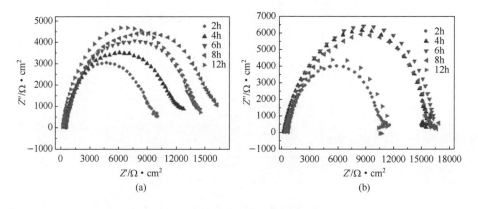

(a)　　　　　　　　　　(b)

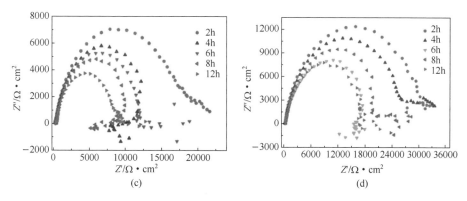

图 21.13　在 SBF 中浸泡不同时间的 EIS 曲线[32]

(a)铸态-Mg-Y;(b)HP-650℃-Mg-Y;(c)HP-750℃-Mg-Y;(d)HP-850℃-Mg-Y

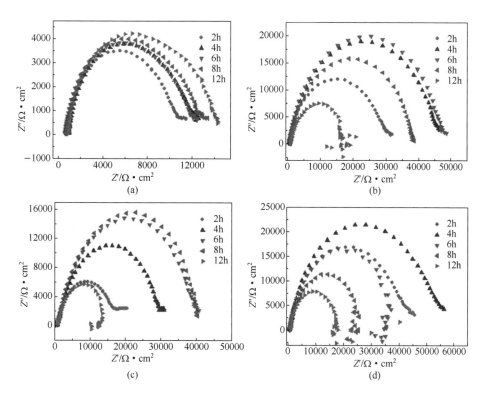

图 21.14　在 Hank's 中浸泡不同时间的 EIS 曲线[32]

(a) 铸态-Mg-Y;(b) HP-650℃-Mg-Y;

(c) HP-750℃-Mg-Y;(d) HP-850℃-Mg-Y

　　拟合电路如图 21.15 所示,高频区的容抗弧与电荷转移电阻和合金表面的双电层电容有关,低频区的感抗弧往往与相对于无膜区 Mg 离子的富集或者腐蚀过程中表面吸附物质的一个中间步骤有关。感抗弧的存在,通常会由于形成腐蚀膜层而使镁基体的溶解减少。拟合电路中,C_{CPE} 和 R_L 分别代表常相位元件(CPE)和感应系数(L),R_s 和 R_{ct} 为溶液电阻和电荷转移电阻,R_{ct} 包含阴极和阳极电阻。由于表面反应的非均匀分布,CPE 被用来代替纯电容。

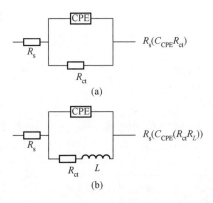

图 21.15　在 SBF 和 Hank's 溶液中的拟合电路图[32]

(a) 铸态 Mg-Y 合金;(b) 高压-850℃-Mg-Y 合金

　　图 21.16 为随着浸泡时间的变化 R_s 值的变化。从图中可以看出,在 SBF 中,R_s 值随着试样经高压处理之后,波动范围变小,铸态 Mg-Y 合金在 SBF 中的 R_s 最大波动范围 ΔR_s 为 410Ω,在 Hank's 溶液中铸态 Mg-Y 合金的 ΔR_s 为 190Ω。经高压处理后的其他三个试样在 Hank's 溶液中的 R_s 为常数值 650Ω。

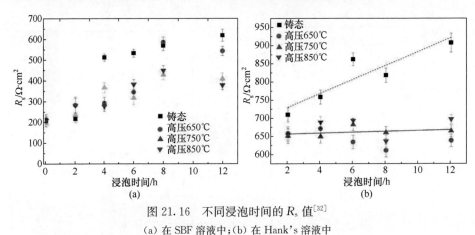

图 21.16　不同浸泡时间的 R_s 值[32]

(a) 在 SBF 溶液中;(b) 在 Hank's 溶液中

4. 通过变形手段提高 Mg-Y 系合金耐蚀性

　　挤压时效以及锻压等对镁合金耐蚀性也有很大的影响。范珺等[12]通过向纯镁中添加微量的合金化元素(Y、Zn、Zr),采用熔融浇铸法制备了名义成分为 Mg-

1.5Y-1.2Zn-0.44Zr 的四元可降解镁合金生物材料,对其进行均匀化处理和挤压,并对这 3 种状态的镁合金在 SBF 中的体外降解行为进行测试和分析。如图 21.17 所示为 3 种状态合金分别在 37℃ 模拟体液中浸泡 24h 和 120h 后的表面形貌照片。结合扫描图片可知,在体外降解行为初期(24h),由于镁离子形成并进入溶液,3 种合金样品均发生腐蚀破坏,表面出现了部分塌陷,并伴有 H_2 和降解产物的产生,与挤压态合金相比较,铸态合金和热处理后合金表层塌陷部位的面积更大。随着体外降解时间的延长,腐蚀破坏面积不断扩大,腐蚀进程从表面向内部深入,在经过 120h 浸泡后,大量的降解产物在 3 种合金表面附着沉积析出,铸态合金和热处理后合金表面沉积的降解产物较厚较多。以上结果说明,铸态合金经热处理后降解性能得到一定的改善,再经过热挤压后降解性能得到了明显改善。经 X 射线衍射分析,合金在模拟体液中生成的降解产物主要是含 Ca 和 Mg 的磷酸盐。

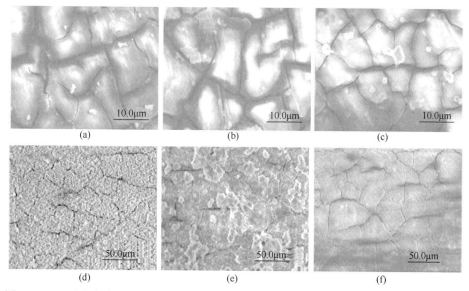

图 21.17　3 种状态合金体外降解后的扫描电子显微镜照片在 SBF 中浸泡后的 SEM 照片[12]

24h:(a) 铸态合金;(b) 热处理合金;(c) 挤压态合金;

120h:(d) 铸态合金;(e) 热处理合金;(f) 挤压态合金

　　Fan 等[26]研究了铸态、挤压态和热处理之后的 Mg-1.5Y-1.2Zn-0.44Zr 合金作为一种生物可降解金属植入材料的体外降解行为。浸泡实验是根据 ASTMG31-72 的标准,在 37℃ 的模拟体液中进行的。降解速率根据 DR＝$W/(ATD)$ 计算。其中 DR 为降解速率(mm/d);W 是质量损失(g);A 是暴露在 SBF 中的初始面积(mm^2);T 为浸泡时间(d);D 是被测试样的密度(g/mm^3)。电化学测试应用 PGSTAT302 电化学工作站,采用三电极体系。动电势极化的扫描速率为 5mV/s,电化学阻抗谱在开路电位保持稳定后从 $1×10^6$ Hz 扫到 1Hz,以 5mV 的正弦波信号进行扰动。从图 21.18(a)～(c)的浸泡实验可以看出,热挤压态的Mg-1.5Y-1.2Zn-0.44Zr 合金的质量损失是最小的。由极化曲线的测试得知,热挤压态的腐蚀电位更正。从阻抗谱的曲线可知,热挤压态的该合金弧形最大,最耐腐蚀。

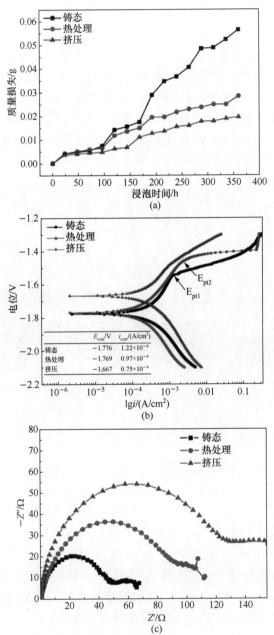

图 21.18　铸态、热处理、挤压态的 Mg-1.5Y-1.2Zn-0.44Zr 合金[26]

(a) 在不同浸泡时间的质量损失;(b) 在 SBF 中的极化曲线;(c) 在 SBF 中的阻抗谱

　　Leng 等[27]研究了生物腐蚀对含有 18R 长程有序相的变形 Mg-Y-Er-Zn 合金的微观结构和力学性能的影响。在浸泡测试的 240h 中每天的析氢量在 $0.21\sim$ $0.32mL/cm^2$ 波动,相应的腐蚀速率为 0.568mm/a。腐蚀产物主要为 $Mg(OH)_2$,也有少量的 $Ca(H_2PO_4)_2$ 成分在试样的表面观察到。腐蚀部位主要发生在 LPSO 和镁基体之间的表面。

　　5. 通过表面处理提高 Mg-Y 系合金耐蚀性

　　通过改变镁合金表面成分以及组织状态或者第二相的分布等方式来改善镁合金耐蚀性的方法,称为表面处理。镁合金的表面处理主要是通过改善它的表面来提高它的耐蚀性。王萍等[38]研究了 Mg-11Gd-1Y-0.5Zn 合金微弧氧化陶瓷层的生长规律,分析了微弧氧化膜层相结构及不同生长阶段的耐蚀性。结果表明,微弧氧化层耐蚀性随着氧化时间的增长而先增后减,体系的阻抗也表现出相同的规律,其中在 $7\sim12min$ 时膜层表现出较好的耐蚀性。

　　Zhao 等[39]研究了将 Al 和 O 元素等离子体植入 Mg-Y-RE 合金中的电化学行为。用 Al-O 双离子注入技术,使 Mg-Y-RE 合金表面生成一层 Al 的氧化膜结构。经过这种表面处理之后,在模拟体液中的极化曲线测试和电化学测试可知,其耐蚀性得到了明显的提高。局部腐蚀代替了全面腐蚀,成为主要的腐蚀机制。

21.3.3　小结

　　较差的耐蚀性能是限制镁合金规模化工程应用和发展的关键性因素,影响镁合金耐蚀性的因素有很多,包括本身的性质,同时也包括外在的环境。国内外对于 Mg-Y 合金腐蚀行为的研究有一定的基础,但腐蚀行为研究不系统、腐蚀机理研究较少、没有一个统一的评判耐蚀性好坏的标准。同时关于 Cl^- 对 Mg-Y 系合金耐蚀性的影响研究较多,而对其他影响因素如 SO_4^{2-}、pH 等研究较少。也有一些研究 Mg-Y 合金在模拟体液或者 Hank's 溶液中的腐蚀行为,但毕竟与人体体液环境有差距,且模型较小,只是处于静态环境,温度没有严格要求在 37℃,只是在室温下进行,不能反映人体环境,因此与实际应用还有很大差距。未来对于 Mg-Y 合金的研究,建议严格模拟人体环境,一定要在动态的环境中研究 Mg-Y 系合金的耐蚀性。且如果建立一个统一评判 Mg-Y 合金耐蚀性的标准,会使后续研究者清晰了解到目前 Mg-Y 合金降解性能的研究进展,并明确未来的研究方向,这将大大加快 Mg-Y 合金降解性能的研究进程。

21.4　Mg-Y 系合金的细胞毒性和细胞相容性

　　细胞毒性是化学物质(药物)作用于细胞基本结构或生理过程,如细胞膜或细胞骨架结构、细胞的新陈代谢过程、细胞组分或产物的合成和降解或释放、离子调控及细胞分裂等过程，导致细胞存活、增殖或功能的紊乱，引发不良反应。要将 Mg-Y 系合金应用为生物医用材料，需对其细胞毒性和细胞相容性加以研究分析，近年来，对 Mg-Y 系合金细胞毒性和细胞相容性研究的实验逐渐增多。

21.4.1 Mg-Y 合金的细胞毒性和细胞相容性

Bobe 等[23]对 W4 镁合金（Mg-4Y）的细胞毒性和细胞相容性进行了探究。对运用液相烧结方法制备的 W4 熔融提取短纤维进行了体外细胞测试，将成纤维细胞（L929）和人成骨细胞（HOB）在 W4 短纤维的提取液中进行培养，当 W4 提取液稀释率为 1：3 时，L929 细胞达到足够的细胞存活率（≥70%参考介质中细胞数），在此稀释率下，L929 的细胞增殖率与阴性对照介质中的细胞增殖率相当。当 W4 提取液稀释率为 1：2 时，HOB 细胞达到足够的细胞存活率，但在此稀释率下，HOB 细胞增殖率有所下降。与体内腐蚀相比，体外腐蚀环境，包括温度、培养液流动、腐蚀液组成、暴露时间等，对 W4 支架的腐蚀速率有很大影响，对腐蚀速率影响最大的因素为培养液组成。实验发现，细胞培养 72h 后的腐蚀速率的为 $1.05 \sim 3.43mm/a$，在测量管中 24h 后的腐蚀速率（$3.88 \sim 4.43mm/a$）是体内 6 周后腐蚀速率（$0.16mm/a$）的 $24 \sim 27$ 倍。研究表明，W4 提取液的离子组成受到细胞培养质对其选择性溶解及其腐蚀产物的影响。

21.4.2 Mg-Y-Zn 合金的细胞毒性和细胞相容性

Hanzi 等[40]阐述了影响可生物降解 Mg-Y-Zn 合金医学应用的主要因素，在合金提取液中进行人体脐静脉内皮细胞的体外细胞毒性测试。其研究结果表明，增加模拟体液培养基中提取液的浓度，对细胞活性和新陈代谢几乎没有产生不利影响，且实验结果具有可重复性。合金提取液的细胞毒性排序为 WE43 ＞WZ21 ＞ZW21。经过人体脐静脉内皮细胞的体外间接测试，结果表明，即使较高浓度的合金提取液均具有较好的细胞相容性。

21.4.3 Mg-Y-Sc 合金的细胞毒性和细胞相容性

Brar 等[30]利用成骨细胞进行体外细胞培养，从而研究三元 Mg-3Sc-3Y 合金的细胞毒性。该研究显示了 Sc 和 Y 作为合金添加元素形成自钝化保护氧化层，不需进行传统复杂的涂层过程，即在合金表面形成保护性氧化层，氧化层主要由 Sc_2O_3 和 Y_2O_3 组成，且 Sc_2O_3 的含量高于 Y_2O_3 的含量，与抛光表面相比，氧化层使合金降解速率降低到抛光表面材料的 1/100，在 23 天的降解过程中，其腐蚀速率为 $0.01mL/(cm^2 \cdot d)$。体外细胞相容性测试分析表明细胞吸附在氧化合金表面，没有表现出明显的细胞毒性，通过对未氧化的合金降解产物的分析进一步证实了降解过程中没有产生毒性。由此可见，通过 Sc 和 Y 合金化进行选择性氧化可以有效控制植入材料的降解速率,且合金元素的添加并未造成显著的细胞毒性。适宜的降解速率、较强的压缩强度及较弱的细胞毒性使得 Mg-Y-Sc 合金有望应用为生物医用材料。

21.4.4　Mg-Y-Ca-Zr 合金的细胞毒性和细胞相容性

Chou 等[13]运用传统的熔炼和铸造工艺生产 Mg-Y-Ca-Zr 合金,包括 Mg-1Y-0.6Ca-0.4Zr(WX11)合金和 Mg-4Y-0.6Ca-0.4Zr(WX41)合金。这些合金对 MC3T3-E1 前成骨细胞进行了体外生物相容性测试,在室温下将附着上 MC3T3-E1 细胞的 Mg-Y-Ca-Zr 合金用含有 $2\mu mol/L$ 的 1-乙锭同型二聚体和 $4\mu mol/L$ 的钙黄绿素 AM 的 PBS 冲洗并染色 30min。室温下在存活/死亡溶液中培养 30min 后,用荧光显微镜对存活细胞和死亡细胞进行拍照。

图 21.19 展示了经 MC3T3-E1 细胞培养并经 MTT 比色法测定的 WX11 样品的间接毒性结果。在 100% 提取浓度的情况下,两个培养阶段的细胞生存率为零,随着提取浓度的降低,细胞存活率提高。经培养一天,在提取液浓度为 25% 和 10% 的培养液中,细胞存活率没有降低,即在这两种浓度中培养一天并没有表现出毒性。经培养三天,提取液浓度为 25% 和 10% 的细胞培养液中细胞存活率下降到了 70%。这与之前的发现是一致的,即提取液浓度越高,其生物毒性越强,从而导致渗透伤害。与 WX11 时效态、WX41 铸态和纯镁相比,在浓度分数为 50% 的提取液中铸态 WX11 表现出了较高的细胞存活率。而在浓度为 25% 的提取液中,相比于纯镁,铸态 WX11 和 WX41 合金及时效态 WX11 和 WX41 合金表现出更高的细胞存活率。但是在培养三天后,纯镁和四种合金的细胞存活率并没有太大差别。与纯镁和 AZ31 相比,WX11 和 WX41 表现出更好的体外生物相容性,Mg-Y-Ca-Zr 合金,尤其是 WX41,具备较好的力学性能、生物腐蚀行为及生物学特性,有望作为整形外科和颅面移植材料。

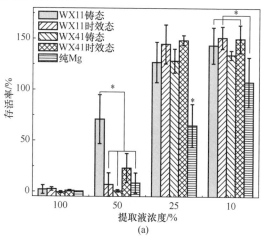

(a)

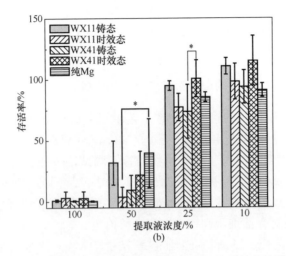

图 21.19　铸态和时效处理的 WX11、WX41 以及铸态纯镁提
取液培养不同时间后 MC3T3 细胞的细胞毒性[13]

(a) 1 天；(b) 3 天

21.4.5　Mg-Y-Zn-Zr 合金的细胞毒性和细胞相容性

Mg-1.5Y-1.2Zn-0.44Zr 合金是一种新兴的可降解金属生物材料,Fan 等[26]对其进行了体外降解评估和体外细胞毒性的测试。选取不同浓度的挤压态试样浸泡提取液对 L-929 细胞进行毒性测试,图 21.20 显示了 L929 细胞在阴性对照液,100％、50％、10％提取液和阳性对照溶液中培养 1 天、3 天、5 天之后的细胞活性,以百分数的形式表示。与阴性对照和阳性对照相比,100％、50％、10％提取液对细胞没有显著的毒性。此外还可以看出,随着培养时间的延长,提取液浓度为 100％

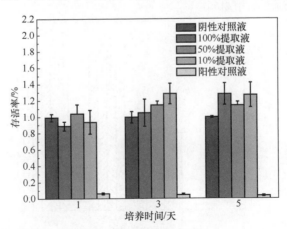

图 21.20　经 1 天、3 天、5 天培养后 L929 细胞活性[26]

的培养液中细胞活性增加,与第 1 天相比,经过 3 天和 5 天的培养,50% 和 10% 的培养液中细胞的吸光度增加,这都表明细胞在培养过程中进行了增殖。这是由于 Mg-1.5Y-1.2Zn-0.44Zr 合金降解产生了大量的镁离子,由于镁离子和其他合金元素(Y、Zn、Zr)的协同作用,Mg-1.5Y-1.2Zn-0.44Zr 合金表现出了较好的细胞相容性。

Gu 等[16]指出,72h 后,铸态二元合金 Mg-1Y、Mg-1Zn 和 Mg-1Zr 释放的 Mg、Y、Zn、Zr 的平均浓度分别为 210μg/mL、0.2μg/mL、0.2μg/mL 和 0.6μg/mL,铸态二元镁合金作为生物应用材料具备基本的生物安全性。而挤压态四元合金 Mg-1.5Y-1.2Zn-0.44Zr 中释放的 Mg、Y、Zn、Zr 离子浓度分别低于 210μg/mL、0.3μg/mL、0.24μg/mL 和 0.26μg/mL,表明其对细胞相容性所产生的副作用不明显。综上所述,挤压态的 Mg-1.5Y-1.2Zn-0.44Zr 合金有望用作可生物降解金属植入物。

21.4.6　Mg-Y-RE-Zr 合金的细胞毒性和细胞相容性

Ezechieli 等[41]用 L929 细胞和人成骨细胞(HOB)对 Mg-Y-RE-Zr 进行细胞毒性测试,根据 EN 国际标准 10993-5/12,培养 24h 后滤取液中没有检测到有毒产物。与无毒的阴性对照相比,100% 提取液中的 HOB 和 L929 细胞的相对新陈代谢活动有些微的降低。如图 21.21 所示。两组细胞的存活率均在 70% 以上,而两组细胞的有毒参照培养中的存活率均为 0%。随着培养时间的延长,人成骨细胞 100% 提取液的 pH 稍微升高。而在无血清细胞冻存培养基(RPMI 1640)和 10% 的胎牛血清中培养 24h 后,其 pH 几乎保持不变。随着培养时间的延长,两种媒质 100% 提取液的浓度有所下降。培养 24h 后的测试显示没有有毒产物生成,由此可知,Mg-Y-RE-Zr 合金适于用作可降解骨内植入材料。

21.4.7　小结

近年来对细胞毒性的研究和测试逐渐增多,MTT 和 XTT 方法由于具有简单、快速、经济等优点而广泛应用于细胞毒性测试。然而,对于镁合金材料毒性测试,这两种测试方法通常会产生假阳性或假阴性的结果,虽然运用这两种方法也可以得到接近真实数据的结果,但是需要分析所有的影响因子并对测试系统加以改进,工作量很大。为了测试所有的影响因素,避免假阳性或假阴性的结果,需要更多更复杂的过程控制。虽然经过严格控制,可以对镁合金进行毒性测试,但是在静态的试管测试中不适用。寻求不受镁材料及其他因素影响的测试方法显得尤为重要,Janning 等[42]通过研究发现,BrdU 测试方法不受镁腐蚀的影响,适于测试镁合金的细胞毒性。随着研究的增多和科技的发展,将会有更方便、快速、经济且适用于镁合金毒性测试的方法。

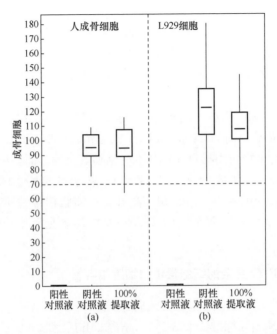

图 21.21　经 MTS 实验所得的提取液培养 24h 后的相对代谢活性[41]
(a)人体成骨细胞;(b) L929 细胞

　　此外,目前关于细胞毒性的测试多是在体外或动物体内进行的,这与人体内部环境条件有很大不同,因此对于镁合金在人体内部产生的毒性反应还不明确。应当尽可能地模拟人体内部环境对细胞进行培养,从而得到更接近于镁合金在人体内部的反应状况,寻求综合性能较好的镁钇基合金,并进一步进行人体实验,以求得到真正可应用于人体的可降解镁钇基生物材料。

21.5　Mg-Y 系合金的体内实验

　　Mg-Y 系合金由于其具有良好的力学性能、耐腐蚀性和生物相容性,受到越来越多科研工作者的关注。目前,对 Mg-Y 系合金的动物和临床实验的研究主要集中在德国、瑞士、美国、澳大利亚、新西兰等发达国家,国内则未发现相关的报道。其中研究的应用领域的主要集中在骨科固定、血管移植和整形外科这三个方面。

21.5.1　Mg-Y 系合金在骨科方面的实验研究

　　在肌肉骨骼手术中镁合金腐蚀金属代表了一类新的可降解植入材料。由于镁合金在降解时释放出金属离子,这些植入物可能跟皮肤过敏反应有关系。为了研究镁合金对皮肤的过敏反应,Witte 等[43]选取了四种镁合金(AZ31、AZ91、WE43

和 LAE442)、钛合金(TiAl6V4)和可降解高分子(SR-PLA96)进行相关实验探索
并将它们植入 156 只雌性邓肯哈特利白化豚鼠体内。研究发现,在用固体薄片处
理的豚鼠中初始红斑在 24h 里逐渐减轻,并且初始红斑是由局部皮肤刺激引起的。
在用溶解的材料处理的豚鼠中,去除斑贴后 24h 剩余的红斑仍然可以确定为局部
皮肤刺激。根据组织形态学判断标准,在皮肤活组织检查中没有观察到过敏反应。
结果表明,不管标准材料还是所有的测试,WE43 等四种镁合金均没有检测到皮肤
过敏的可能性。

　　Castellani 等[44]将新型可降解的镁合金 WE43 和现在临床使用的 Ti6Al7Nd
合金分别植入 72 只 5 周大小的雄性斯普拉-道来大鼠(重量为 120~140g)大腿骨
内。实验结果表明,在镁合金移植物中具有很高的骨移植接触和很好的骨体积/组
织体积比例。组织学截面图表明,所有的镁合金植入物均表现为与骨头直接接触,
任何时间在植入物周围都没有纤维组织层生成,如图 21.22 所示;另外,还发现在
参与实验的所有大鼠中均未出现全身性炎症反应。因此可以得出结论,参与测试
的可降解镁合金具有比临床钛合金更为优越的骨移植界面强度和骨整合能力,这
种镁合金有望在骨移植中得到应用。

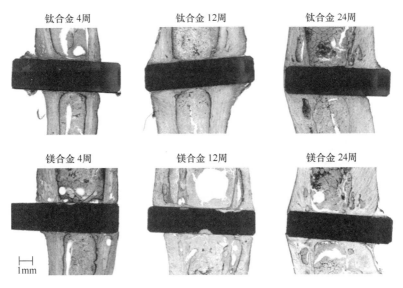

图 21.22　镁合金和钛合金植入物后 4 周、12 周、24 周的组织学检查图[44]

　　另外,Lindtne 等[45]使用类似的方法将可降解镁合金 Mg-Y-Nd-RE 和自增强
高分子共聚物 PLGA(85/15)进行比较,分别植入雄性斯普拉-道来大鼠大腿骨内,
其结果表明,移植 4 周之后可降解镁合金界面附近和其直径 0.5mm 范围内出现骨
的数量比 PLGA 植入物多,但是在 12 周和 24 周则两者区别不大。而且,实验用
到的两种可降解植入物在大鼠体内均未发生局部或全身性的炎症反应,这些数据

说明,可降解镁合金表现出比高分子共聚物更为优异的骨移植界面强度,且在移植处周围有较高的骨组织数量。为了研究在骨缝处短暂植入的镁合金体内的降解和与骨头的相互作用情况,Kraus 等[46]将两种不同的镁合金销钉植入 32 只雄性斯普拉-道来大鼠体内,第一种是降解快速的 ZX50,另一种是降解较慢的 WZ21。研究表明,WE21 合金在植入物周围产生了较多的新生骨,同时镁合金具有较好的骨传导性能和骨诱导性能,这些结果对镁合金植入物在小儿科方面的应用具有重要的意义。

Ezechieli 等[41]为了评估镁合金骨钉植入新西兰白兔股骨髁间降解后的产物对滑液和滑液膜的影响,将 Mg-Y-RE-Zr 镁合金骨钉和相同尺寸的对比钛合金 Ti-6Al-4V 骨钉同时植入到平均年龄只有 6 个月、体重为(3.8±0.2)kg 的 36 只雌性新西兰白兔的股骨髁间内。Mg-Y-RE-Zr 骨钉临床观察表明,所有的镁合金骨钉在体内均表现良好的承受能力,没有出现任何炎症、跛行或者皮下气囊等现象。X 射线照片的结果显示没有大量的气体生成,同时骨头的结构也没有发生改变,如图 21.23 所示。另外,血清中的镁、肌酸酐、谷丙转氨酶、血清谷草转氨酶和白细胞的含量与正常水平相当,在移植前血清中尿素的含量较高,但是移植镁合金或钛合金之后尿素都含量不再升高。目前的研究表明,实验用 Mg-Y-RE-Zr 镁合金有望在关节内可降解植入材料中得到应用。

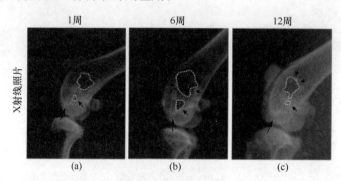

图 21.23　植入物在股骨切口处的影像照片[41]
(a) 植入后 1 周;(b) 植入后 4 周;(c) 植入后 12 周

21.5.2　Mg-Y 系合金在血管移植方面的实验研究

Hänzi 等[40]将直径为 4mm,厚度为 0.4mm 的 WZ21 薄片植入两只哥廷根小型猪(20~30kg)的 4 种不同类型组织内——肝脏、小网膜、腹直肌肌肉和皮下组织。结果发现,植入 WZ21 薄片 21 天后的小型猪炎症反应比 91 天的要更为严重。在组织观察中可以清楚地发现移植处形成了血管,同时,植入不同类型组织的薄片均表现为均匀降解并且产生有限的气体,这些现象表明长时间的移植 WZ21 导致

异物反应的活性降低。另外,WZ21 具有良好的生物相容性,如图 21.24 所示。相
比 WE43,WZ21 在生物体外和体内的降解性能和生物相容性更具优越性,被认为
在移植应用方面很有潜力。因为动物实验表明,WZ21 在体内具有优越的性能,所
以为了扩大其在血管移植方面的应用需要进一步的动物实验来加以验证。

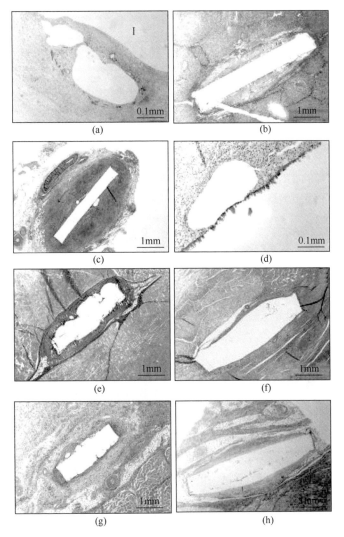

图 21.24　WZ21 样品植入哥廷根小型猪不同组织处的组织病理学图
(a)、(b) 肝脏;(c)、(d) 小网膜;(e)、(f) 腹直肌肌肉;(g)、(h) 皮下组织[40]

　　同时,科研工作者正在通过临床实验积极调查可降解镁合金支架在心血管支
架的应用。支架移植已经在治疗先天性心脏病方面发挥重要的作用,同时它在治
疗肺动脉、分支狭窄和阻塞静脉系统这些方面也功不可没。而现在可降解支架成

为了研究热点,尤其是可降解镁合金支架,这是一种有望提供暂时支撑狭窄的动脉血管直到血管成形后又缓慢消失的材料。可降解镁合金现在还没有进入临床使用,但是早期的结果表明它们的可行性,这给临床医生、患者、生产商和科研工作者带来很大的期望,尤其是最近研究使用可降解镁合金治愈了两名患有先天性心脏病的婴儿[47,48]和肢体严重缺血的成年人[49,50]。近年来的许多研究结果表明,WE系镁合金具有作为新型生物医用降解材料的优势。WE系列镁合金就是以稀土元素作为合金元素的代表材料,并且WE43镁合金血管支架临床实验也同样显示Nd、Y与Zr在人体内没有明显的毒性。

　　Erne等[51]最早将WE43合金制备成血管支架并植入人体中实验,其从动物和人体实验说明,镁合金在可降解支架方面具有很大的应用潜力。Di Mario等[52]将Biotronik公司研制的吸收血管支架(WE43,如图21.25所示)植入猪的管状动脉,4周后可以看出血管造影最小腔内径1.49mm高于不锈钢(1.34mm);另外,他们还进行了初步的临床实验研究,将WE43植入20个平均年龄为76岁的患者下肢(10个为糖尿病患者),这些患者都是下肢严重缺血。磁共振图像表明,该材料具有较好的生物相容性,同时,实验过程中没有任何患者出现过敏反应和中毒症状。但是,这种支架也存在使用的局限性,因为射线可完全穿透性使得要探测支架的栓塞情况变得很困难。

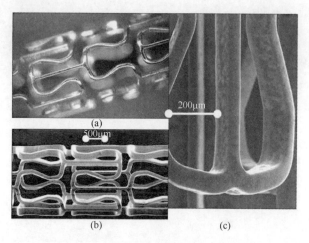

图 21.25　Biotronik 公司生产的 WE43 可降解镁合金支架[52]

(a)、(b) 低倍电子显微镜图;(c) 高倍电子显微镜图

21.5.3　Mg-Y 系合金在整形外科方面的实验研究

　　不可降解材料如不锈钢和钛合金生物材料已在整形外科手术中得到了广泛的应用。尽管这些不可降解生物材料具有很大的稳定性,但是他们会干扰影像形态,

同时导致应力遮挡效应且需要增加多余的程序去移除。另外,可降解高分子植入物力学性能较差,并且容易导致异体反应。

为了评价含稀土元素的 Mg-Y 系合金(Mg-Y-RE-Zr)骨钉的全身反应及其对骨组织的急性、亚急性和慢性局部影响,Waizy 等[53]将 Mg-Y-RE-Zr 合金骨钉植入 15 只成年新西兰白兔左股骨的骨髓腔内,其中白兔分别在 1 周、12 周和 52 周进行手术之后安乐处死。为了估计实验中植入物形成的气体,定期对白兔进行血样分析和影像处理。结果表明,血样测试结果和正常水平相当,组织学检查显示在植入物直接接触处有适量的骨形成,并没有形成纤维囊。肺、肝、肠、肾、胰腺和脾等组织样品的组织病理学评价没有任何异常。总体来说,研究数据表明 Mg-Y-RE-Zr 合金骨钉具有很好的生物相容性和骨传导性,而没有急性、亚急性和慢性毒性影响。Mg-Y-RE-Zr 这种镁合金实验表明具有良好的生物相容性和骨传导性。

为了确定 Mg-Y-RE-Zr 镁合金骨钉是否和标准的钛合金骨钉具有相同的骨钉固定作用,Windhagen 等[54]进行随机的、小规模的临床实验,将镁合金和钛合金植入具有中等拇指外翻的患者体内。26 个患者自由分配接受相同尺寸的钛合金或者镁合金接骨手术。如图 21.26 所示,对植入患者进行 6 个月的临床、实验和影像学评估。研究发现,在实验过程中没有检测到异体反应、骨溶解和系统性的炎症等不良症状。结果表明,可降解镁合金骨钉和钛合金一样可以用于治疗中度症状的拇指外翻患者。

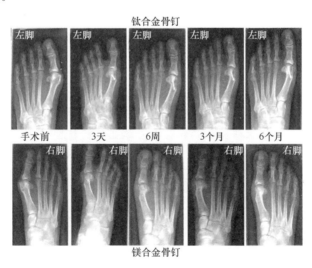

图 21.26　中度拇指外翻畸形手术前和手术后的影像图[54]

21.5.4　小结

尽管目前 Mg-Y 系合金已有少量的动物和临床实验,然而作为生物材料必须将生物安全性放在首要位置。Mg-Y 系合金在动物和人体的降解机制和降解产物的安全性还需更加深入系统地进行研究。

21.6　结论与展望

目前,Mg-Y 系合金作为可降解生物材料还处在研发和初步应用阶段,要真正在临床上得到应用,还存在很多需要改进的方面。例如,Mg-Y 系合金作为血管支架材料,如何在保证生物相容性的同时具有支撑血管的足够强度;如何在血管准确地控制携带的抗凝或者抗增殖药物缓慢、持久地释放;如何减少弹性回缩、控制降解速率以及降解的碎片是否会引发结石等问题,这都是有待解决的问题和未来血管支架研究的方向。同时,尽管大量研究报道表明,Mg-Y 系合金有望在可降解骨科固定和整形外科方面的应用,但是要在以后的临床应用,仍需要进一步的实验来估计 Mg-Y 系合金长时间的降解性能和生物相容性。另外,Mg-Y 系合金必须保证在合理时间内的机械完整性和伤病处的完全恢复。针对以上情况,笔者认为以后 Mg-Y 系合金的研究重点主要包括以下几点:①探索 Mg-Y 系合金在动物或人体内的力学性能变化规律及其机制;②考察 Mg-Y 系合金在生物体内长期移植的生物相容性、生物毒性、炎症反应等情况;③完成 Mg-Y 系合金在不同年龄、性别、病情、组织等动物和人体的实验,找到适合不同患者的最佳移植参数;④探究其在生物体内的降解机理,最后达到控制降解速率的目的;只有这些工作得到共同发展,才能推动 Mg-Y 系合金更快地走向临床应用。

致谢

本章主要感谢国家自然科学基金(51101142)、国家优秀青年基金(51422105)和新世纪人才项目(NCET-12-0690)的大力资助。感谢中国科学院长春应化所、德国 GKSS 镁合金创新技术研究中心和燕山大学亚稳材料国家重点实验室的支持。特别感谢杨磊博士、全组研究生的查阅整理。

参 考 文 献

[1] Massalski T B,Okamoto H,Subramanian P,et al. Binary alloy phase diagrams. ASM International,1990,3:2566
[2] Socjusz-Podosek M,Lityńska L. Effect of yttrium on structure and mechanical properties of Mg alloys. Materials Chemistry and Physics,2003,80(2):472-475
[3] Sudholz A D,Gusieva K,Chen X B,et al. Electrochemical behaviour and corrosion of Mg-Y alloys. Corrosion Science,2011,53(6):2277-2282
[4] Otte A,Mueller-Brand J,Dellas S,et al. Yttrium-90-labelled somatostatin-analogue for cancer treatment. The Lancet,1998,351(9100):417-418

[5] Liu M, Schmutz P, Uggowitzer P J, et al. The influence of yttrium(Y) on the corrosion of Mg-Y binary alloys. Corrosion Science, 2010, 52(11): 3687-3701

[6] Gu X, Zheng Y, Cheng Y, et al. In vitro corrosion and biocompatibility of binary magnesium alloys. Biomaterials, 2009, 30(4): 484-498

[7] Peng Q, Huang Y, Zhou L, et al. Preparation and properties of high purity Mg-Y biomaterials. Biomaterials, 2010, 31(3): 398-403

[8] Witte F, Kaese V, Haferkamp H, et al. In vivo corrosion of four magnesium alloys and the associated bone response. Biomaterials, 2005, 26(17): 3557-3563

[9] Hanzi A C, Gunde P, Schinhammer M, et al. On the biodegradation performance of an Mg-Y-RE alloy with various surface conditions in simulated body fluid. Acta Biomaterialia, 2009, 5: 162-171

[10] Gunde P, Furrer A, Hanzi A C, et al. The influence of heat treatment and plastic deformation on the bio-degradation of a Mg-Y-RE alloy. Journal of Biomedical Materials Research Part A, 2010, 92(2): 409-418

[11] Peng Q, Huang Y, Kainer K U, et al. High ductile as-cast Mg-RE based alloys at room temperature. Materials Letters, 2012, 83: 209-212

[12] 范珺, 邱鑫, 田政, 等. 生物材料用 Mg-Y-Zn-Zr 合金的微观结构及体外降解行为. 应用化学, 2012, 29(12): 1452-1456

[13] Chou D T, Hong D, Saha P, et al. In vitro and in vivo corrosion, cytocompatibility and mechanical properties of biodegradable Mg-Y-Ca-Zr alloys as implant materials. Acta Biomater, 2013, 9(10): 8518-8533

[14] Peng Q, Ma N, Fang D, et al. Microstructures, aging behaviour and mechanical properties in hydrogen and chloride media of backward extruded Mg-Y based biomaterials. Journal of the Mechanical Behavior of Biomedical Materials, 2013, 17: 176-185

[15] Mengucci P, Barucca G, Riontino G, et al. Structure evolution of a WE43 Mg alloy submitted to different thermal treatments. Materials Science and Engineering A, 2008, 479(1/2): 37-44

[16] Gu X, Zheng Y, Cheng Y, et al. In vitro corrosion and biocompatibility of binary magnesium alloys. Biomaterials, 2009, 30: 484-498

[17] Peng Q, Li X, Ma N, et al. Effects of backward extrusion on mechanical and degradation properties of Mg-Zn biomaterial. Journal of the Mechanical Behavior of Biomedical Materials, 2012, 10: 128-137

[18] Peng Q M, Dong H W, Tian Y J, et al. Development of Degradable Mg-RE Based Biomaterials. Advanced Materials Research, 2012, 509: 36-39

[19] Hänzi A C, Sologubenko A S, Uggowitzer P J. Design strategy for new biodegradable Mg-Y-Zn alloys for medical applications. International Journal of Materials Research, 2009, 100(8): 1127-1136

[20] 彭秋明, 蔡康乐, 刘日平, 等. 一种镁合金板材的轧制方法: 中国, CN103212572A. 2013

[21] 彭秋明, 付辉, 李慧, 等. 一种镁合金板材加工方法: 中国, CN103316911A. 2013

[22] 彭秋明,蔡康乐,刘丽. 一种镁合金无缝管材的制备方法及其挤压模具:中国,CN103111482A. 2012

[23] Bobe K,Willbold E,Morgenthal I,et al. In vitro and in vivo evaluation of biodegradable,open-porous scaffolds made of sintered magnesium W4 short fibres. Acta Biomaterialia,2013,9(10):8611-8623

[24] Peng Q,Fu H,Pang J,et al. Preparation,mechanical and degradation properties of Mg-Y-based microwire. Journal of the Mechanical Behavior of Biomedical Materials,2014,29:375-384

[25] Peng Q,Ma N,Fang D,et al. Microstructures,aging behaviour and mechanical properties in hydrogen and chloride media of backward extruded Mg-Y based biomaterials. Journal of the Mechanical Behavior of Biomedical Materials,2013,17:176-185

[26] Fan J,Qiu X,Niu X,et al. Microstructure,mechanical properties,in vitro degradation and cytotoxicity evaluations of Mg-1.5Y-1.2Zn-0.44Zr alloys for biodegradable metallic implants. Materials Science and Engineering C,2013,33(4):2345-2352

[27] Leng Z,Zhang J,Yin T,et al. Influence of biocorrosion on microstructure and mechanical properties of deformed Mg-Y-Er-Zn biomaterial containing 18R-LPSO phase. Journal of the Mechanical Behavior of Biomedical Materials,2013,28:332-339

[28] Xin Y,Hu T,Chu P K. In vitro studies of biomedical magnesium alloys in a simulated physiological environment:A review. Acta Biomaterialia,2011,7(4):1452-1459

[29] 严安庆. 热处理工艺对挤压态 Mg-12Gd-3Y-0.6Zr 合金耐腐蚀性能的影响. 湖南有色金属,2010,(5):31-33+62

[30] Brar H S,Ball J P,Berglund I S,et al. A study of a biodegradable Mg-3Sc-3Y alloy and the effect of self-passivation on the in vitro degradation. Acta Biomaterialia,2013,9(2):5331-5340

[31] Leng Z,Zhang J,Yin T,et al. Influence of biocorrosion on microstructure and mechanical properties of deformed Mg-Y-Er-Zn biomaterial containing 18R-LPSO phase. Journal of the Mechanical Behavior of Biomedical Materials,2013,28:332-339

[32] Peng Q,Zhao S,Li H,et al. High pressure solidification:An effective approach to improve the corrosion properties of Mg-Y based implants. International Journal of Electrochemical Science,2012,7(6):5581-5595

[33] Zhang X,Zhang K,Deng X,et al. Corrosion behavior of Mg-Y alloy in NaCl aqueous solution. Progress in Natural Science:Materials International,2012,22(2):169-174

[34] 邓霞. Mg-Y 二元合金腐蚀行为研究. 北京:北京有色金属研究总院博士学位论文,2012

[35] 易建龙,张新明. Ce 对 Mg-9Gd-4Y-1Nd-0.6Zr 合金微观组织和耐蚀性的影响. 中国腐蚀与防护学报,2012,32(3):262-266

[36] Brar H S,Ball J P,Berglund I S,et al. A study of a biodegradable Mg-3Sc-3Y alloy and the effect of self-passivation on the in vitro degradation. Acta Biomaterialia,2013,9(2):5331-5340

[37] Peng Q,Huang Y,Zhou L,et al. Preparation and properties of high purity Mg-Y biomaterials. Biomaterials,2010,31(3):398-403

[38] 王萍,刘道新,李建平等. Mg-Gd-Y 系合金微弧氧化层生长机制及耐蚀性研究. 稀有金属材料与工程,2011,40(6):995-999

[39] Zhao Y,Wu G,Pan H,et al. Formation and electrochemical behavior of Al and O plasma-implanted biodegradable Mg-Y-RE alloy. Materials Chemistry and Physics,2012,132(1):187-191

[40] Hänzi A C,Gerber I,Schinhammer M,et al. On the in vitro and in vivo degradation performance and biological response of new biodegradable Mg-Y-Zn alloys. Acta Biomaterialia,2010,6(5):1824-1833

[41] Ezechieli M,Diekmann J,Weizbauer A,et al. Biodegradation of a magnesium alloy implant in the intercondylar femoral notch showed an appropriate response to the synovial membrane in a rabbit model in vivo. Journal of Biomaterials Applications,2014,29(2):5291-302

[42] Janning C,Willbold E,Vogt C,et al. Magnesium hydroxide temporarily enhancing osteoblast activity and decreasing the osteoclast number in peri-implant bone remodelling. Acta Biomaterialia,2010,6(5):1861-1868

[43] Witte F,Abeln I,Switzer E,et al. Evaluation of the skin sensitizing potential of biodegradable magnesium alloys. Journal of Biomedical Materials Research Part A,2008,86A(4):1041-1047

[44] Castellani C,Lindtner R A,Hausbrandt P,et al. Bone-implant interface strength and osseointegration:biodegradable magnesium alloy versus standard titanium control. Acta Biomaterialia,2011,7(1):432-440

[45] Lindtner R A,Castellani C,Tangl S,et al. Comparative biomechanical and radiological characterization of osseointegration of a biodegradable magnesium alloy pin and a copolymeric control for osteosynthesis. Journal of the Mechanical Behavior of Biomedical Materials,2013,28:232-243

[46] Kraus T,Fischerauer S F,Hänzi A C,et al. Magnesium alloys for temporary implants in osteosynthesis:in vivo studies of their degradation and interaction with bone. Acta Biomaterialia,2012,8(3):1230-1238

[47] Zartner P,Cesnjevar R,Singer H,et al. First successful implantation of a biodegradable metal stent into the left pulmonary artery of a preterm baby. Catheterization and Cardiovascular Interventions,2005,66(4):590-594

[48] Schranz D,Zartner P,Michel-Behnke I,et al. Bioabsorbable metal stents for percutaneous treatment of critical recoarctation of the aorta in a newborn. Catheterization and Cardiovascular Interventions,2006,67(5):671-673

[49] Peeters P,Bosiers M,Verbist J,et al. Preliminary results after application of absorbable metal stents in patients with critical limb ischemia. Journal of Endovascular Therapy,2005,12(1):1-5

[50] Bosiers M. AMS INSIGHT—absorbable metal stent implantation for treatment of below-the-knee critical limb ischemia: 6-month analysis. Cardiovascular and Interventional Radiology,2009,32(3):424-435

[51] Erne P,Schier M,Resink T J. The road to bioabsorbable stents: Reaching clinical reality? Cardiovascular and Interventional Radiology,2006,29(1):11-16

[52] Di Mario C, Griffiths H, Goktekin O, et al. Drug-eluting bioabsorbable magnesium stent. Journal of Interventional Cardiology,2004,17(6):391-395

[53] Waizy H,Seitz J M,Reifenrath J,et al. Biodegradable magnesium implants for orthopedic applications. Journal of Materials Science,2012,48(1):39-50

[54] Windhagen H,Radtke K,Weizbauer A,et al. Biodegradable magnesium-based screw clinically equivalent to titanium screw in hallux valgus surgery: Short term results of the first prospective,randomized,controlled clinical pilot study. Biomedical Engineering Online,2013,12(1):62-71

第 22 章　镁锌稀土合金体系

在镁锌合金中添加稀土元素不仅可以改善镁合金的流动性,提高合金的铸造性能,还可提高合金的综合力学性能,改善合金耐蚀性。近年来,含少量稀土的低锌镁合金具有良好的综合力学性能和优异的耐腐蚀性,作为一类新型可降解生物医用镁合金,受到广泛关注。由于锌含量过高对镁合金耐腐蚀性能不利,因此,生物医用镁锌稀土合金的开发设计主要是以低锌镁合金[锌含量不超过 0.2%(质量分数)]为基础,添加对生物体毒副作用较小的稀土元素钇和钕,通过优化成分,得到综合性能较好的普通凝固态镁锌稀土合金;为了进一步提高合金的综合性能,需要对普通凝固态合金进行后续的加工,如挤压等。本章主要介绍生物可降解镁锌稀土合金的成分设计及其加工工艺、合金表面改性、生物相容性和动物体内实验等内容。

22.1　合金设计理念

针对商业用镁合金作为可降解医用材料不能在力学性能和降解性能完全满足要求,关绍康等[1]开发出了一种具有优异耐蚀性能和力学性能的新型可降解 Mg-Zn-Y-Nd 合金。该合金的设计基于低锌低钇 Mg-Zn-Y 合金:根据 Mg-Zn-Y 合金在 673K 的等温截面图(图 22.1)[2]可以知道,当 Zn/Y 原子比为 6:1 时,在适当

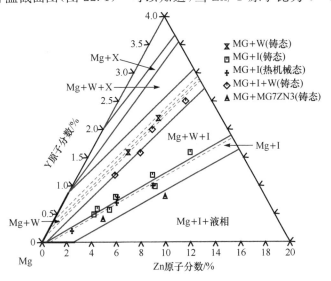

图 22.1　Mg-Zn-Y 合金在 673K 的等温截面图

凝固速率下,其显微组织中含有准晶 I 相,准晶相的性质介于非晶与晶体之间,其具有高的硬度、良好的腐蚀抗力、低的界面能,能提高镁合金的力学性能和耐腐蚀性能[3]。但准晶具有的本质脆性又限制了其在生物材料方面的应用[4];而稀土 Nd 对镁合金具有净化、细化、合金化等作用[5],因此在低锌低钇 Mg-Zn-Y 合金的基础上添加 Nd 元素,不仅可得到准晶相提高镁合金的耐腐蚀性和强度,还可提高镁合金的塑韧性。

关绍康等[1]在低锌低钇 Mg-Zn-Y 合金的基础上,添加了镁合金强韧化稀土元素 Nd,并通过优化 Zn 和 Nd 含量[6,7],开发出一种新型生物镁合金 Mg-2Zn-Y-0.5Nd 合金,同时采用亚快速凝固工艺(水冷铜模注射法,如图 22.2 所示)得到含有准晶相的具有良好耐腐蚀性能和力学性能且生物相容性良好的新型可降解医用镁合金。

亚快速凝固态合金的制备工艺为:首先采用高纯镁锭、高纯锌锭、Mg-25Y 和 Mg-25Nd(质量分数)中间合金,通过熔炼得到普通凝固态的合金锭;然后采用水冷铜模注射法得到 Φ2mm 的细棒状亚快速凝固态合金试样(图 22.3)。

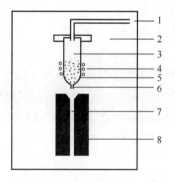

图 22.2   亚快速凝固工艺示意图
1-进气管;2-封闭环;3-石英管;4-加热感
应圈;5-熔体;6-熔体喷注口;7-型腔;8-铜模

图 22.3 Φ2mm 的亚快速凝固态合金棒

普通凝固态 Mg-2Zn-Y-0.5Nd 合金的显微组织中,晶粒粗大,第二相呈颗粒状弥散分布(图 22.4);经 XRD 分析[图 22.5(a)],弥散分布的第二相主要是 Nd_3Zn_{11} 相。亚快速凝固态 Mg-2Zn-Y-0.5Nd 合金的平均晶粒只有 $15\mu m$[图 22.4(b)],晶粒显著细化的同时趋于等轴化;经 XRD 分析[图 22.5(b)],经过亚快速凝固之后,Mg-2Zn-Y-0.5Nd 合金中出现了准晶 I 相(Mg_3YZn_6),这一点也从图 22.6 的 SEM 和 EDS 分析图谱得到了证实。

准晶这一特殊相的出现,不仅与合金的组成有关,更和制备工艺密切相关。从凝固速度与形成准晶的关系看,由于准晶多为亚稳相,冷却速率必须大于某一个临界值才能形成;但冷却速率又不能过大,因为准晶的形成需晶粒形核与长大的过

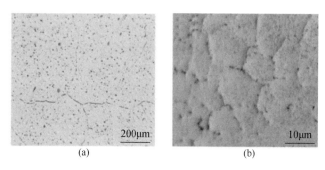

图 22.4　不同状态 Mg-2Zn-Y-0.5Nd 合金的显微组织

（a）普通凝固态；（b）亚快速凝固态

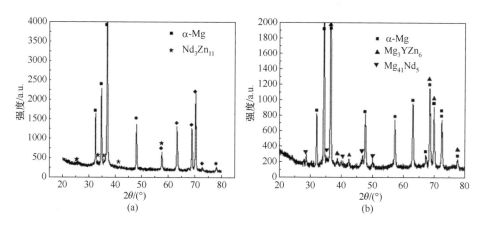

图 22.5　不同状态 Mg-2Zn-Y-0.5Nd 合金的 XRD 分析

（a）普通凝固态；（b）亚快速凝固态

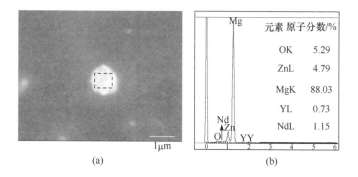

图 22.6　亚快速凝固态 Mg-2Zn-Y-0.5Nd 合金的 SEM 和 EDS 分析

程,受原子扩散控制。形成准晶的冷却速率要适当控制,冷速要足够大,以抑制晶
态相的形成;而冷速又要足够小,以使准晶在凝固过程中有足够的时间形核和长

大。对于 Mg-2Zn-Y-0.5Nd 合金,200K/s 左右的亚快速凝固速率能够满足准晶 I 相的形成条件[8];同时,发现亚快速凝固条件下,也没有出现 MgZn 相,这是由于 MgZn 相属于低温相,较大的冷却速率抑制了其形成。

综上所述,通过亚快速凝固工艺得到的是组织均匀、晶粒细小且耐蚀性优异的镁合金细棒(Φ2mm),便于后续加工成镁合金髓内针,作为可降解骨植入材料使用;也可加工成更细的镁合金丝,通过编织制成镁合金血管支架。

22.2　组织调控

22.2.1　通过改变合金成分进行组织调控

普通凝固态 Mg-2Zn-Y-0.5Nd 合金的显微组织中晶粒粗大且不均匀,季川祥[9]在 Mg-2Zn-Y-0.5Nd 合金中添加具有细化晶粒作用的 Zr[以 Mg-Zr 中间合金形式加入,添加量为 0.4%(质量分数)],可达到细化晶粒、改善合金组织的目的。

图 22.7 为普通凝固态 Mg-2Zn-Y-0.5Nd-Zr 合金的金相显微组织,与图 22.4(a) 中普通凝固态 Mg-2Zn-Y-0.5Nd 合金显微组织相比,加入 0.4%(质量分数)的 Zr 元素后合金的组织发生了明显变化,晶粒尺寸细化到 $50\mu m$ 左右,合金中的第二相主要分布在晶界处。

Zr 和 Mg 具有相同的晶体结构[10],都为密排六方(hcp)结构,Zr 的晶格参数($a=0.323nm$,$c=0.514nm$)与 Mg 的晶格参数($a=0.321nm$,$c=0.521nm$)相近,且 Zr 在 Mg 中的包晶反应点为约 0.45%Zr[11]。由研究可知[12],Zr 易与 Al、Mn、Si、Fe 元素生成稳定化合物;Zr 是一种难熔性金属,其与气体有着很强的亲和力,在熔炼过程中,容易吸收合金液中的氢、氮和氧等元素;另外,Zr 的加入有利于降低合金的缩松倾向和 Mg-Zn 系合金的热裂倾向[13]。由于 Mg-2Zn-Y-0.5Nd 合金中不含 Al、Mn、Si、Fe 等元素,因此宜采用加入 0.4%Zr 细化合金晶粒,净化合金液减少合金在熔炼过程中的热裂倾向,提高合金的铸造性能。由于该设计中 Zr 含量[0.4%(质量分数)]小于包晶成分,Zr 并未达到其在镁中的最大溶解度,Zr 以溶解 Zr 和部分未溶解 Zr 粒子两种形式存在于合金液中。Mg-2Zn-Y-0.5Nd 合金中加入 Zr 后,合金在凝固过程中析出 α-Zr 粒子,该粒子作为结晶时的异质形核核心,同时由于 Zr 相对于其他合金元素而言,溶解 Zr 对镁晶粒长大起到最强的抑制作用,即说明 Zr 在作为异质形核核心的同时产生了一定的成分过冷,可显著细化晶粒。

表 22.1 为普通凝固态 Mg-2Zn-Y-0.5Nd(-Zr)合金与商用 WE43 合金的力学性能对比。从表中可以看出,新开发的 Mg-2Zn-Y-0.5Nd(-Zr)合金的强度和塑性均比 WE43 合金有较大提高;当加入 Zr 元素后,Mg-2Zn-Y-0.5Nd-Zr 合金的抗拉

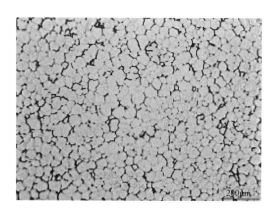

图 22.7　添加 Zr 后的普通凝固态 Mg-2Zn-Y-0.5Nd 合金显微组织

强度、屈服强度和延伸率均有大幅度提高,尤其是延伸率提高了 237%。普通凝固态镁合金延伸率高达 38.5%。

表 22.1　普通凝固态 Mg-2Zn-Y-0.5Nd(-Zr)合金与 WE43 的拉伸试验结果

普通凝固态合金	抗拉强度/MPa	屈服强度($\sigma_{0.2}$)/MPa	延伸率/%
Mg-2Zn-Y-0.5Nd	159	48	11.4
Mg-2Zn-Y-0.5Nd-Zr	215	93	38.5
WE43	212	51	8.7

　　合金的组织与其力学性能、断裂方式等都是息息相关的。图 22.8 为普通凝固态 Mg-2Zn-Y-0.5Nd(-Zr)合金拉伸断口形貌,由图 22.8(a)可知,普通凝固态 Mg-2Zn-Y-0.5Nd 合金的断口中有明显的裂纹和台阶,在台阶上有明显的河流状纹理;由断口的局部放大图可知,在断裂位置上有明显的撕裂棱域,表明合金在拉伸变形过程中发生了一定的塑性变形,但是撕裂棱只是在局部存在,分布很不均匀,相距较大。结合其普通凝固态的显微组织[图 22.4(a)]可知,产生撕裂棱的区域为细小颗粒第二相分布区域,杆状第二相塑性变形能力较差,首先产生裂纹,同时由于晶粒粗大,一旦产生裂纹,就会迅速扩展,当到达细小颗粒相的位置时,产生一定的塑性变形,出现撕裂棱。而添加 Zr 之后,合金的断口中裂纹为穿晶和沿晶两种形式[图 22.8(b)]。由此可知,断裂主要为沿晶断裂和穿晶断裂的混合断裂形式;同时,在断口处出现明显的韧窝,在韧窝边缘存在一定量的撕裂棱,且撕裂棱分布比较均匀。为了分析 Mg-2Zn-Y-0.5Nd-Zr 合金和拉伸过程中的塑性变形,对拉伸断裂试样的断口截面进行 SEM 分析,如图 22.9(a)、(b)所示。由图可以看出,断裂源都出现在晶界上的第二相位置处,结合未变形的晶粒形貌可知,组织中几乎没有孪晶,晶粒沿加载方向明显拉长,进一步证实拉伸过程中 Mg-2Zn-Y-0.5Nd-

Zr 合金发生了较明显的塑性变形。

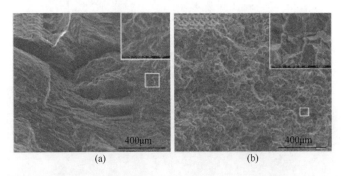

图 22.8　普通凝固态 Mg-2Zn-Y-0.5Nd(-Zr)合金室温拉伸断口 SEM 形貌
(a) Mg-2Zn-Y-0.5Nd 合金；(b) Mg-2Zn-Y-0.5Nd-Zr 合金

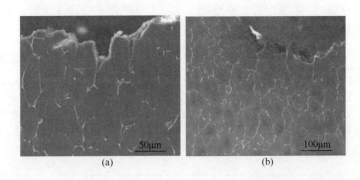

图 22.9　普通凝固态 Mg-2Zn-Y-0.5Nd-Zr 合金拉伸断口 SEM 分析

　　为了进一步分析 Mg-2Zn-Y-0.5Nd-Zr 合金发生塑性变形的机制,对该合金进行 HRTEM 分析,如图 22.10 所示。由图 22.10(a)可知,普通凝固态合金的基体中弥散分布有较高密度的纳米颗粒相,纳米相颗粒的直径<10nm。由前期研究报道可知[14,15],当合金中存在纳米相或者纳米晶粒时,合金拉伸过程中,这些纳米颗粒相会发生旋转导致材料变形机制的转变,从位错变形机制转变为晶界协调机制,从而有利于镁基体滑移系的开动。图 22.10 中的 STEM 能谱图主要体现了 Zn、Zr 和 Nd 元素在第二相上聚集,说明在普通凝固状态下,Zr 元素的加入在凝固初期形成一定的纳米颗粒相,在凝固过程中,Nd 和 Zn 元素相继聚集,形成颗粒相固溶于基体中。同时,由图 22.11 Mg-Zn-Y-0.5Nd-Zr 合金中纳米相的 HRTEM 原子排列图可以看出,合金中的纳米颗粒相与镁基体有共格关系,连续分布的纳米颗粒相附近的原子排列方向不同,说明在加载外力过程中,有利于开动基体的滑移系,同时提高了合金基体与第二相的协同变形能力。

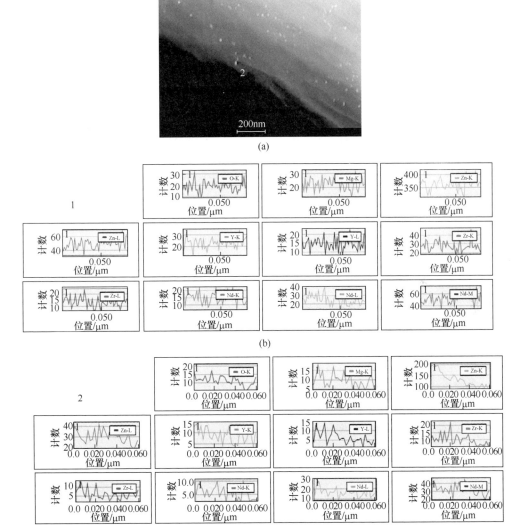

图 22.10　普通凝固态 Mg-2Zn-Y-0.5Nd-Zr 合金的纳米颗粒相观察及其 STEM 能谱图

图(b)和图(c)分别为图(a)中的线 1 和线 2 部分的 STEM 能谱图,

横坐标表示位置(μm),纵坐标表示计数强度

综上分析可知,普通凝固态 Mg-2Zn-Y-0.5Nd-Zr 合金的高塑性主要取决于晶粒的细化、第二相与基体的晶格关系、第二相影响基体的原子排列位向关系以及纳

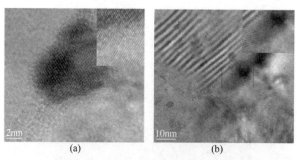

图 22.11　普通凝固态 Mg-2Zn-Y-0.5Nd-Zr 合金的 HRTEM 分析

米固溶颗粒相在变形过程中对塑性的贡献。由以上分析,季川祥[9]提出一个变形的理论:在力加载状态下,在晶粒内部优先形成位错,随着加载的继续,位错将沿晶粒内部扩散,当位错扩散到纳米颗粒相位置时,由于纳米颗粒的作用位错线会选择切过和绕过两种机制,同时由于纳米相在外力的作用下发生旋转,纳米相与基体具有共格关系,经过旋转之后,纳米相附近的原子发生错排,从而开动滑移系,使镁基体具有良好的变形能力。与此同时,在晶界处,由于 Nd、Zn 原子的聚集,晶界位置与基体的结合力增强,延迟了裂纹生成时间,当裂纹产生后,由于基体出现了较大的塑性变形,沿晶界扩散,晶界处的第二相对裂纹又起到一定的阻碍作用,从而协调基体塑性变形,使普通凝固态 Mg-2Zn-Y-0.5Nd-Zr 合金具有较高的塑性。

22.2.2　通过加工工艺进行组织调控

合金成分对合金的显微组织具有决定性作用,而不同的加工工艺可根据合金不同的性能需求对合金的显微组织进行调控。普通热挤压和往复挤压由于工艺成熟,改善组织效果显著,是常见的提高镁合金力学性能的重要加工工艺;搅拌摩擦加工工艺是近年来新兴的用于改善镁合金组织的加工手段。通过普通热挤压[6]、多道次往复挤压[16]和搅拌摩擦加工工艺[17]可对 Mg-2Zn-Y-0.5Nd 合金进行组织调控,从而提高其综合性能。

1. 热挤压工艺

对 Mg-2Zn-Y-0.5Nd 合金铸锭进行机加工,得到尺寸为 $\Phi60mm \times 100mm$ 的坯料,在进行热挤压实验前,将试样用粗砂纸打磨掉表皮氧化膜。挤压温度为320℃,挤压比为 25、36、56。

图 22.12 为 Mg-2Zn-Y-0.5Nd 合金在 320℃按照不同挤压比挤压后获得的合金显微组织照片,从图 22.12(a)~(c)中可以看出,不同挤压比对应合金的晶粒大小有所不同;随着挤压比的增加,合金的晶粒尺寸略有减小,但是变化不大;当挤压比增加到一定数值后,晶粒尺寸变化不再明显。通过截线法测量合金的晶粒尺寸

发现,当挤压比为 25 时,平均晶粒尺寸约为 $10\mu m$;挤压比为 36 和 56 时,平均晶粒尺寸相差不大,约为 $7\mu m$。另外,经过热挤压的合金,发生了明显的动态再结晶现象,挤压后获得的组织不均匀,大晶粒被发生再结晶的小晶粒所包围。同时,由于镁合金在加工温度具有相对较好的塑性,加工硬化与软化两个过程同时发生,因此,镁合金的堆垛层错能较低,使得动态再结晶容易发生,从而细化了晶粒,随着挤压比的增加,晶粒尺寸得到细化的同时,显微组织趋向于均匀。

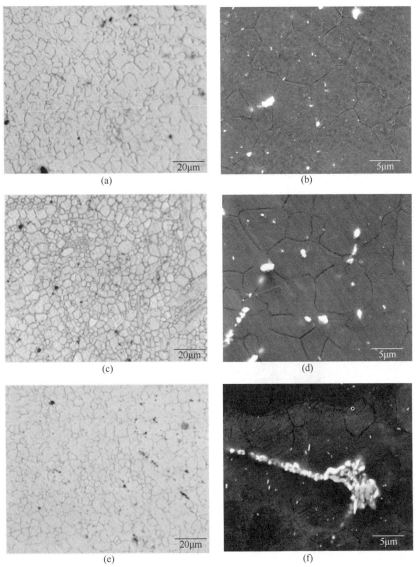

图 22.12　热挤压温度为 320℃,不同挤压比 Mg-22n-Y-0.5Nd 合金的显微组织及扫描照片

(a),(d) 挤压比为 56;(b),(e) 挤压比为 36;(c),(f) 挤压比为 25

Mg-2Zn-Y-0.5Nd 合金在不同挤压比下获得合金的第二相分布特征如图 22.12(d)～(f)所示,在相同的挤压温度下,挤压比越高,合金挤压后的应变量越大,在挤压过程中需要的挤压力越大,第二相在较大挤压力的作用下,破碎更加明显。当挤压比为 56 时,第二相颗粒尺寸较小,有的已经达到纳米级颗粒,这些细小的第二相弥散分布在晶界或晶粒内部;随着挤压比的减小,合金在挤压过程中承受的挤压力减小,第二相颗粒破碎的程度减小。如图 22.12(e)所示,当挤压比为 36 时,第二相颗粒尺寸已经明显变大;而当挤压比为 25 时[图 22.12(f)],第二相颗粒分布在晶界处,说明挤压比越小,合金在挤压过程中受到的挤压力越小,发生破碎的第二相不能够充分弥散分布。

2. 往复挤压工艺

往复挤压装置如图 22.13(a)所示,包括往复挤压模具、上下挤压杆和坯料。往复挤压模具由三部分组成,分别是上下两个挤压筒和连接上下挤压筒的缩颈型腔。上下挤压筒与中间型腔处于同一中心线上,挤压筒直径为 $\Phi30mm$,长度为 60mm,中间缩颈区直径为 $\Phi18mm$,挤压比为 2.78,挤压温度为 270℃,往复挤压速率和挤压力为固定值,分别为 1mm/s 和 20MPa,得到的不同道次往复挤压试样如图 22.13(b)所示。

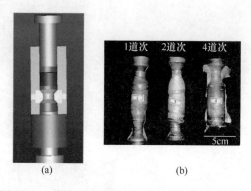

(a)　　　　　　　　(b)

图 22.13　往复挤压装置图(a)及往复挤压试样(b)

不同道次往复挤压合金的显微组织如图 22.14 所示。由图可见,随着往复挤压道次的增加,晶粒尺寸逐渐减小,且显微组织趋于均匀。往复挤压 1 道次合金的显微组织并不均匀,细晶粒尺寸约 $3\mu m$,粗晶粒尺寸约 $7\mu m$,这是合金在塑性变形温度下发生不完全动态再结晶的结果;合金经过 2 道次和 4 道次往复挤压后,晶粒尺寸明显细化,大小约为 $1\mu m$,组织均匀性增大,这是由于合金在经历反复的挤压和镦粗变形过程中,发生了完全动态再结晶,所以显微组织随着变形道次的增加而逐渐细化均匀。

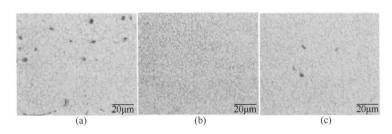

图 22.14 不同挤压道次合金的显微组织
(a)往复挤压 1 道次；(b)往复挤压 2 道次；(c)往复挤压 4 道次

图 22.15 为热挤压和往复挤压合金扫描照片，反映了合金内部的第二相分布情况。往复挤压 1 道次合金内部的第二相形貌及分布情况如图 22.15(a)所示，由于发生挤压和镦粗变形，固溶析出的纳米级第二相颗粒弥散分布在基体内，一些破碎不完全的长条状第二相沿着晶界处呈断续状分布。图 22.15(b)和(c)描述了往复挤压 2 道次和 4 道次合金的第二相分布情况。与 1 道次合金相似，但是团簇状颗粒的体积分数有所增加，且随着往复挤压道次的增加团簇状颗粒变得更加松散；一些固溶析出的纳米级第二相弥散均匀分布在基体内部，4 道次合金的纳米相体积分数更高一些，且均匀分布。第二相分布状态的不同主要是由于合金在不同道次的挤压过程中所承受的挤压力不同。

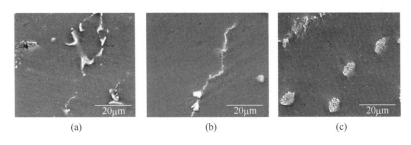

图 22.15 不同挤压道次合金扫描照片
(a) 1 道次；(b) 2 道次；(c) 4 道次

图 22.16 为往复挤压 2 道次合金进一步放大的扫描照片，详细描述了合金内部的第二相分布情况。从图 22.16(a)可以清晰地看到，破碎的第二相在晶界处呈断续的网格状分布(图中为网格状的一部分条带)，在这个明显的条带状周围处，可以看到细小的纳米第二相均匀分布在晶粒内部；为了进一步证明纳米级第二相的分布情况及纳米相尺寸，将图 22.16(a)中方框处进一步放大，如图 22.16(b)所示。由图可以清晰地看到，晶粒尺寸约为 $1\mu m$，第二相颗粒尺寸约为 $200nm$，均匀分布在晶粒内部。引起这些显微组织特征的原因有两个[16]，一方面是在较低的挤压温度下，元素 Y 和 Nd 的激活能较低，不容易扩散，且塑性变形在再结晶温度以下发

生,再结晶组织不容易长大;另一方面,合金在往复挤压过程中遭受强烈的挤压和镦粗,使得合金内部的晶粒组织和第二相发生破碎。因此,往复挤压工艺2道次以后获得的合金组织细小均匀。

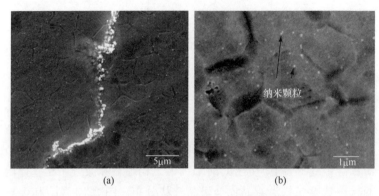

图 22.16　往复挤压 2 道次合金扫描照片

对往复挤压 2 道次合金发生聚集的颗粒进行能谱分析,如图 22.17(a)中的 A、B 两点所示,图 22.17(b)为 A 点的能谱,图 22.17(c)为 B 点的能谱。由图可以

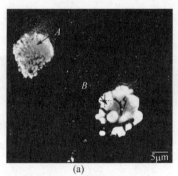

(a)

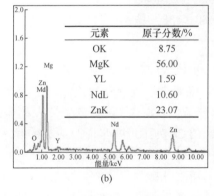

(b)

元素	原子分数/%
OK	8.75
MgK	56.00
YL	1.59
NdL	10.60
ZnK	23.07

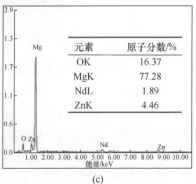

(c)

元素	原子分数/%
OK	16.37
MgK	77.28
NdL	1.89
ZnK	4.46

图 22.17　往复挤压 2 道次合金的 SEM 及 EDS 分析

(a) 颗粒相的 SEM 图;(b) A 点的 EDS 分析;(c) B 点的 EDS 分析

看出,颗粒较大的第二相含有 Y 元素,Nd 与 Zn 可能形成 NdZn 相,其余的 Zn 原子可能与 Y 和 Mg 原子结合生成 $Mg_3Y_2Zn_3$ 三元相等;而在 B 处,可以看到蓬松状的一簇大颗粒由非常细小的第二相聚集而成。对细小的第二相颗粒进行 EDS 分析,发现第二相中不含有元素 Y,Zn 与 Nd 元素的质量分数接近 1∶1,原子分数比接近 2.5。说明 Zn 元素除了与 Nd 结合生成 NdZn 相,还有可能生成 MgZn 二元相;另外,说明 Nd 元素不仅对晶粒尺寸有细化效果,对第二相颗粒也起到了细化作用,而 Y 元素对第二相的细化则起到了相反的作用。

3. 搅拌摩擦工艺

搅拌摩擦加工技术(friction stir processing,FSP)是由搅拌摩擦焊技术(friction stir welding)原理演变而来的一种新型金属材料表面改性加工技术[18,19]。从实质上说,搅拌摩擦加工技术与等通道角挤压、累积叠轧、热挤压一样都是一种热处理加工技术。搅拌摩擦加工通过搅拌头高速旋转的摩擦热和剧烈搅拌塑性变形来细化晶粒,均匀合金微观组织,从而能够大幅度提高合金材料的综合性能,甚至达到超塑性[20]。与其他固态加工技术相比,FSP 因不加热工件、不受工件形状和加工环境的限制而具有其独特的优势;同时也因具有应变率高、塑形变形大的特点,在制备超细合金材料领域具有很大的应用潜力[21]。

以普通凝固态 Mg-2Zn-Y-0.5Nd 合金为原材料,机械加工和轧制后制备成尺寸为 180mm×60mm×4mm 的板材。加工前对板材表面进行简单的去氧化膜和去夹杂污垢处理,然后用夹具将板材固定在工作台架上。实验时手动控制电脑版面将高速旋转的搅拌摩擦焊针缓慢地压入待进行 FSP 板材,直至搅拌工具轴肩完全压实板材后,使工作台自动向前移动,获得 FSP 试样,如图 22.18(a)、(b)所示,宏观上看,搅拌区表面较平整、光洁,没有出现沟槽、飞边等缺陷,背面没有凹陷,成形性良好。

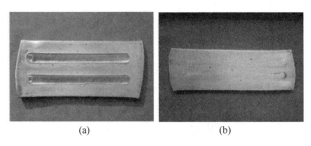

(a)　　　　　　　　　　　　(b)

图 22.18　FSP 加工样品宏观形貌
(a) 样品正面;(b) 样品背面

在经过搅拌摩擦加工处理所得到的显微组织中(图 22.19),晶粒呈等轴状,且显著细化,平均晶粒尺寸约为 5μm,而且第二相也变得极其细小弥散;搅拌摩擦加工后合金的第二相由两部分组成,一部分是机械破碎的第二相,另一部分则为机械破碎后固溶析出的第二相。搅拌摩擦加工过程中,被机械破碎的尺寸细小的第二相粒子受到摩擦、变形引起的热效应影响,会发生一定的溶解,从而使机体产生固溶强化,且随着热效应的增强,固溶强化效应也增强;在随后的冷却过程中会重新析出第二相从而使合金产生一定的沉淀强化效应,且重新析出的第二相颗粒尺寸更加细小,分布也更加弥散。因此,Mg-2Zn-Y-0.5Nd 合金经搅拌摩擦加工处理后,显微组织中看到的分布于晶内及晶界的更为细小的第二相(白色)是合金中被机械破碎的第二相固溶后又沉淀析出的强化相。经破碎固溶析出的第二相甚至可以达到纳米级,从图 22.19(b)可以清晰地看到,第二相颗粒尺寸约为 20nm,且大部分均匀分布于晶粒内部。

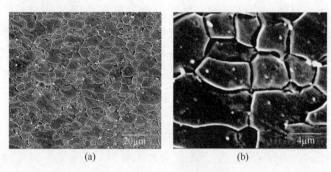

图 22.19　给进速度为 150mm/min,旋转速度为 700r/min 时合金的显微组织

　　搅拌摩擦加工使晶粒显著细化是基于多种原因的。图 22.20 为合金搅拌摩擦加工过程的简单示意图。搅拌摩擦加工的前进方向(V)向上,搅拌头逆时针方向旋转(R),搅拌区的右侧为前进面,左侧为后退面。一般情况下,晶体缺陷产生于金属材料铸造及后期加工过程中,如图 22.20(b)所示。由图可以看到,大量的刃型位错存在于晶体的内部。材料在搅拌摩擦加工的过程中不仅受到轴肩的压力、旋转和移动的摩擦力,同时也受到搅拌头的旋转摩擦和剪切变形的影响,如图 22.20(c)所示,晶粒被显著拉长;同时,晶粒在强烈的热机械搅拌作用下破碎,如图 22.20(d)所示。此时处于超塑性状态的塑性流体围绕着搅拌头旋转,加之流体之间存在摩擦力,于是从图 22.20(e)可以看到晶粒之间被相互拉长,伴随着破碎晶粒的动态回复和再结晶过程。但是镁合金材料的导热系数比较大,散热比较快,因此晶粒来不及长大到粗大状态,保持了均匀细小的等轴晶状态,如图 22.20(f)所示。

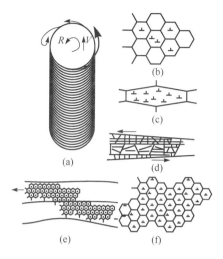

图 22.20　镁合金搅拌摩擦加工过程的简单示意图

22.3　力　学　性　能

合金成分和加工工艺决定了合金的组织,不同的组织决定了合金的力学性能。由 22.2.2 节可知,Mg-2Zn-Y-0.5Nd 合金在不同的加工状态下其组织不同,因而其力学性能亦不相同。从表 22.2 可以看出,相较于普通凝固态,热挤压、往复挤压和搅拌摩擦加工显著提高了 Mg-2Zn-Y-0.5Nd 合金的强度和塑性(延伸率),尤以往复挤压(2 道次)态合金的综合性能最优(强度为 303MPa,延伸率为 30.2%)。

表 22.2　不同加工状态 Mg-2Zn-Y-0.5Nd 合金的力学性能

合金 Mg-2Zn-Y-0.5Nd	抗拉强度(σ_b)/MPa	延伸率(δ)/%
普通凝固态	159	11.4
普通热挤压	316	15.6
往复挤压(2 道次)	303	30.2
搅拌摩擦加工	238	31

为了进一步评价不同状态合金的塑韧性,对拉伸实验后的试样断口的微观形貌进行分析,如图 22.21 所示。由图可知,热挤压、往复挤压和搅拌摩擦加工态合金的断口均可观察到韧窝花样,呈现韧性断裂;而延伸率较好的往复挤压态[图 22.21(b)]和搅拌摩擦加工态[图 22.21(b)]合金的断口却不尽相同。往复挤压 2 道次合金的拉伸断口中韧窝内可以看到第二相的存在,这些第二相是微孔形成的核心,韧窝断口就是微孔开裂后继续长大和连接的结果;而搅拌摩擦加工态合金的断口中韧窝直径偏小,但韧窝数量较多。

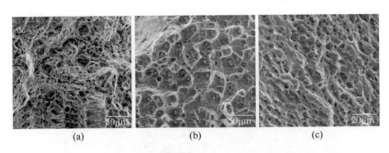

(a)　　　　　　　　　(b)　　　　　　　　　(c)

图 22.21　不同状态 Mg-2Zn-Y-0.5Nd 合金拉伸断口形貌

（a）热挤压态；（b）往复挤压（2 道次）；（c）搅拌摩擦加工

22.4　降解行为

Mg-2Zn-Y-0.5Nd 合金的开发主要是针对可降解血管支架的应用，血管支架的服役环境是流动的血液，因此其在动态环境中的降解行为尤其值得关注。Mg-2Zn-Y-0.5Nd 合金最初的设计理念是通过合适的凝固速度得到具有高腐蚀抗力的准晶相。由 22.1 节可知，通过亚快速凝固工艺，Mg-2Zn-Y-0.5Nd 合金组织中的确含有一定量的准晶相。Wang 等[8]对该合金在循环流动模拟体液（SBF）中的动态腐蚀性能进行了测试。

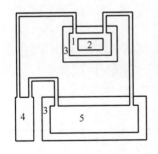

图 22.22　动态循环装置系统

1-试样室；2-合金试样；3-水浴锅；4-蠕动泵；5-模拟体液

动态腐蚀性能测试的循环装置示意图如图 22.22 所示。其中，为动态循环提供循环动力的是型号为沪西 BT-100B 的蠕动泵，循环速度即为模拟人体中的体液循环速度：每 50min 循环一次，循环速度为 16mL/（800mL·min）。

图 22.23 是不同工艺制备的 Mg-2Zn-Y-0.5Nd 合金在动态循环 SBF 中的极化曲线。从图中可以看出，亚快速凝固态的合金在 SBF 中的腐蚀电流密度只有 $2.62 \times 10^{-5} \text{A/cm}^2$，较之普通凝固态合金（$5.30 \times 10^{-5}\,\text{A/cm}^2$）和热挤压态合金（$1.73 \times 10^{-4}\,\text{A/cm}^2$），其腐蚀电流密度显著降低，即其腐蚀性能得到了显著提高。而只通过挤压工艺，合金的腐蚀性能并没有得到提高。

图 22.24 是不同制备工艺 Mg-2Zn-Y-0.5Nd 合金在动态循环 SBF 中的失重曲线。从图中可以看出，亚快速凝固态合金的腐蚀速率明显低于普通凝固态合金；而热挤压态合金的腐蚀速率不但没有降低，反而有小幅度的升高。

图 22.25 为亚快速凝固态、普通凝固态、热挤压态、往复挤压 2 道次和搅拌摩擦加工态合金在 37℃模拟体液中浸泡 24h 后的宏观腐蚀形貌。从图中可以看出，

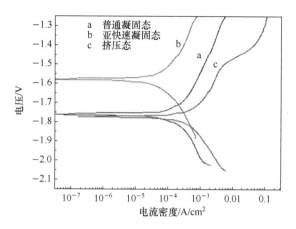

图 22.23　不同制备工艺条件下 Mg-2Zn-0.46Y-0.5Nd 合金在动态循环 SBF 中的极化曲线

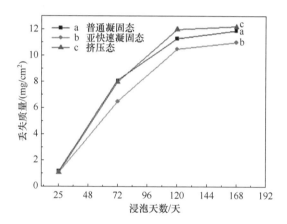

图 22.24　不同制备工艺条件下 Mg-2Zn-0.46Y-0.5Nd 合金在动态循环 SBF 中的腐蚀失重曲线

普通凝固态和热挤压态合金都发生了不同程度的点蚀,普通凝固态合金的点蚀坑较深,发生点蚀的面积较大;热挤压态合金与普通凝固态相比则点蚀坑较浅,呈蜂窝状;往复挤压 2 道次合金表面虽有轻微点蚀,但总体呈现均匀腐蚀现象[图 22.25(d)];而亚快速凝固态[图 22.25(a)]和搅拌摩擦加工态[图 22.25(e)]合金表面几乎没有明显点蚀,且腐蚀十分均匀。因此,亚快速凝固态和搅拌摩擦加工工艺可明显提高合金的耐蚀性。

综上所述,亚快速凝固、热挤压态、往复挤压和搅拌摩擦加工工艺虽然都改善了合金组织,细化了合金晶粒,提高了 Mg-2Zn-Y-0.5Nd 合金的力学性能,但普通热挤压和往复挤压工艺并没有明显改善合金的腐蚀性能,主要是因为挤压工艺在细化晶粒、破碎第二相的同时也带来了大量的内应力,内应力的存在不利于合金耐腐蚀性能的提高;而亚快速凝固和搅拌摩擦加工工艺只是改变了合金的凝固方式,

图 22.25　不同状态合金在 37℃模拟体液中浸泡后的宏观腐蚀形貌

(a) 亚快速凝固态;(b) 普通凝固态;(c) 热加压态;(d) 往复挤压(2 道次)态;(e) 搅拌摩擦加工态

并没有大变形及变形应力存在,从而能在细化晶粒提高合金力学性能的同时改善合金的耐腐蚀性能。此外,亚快速凝固态 Mg-2Zn-Y-0.5Nd 合金的显微组织更加均匀,晶粒显著细化,并形成了新相——准晶 I 相,准晶相与基体的电位差较低,减少了电偶腐蚀,使自由能的变化降低,提高了合金的耐腐蚀性能。

22.5　表　面　改　性

虽然镁合金血管支架具有促进新生内皮化、低致血栓性和良好的可降解性等优点,但目前许多技术问题尚未解决,如镁合金血管支架的耐腐蚀性差、辐射张力持续时间短等。研究表明,不经任何表面处理的镁合金支架在治疗上难以达到理想的目标。侯树森[22]采用磁控溅射法和溶剂热法对血管支架用 Mg-2Zn-Y-0.5Nd 合金进行表面改性,分别制备了平整致密的无定形氧化钛薄膜和片状纳米结构 TiO_2 薄膜。

22.5.1　磁控溅射法制备无定形氧化钛薄膜

图 22.26 是在 Mg-2Zn-Y-0.5Nd 合金上磁控溅射 TiO_2 薄膜的场发射扫描电镜形貌图,溅射镀膜时间为 120min。从图中可看出,TiO_2 薄膜的表面均匀、平整,由一些致密的微小颗粒聚集而成,颗粒尺寸大约为 100nm,在颗粒与颗粒之间分布有极细小的空隙,未发现较大尺寸的宏观裂纹。

氧化钛是一种无机材料,本身具有明显的脆性,由于血管支架置入前首先被压缩在球囊之上,置入后还需与球囊同时扩张,故支架表面附着的氧化钛薄膜可能发生开裂,甚至从支架表面脱落。一般情况下,磁控溅射薄膜的沉积速率约为

100nm/h[23]，溅射时间选择 120min，得到了约 200nm 厚的 TiO$_2$ 薄膜。从材料脆性的角度考虑，将薄膜的厚度控制在 100～200nm，这样由于薄膜的厚度极薄，在发生变形时会表现出一定的韧性，不至于产生明显裂纹甚至脱落[24]。

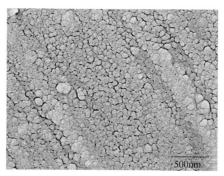

图 22.26　Mg-2Zn-Y-0.5Nd 合金表面磁控溅射 TiO$_2$ 薄膜的 FE-SEM 形貌

利用原子力显微镜进一步分析磁控溅射氧化钛薄膜的颗粒大小及表面粗糙度，如图 22.27 所示。AFM 形貌图反映出薄膜具有较好的致密性和均匀性，均方根表面粗糙度为 RMs=51nm，平均颗粒尺寸从几十纳米到 200nm 不等，绝大多数颗粒直径在 100nm 左右。根据以上分析推测，这种 TiO$_2$ 纳米颗粒所构成的薄膜用于镁合金血管支架，会造成两种可能的结果：首先，基体表面被薄膜覆盖后，会造成镁合金耐蚀性的提高和降解速率的减小；其次，TiO$_2$ 薄膜的颗粒特征决定了薄膜后期的降解将遵循"大纳米颗粒逐步破解成为小纳米颗粒"的机制。

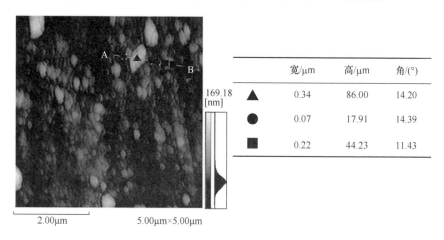

	宽/μm	高/μm	角/(°)
▲	0.34	86.00	14.20
●	0.07	17.91	14.39
■	0.22	44.23	11.43

图 22.27　镁合金表面磁控溅射 TiO$_2$ 薄膜的 AFM 图及表面粗糙度

薄膜或涂层与基体结合力的大小是一项非常重要的指标。较小的结合力会导致使用过程中薄膜的剥离和脱落，造成薄膜在血液或模拟体液中失效。划痕法是评价薄膜与基体结合情况的常用方法。图 22.28 是用多功能微摩擦磨损试验机在

TiO$_2$薄膜上刻划后划痕区附近的形貌。在图 22.28(a)中，划痕区与残留薄膜交接处有明显的界线，呈直线状态；薄膜没有因较大外力的压迫和剪切作用而开裂、翘曲或脱落。这表示薄膜与基体之间存在良好的结合性能。TiO$_2$作为一种脆性材料在经受外力作用时一般会发生脆性断裂，然而磁控溅射法制备的薄膜由于厚度在 200nm 以下，极薄的 TiO$_2$薄膜能够与基体牢固地结合在一起，能够满足血管支架的应用要求。

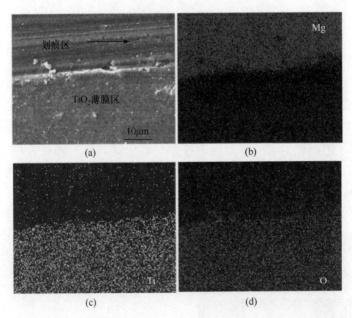

图 22.28　TiO$_2$薄膜划痕区附近 SEM 形貌(a)及 Mg/Ti/O 元素面分布[图(b)～(d)]

　　为了测出材料在模拟体液中的降解速率，采用析氢法对 TiO$_2$薄膜改性前后的 Mg-2Zn-Y-0.5Nd 合金析氢曲线进行了对比分析，结果如图 22.29 所示。从图中可以看出，改性钱的合金降解呈直线上升趋势，而改性后合金的析氢量在前 48h 内有明显增加，之后长时间处于平稳而缓慢的上升阶段，这体现了 TiO$_2$薄膜改性可大幅度提高合金的耐蚀性，明显降低腐蚀速率。

22.5.2　溶剂热法制备片状纳米结构 TiO$_2$ 薄膜

　　表 22.3 列出了利用溶剂热法在 Mg-2Zn-Y-0.5Nd 合金表面制备 TiO$_2$薄膜的主要工艺参数。每组均加入 15mL 的无水乙醇作为反应溶剂，生成 TiO$_2$的前驱体钛酸四丁酯［TBOT，Ti(OC$_4$H$_9$)$_4$］的加入量均为 0.5mL。前驱体钛酸四丁酯(TBOT)相比水热法常用的四氯化钛(TiCl$_4$)而言，具有水解速率缓慢的特点，适合考查各参数的影响作用[25]。TBOT 水解的反应过程可表示为

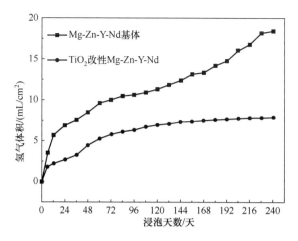

图 22.29　磁控溅射 TiO_2 改性前后镁合金在模拟体液中的析氢曲线

$$Ti(OCH_2CH_2CH_2CH_3)_4 + 2H_2O \longrightarrow TiO_2 + 4CH_3CH_2CH_2CH_2OH \quad (22\text{-}1)$$

表 22.3　溶剂热反应参数表

时间/h	温度/℃	HF[40%(质量分数)]/mL	NH₄F (0.25mL)/(mol/L)	添加剂 (0.25mL,0.2mol/L)
4	120	0.05	0.1	NaCl
7	140	0.15	0.2	NaBr
10	160	0.25	0.3	NaF
13	180	0.35	0.4	KF

注:添加剂(形貌控制剂)的加入量均为 0.25mL,加入前先配制成不同浓度的水溶液。

　　图 22.30 是在 160℃-10h-0.25HF-0.2NH₄F 条件下,在 Mg-2Zn-Y-0.5Nd 合金支架基体上前驱体 TBOT 水解所生成的片状结构 TiO_2 薄膜。从图中可以看出,用溶剂热法得到了均匀连续的 TiO_2 薄膜,薄膜由约 50nm 厚、1μm 宽的片状结构构成。这些片状结构多沿着基体的法向生长,且大小均匀。用球囊将该支架撑开后,发现薄膜在支架平坦表面处以及拐角等形变区域内没有发生开裂和脱落,如图 22.30(b)～(d)所示,出现这种良好的结合状况与以下三个因素有关[22]:一是薄膜与基体存在较强的结合力;二是薄膜厚度很小,可以抵抗微小的形变而不产生裂纹;三是支架结构杆设计得比较圆滑,有效避免了应力集中,使支架扩张过程中产生的应力和形变被圆滑的支架杆所均匀吸收。

　　图 22.31 是在扫描电镜下观察到的薄膜截面特征。从图中可以看出,利用溶剂热法制备的 TiO_2 薄膜厚度约为 1μm,且薄膜的厚度分布非常均匀。这与磁控溅射法制备的 TiO_2 薄膜形貌存在明显的差异,前者由均匀的纳米片交错排列构成,

图 22.30　镁合金血管支架表面片状结构 TiO$_2$ 薄膜的扫描电镜形貌（撑开后）

而后者则是由 TiO$_2$ 纳米颗粒密集排列而成的。一方面，均匀分布的纳米片状结构聚集成连续的薄膜，能够显著减缓镁合金血管支架在模拟体液中的降解速率；另一方面，片与片之间分布有几纳米至几百纳米不等的空隙，使镁合金血管支架具有较高的比表面积，故该薄膜还可为治疗支架内再狭窄的药物提供充足的附着点，实现载药功能。

图 22.31　片状结构 TiO$_2$ 薄膜截面的扫描电镜图

图 22.32 显示了改性前 Mg-2Zn-Y-0.5Nd 合金和片状 TiO$_2$ 薄膜改性后 Mg-2Zn-Y-0.5Nd 合金在 SBF 中腐蚀电位随浸泡时间的变化曲线。改性前 Mg-2Zn-Y-0.5Nd 合金的腐蚀电位曲线有两个明显的阶段，在最初浸泡的 80s 内（阶段 I），腐蚀电位从 −1.748V 迅速上升至 −1.726V，之后平缓地下降至 −1.738V。这是

因为当基体与 SBF 接触后,基体立刻发生降解,表面形成一层降解产物,引起腐蚀电位升高。而接下来的阶段 II 是一个动态降解过程,既有镁基体的降解过程,也伴有降解产物的继续产生过程,并且随着时间推进,这两个过程逐渐达到相对平衡状态,腐蚀电位基本维持不变。而对于有片状 TiO_2 薄膜覆盖的镁合金,腐蚀电位曲线则明显分为 3 个阶段,浸泡初期 200s 内腐蚀电位保持在 $-1.535V$,远高于基体的腐蚀电位,说明 TiO_2 薄膜提高了基体在 SBF 中的耐腐蚀性;从 $200\sim800s$,腐蚀电位发生缓慢的下降,从 $-1.535V$ 下降到 $-1.595V$,这说明薄膜下面的基体开始发生缓慢降解,已经有 Mg^{2+} 开始溶出;从 800s 往后腐蚀电位保持平衡状态,而不像改性前的基体那样快速地升高,这说明在薄膜的保护下,基体以缓慢的速率降解,并没有大量的降解产物生成,而造成腐蚀电位明显升高。可见,由于该薄膜的中的纳米片之间存在微小的缝隙,这些狭小和缝隙为介质的侵入和基体的降解提供了丰富的微通道,片状薄膜客观上既为基体建立了一道有效的降解屏障,显著延缓基体的降解速率,同时又不完全阻止模拟体液或血液的渗入,避免了镁合金基体完全不降解的发生[26]。

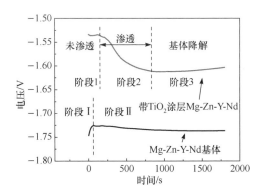

图 22.32 片状 TiO_2 薄膜改性前后 Mg-2Zn-Y-0.5Nd 合金的腐蚀电位变化曲线

22.5.3 TiO_2 药物涂层的制备与药物释放

雷帕霉素作为免疫抑制药物主要作用于平滑肌细胞有丝分裂的 G1 期,使细胞分裂停滞于静止期,但不杀死细胞,具有很好的安全性。与既往球囊扩张技术(PTCA)和裸支架植入术相比,雷帕霉素支架不仅能防止术后早期血管壁弹性回缩和远期负性重构所造成的再狭窄,而且能显著抑制术后平滑肌细胞增殖,防止由新生内膜过度增生导致的再度狭窄。

用有机溶剂氯仿将雷帕霉素溶解,配制成一系列浓度的药物溶液。精确量取少量的药物溶液滴加于 22.5.2 节中用溶剂热法制备的纳米片状 TiO_2 薄膜表面,由于片状薄膜的润湿性较好(与水接触角为 20°),药物溶液较快在片状薄膜表面铺展开,将 TiO_2 表面均匀覆盖并渗入薄膜微孔内。随着溶剂氯仿快速挥发,干燥后薄膜被一层雷帕霉素药物所填充和覆盖。图 22.33 是雷帕霉素填充片状 TiO_2 薄膜前后的扫描电镜图,薄膜载药量为 $200\mu g/cm^2$。从载药后薄膜的表面及断面形貌来看,雷帕霉素在片状薄膜表面实现了均匀负载,牢固吸附在纳米片表面,并将纳米片之间的空隙充填起来。可见,雷帕霉素药物是以吸附和填充的方式实现载药,而载药量的多少主要取决于片状 TiO_2 的尺寸、密度以及最终的孔隙分布。

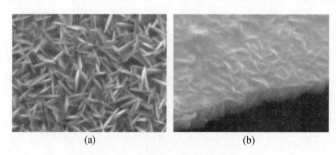

(a)　　　　　　　　　　(b)

图 22.33　TiO_2 载药薄膜的 SEM 形貌图

(a)载药前;(b)载药后

图 22.34 中红外光谱分析证实了雷帕霉素药物在 TiO_2 薄膜存在的有效性。雷帕霉素药物中的 $C\!=\!O$ 双键和 $C\!=\!C$ 双键特征峰均出现在载药薄膜的红外光谱中,且没有发现新的红外吸收峰的出现,这说明药物填充薄膜后,未与薄膜发生化学反应,TiO_2 载体和药物是兼容的。随着载药量从 $100\mu g/cm^2$ 升高到 $300\mu g/cm^2$,位于 $1720cm^{-1}$ 和 $1643cm^{-1}$ 波数的 $C\!=\!O$ 双键和 $C\!=\!C$ 双键的伸缩振动峰逐渐增强。

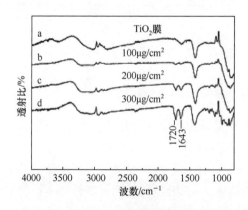

图 22.34　载药 TiO_2 薄膜的红外吸收光谱

图 22.35 是 TiO_2 薄膜载药量分别为 $100\mu g/cm^2$ 和 $200\mu g/cm^2$ 情况下,雷帕霉素在 PBS 中的释放结果。两种载药量的薄膜在 7 天时的累积释放药物量分别为

$65\mu g$ 和 $120\mu g$,释放速率为 $9.3\mu g/d$ 和 $17.1\mu g/d$,具有显著的浓度依赖性,浓度越大,释放越快,这符合基本的扩散释放动力学,即药物浓度梯度越大释放速率越高。$7\sim14$ 天内释放量为 $35\mu g$ 和 $52\mu g$,速率分别为 $5\mu g/d$ 和 $7.4\mu g/d$,随着药物量的减少,药物浓度梯度减小,使扩散释放过程减慢。两种载药量的药物释放都达到了两周,其中载药量较大的薄膜($200\mu g/cm^2$)中雷帕霉素完全释放的周期约为 20 天。支架植入后的前两天内是急性血栓形成期和发炎期,而支架植入后的前 2 周是平滑肌细胞增生最严重的时期,也就是发生再狭窄最危险的时期,再狭窄可以持续 4 周以上的时间。为了有效阻止再狭窄的发生,药物的释放最好持续 $2\sim4$ 周的时间。从 TiO_2 载药的药物释放曲线来看,$100\sim200\mu g/cm^2$ 的载药量基本能满足 $2\sim3$ 周的体外释放要求,而由于体外药物释放测试选用的是一种加速释放溶液,故药物实际的体内释放周期会更长一些。

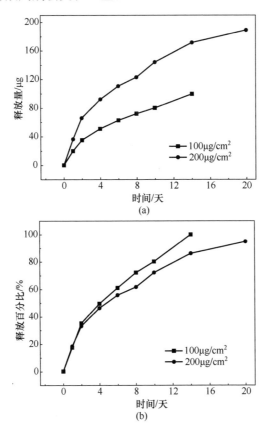

图 22.35　TiO_2 载药薄膜中雷帕霉素的释放曲线

(a)雷帕霉素随时间延长的释放量;(b)雷帕霉素随时间延长的释放量百分比

22.6　细胞毒性与血液相容性

22.6.1　溶血率和凝血时间测试

表 22.4 显示,经 TiO_2 表面改性后的 Mg-2Zn-Y-0.5Nd 合金溶血率小于 5%,满足植入材料溶血要求。动态凝血实验的结果表明,凝血时间为 15min,而经过氧化钛表面改性后材料的凝血时间均延长至 30min 以上。动态凝血实验反映了血液相容性较差的材料将可能导致血液中红细胞的大量聚集,而直接参与血栓形成。

表 22.4　不同改性方法 Mg-2Zn-Y-0.5Nd 合金的溶血率和凝血时间

组别	HR/%	凝血时间/min
片状 TiO_2 组	2.31	32
磁控溅射组	0.10	36
载药 TiO_2 组	2.52	27

22.6.2　血小板黏附测试

图 22.36(a)是血小板在纳米片状 TiO_2 表面的附着情况。从图中可看出,片状 TiO_2 改性后镁合金表面血小板没有发生团聚现象;从血小板形貌来看,血小板在纳米片状 TiO_2 的表面长出较多伪足,将基体牢牢抓住,说明血小板在具有纳米片状结构,表面附着比较牢固,可能是因为粗糙的材料表面为血小板提供了附着点,使血小板易于攀附。图 22.36(b)是血小板在磁控溅射 TiO_2 表面的附着情况,同样没有发现血小板团聚现象,个别血小板伸出伪足。

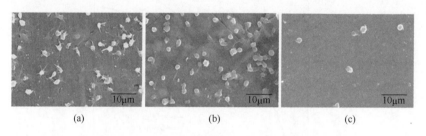

(a)　　　　　　　　　　(b)　　　　　　　　　　(c)

图 22.36　血小板在不同材料表面的黏附情况
(a) 纳米片状 TiO_2 薄膜;(b) 纳米颗粒 TiO_2 薄膜;(c) 雷帕霉素/纳米片状 TiO_2 薄膜

图 22.36(c)是血小板在载药薄膜表面培养 1h 后的附着情况,其表面仅有个别数量的血小板。这说明雷帕霉素药物可以起到抑制血小板的作用,载药薄膜具有最优的血液相容性。Alviar 等的研究[27]中也出现了相似的结果:纳米 HA 载药(雷帕霉素)涂层与未载药组对比,同样出现血小板数量的显著减少,这说明纳米结

构薄膜载药后可有效阻止血小板血栓的形成。而 Hou 等[28]认为雷帕霉素减少血小板聚集可能是因为其结构中的羟基带负电荷而与同样带负电的血小板相排斥,除此之外,材料的疏水性也起到了抗血小板黏附的作用。

22.6.3　内皮细胞生长形貌观察

图 22.37 是内皮细胞在 Mg-2Zn-Y-0.5Nd 合金、磁控溅射 TiO_2 改性、纳米片状 TiO_2 改性及雷帕霉素/纳米片状 TiO_2 改性后的培养液中培养 1 天后的生长形貌。从图中可看出,细胞培养 1 天后,阴性对照组贴壁的细胞数量较多,细胞多数呈梭形或者多边形,而阳性对照组的细胞基本未发生贴壁,多数已经死亡脱落。细胞数量较多的是磁控溅射 TiO_2 组和片状 TiO_2 组,说明 TiO_2 对内皮细胞的生长没有抑制作用。而裸 Mg-2Zn-Y-0.5Nd 合金组细胞数量也未发现显著减少[图 22.37(e)],说明适量 Mg^{2+} 对于细胞的正常生长没有明显抑制作用[29]。然而载药 TiO_2 薄膜组细胞数量明显减少,这说明雷帕霉素药物的释放对内皮细胞的增殖具有抑制作用。

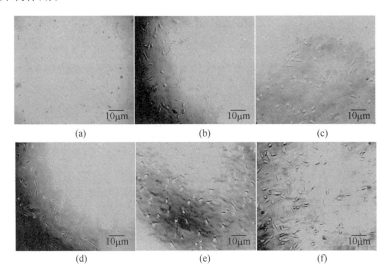

图 22.37　Ea. hy926 内皮细胞培养 1 天后的生长形貌
(a) 阳性对照组;(b) 磁控溅射 TiO_2;(c) 雷帕霉素/纳米片状 TiO_2;
(d) 阴性对照组;(e) Mg-Zn-Y-Nd 合金;(f) 纳米片状 TiO_2

22.6.4　MTT 细胞增殖与细胞毒性评价

根据 Mg-2Zn-Y-0.5Nd 基体合金、磁控溅射 TiO_2 改性合金、纳米片状 TiO_2 改性合金及雷帕霉素/纳米片状 TiO_2 改性合金的培养液在 1 天和 3 天时测得的吸光度统计结果,以阴性对照组为 100%,计算各组的细胞相对增殖率,结果如图 22.38

所示。1天时,片状 TiO_2 组的增殖率为 102.6%,略高于对照组,说明片状 TiO_2 薄膜具有良好的细胞相容性。药物组与对照组比较,细胞相对增殖率只有 78.2%,是所有实验组中最低的,与对照组相比,有显著差异($P<0.01$),说明载药薄膜中的雷帕霉素药物对内皮细胞具有明显的抑制作用。同时,Mg-2Zn-Y-0.5Nd 合金基体组和磁控溅射薄膜组也显示出良好的增殖效果。

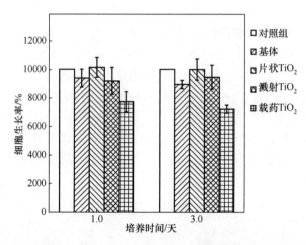

图 22.38　不同材料影响下内皮细胞培养 1 天和 3 天后的细胞存活率

细胞培养 3 天时,片状 TiO_2 组细胞相对增殖率维持在 99% 以上,溅射 TiO_2 薄膜组细胞相对增殖率上升为 94.8%,基体组略有下降(表 22.5)。而随着药物的释放,载药组细胞增殖率只有 71.1%。3 天的结果同样说明两种 TiO_2 薄膜细胞毒性最低,负载雷帕霉素药物的薄膜细胞毒性最大。

表 22.5　各组的吸光度(O.D.)值、细胞增殖率和细胞毒性级别

组别	1 天			3 天		
	O.D. 值	增殖率	细胞毒性	O.D. 值	增殖率	细胞毒性
对照组	0.271±0.009	100%	0 级	0.305±0.006	100%	0 级
基体组	0.255±0.009	94.1%	1 级	0.273±0.005*	89.5%	1 级
片状 TiO_2 组	0.278±0.011	102.6%	0 级	0.304±0.012	99.7%	1 级
磁控溅射组	0.253±0.007	93.4%	1 级	0.289±0.013	94.8%	1 级
载药 TiO_2组	0.212±0.010*	78.2%	1 级	0.217±0.005*	71.1%	2 级

注:与对照组比较。

*$P<0.01$。

从表 22.5 可看出,各组的细胞毒性基本处于 0 或 1 级,其中 1 天时纳米片状 TiO_2 组的细胞毒性最低,为 0 级;3 天时载药组的细胞毒性最高,为 2 级。除 3 天

时载药薄膜材料毒性不符合安全性要求外,其他组细胞毒性的安全性合格,满足要求。

此外,关绍康等在 Mg-2Zn-Y-0.5Nd 合金基础上,通过添加微量合金元素 Cu 来进一步增强其生物相容性,实现快速内皮化功能,促进病变血管的痊愈过程。通过 Mg-Zn-Y-Nd-Cu 与内皮细胞体外培养,12h 后,Mg-Zn-Y-Nd-Cu 合金浸提液Ⅲ 组细胞的相对增殖率明显高于对照组Ⅰ和 Mg-Zn-Y-Nd 合金浸提液Ⅱ组的相对增殖率,人体脐静脉内皮细胞的繁殖旺盛,具有十分显著的促进内皮细胞增殖的作用。同时,划痕实验数据显示,随着时间的增加,Ⅱ、Ⅲ两组细胞逐渐向中间生长,划伤区域的细胞不断增多,划痕宽度变窄,细胞可不断进行自我痊愈。孔板培养 12h 后,Mg-Zn-Y-Nd-Cu 合金浸提液Ⅲ组细胞的划痕宽度比 Mg-Zn-Y-Nd 合金浸提液Ⅱ组的要窄很多,说明添加 Cu 元素后,合金浸提液中细胞的增殖能力和自我痊愈能力增强。

22.7　动 物 实 验

谭文[30]利用无缝管材挤压模具,在不同温度、不同挤压比条件下将普通凝固态 Mg-2Zn-Y-0.5Nd 合金挤压成管材(图 22.39),然后利用 AutoCAD 和 Solid-Works 软件设计出一种适用于 Mg-2Zn-Y-0.5Nd 合金的血管支架结构,并按照该结构将 Mg-2Zn-Y-0.5Nd 合金血管支架用管材激光切割成血管支架,然后对其电解抛光,得到如图 22.40 所示的血管支架。

图 22.39　Mg-2Zn-Y-0.5Nd 合金挤压管材

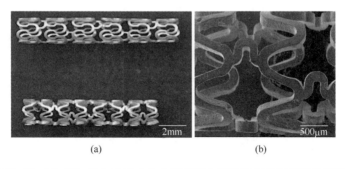

(a)　　　　　　　(b)

图 22.40　Mg-2Zn-Y-0.5Nd 合金血管支架电光抛光后的宏观和微观形貌
(a) 宏观形貌;(b) 微观形貌

奚廷斐等采用 Mg-2Zn-Y-0.5Nd 合金制备的冠脉支架,经过 1 个月、3 个月、6 个月猪的实验,并分别进行血管造影、OCT 观察及病理观察,结果如图 22.41 所示。由图可知,经 6 个月植入后,血管通畅性良好,内皮化情况良好,血管平滑肌增生较少,炎症反应不明显。另外,支架发生部分降解,仍保存完好。由此可见,Mg-2Zn-Y-0.5Nd 合金支架能够有效促进人工血管内皮化,具有良好的应用前景。

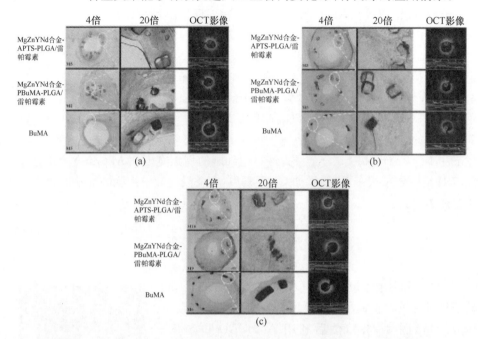

图 22.41　Mg-2Zn-Y-0.5Nd 合金冠脉支架的 1 个月、3 个月、6 个月猪的实验结果
(a) 第 28 天的病理切片;(b) 第 105 天的病理切片;(c) 第 175 天的病理切片

22.8　结论与展望

与其他体系镁合金相比,Mg-Zn-Y-Nd(镁锌稀土系)合金因具有优异的综合力学性能和良好的耐腐蚀性,是一种极具潜力的生物医用镁合金。但是,单独普通凝固态 Mg-Zn-Y-Nd 合金尚不足以满足临床医用材料在塑性和耐蚀性上的苛刻要求,通常在普通凝固工艺之后需要进行进一步的后续加工处理。从前期研究中可以看出,热加压、往复挤压、亚快速凝固和搅拌摩擦加工工艺均可使 Mg-Zn-Y-Nd 合金组织的晶粒明显细化,组织更加均匀,综合力学性能得到大幅度提升。但是从体外腐蚀性能测试看出,不同制备工艺得到的 Mg-Zn-Y-Nd 合金腐蚀性能相差较大。其中,热挤压和往复挤压态 Mg-Zn-Y-Nd 合金与普通凝固态相比,腐蚀性能并没有得到明显提高;而亚快速凝固态和搅拌摩擦加工态 Mg-Zn-Y-Nd 合金的耐腐蚀性能大幅度提高,主要是因为挤压工艺在细化晶粒、破碎第二相的同时也带来了大量的内应力,内应力的存在不利于合金的耐腐蚀性能提高;而亚快速凝固工艺和搅拌摩擦加工工艺只是改变了合金的凝固方式,并没有产生大变形,也无变

形应力存在,从而能在细化晶粒提高合金力学性能[31,32]的同时改善合金的耐腐蚀性能。此外,亚快速凝固态 Mg-Zn-Y-Nd 合金的显微组织更加均匀,晶粒显著细化,并形成了新相——准晶 I 相,准晶相与基体的电位差较低,减少了电偶腐蚀,使自由能的变化降低,提高了合金的耐腐蚀性能。由此可见,在提高镁合金耐腐蚀性能的方法上,改变合金的凝固方式较大塑性变形类加工工艺更有效,更需值得关注。

此外,若把 Mg-Zn-Y-Nd 合金作为血管支架材料用,其裸支架降解速率仍偏大,为了减缓与控制镁合金血管支架的降解速率,使其降解过程与血管的正常修复相适配,以及提高和改善镁合金血管支架的血液相容性和细胞相容性,需要对其进行表面改性。侯树森[22]采用磁控制溅射和溶剂热法两种手段,在 Mg-Zn-Y-Nd 合金试样或血管支架表面分别制备了具有典型纳米颗粒形貌和纳米片状形貌的氧化钛薄膜,不仅提高了合金的耐蚀性,而且使其血液相容性和细胞相容性亦得到明显提高。因此,磁控溅射法和溶剂热法制备的纳米结构 TiO_2 薄膜在镁合金血管支架应用领域具有良好的应用前景。

致谢

本章感谢"十二五"国家科技支撑计划(2012BAI18B01)、国家自然科学基金(50571092、51171174)、高等学校博士学科点专项科研基金优先发展领域项目(20134101130002)、河南省省院科技合作项目(112106000038)的资助。感谢北京大学奚廷斐教授提供合金的动物实验结果。

参 考 文 献

[1] 关绍康,王俊,王利国,等. 一种新型可生物降解血管支架用 Mg-Zn-Y-Nd 镁合金及其制备方法:中国,CN201110043308. 8. 2013

[2] Shao G S V V,Fan Z. Thermodynamic modeling of the Y-Zn and Mg-Zn-Y systems. Calphad,2006,30:286-295

[3] Bae D H K S,Kim D H. Deformation behavior of Mg-Zn-Y alloys reinforced by icosahedral quasicrystal particles. Acta Materialia,2002,50:2343-2356

[4] 卢庆亮,闵光辉,王常春,等. Mg-Zn-Y 合金中准晶相的形成与结构表征. 山东大学学报(工学版),2005,(1):9-12

[5] 张云霞,宫本奎,王茜,等. 稀土元素 Nd 对铸造镁合金组织和性能的影响. 山东冶金,2013,(1):9-11

[6] Wang B,Guan S,Wang J,et al. Effects of Nd on microstructures and properties of extruded Mg-2Zn-0.46Y-xNd alloys for stent application. Materials Science and Engineering B,2011,176(20):1673-1678

[7] 王俊. 可降解血管支架用 Mg-Zn-Y-Nd 合金组织及性能研究. 郑州:郑州大学硕士学位论文,2010

[8] Wang J,Wang L,Guan S,et al. Microstructure and corrosion properties of as sub-rapid solid-ification Mg-Zn-Y-Nd alloy in dynamic simulated body fluid for vascular stent application. Journal Materials Science—Materials in Medicine,2010,21(7):2001-2008

[9] 季川祥. 血管支架用 Mg-Zn-Y-Nd(-Zr)合金组织及性能研究. 郑州:郑州大学硕士学位论文,2014

[10] Lee Y C D A K,StJohn D H. The role of solute in grain refinement of magnesium. Metallurgical and Materials Transactions A,2000,31:2895-2906

[11] 蒋浩. Mg-Gd(Y)耐热镁合金材料及其热处理研究. 长沙:中南大学硕士学位论文,2006

[12] StJohn D H Q M A,Easton M A,Cao P,Hildebrand Z. Grain refinement of magnesium alloys. Metallurgical and Materials Transactions A,2005,36:1669-1679

[13] 刘洪汇,Zr 对 Mg-2.8Nd-0.35Zn 合金高温性能影响的研究. 哈尔滨:哈尔滨理工大学硕士学位论文,2005

[14] W S J J K. A maximum in the strength of nanocrystalline copper. Science, 2003, 301: 1357-1359

[15] 隋曼龄,王艳波,崔静萍,等. 透射电镜原位拉伸研究金属材料形变机制. 电子显微学报,2010,(3):219-229

[16] Wu Q,Zhu S,Wang L,et al. The microstructure and properties of cyclic extrusion compression treated Mg-Zn-Y-Nd alloy for vascular stent application. Journal of the Mechanical Behavior of Biomedical Materials,2012,8(0):1-7

[17] 金金. 搅拌摩擦加工对生物医用 Mg-Zn-Y-Nd 合金组织和性能的影响. 郑州:郑州大学硕士学位论文,2013

[18] Ma Z Y,Mishra R S,Mahoney M W. Superplastic deformation behaviour of friction stir processed 7075Al alloy. Acta Materialia,2002,50(17):4419-4430

[19] Mishra R S,Mahoney M W,McFadden S X,et al. High strain rate superplasticity in a friction stir processed 7075 Al alloy. Scripta Materialia,1999,42(2):163-168

[20] Sato Y S P S H C. Novel production for highly formable Mg alloy plate. Journal of Materials Science,2005,40:637-642

[21] Mishra R S M Z Y. Friction stir welding and processing. Materials Science and Engineering R,2005,50:1-78

[22] 侯树森. 镁合金血管支架 TiO₂ 薄膜的制备及其降解性能与生物相容性. 郑州:郑州大学博士学位论文,2013

[23] Chaiyakun S,Pokaipisit A,Limsuwan P,et al. Growth and characterization of nanostructured anatase phase TiO₂ thin films prepared by DC reactive unbalanced magnetron sputtering. Applied Physics A,2009,95(2):579-587

[24] Hou S S,Zhang R R,Guan S K,et al. In vitro corrosion behavior of Ti-O film deposited on fluoride-treated Mg-Zn-Y-Nd alloy. Applied Surface Science,2012,258(8):3571-3577

[25] Liu B A E S. Growth of oriented single-crystalline rutile TiO₂ nanorods on transparent conducting substrates for dye-sensitized solar cells. Journal of the American Chemical Society,

2009,131:3985-3990

[26] Hou S S M L W,Wang L G,Zhu S J,Guan S K. Corrosion protection of Mg-Zn-Y-Nd alloy by flower-like nanostructured TiO_2 film for vascular stent application. Journal of Chemical Technology and Biotechnology,2013,88:2062-2066

[27] Alviar C,Tellez A,Wang M,et al. Low-dose sirolimus-eluting hydroxyapatite coating on stents does not increase platelet activation and adhesion ex vivo. Journal of Thrombosis and Thrombolysis,2012,34(1):91-98

[28] Hou R,Wu L,Wang J,et al. Investigation on biological properties of tacrolimus-loaded poly (1,3-trimethylene carbonate) in vitro. Applied Surface Science,2010,256(16):5000-5005

[29] 乔丽英,高家诚,王勇. 镁基生物材料表面改性及其生物相容性的研究与发展现状. 中国材料进展,2011,(4):23-29

[30] 谭文. Mg-Zn-Y-Nd 合金血管支架的加工工艺研究. 郑州:郑州大学硕士学位论文,2014

[31] Zhu S J,Liu Q,Qian Y F,et al. Effect of different processings on mechanical property and corrosion behavior in simulated body fluid of Mg-Zn-Y-Nd alloy for cardiovascular stent application. Frontiers of Materials Science,2014,8(3):256-263

[32] 朱世杰,关绍康. 超细晶生物镁合金的制备及其耐腐蚀性能. 中国骨科临床与基础研究杂志,2013,(1):14-20

第 23 章　镁钕锌基医用镁合金

针对临床应用的实际要求,在设计新型可降解医用镁合金时需要综合考虑以下三方面的因素。①生物安全性。在合金设计时,应该选择生物安全性较高的合金元素,避免毒性较大的合金元素。②强韧性匹配。虽然希望镁基生物材料可降解,但需要在完成它的功能之前具备必要的强度和塑性匹配,以保证服役功能需求。Erinc 等[1]提出了一套镁合金作为可降解骨科植入材料的性能指标:(a)在37℃模拟体液中的腐蚀速率应小于 0.5mm/a,保证有效服役期在 3～6 个月;(b)室温屈服强度≥200MPa,延伸率≥10%(骨板等内固定受力件),而对于心血管支架材料,则要求较高的塑性与中等强度匹配,如延伸率≥20%,室温屈服强度≥150MPa,以保证对血管壁足够的支撑作用和压握及扩张过程中不断裂。③降解可控性。所有镁合金在生物体内环境中都能被腐蚀降解,但目前报道的镁合金在体外/体内的降解行为大多呈现局部腐蚀降解,而不是临床上所需要的均匀降解模式。局部降解会导致在外力作用下植入器械局部应力集中,容易过早失效断裂。医用镁合金材料只有具备从外至内均匀逐层降解的特性,人们才有可能预测内植物器械在生物体内的服役寿命,避免医用镁合金植入器械因不均匀的局部降解导致局部过早断裂失效的医疗事故发生。以上三方面的因素是相互关联、相互影响、相互制约的,需要在合金设计时统筹考虑,系统地加以解决。

23.1　合　金　设　计

如何选择生物相容性好的合金元素设计高强韧的医用镁合金,同时通过成分设计和组织结构调控实现医用镁合金均匀降解和降解行为可控,成为新型医用镁合金研究必须解决的课题。随着近年来材料计算手段与材料实验技术的不断发展完善,微观结构设计与变形机制调控为镁合金力学性能的改善和控制降解行为提供了新的可能。目前,基于密度泛函理论(DFT)的第一性原理计算与分子动力学(MD)模拟已广泛应用于材料研究领域,包括对微观机制的基础性理解以及对性能的理论预测[2]。对于医用镁合金的塑性变形过程,计算机模拟可用以揭示特定生物相容性好的合金元素对基体镁变形倾向的影响,并获得真实实验中难以观测的微观动力学过程,从而有利于澄清合金体系的强韧化机制,为改善医用镁合金的服役功能性提供理论指导。袁广银等在最近几年尝试运用第一性原理计算与分子动力学模拟方法,并与实验相结合,从原子分子水平深入系统地探索了镁中的变形机制,对优选的生物相容性好的几种合金元素对镁中层错能及位错滑移、孪生等变形倾向包括腐蚀降解行为的影响进行了定性和半定量评估,指导实验设计,开发出了生物相容性好、强度和塑韧性相匹配,同时具有均匀腐蚀降解特性的高性能医用镁合金 JDBM 系列,并从本质上揭示了所研发的新型医用镁合金的强韧化机制。

众所周知,纯镁的强度和塑性很低,挤压加工变形态纯镁的屈服强度也只有 100MPa,拉伸塑性在 5%～8%[3],很少用于制备结构件。合金化是提高金属镁强度和塑性的主要手段。研究发现,适当地添加临床上可接受的低毒性或无毒性的稀土元素 RE 能大幅度提高金属镁的耐蚀性能和力学性能,如 Nd、Gd、Dy、Eu 等[4]。研究发现,Nd 在 Mg 基体中的最大固溶度为 3.6%(质量分数,共晶温度 548℃时),而在 200℃时的固溶度几乎为零(0.08%,质量分数),因此 Mg-Nd 基合金有显著的析出强化效果。第二相常以 $Mg_{12}Nd$ 这种第二相的形式析出,而且发现这种析出相的惯习面为垂直于基面的棱柱面{10$\overline{1}$0},这比镁合金中常见的镁基面{0001}为惯习面的析出相对基面位错运动的阻碍作用将更加有效,即这种以棱柱面为惯习面的析出相在室温下将有更好的强化效果。值得一提的是,Mao 等研究发现,镁基体与 $Mg_{12}Nd$ 的电势差较其他金属间化合物更小[5],只有工业上应用最广的镁铝合金中第二相 $Mg_{17}Al_{12}$ 与镁基体电位差的 1/2 左右。因而通常含 Nd 的镁合金中阴极第二相存在导致的电偶腐蚀会相对轻微。这是研发的 JDBM 系列合金中以 Nd 作为主要合金化元素的一个重要原因。同时加入 Zn 和 Zr 进行低微合金化,一方面 Zn 是人体必需的微量营养元素,另一方面第一性原理计算发现 Zn 的加入可提高合金的强度,同时可有效促进室温下镁合金非基面滑移的发生,从而提高镁合金的塑性变形能力;Zr 作为晶粒细化剂,可显著细化晶粒,提高合金的强韧性和耐蚀性,Zr 元素的生物相容性也已经被证实[6]。因此,针对临床医用镁合金的性能要求,并遵循"合金化效率最大化、合金元素数量最小化"的医用镁合金设计原则,Qin 等选取了 Nd、Zn、Zr 等无明显生物毒性的元素(Zn、Zr 还是具有抗菌效果的元素[7],可赋予合金具有广谱抗菌功效)分别作为低合金化和微合金化元素,研发出了新型专利医用镁合金 Mg-Nd-Zn-Zr 基合金系列[8](简称 JDBM),其中 Mg 的纯度≥99.99%,Zn 的纯度≥99.999%,Nd 的纯度≥99.9%,除 Nd、Zr 外其余元素总量不超过 0.5%,严格限制 Fe、Cu、Ni 等杂质元素总量在 0.03% 以下。

在初步选择合金元素之后,进一步采用计算与实验相结合的手段,运用第一性原理计算与分子动力学模拟方法,对优选合金元素对镁中层错能及位错滑移、孪生等变形倾向的影响进行半定量评估,目的是指导实验设计出生物相容性好、强韧性匹配的高性能医用镁合金。

23.1.1　合金元素 Zn 对镁基面层错能的影响计算

关于层错能的计算是由 VASP(Vienna Ab-initio Simulation Package)程序包

实现的,该理论以密度泛函理论(density functional theory,DFT)为主要框架,利用赝势和平面波基矢进行第一性原理计算,并且通过自洽迭代来求解 Kohn-Sham 方程[9]。用来计算广义层错能(generalized stacking-fault energy,GSFE)模拟最基本的模型主要是片层的模型结构。由于 VASP 要求模型的体系比较小,一般把模型中的原子数控制在 90 个以下。在这个模型中所构建的一个晶胞,以基面作为基本的构造基础,是以正交的方式构建的超胞。它的三个方向分别为:$e_1 = \dfrac{a_0}{3}[\bar{1}\bar{1}20]$,$e_2 = a_0[1\bar{1}00]$,$e_3 = c_0[0001]$。因此,正交超胞的结构就是:$e_1 \times e_2 \times ne_3$,其中 $n = 17$。在沿着 e_1、e_2 和 e_3 的三个方向,都会满足周期性边界条件。整个构型含有 30 个基面,分别用 L01~L30 进行标记。在每一层的基面上构造两个镁原子,30 个基面一共含有 60 个镁原子。同时,设置一个厚度为四层基面的真空层。并且把 60 个镁原子中的一个替换为锌原子,从而就构成了一个合金的基本模型体系。

接下来,需要计算逐层层错机制的 GSFE。具体的构造构型的方法是通过部分晶界的滑移来完成的。首先,对于一个完整的密排六方结构的晶格,通过对第 15 层(L15)以及它的以上部分晶体,使之相对于第 15 层(L15)以下的晶体,沿着 $A\alpha$ 的方向进行滑移,在这个过程中,就会形成一个 I_2 层错,然后在这个 I_2 层错的基础上,再对第 16 层(L16)的上面的部分晶体相对于它下面部分的晶体整体性地沿着 αC 滑移,这一过程就构成了 T_2 构型,然后再以刚才上述的 T_2 作为基本构型,在此对第 17 层(L17)以及它的以上部分的晶体进行滑移运动,使之相对于 17 层(L17)以下的晶体整体性地沿着 $A\alpha$ 进行滑移,以此来构成了 F_3 构型,这个过程用图 23.1 中步骤来表示[10]。

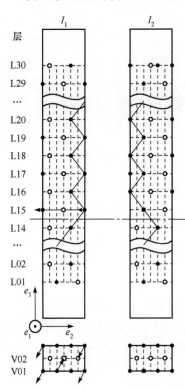

图 23.1　Mg-Zn 体系的 I_1 至 I_2 的 GSFE 的片层模型示意图[10]

对于 GSFE 曲线的获得,通过设置两个稳定状态 P1 和 P2 作为基础,图 23.2 所示是 Mg-Zn 体系的层错能计算的原子示意图。黑色代表镁原子,白色代表锌原子。在滑移过程中,即从 P1 位置到 P2 位置的过程,位错分解的过程也就需要经过一个层错产生的过程。在整个计算中,需要关心的构型主要有:完整的晶体结构的构型,也就是 P1 和 P2;在运动过程中层错的构型,也就是 I_2,此时对应的就是稳态层错能 γ_{i2};以及在从完整晶体和层错构型中间所经历过的鞍点构型,US_1,它对应的是非稳层错能,即 γ_{us1}[11]。

　　计算结果表明[图 23.2(a)],Zn 在镁中的固溶有效增加基面稳态层错能。这意味着 Zn 在镁中的固溶可促进交滑移,从而提高镁的变形能力,即韧化的效果[11]。根据上述计算的理论结果,结合含 Zn 镁合金中通常随着 MgZn 第二相含量增加耐蚀性会下降的事实,袁广银等设计的 JDBM 医用镁合金中 Zn 含量限制在固溶度的低含量范围内(<0.5%,质量分数)。实验结果和理论计算结果完全吻合。图 23.2(b)为 Mg-Nd-Zr 三元合金和添加微量 Zn 的 Mg-Nd-Zr-0.2Zn 四元合金的拉伸力学性能曲线。由图可见,微量 Zn(0.2%,质量分数)的添加能明显提高镁合金的拉伸塑性,提高幅度高达 60% 左右,强度也有略微增加。拉伸力学性能结果见表 23.1。

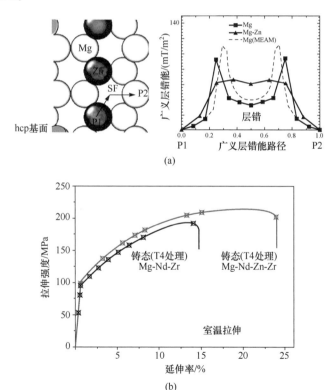

图 23.2　Zn 微合金化提高 Mg 合金塑性[12]

(a)理论计算[11];(b)实验结果

表 23.1　添加 0.2%Zn 前后铸态镁合金的拉伸实验结果

合金	屈服强度/MPa	抗拉强度/MPa	延伸率/%
Mg-Nd-Zr	81.2	192.99	14.43
Mg-Nd-Zr-0.2Zn	93.90	213.23	23.72

图 23.3 分别为 Mg-Nd-Zr 和 Mg-Nd-Zr-0.2Zn 合金经固溶处理后室温拉伸断裂后试样表面的形貌。由图可见，Mg-Nd-Zr 样品表面呈现大量的平行滑移线，这是室温下基面位错滑移开动引起的必然结果。而随着 0.2%Zn 的微合金化后，合金试样表面除了部分平行的滑移线，还存在大量的交滑移线（白色箭头所指）。这清楚地表明，除了基面位错开动，大量的非基面位错在室温下也开动了，基面和非基面位错交互作用形成了如图所示的交滑移际线。

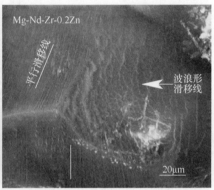

图 23.3　固溶处理态合金样品（Mg-Nd-Zr 和 Mg-Nd-Zr-0.2Zn）
室温拉伸断裂后试样表面形貌[12]

进一步采用 TEM 对拉伸变形 5%后的 Mg-Nd-Zr 及 Mg-Nd-Zr-0.2Zn 拉伸试样进行位错观察，发现未添加 Zn 的 Mg-Nd-Zr 合金在拉伸过程中主要是 a 位错滑移，加入微量 Zn 后，a 位错及 a+c 位错滑移均有发生，如图 23.4 所示。这表明 Zn 原子的少量固溶，通过改变镁基体的层错能，使得位错更易发生交滑移，大幅度提升了镁合金的塑性。高塑性和高变形能力对制备镁合金血管类支架具有至关重要的作用，因为血管支架在手术植入时需要经历压握和扩展两个大的变形过程（通常变形量 20%以上）。如果变形能力不足，就会发生植入过程中因压握和扩张变形量过大导致支架丝径的断裂，从而导致支架整体支撑力的过早丧失。

值得指出的是，在目前的商业镁合金中绝大部分含 Zn 的镁合金 Zn 含量都在 2%以上，如 ZK60 等。而在袁广银等研发的医用镁合金 JDBM 合金中，Zn 的含量低于 0.5%，这是在材料计算的理论指导下，系统考虑材料的力学性能和腐蚀性能后确定的综合结果。

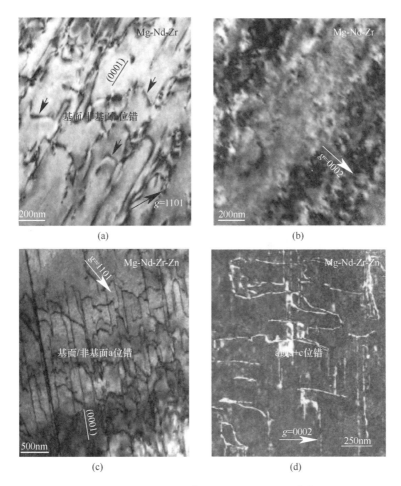

图 23.4　镁合金 5%拉伸变形后 TEM 图[12]

(a) $g=1\bar{1}01$;(b) $g=0002$,[图(a)、(b)取自同一位置];(c) 晶界附近,$g=1\bar{1}01$;(d) $g=0002$,

[图(c)、(d)取自不同晶粒],电子束方向几乎平行于[11$\bar{2}$0];其中 $g\cdot b=0$

23.1.2　合金元素 Nd 对镁的基面层错能的影响计算

采用类似的方法,袁广银课题组计算了合金元素 Nd 对镁基面层错能的影响,发现在镁中 Nd 的合金化能降低基面稳态层错能,可对基面滑移起到钉扎作用,从而起到强化效果。同时考虑到 Nd 在镁中超过固溶度极限后,时效析出的纳米级 $Mg_{12}Nd$ 第二相惯习面垂直于基面方向(图 23.5),从而比镁合金中常见的平躺在基面上的第二相,如 AZ 系列镁合金中 $Mg_{17}Al_{12}$ 析出相(惯习面为基面{0001})[13] 具有更有效的阻碍位错运动作用,即强化效果更好。

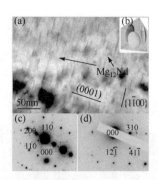

图 23.5　Mg-Nd 基合金中纳米析出相 Mg₁₂Nd 的惯析面垂直于基面

综合考虑 $Mg_{12}Nd$ 第二相和镁基体的电极电位差较小,因第二相析出带来的电偶腐蚀的不利影响相对其他析出相更小,在袁广银等[8]研发的专利医用镁合金中,Nd 被选为主要合金化元素。

23.2　组织结构调控

　　获得高强韧医用镁合金材料,除了科学的合金成分设计,还需要合适的塑性变形加工工艺,目的是调控医用镁合金的组织结构,进而改善和调控医用镁合金的力学性能和降解行为。目前一些研究人员采用铸态镁合金进行相关的医用镁合金材料的研究,但是铸态镁合金由于铸造过程中不可避免地存在组织疏松、成分偏析等缺陷,使得合金材料性能不稳定。作为对植入材料的性能质量稳定要求较高的医用领域,更适宜采用形变加工态的材料。因为经变形加工后,镁合金基体中铸造过程产生的疏松等组织缺陷基本消除。相对于铸态材料,变形态材料的性能更加稳定,而且显微组织进一步细化,有利于进一步提升镁合金的力学性能和降低镁合金的降解速率。

　　图 23.6 为 Mg-Nd-Zn-Zr 合金铸态显微组织及反映其相组成的 XRD 图谱[14]。由金相图可见,该合金的铸态显微组织基本由α-Mg 及位于晶界的 $Mg_{12}Nd$ 枝晶状第二相组成。值得指出的是常规金属型铸造工艺下获得的二次枝晶臂间距只有 $30\sim40\mu m$,明显低于同样铸造工艺条件下 AZ91 合金二次壁间距 $60\sim80\mu m$ 的水平。这种原始铸态组织的细化将有利于合金加工变形后的组织细化。

　　袁广银等通过热处理工艺控制 JDBM 镁合金中析出第二相的含量及分布,并结合塑性变形过程来进一步优化材料自身的力学性能和腐蚀降解行为。图 23.7 为在 JDBM 不同处理状态下的光学显微组织。由图可以看出,T4 态(540℃固溶处理 10h)组织[图 23.7(a)]比较粗大,平均晶粒尺寸约为 $45\mu m$,显示晶粒尺寸在高温下有些长大,同时第二相基本固溶到基体中,并且可以观察到在晶粒内部有些

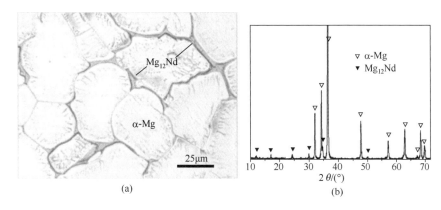

图 23.6　Mg-Nd-Zn-Zr 合金

(a) 铸态显微组织；(b) 相组成

富 Zr 的颗粒。经过挤压后，由于发生了完全动态再结晶，JDBM 组织明显细化 [图 23.7(b)～(d)]，在晶界和晶粒内部有细小的第二相 $Mg_{12}Nd$ 析出，并且挤压温度越低，晶粒尺寸越细小，在 250℃ 低温下挤压，晶粒平均尺寸为 4～6μm；而在 350℃ 挤压，晶粒平均尺寸则增大到 8～10μm。

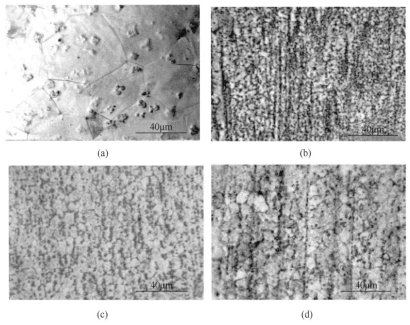

图 23.7　JDBM 合金挤压加工后的显微组织

(a) 铸锭 540℃ 10h 固溶处理后未挤压前显微组织；(b) 固溶后 250℃ 挤压；

(c) 固溶后 300℃ 挤压；(d) 固溶后 350℃ 挤压。挤压比为 25

表 23.2 为不同状态下 JDBM 合金的室温力学性能。由表可以看出,挤压后材料的力学性能明显提高。随着挤压温度的升高,屈服强度明显下降,抗拉强度和延伸率均略微下降。力学性能下降的主要原因是晶粒度的影响。对固溶状态及250℃挤压样品的拉伸断口进行 SEM 分析,如图 23.8 所示。由图可见,固溶态JDBM 的断口形貌表现为解理断裂,而挤压后的断口则是由大量韧窝组成的韧性断裂,比固溶态合金的塑性明显改善。

表 23.2　不同状态下 JDBM 的室温力学性能(挤压比为 25)

样品状态	屈服强度/MPa	抗拉强度/MPa	延伸率/%
固溶态	90±7	194±3	12±0.8
250℃挤压	162±1	234±1	26±0.7
350℃挤压	145±2	229±3	25±1.5
450℃挤压	124±2	226±2	22±0.3

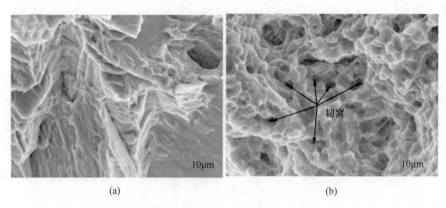

图 23.8　不同状态 JDBM 的断口形貌 SEM 照片

(a) 固溶态;(b) 250℃挤压

Zhang 等[14]首先研究了不同挤压温度下(250℃、350℃和 450℃)制备的 JDBM合金样品(具有不同的晶粒尺寸,挤压温度越低,晶粒尺寸越小)在模拟体液中浸泡10 天后的生物腐蚀性能。结果表明,JDBM 经挤压后耐蚀性能显著提高,而且挤压加工温度越低,制备的材料腐蚀降解速率越低,表明镁合金的腐蚀降解速率会随着晶粒尺寸的降低而减小,如图 23.9 所示。Zhang 等认为组织微细化可使第二相和成分分布均匀化,从而有助于降低电偶腐蚀的活性。Zhang 等进一步研究发现,通过往复挤压 CEC 大变形,Mg-Nd-Zn-Zr 镁合金的晶粒尺寸由 CEC 变形前 3～6μm 经过 8 道次往复挤压即显著细化到晶粒度仅为 1μm,由于显微组织的微细化和均匀化,不仅使得合金屈服强度提升 71%、延伸率提升 154%,而且腐蚀速率降低 20%左右[15]。有研究认为,晶粒细化到一定程度,晶界将阻滞电化学腐蚀过程中的电荷传输,从而提升镁合金的耐蚀性能[16]。可见,通过适当的形变加工手段使镁合金组织细化不但有利于强韧性的提高,对腐蚀性能的提高也具有显著效果,并且可在一定范围内通过调节镁合金的晶粒尺寸来调控腐蚀降解速率,从而使医用镁合金的降解行为可控。

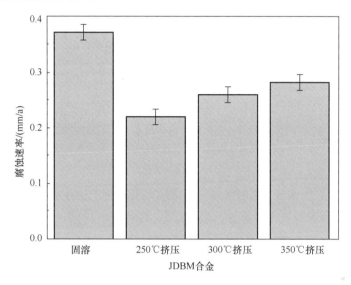

图 23.9　不同状态下 JDBM 在模拟体液中浸泡 10 天的腐蚀速率

JDBM 在模拟体液中浸泡 10 天后表面生成一层致密的腐蚀层,如图 23.10(a)和(c)所示,其主要腐蚀产物为 $Mg(OH)_2$ 和 $(Ca,Mg)_3(PO_4)_2$;在腐蚀层外表面形成白色颗粒状的羟基磷灰石(HA),HA 是人骨的组成部分,HA 在镁合金表面的生成可加速骨组织的愈合。去除腐蚀产物后在 SEM 下观察到挤压态 JDBM 的腐蚀形貌比 T4 态更加均匀,如图 23.10(b)和(d)所示。这种均匀腐蚀方式对可降解生物医用材料来说非常重要,因为作为支撑器械的可降解医用材料(如骨内植物、心血管支架等)在服役期间如果发生严重的局部腐蚀,可造成支撑器械整体力学性

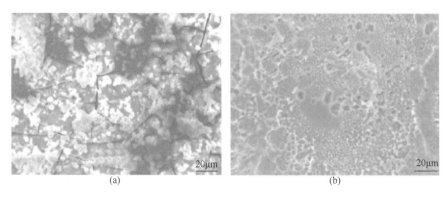

(a)　　　　　　　　　　　　　　　　(b)

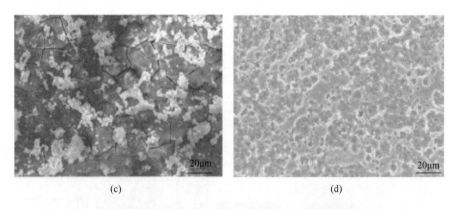

(c)　　　　　　　　　　　　　　　　(d)

图 23.10　不同状态 JDBM 在模拟体液中浸泡 10 天腐蚀产物的 SEM 照片
(a) 固溶态酸洗前;(b) 固溶态酸洗后;(c) 挤压温度为 350℃的
挤压态酸洗前;(d) 挤压温度为 350℃的挤压态

能过早丧失,从而失去支撑功能;而均匀腐蚀则可避免上述情况的发生。JDBM 医用镁合金独特的均匀可控降解模式有望使其成为生物可降解医用器械材料的理想选择。

23.3　力　学　性　能

可降解生物医用 JDBM 镁合金的力学性能随其合金成分含量不同而呈现较大的差异。利用这一特性并考虑不同植入材料所需强度塑性不同,Yuan 等[17]设计了两大类 JDBM 镁合金:①针对医用骨内植入器械,研发了"高强度中等塑性"医用镁合金,简称 JDBM-1;②针对可降解血管类支架等介入微创医疗器械,研发了"高塑性中等强度"医用镁合金,简称 JDBM-2。

23.3.1　适用于骨内固定器械用高强度中等塑性镁合金 JDBM-1

针对临床上骨内植物材料通常需要有较高的机械强度和中等塑性的要求,研发了适用于骨内植物器械的镁合金 JDBM-1,拉伸力学性能如图 23.11(a)所示。从图中可以看出,随着变形加工工艺的不同,合金的强度和塑性也会有较大的不同,主要是不同的热处理方式及挤压温度导致合金不同的晶粒尺寸,因此呈现出不同的力学性能。其力学性能范围为:拉伸屈服强度 $\sigma_{0.2}=280\sim380\text{MPa}$,延伸率 $\delta=8\%\sim18\%$。上述镁合金强度达到了医用不锈钢的屈服强度水平,基本可满足临床上对中等负载的骨内植物器械的力学性能要求。图 23.11(b)为 JDBM-1 合金制备的骨内植物器械原型。

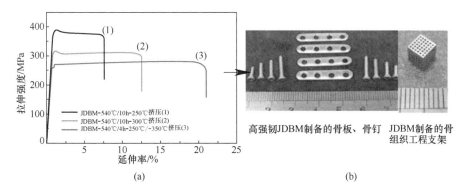

(a)　　　　　　　　　　　　　　　　　　(b)

图 23.11　高强中塑医用镁合金 JDBM-1 力学性能及其制品

23.3.2　适于血管支架用中等强度高塑性镁合金 JDBM-2

近十年来心血管疾病的大量发生,患者对血管支架的需求越来越多。然而,不可降解支架,如 316L 不锈钢、Co-Cr 支架等的长期存在容易造成血管的再狭窄等不良反应[18]。镁合金的可降解性能够解决一系列不良反应[18]。镁合金支架不同于骨科植入材料,支架在使用过程中需要经过压握、扩张等大塑性变形,在支撑血管的过程中,并不需要固定骨头的高强度,因此血管支架应当具备很高的塑性,中等程度的强度。图 23.12(a)显示了作为支架用镁合金 JDBM-2 的力学性能,其力学性能范围为:拉伸屈服强度 $\sigma_{0.2}=180\sim280$MPa,延伸率 $\delta=20\%\sim32\%$。图 23.12(b)为采用 JDBM-2 镁合金材料制备的血管支架的原型。

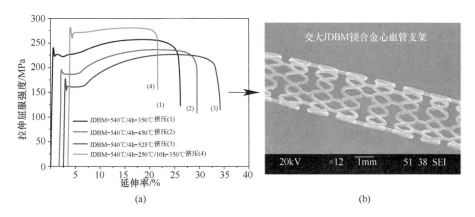

(a)　　　　　　　　　　　　　　　　　　(b)

图 23.12　高强中塑医用镁合金 JDBM-2 力学性能及其制品

23.4 降 解 行 为

虽然镁合金作为可降解医用材料具有光明前景,但目前的商用镁合金腐蚀降解速率过快,腐蚀模式为严重的局部腐蚀,降解行为不可控等,严重阻碍了镁合金进入临床应用。针对医用镁合金的上述问题,综合考虑镁合金的降解行为、强韧性和生物相容性,袁广银在设计医用镁合金材料显微组织时,从材料电化学腐蚀的基本原理入手,选择合适的强化相,制定综合系统的解决方案,研发的专利医用镁合金 JDBM 成功地实现了均匀降解的目标,同时具有良好的强韧性和生物相容性,显示出了临床应用潜力。

当镁合金作为植入材料处于体液环境中时,将会发生电化学腐蚀,镁基体电位较负,通常作为阳极(φ_a),第二相电位较正,作为阴极(φ_c)。其电化学腐蚀原理如 23.13 所示。

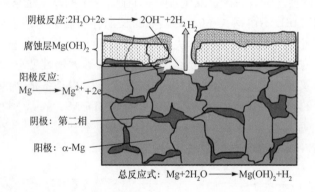

图 23.13 镁合金腐蚀原理示意图

其电化学腐蚀电流[19]为

$$I_g = \frac{\varphi_c - \varphi_a}{\dfrac{P_c}{S_c} + \dfrac{P_a}{S_a} + R} \tag{23-1}$$

由式(23-1)可见,$I_g \propto \varphi_c - \varphi_a$。因此为了实现均匀降解,必须降低阳极与阴极之间的电位差,即需要镁合金基体与第二相之间存在尽可能小的电位差。JDBM 合金选用了稀土元素 Nd 作为低合金化元素,一方面 Nd 的固溶可提高镁合金基体的电极电位,同时形成的第二相 $Mg_{12}Nd$ 电位相对镁基体的电位差较小,只有工业上应用最广的 Mg-Al 基合金中强化相 $Mg_{17}Al_{12}$ 与镁基体电位差的 1/2 左右,局部腐蚀电位($\varphi_c = -1.72V$)高于自腐蚀电位($\varphi_a = -1.75V$)。体外和体内实验结果均表明,JDBM 合金呈现均匀降解模式[5,7,20]。

另外,Mao 等[20]针对 JDBM 及商用镁合金 WE43 的腐蚀行为进行了详细的对比研究。研究表明,JDBM 的腐蚀速率明显低于 WE43,如图 23.14 所示;更为重要的是 JDBM 表现出均匀腐蚀,而 WE43 则像大多数镁合金一样表现出局部的点蚀现象,如图 23.15 所示。

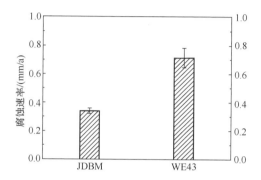

图 23.14　人工血浆中浸泡 10 天后 JDBM 和 WE43 的平均腐蚀速率[20]

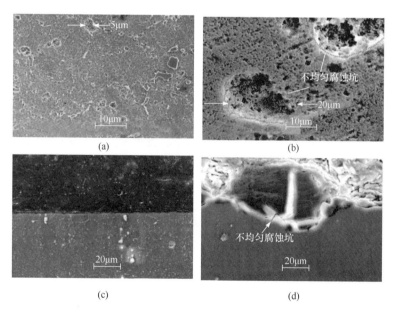

图 23.15　人工血浆中浸泡 10 天后横截面及纵截面形貌
(a) JDBM 横截面;(b) WE43 横截面;(c) JDBM 纵截面;(d) WE43 纵截面

在人工血浆中对 JDBM 和 WE43 合金进行电化学测试,得到的循环极化曲线如图 23.16 所示。从一定意义上讲,正向扫描曲线(特别是点蚀电位前的曲线)代表合金未腐蚀区域的极化行为,而反向扫描曲线则与已经遭受腐蚀区域的极化行为有关。从图中得知,WE43 基体正向扫描的腐蚀电位(未腐蚀区电位)E_1^+($-1.54V$)>反向扫描的电位(腐蚀区电位)E_1^-($-1.73V$)。而 JDBM 合金的测试结果与 WE43 相反,即正向扫描的腐蚀电位(未腐蚀区电位)E_2^+($-1.74V$)<反向扫描的腐蚀电位(腐蚀区电位)E_2^-($-1.68V$)。根据电偶腐蚀原理,电位较低的区域也就是阳极区域将遭受腐蚀,而电位较高的区域即阴极区域会受到保护。因此当 WE43 合金基体在腐蚀过程中出现点蚀现象时,腐蚀将继续在电位较低的已腐蚀区域进行,而未腐蚀区域由于电位较高,在电偶腐蚀中继续充当阴极而被保护起来,这样腐蚀就沿着纵向朝基体内部继续发展,在腐蚀区域形成较深的腐蚀坑洞,宏观上表现为严重的局部腐蚀。相反,对于 JDBM 合金,由于已腐蚀区域的腐蚀电位高于未腐蚀区域的腐蚀电位,在腐蚀过程中会出现阴极和阳极交换的现象。即随着腐蚀时间的延长,JDBM 合金中未腐蚀区域由于腐蚀电位较低,在电偶腐蚀中充当阳极开始腐蚀,已腐蚀区域由于腐蚀电位的升高则会充当阴极,将会受到保护,腐蚀沿着横向在整个合金表面扩展开来,最终形成浅而均匀的腐蚀区域,表现出临床上希望的逐层均匀降解的腐蚀行为。循环极化曲线测试结果从电化学角度很好地解释了 JDBM 镁合金在人工血浆中表现出的均匀降解的现象。

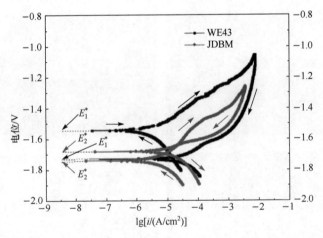

图 23.16　人工血浆中测试的 JDBM 和 WE43 循环极化曲线[20]

23.5　JDBM 的表面改性

虽然 JDBM 镁合金作为医用植入材料,其降解速率较其他镁合金如 WE43、AZ31 等要低,同时降解方式表现为临床所希望的均匀降解模式。然而作为未来植入体内的医用镁合金骨科内植物器械,在植入体内的初期,由于肌体的应激反应,植入物位置附近会呈现酸性体内微环境。而镁合金在酸性环境下降解会加速,导致析氢严重而产生氢气包。因此有必要通过适当的表面处理工艺,抑制植入初期过高的降解速率。同时通过调节涂层厚度,进一步调控骨内植入器械的降解速率,以便达到镁合金骨内植物和新骨形成速度匹配的目的,实现医用镁合金内植物均匀可控降解的临床目标。

23.5.1 化学沉积法

宗阳等[21]采用脉冲电化学沉积法在 JDBM 表面制备了具有良好生物活性的 HA 涂层。图 23.17 为 JDBM 经电化学沉积后表面及侧面的 SEM 照片。从图 23.17(a)可以看到,涂层表面呈花朵团簇状,团簇基本垂直于基体生长,团簇之间交互连接形成致密的网状结构附着在基体表面,厚度大约为 $10\mu m$[图 23.17(b)]。将有无涂层的 JDBM 浸泡在 Hank's 溶液中 8 天,采用析氢法测试其腐蚀性能,结果如图 23.18 所示,经过涂层的 JDBM 析氢量明显减少,表面涂层进一步提高了 JDBM 的耐蚀性能。

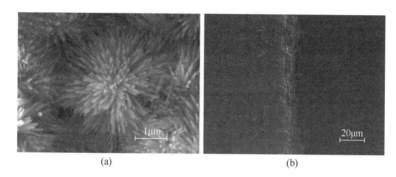

(a)   (b)

图 23.17 JDBM 合金电化学沉积后表面和侧面形貌照片

(a) 表面;(b) 侧面

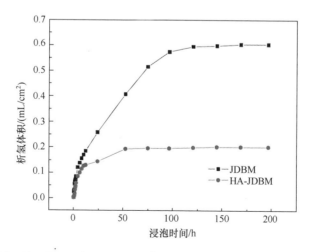

图 23.18 JDBM 和 HA-JDBM 合金在 Hank's 溶液中的析氢曲线

23.5.2　阳极氧化

张佳[22]采用阳极氧化的方法对 JDBM 进行表面改性。试样表面形成了一层具有微孔结构的保护性陶瓷膜层（图 23.19），陶瓷层中主体相为 MgO、Mg_2SiO_4 等含硅的尖晶石型氧化物和镁的氧化物，如图 23.20 所示。该膜层具有利于成骨细胞附着、骨组织长入的表面形貌，提高了生物相容性，实现了金属与陶瓷优点的有机结合。将阳极氧化处理后的 JDBM 在模拟体液中浸泡 7 天，其 7 天总析氢量不足 $0.1mL/cm^2$（图 23.21）。说明阳极氧化很好地改善了 JDBM 的腐蚀性能，同时阳极氧化涂层与镁基体结合力较高，可以满足临床要求。

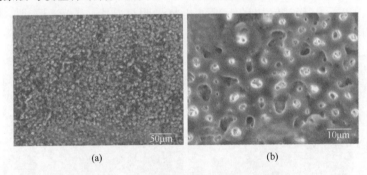

图 23.19　JDBM 阳极氧化后表面形貌照片

(a) 400 倍；(b) 2000 倍

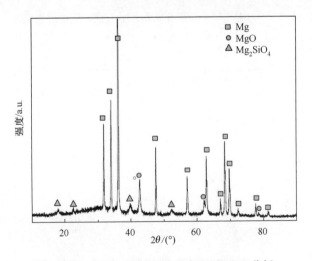

图 23.20　JDBM 阳极氧化后表面层 XRD 分析

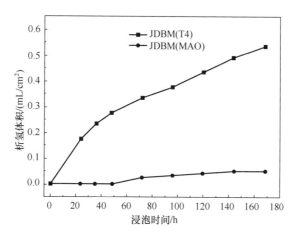

图 23.21　JDBM 和 MAO-JDBM 在 Hank's 溶液中的析氢曲线

23.5.3　具有生物活性的 Ca-P 涂层

袁广银课题组[23-25]还针对骨内植物器械的临床应用要求研发了可降解具有生物活性的 Ca-P 涂层。镁合金表面处理后的 Ca-P 涂层形貌如图 23.22 所示，图 23.23 显示了 Ca-P 涂层的 XRD 分析结果。由图可以看出，Ca-P 涂层是由具有生物活性的可降解透钙磷石 $CaHPO_4 \cdot H_2O$ 组成的。Ca-P 涂层形貌呈细小磷石状晶体，由基体向外生长，与基体结合强度高(结合力>10MPa)，这种形貌与骨磷灰石的晶体特征非常相似，从而有利于体内骨质的沉积，具有更好的生物相容性。图 23.24 给出了骨板及骨架 Ca-P 涂层处理前后的对比结果图。

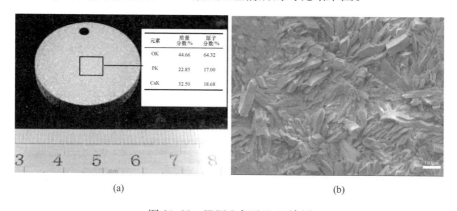

元素	质量分数/%	原子分数/%
OK	44.66	64.32
PK	22.85	17.00
CaK	32.50	18.68

(a)　　　　　　　　　　　　　　　　(b)

图 23.22　JDBM 表面 Ca-P 涂层

(a) 宏观照片及能谱分析；(b) SEM 照片

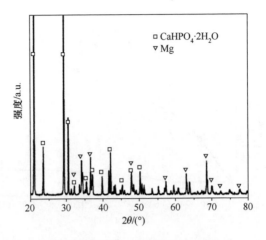

图 23.23　Ca-P 涂层的 XRD 分析

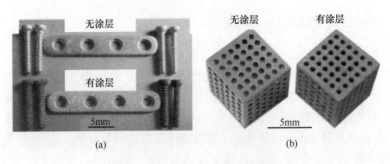

(a)　　　　　　　　　　　(b)

图 23.24　Ca-P 处理前后对照图
（a）骨钉和骨板；（b）骨组织工程支架

23.6　JDBM 的生物相容性

23.6.1　细胞毒性

图 23.25 显示了 MTT 法检测的小鼠 MC3T3-E1 成骨细胞培养于 C-JDBM（含 Ca-P 涂层）、JDBM、WE43 和 AZ31 浸提液中 1 天、3 天、5 天后相对于阴性对照组的活性百分比。由图可以看出，JDBM、C-JDBM、WE43、AZ31 四种镁合金对 MC3T3-E1 细胞都没有毒性。其中含 Ca-P 涂层的 C-JDBM 组细胞活性最高，JDBM 组次之。JDBM 组和 C-JDBM 涂层组的细胞活性大于阴性对照组，可以促进成骨细胞增殖。说明 JDBM 镁合金和 Ca-P 涂层具有良好的细胞相容性。同时值得指出的是，图 23.25 结果也表明，相对于商用镁合金 WE43 和 AZ31，JDBM 合金具有更好的细胞相容性。经上海市生物研究测试中心检测，证实该材料的细胞毒性反应为 0～1 级，完全满足临床使用要求。

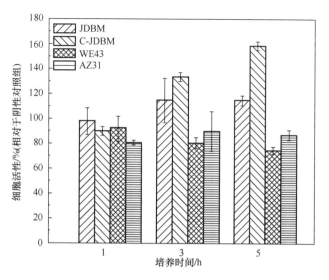

图 23.25 MC3T3-E1 细胞在 JDBM、C-JDBM、
WE43、AZ31 浸提液中培养 1、3、5 天后的细胞活性(MTT 法)

图 23.26 为将小鼠成骨细胞 MC3T3-E1 直接种植在 JDBM 镁合金和商用镁合金 WE43 试样表面 24h 后的细胞存活情况。由图可以发现,JDBM 合金试样表面具有更多的存活细胞,进一步证实 JDBM 比 WE43 具有更低的细胞毒性。

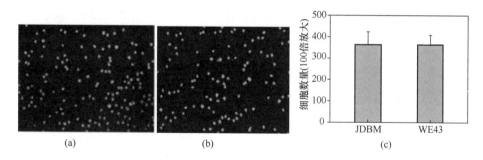

图 23.26 镁合金表面 MC3T3-E1 培养 24h 的钙黄绿素染色情况
(a) JDBM;(b) WE43;(c) 100 倍视野的细胞数

图 23.27 为针对评价血管支架体外细胞相容性而做的有关人体血管内皮细胞(HUVECs)毒性的实验结果。由图可见,针对血管支架的 JDBM-2 镁合金浸提液和 WE43 及 AZ31 合金类似,对人体血管内皮细胞均表现出良好的细胞相容性,其细胞毒性在 0~1 级,如图 23.27(a)所示。其细胞形貌在 JDBM-2 和 WE43 合金浸提液中培养 24h 后均显示和阴性对照组类似的健康形态,如图 23.27(b)~(d)所示。

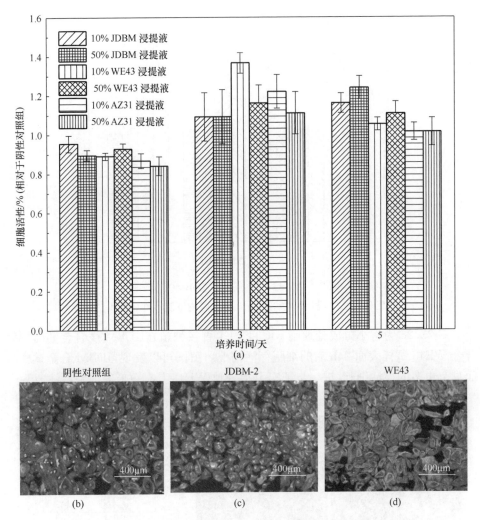

图 23.27 MTT 法测定镁合金人体血管内皮细胞(HUVECs)毒性及

HUVECs 细胞形貌分别在三种浸提液中培养 24h 后的形貌

(a) 镁合金人体血管内皮细胞(HUVECs)毒性;(b) 阴性对照组;(c) JDBM-2;(d) WE43 合金

23.6.2 碱性磷酸酶 ALP 检测

碱性磷酸酶(alkaline phosphatase,ALP)是一种普遍存在的细胞内酶。碱性磷酸酶(ALP)活性作为成骨细胞功能及分化的指标,与骨形成高度相关,是成骨细胞成熟的标志。碱性磷酸酶活性是检测骨形成量化指标的常用方法。定量检测细胞内碱性磷酸酶的活性具有重要的临床意义。

图 23.28 为 BMSC 细胞在 Mg、WE43、AZ31、JDBM 浸提液以及空白培养基

中培养 6 天、12 天和 18 天后 ALP 活性结果。从该图可得出以下几点结果：①由于对照组未添加镁合金的浸提液，其 ALP 活性在很低的水平，并且随实验时间变化的幅度很小。而四个镁合金浸提液组的碱性磷酸酶比活力都高于对照组，说明镁合金浸提液对 ALP 的活性没有抑制作用。相反，能够在一定程度上促进和催化 ALP 的活性，对成骨细胞的分化和增殖有积极的作用。②可发现，随着实验时间的延长，浸提液组的 ALP 比活力呈下降趋势。这说明几种镁合金材料对细胞 ALP 活性的影响存在时间依赖性。③Mg 浸提液培养下的细胞 ALP 活性一开始最高，但是随着时间延长，下降的幅度最大。说明其促进作用对时间的依赖最敏感。④JDBM 浸提液组的 ALP 活性一直保持在一个相对稳定的水平，随时间的变化较小。12 天和 18 天时，其活性基本在最高值。说明 JDBM 合金对 ALP 活性的影响比较稳定，并且能够作用较长时间。不难看出，镁合金浸提液培养下的 ALP 活性高于对照组，可能的原因：一是细胞在合成 ALP 时浸提液中 Mg^{2+} 催化了合成反应，使 ALP 含量高于对照组；二是浸提液内环境（酸碱度以及离子浓度等因素）影响了细胞总蛋白合成，尤其是非 ALP 的蛋白质合成，使总蛋白含量低于正常水平，酶的比活力计算下得到的值较高。

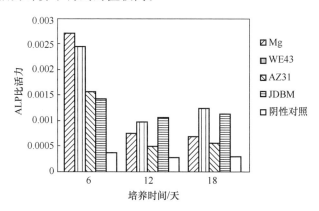

图 23.28　BMSC 细胞在 Mg、WE43、AZ31、JDBM 浸提液以及空白培养基中培养 6 天、12 天和 18 天后碱性磷酸酶（ALP）活性

23.6.3　溶血率

对 Ca-P 涂层前后 JDBM 的溶血率进行测试，纯镁和商用镁合金 AZ91D 作为对比样品一同进行测试，结果见表 23.3。由表可见，JDBM 裸金属的溶血率明显低于纯镁和 AZ91D，Ca-P 涂层处理后的 JDBM 的溶血率大幅度降低，完全满足医学上生物材料溶血率小于 5% 的要求。

表 23.3　溶血率实验结果

合金	标准	评价标准	结果	结论
Mg	GB/T 16886.4—2003	<5%	87.3%	不合格
AZ91D	GB/T 16886.4—2003	<5%	72.4%	不合格
JDBM	GB/T 16886.4—2003	<5%	55.2%	不合格
Ca-P 涂层 JDBM	GB/T 16886.4—2003	<5%	0.6%	合格

23.6.4　血小板黏附实验

当材料植入人体血管内时,由于组织损伤及白细胞的激活会引发血液中及血管内皮细胞表面和血液中单核细胞表面组织因子活性的升高,从而导致血液中及内皮细胞表面的血小板聚集及血栓的形成。因此,血小板黏附实验是评价材料引发血栓形成的重要手段。将 JDBM-2 镁合金和商用镁合金 AZ91D 及医用钛合金 Ti-6Al-4V 进行了血小板黏附实验,结果如图 23.29 所示。由图可见,相对于医用钛合金,镁合金样品表面均具有较好的抗血小板黏附的能力。镁合金表现出的这种优异的抗血小板黏附性能是目前其他传统不可降解医用金属材料无法具备的。这与镁合金降解过程中释放出负电荷有关,因为释放的负电荷会吸附在样品表层,起到对同样带负电荷血小板的排斥效应,从而表现出如图 23.29 所示的血小板团聚成球附着在样品表面的现象。这预示着镁合金制备成血管支架,将有助于抑制血小板的黏附,进而抑制血栓形成,从而有利于降低支架植入后的血管再狭窄率。

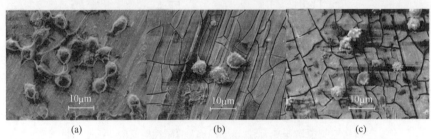

图 23.29　钛合金及镁合金样品和的血小板黏附实验
(a) Ti6Al4V;(b) AZ91D;(c) JDBM-2

23.6.5　JDBM 医用镁合金的广谱抗菌功效

骨内植物材料具有广谱抗菌功能,对临床而言意义重大,因为临床上经常发生因细菌感染导致骨内植物手术失败而需取出的案例。如果能从合金设计角度,巧妙利用镁合金降解释放的合金元素具有抗菌效果,解决骨内植物植入器械临床上需要解决的广谱抗菌的老大难问题,无疑具有重大的临床应用价值。Qin 等[7]在临床研究中发现,因 JDBM 合金中含有的 Zn 和 Zr 具有抗菌效果,JDBM 镁合金在降解过程中会持续释放 Zn、Zr 元素的离子而表现出显著的广谱抗菌效果。

1. 体外抗菌实验

图 23.30 是用涂板计数法检测工业用纯 Mg(纯度 99.98%)和 JDBM 的体外抗菌作用的实验结果,细菌分别选用了临床手术感染常见的三种细菌:大肠杆菌、表皮葡萄球菌和金黄色葡萄球菌。结果表明,相比较于工业纯钛,工业纯镁和 JDBM 样品表面及周围的培养基中对三种细菌均有显著抗菌作用,其中样品表面的抗菌率(R_a 值)更高于培养基中的抗菌率(R_p 值)。这是因为,周围培养基中由于镁和

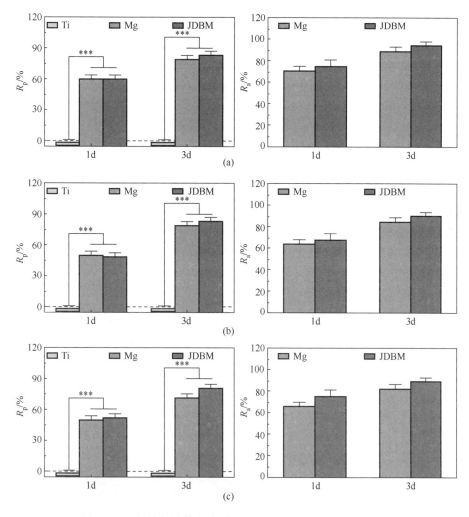

图 23.30　用涂板计数法检测工业纯 Mg 和 JDBM 的抗菌作用

(a) 大肠杆菌;(b) 表皮葡萄球菌;(c) 金黄色葡萄球菌。R_p 值用于检测培养基中的活菌量,R_a 值用于检测工业纯 Mg 和 JDBM 表面的活菌量。***$P < 0.001$

镁合金的降解产生碱性,JDBM 因为降解速率较工业纯镁低,降解产生的碱性相对工业纯镁较弱,但是 JDBM 合金释放了锌、锆等抗菌元素,综合表现出比工业纯镁更好的抗菌效果。而实验结果中表面抗菌率更高的原因是样品表面的碱性更高,同时 JDBM 表面锌、锆离子浓度更大。图 23.31 为细菌在 Ti、Mg 和 JDBM 样品表面生长 1 天和 3 天,活/死细菌染色后,用共聚焦显微镜观察细菌生物膜的荧光图像(活菌显示亮白色,死菌显示暗白色)。结果表明,相对于纯钛样品,纯镁和 JDBM 均可以抑制细菌的黏附,并产生杀菌作用,而且 JDBM 镁合金样品的抗菌作用更显著。

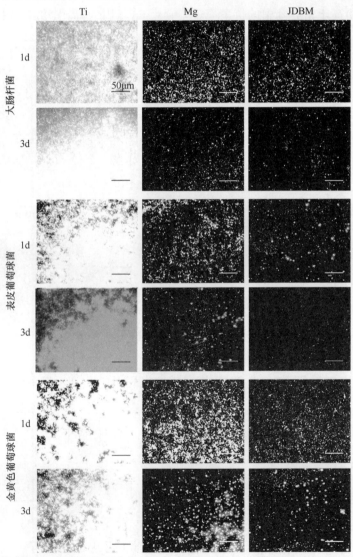

图 23.31　细菌在 Ti、Mg 和 JDBM 表面生长 1 天和 3 天,活/死细菌染色后,用共聚焦显微镜观察细菌生物膜的荧光图像(活菌显示亮白色,死菌显示暗白色。放大 400 倍,标尺是 50μm)

2. 动物体内抗菌实验

动物体内抗菌实验方案如下：在临床中，通常发现植入假体发生感染的概率是未植入假体的数倍。而且一旦感染，必须将植入假体取出才能控制。而且动物实验证明，单纯在大鼠胫骨中注入 10^3 个葡萄球菌，不能造成感染，但是当同时插入异物就会发生感染。这说明植入物为细菌提供了一个界面，让其可以在表面形成生物膜。细菌一旦形成生物膜，就很难被机体的免疫系统和抗生素消灭。所以目前的观点，植入物发生感染的最根本原因在于细菌在植入物表面形成了细菌生物膜。

动物体内实验在大鼠股骨髓腔中注入同等数量的细菌，同时植入不同材料制备的克氏针（为细菌提供不同材料的界面）。由前面体外实验可知，纯 Mg 和 JDBM 合金均有抗菌作用，可以减少细菌在其表面形成生物膜。所以理论上在纯 Mg 和 JDBM 克氏针表面黏附的细菌要少于在 Ti 克氏针表面黏附的细菌量。而且前两者造成的股骨感染也应该较 Ti 轻，股骨所含的细菌量也应该较 Ti 的少。为此设计了两方面的实验进行检测：一是直接计数克氏针表面黏附细菌的量；二是计数股骨组织中细菌量。图 23.32 显示植入物表面及股骨中所含的细菌数。图 23.32(a)是从大鼠股骨中取出的 Ti、Mg 和 JDBM 克氏针滚板后的细菌培养图片，是一种半定量的抗菌效果评价方法；为了定量计数，将滚过板的克氏针再经超声

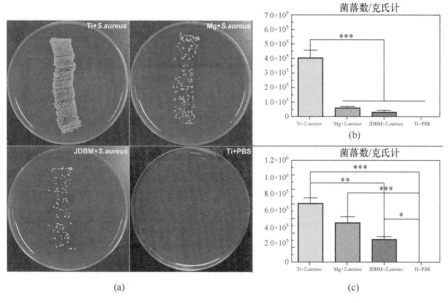

(a)　　　　　　　　　　(b)(c)

图 23.32　植入物表面及股骨中所含的细菌

(a) 从大鼠股骨中取出的 Ti、Mg 和 JDBM 克氏针滚板后的细菌培养图片；

(b) 克氏针滚板后，涂板计数其表面黏附的细菌；(c) 股骨研磨成粉，涂板计数其中所含的细菌

$(*P<0.05,**P<0.01,***P<0.001)$

振荡方法分离表面黏附的细菌,用涂板计数法来计数分离的细菌量,如图 23.32(b)所示。将股骨磨成粉,用涂板计数法计数骨组织中所含细菌[23.32(c)]。该动物体内的实验结果和体外结果类似,即相对于纯钛样品,工业纯镁和 JDBM 合金具有显著的抗菌效果,而 JDBM 镁合金具有最佳的抗菌效果。

　　图 23.33 为术后 4 周用冠状位组织切片的 Masson 染色和 Giemsa 染色进行的组织学评价结果。纯钛组:整体图像(a1),发现有骨脓肿,松质骨的破坏和中、远段股骨的骨膜新生骨形成。局部图像(a2)~(a4)显示破骨细胞(粗箭头)浸入骨组织(a3)和髓腔组织中的大量细菌(细箭头)(a4)。纯镁组:整体图像(b1),显示扩大的髓腔,相对较轻的松质骨破坏,大量的新生骨形成和皮质骨发生显著的重建。局部图像(b2)~(b4)显示大量的破骨细胞浸入骨组织(b3)和髓腔中少量的细菌(b4)。JDBM 组:整体图像(c1)显示最轻微的松质骨破坏,轻度的新骨形成,没有出现明显的皮质骨重建。局部图像(c2)~(c4)显示少量的破骨细胞浸入骨组织(c3)和髓腔组织中极少量的细菌(c4)。阴性对照组:整体图像(d1)显示正常的股骨形态,局部图像(d2)~(d4)显示完整的骨皮质没有骨破坏,以及正常的骨髓组织,没有细菌。术后 4 周的组织学结果评价表明:钛克氏针加细菌感染最重,髓腔内细菌最多。纯镁组其次,JDBM 合金组最轻。

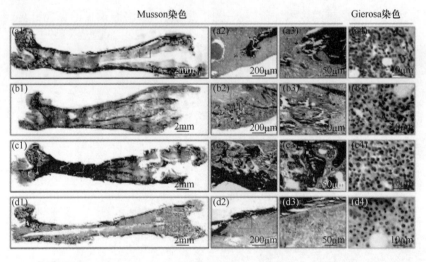

图 23.33　术后 4 周,用冠状位组织切片的 Masson 染色和 Giemsa 染色来进行组织学评价

　　上述体外和体内的抗菌实验结果表明,镁及其合金均具有一定的抗菌效果,主要源于降解导致的局部环境偏碱性。但是镁及其合金不能降解过快,否则产生的高碱性会产生细胞毒性。因此必须设法抑制过高的降解速率,减轻局部的偏碱性,才能满足临床应用需要。但为此会引起镁的抗菌性能一定程度的减弱,所以理想的解决办法是在设计镁合金成分或涂层时考虑添加抗菌成分。本章给出的 JDBM

镁合金尽管其腐蚀降解速率比工业纯镁低,但由于其含有的锌和锆均具有抗菌作用,因此在体外和体内实验中,均表现出优异的均匀腐蚀降解特性和广谱抗菌效果,显示出良好的临床应用前景。

23.7　JDBM 系列医用镁合金的动物实验

23.7.1　骨内植物材料的动物植入实验

选择了四种裸金属骨板 JDBM-1、AZ31、WE43、Ti-6Al-4V,以及一种经过 Ca-P 处理之后的 JDBM-1 骨板,即 C-JDBM-1 骨板作为动物实验的植入材料。动物模型选择 3kg 的成年新西兰大白兔。图 23.34 显示植入 C-JDBM-1 骨板,其他植入骨板条件与之相同。图 23.35 显示的是植入骨钉和骨板不同时间大白兔胫骨 X 射线照片。从图中可以看出,镁合金可促进骨痂形成,有利于骨修复。不含涂层的镁合金骨板(JDBM 和 WE43)在植入开始的 1~2 周均发现有明显的氢气形成(图中黑色箭头所指灰色阴影)。植入第 4 周时显示氢气的阴影明显减少,表明镁合金植入体内产生的氢气可逐渐被动物代谢而消失。与无涂层的裸骨板相比,镁合金 Ca-P 涂层的存在进一步降低了降解速率,显著抑制了氢气的形成,显示了 Ca-P 涂层在未来可降解镁合金骨内植物临床修复中的应用前景。

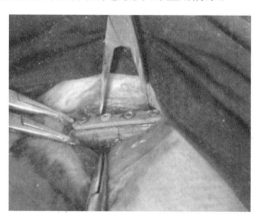

图 23.34　C-JDBM-1 植入新西兰大白兔胫骨处(胫骨被锯断一半)

植入 18 周后,取出大白兔胫骨处的骨板,清洗镁合金骨板腐蚀产物后观察到的镁合金骨板基体的腐蚀情况如图 23.36 所示。AZ31/WE43 局部降解,AZ31 结构不完整,而 JDBM-1 和 C-JDBM-1 表面平整,呈现均匀降解特点。这是目前国内外公开报道中首个能被动物体内长期植入实验证实具有均匀腐蚀降解特点的生物医用镁合金。选择不同体内植入时间的 JDBM-1、C-JDBM-1 和 WE43 骨板进行四点弯曲测试,结果见表 23.4。18 周后 C-JDBM 仍维持原始强度 70%,初步的动物实验结果显示了该合金具有较好的临床应用前景。

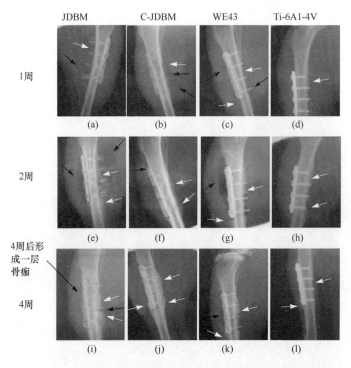

图 23.35　植入骨钉和骨板不同时间后大白兔胫骨 X 射线照片

图 23.36　植入大白兔胫骨 18 周后镁合金骨板降解情况

表 23.4　镁合金骨板植入兔体内 18 周强度保持率

镁合金	强度保持率
JDBM-1	52%
C-JDBM-1	70%
WE43	37%

　　图 23.37 显示出对照组及分别植入 JDBM、Ti-6Al-4V 后大白兔体内各项指标随时间变化的关系图。从图中可以看出,JDBM 镁合金植入兔子体内后各项生化指标在一个月后均基本正常,显示出很好的生物相容性。

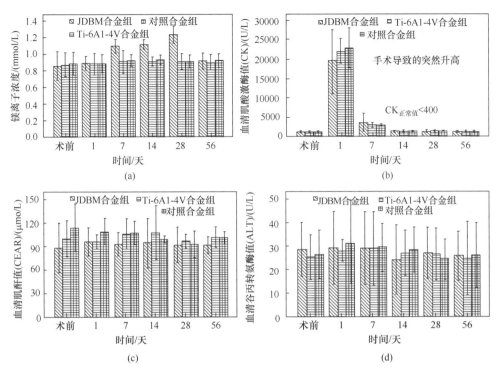

图 23.37　大白兔体内各项指标随时间的变化关系
（a）镁离子浓度；（b）血清肌酸激酶值；（c）血清肌酐值；（d）血清谷丙转氨酶值

23.7.2　JDBM-2 镁合金血管支架的植入实验

　　Mao 等[5]对 JDBM-2 合金制备的血管支架进行了初步的动物植入实验。图 23.38显示为将 JDBM-2 合金制备成的镁合金裸支架植入兔腹主动脉中。植入16 周后进行检查随访,图 23.39(a)为镁合金血管支架植入 16 周后进行的血管造影图像,显示血管通畅,无血栓形成和再狭窄。初步表明 JDBM-2 镁合金裸支架植入兔腹主动脉血管后没有不良反应,是安全的。而植入 16 周后的血管内超声IVUS 图[23.39(c)]和刚植入时的 IVUS 图[23.39(b)]相比,JDBM-2 镁合金裸支架仍然保持好的血管支撑作用,无明显弹性回缩,也无血管再狭窄等不良现象。图 23.40为 JDBM 镁合金血管裸支架植入兔腹主动脉 16 周后的 micro-CT 图像,可见镁合金支架在兔腹主动脉内 16 周基本保持机械完整性而保持对血管壁的支撑效果。这和欧洲早期研究报道的 WE43 制备的镁合金支架在动物血管内 4 周即降解碎断相比[26],有了显著的进步,展示了临床应用前景。

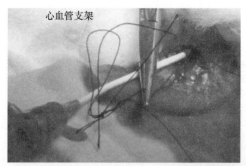

图 23.38　新西兰大白兔腹主动脉分离后置入 4F 动脉鞘管,经鞘管行支架植入术

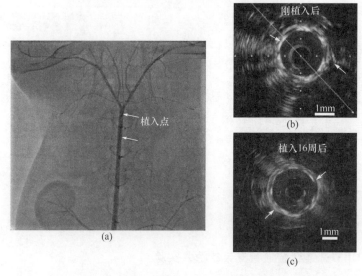

图 23.39　镁合金血管裸支架植入兔腹主动脉血管内造影、超声图

(a) 植入 16 周后血管造影图像;(b) 刚植入时血管内超声 IVUS 图;(c) 植入 16 周后血管内超声 IVUS 图

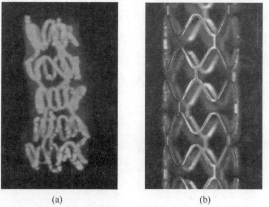

图 23.40　JDBM 镁合金血管裸支架

(a) 植入兔腹主动脉 16 周后的 micro-CT 图像;(b) 植入前的血管支架

23.8 结论与展望

虽然可降解生物医用镁合金相对于传统金属医用材料已初步展示了显著的优越性。但作为临床应用植入器械材料,必须兼备"生物相容性、强韧性与降解可控性"。袁广银课题组近年来围绕上述"三性"和临床医生紧密合作,针对所研发的 Mg-Nd-Zn-Zr 专利合金体系开展了系统的临床应用基础研究工作,在骨内植物和心血管支架领域均取得了一定的进展。特别是该合金体系表现出的"均匀可控降解特点""广谱抗菌特性"和"良好的强韧性匹配",使其具备了临床应用的潜力。未来还需系统地对该合金体系的降解产物的转运、代谢机制和途径,降解产物对生物体各器官、组织包括神经系统等的长期安全性影响开展进一步的深入研究。相信经过科研工作者的不断努力探索和攻关,可降解生物医用镁合金一定会有光明的应用前景,在未来几年内成为惠及人类健康的新型金属生物材料。

致谢

本章的骨内植物动物实验系和上海市第六人民医院蒋垚教授、张先龙教授课题组合作,抗菌实验结果分析得到了秦晖医生的帮助;心血管支架动物实验是和上海中山医院心内科葛均波院士团队合作;医用镁合金材料计算是和上海交通大学材料学院金朝晖教授合作。相关研究工作得到了上海市重大基础研究项目(11DJ1400300),"十二五"国家科技支撑项目(2012BAI18B01)和国家高技术研究发展计划(863 计划)课题(2015AA033603)的资助。

参 考 文 献

[1] Erinc M,Sillekens W H,Mannens R G T M,et al. Applicability of existing magnesium alloys as biomedical implant materials//Nyberg E A,et al. Magnesium Technology. 2009:209-214

[2] Greeley J,Mavrikakis M. Alloy catalysts designed from first principles. Nature Materials, 2004,3(11):810-815

[3] 丁文江,袁广银,王渠东,等. 镁合金科学与技术. 北京:科学出版社,2007

[4] Hort N,Huang Y,Fechner D,et al. Magnesium alloys as implant materials—Principles of property design for Mg-RE alloys. Acta Biomaterialia,2010,6(5):1714-1725

[5] Mao L,Shen L,Niu J L,et al. Nanophasic biodegradation enhances the durability and biocompatibility of magnesium alloys for the next-generation vascular stents. Nanoscale, 2013, 5(20):9517-9522

[6] Li Y C,Wen C,Mushahary D,et al. Mg-Zr-Sr alloys as biodegradable implant materials. Acta Biomaterialia,2012,8(8):3177-3188

[7] Qin H,Zhao Y,An Z,et al. Enhanced antibacterial properties,biocompatibility,and corrosion

resistance of degradable Mg-Nd-Zn-Zr alloy. Biomaterials,2015,53:211-220

[8] 袁广银,章晓波,丁文江. 生物体内可降解高强韧耐蚀镁合金内植入材料:中国, ZL2010102047199. 2013

[9] Hafner J. Materials simulations using VASP—A quantum perspective to materials science. Computer Physics Communications,2007,177(1/2):6-13

[10] 韩健. 金属及合金中层错能量势垒的第一性原理研究. 上海:上海交通大学硕士学位论文,2011

[11] 徐鸿鹭. 密排六方结构(hcp)Mg 的塑性变形行为计算模拟初步探究. 上海:上海交通大学硕士学位论文,2014

[12] 付彭怀. Mg-Nd-Zn-Zr 合金微观组织、力学性能和强化机制的研究. 上海:上海交通大学博士学位论文,2009

[13] 袁广银. 铋和锑对镁铝基合金显微组织和力学性能的影响. 南京:东南大学博士学位论文,1999

[14] Zhang X B,Yuan G Y,Niu J L,et al. Microstructure,mechanical properties,biocorrosion behavior,and cytotoxicity of as-extruded Mg-Nd-Zn-Zr alloy with different extrusion ratios. Journal of the Mechanical Behavior of Biomedical Materials,2012,9:153-162

[15] Zhang X B,Yuan G Y,Wang Z Z. Mechanical properties and biocorrosion resistance of Mg-Nd-Zn-Zr alloy improved by cyclic extrusion and compression. Materials Letters,2012,74: 128-131

[16] Ralston K D,Birbilis N,Davies C H J. Revealing the relationship between grain size and corrosion rate of metals. Scripta Materialia,2010,63(12):1201-1204

[17] 袁广银,章晓波,牛佳林,等. 新型可降解生物医用镁合金 JDBM 的研究进展. 中国有色金属学报,2011,21(10):2476-2488

[18] Mani G,Feldman M D,Patel D,et al. Coronary stents:A materials perspective. Biomaterials, 2007,28(9):1689-1710

[19] 曹楚南. 腐蚀电化学原理. 北京:化学工业出版社,2008

[20] Mao L,Yuan G Y,Wang S H,et al. A novel biodegradable Mg-Nd-Zn-Zr alloy with uniform corrosion behavior in artificial plasma. Materials Letters,2012,88:1-4

[21] 宗阳. 可降解骨内植入材料用镁合金 JDBM 表面改性的研究. 上海:上海交通大学硕士学位论文,2011

[22] 张佳. 新型 Mg-Nd-Zn-Zr 合金在模拟体液中的降解行为研究. 上海:上海交通大学硕士学位论文,2010

[23] Liao Y,Chen D S,Niu J L,et al. In vitro degradation and mechanical properties of polyporous CaHPO₄-coated Mg-Nd-Zn-Zr alloy as potential tissue engineering scaffold. Materials Letters,2013,100:306-308

[24] Niu J L,Yuan G Y,Liao Y,et al. Enhanced biocorrosion resistance and biocompatibility of degradable Mg-Nd-Zn-Zr alloy by brushite coating. Materials Science & Engineering C:Ma-

terials for Biological Applications,2013,33(8):4833-4841

[25] Guan X M,Xiong M P,Zeng F Y,et al. Enhancement of osteogenesis and biodegradation control by brushite coating on Mg-Nd-Zn-Zr Alloy for Mandibular Bone Repair. Acs Applied Materials & Interfaces,2014,6(23):21525-21533

[26] Waksman R,Pakala R,Kuchulakanti P K,et al. Safety and efficacy of bioabsorbable magnesium alloy stents in porcine coronary arteries. Catheterization and Cardiovascular Interventions,2006,68(4):607-617

第 24 章　镁其他稀土元素(钆、镝、镧、铈)合金体系

钆(gadolinium,Gd)、镝(dysprosium,Dy)、镧(lanthanum,La)和铈(cerium,Ce)同属于镧系元素,Gd 和 Dy 为重稀土元素,La 和 Ce 为常用的轻稀土元素,它们都是稀土镁合金的重要合金化元素,并且能通过固溶和时效两种强化机制提高镁合金的力学性能。一般来说,稀土镁合金的固溶和时效强化效果随着稀土元素原子序数的增加而增加,因此四种稀土元素对镁的力学性能的影响按 La<Ce<Gd<Dy 的顺序排列。La、Ce、Gd 和 Dy 能够进入镁合金的表面膜,增强表面膜稳定性,从而有利于提高合金的抗腐蚀能力。此外,含稀土的镁合金一般无应力腐蚀倾向,耐蚀性较好,受到生物材料学者的青睐,以期将其发展为承载性医用镁合金。

24.1　Mg-Gd 合金体系

24.1.1　Gd 的毒性

Gd 为银白色金属,质软,有延展性,在潮湿环境表面易生成氧化膜,与水缓慢反应,可溶于酸。临床上,钆的螯合物用作核磁共振成像(MRI)造影剂,用以提高不同组织的对比度,使病变组织易诊断识别[1]。但是 Gd 作为自由离子往往被认为有毒,美国 FDA 要求含钆造影剂的生产企业对其产品加入黑框警告,警告有严重肾功能不全的患者使用含钆造影剂有发生肾源性系统纤维化(nephrogenic systemic fibrosis, NSF)的危险。Gd 螯合物中释放的少量 Gd 离子,在血液中迅速形成 Gd 的氢氧化物和磷酸化合物的胶体,被肝脏的网状内皮结构吸收[1]。临床研究 Gd 造影剂时,观察到在脑肿瘤组织出现含 Gd 的磷酸盐沉淀颗粒[2]。虽然正常状态下,Gd 仅能微量通过正常血脑屏障,但在大鼠脑出血损伤或细胞氧化应激状态下,Gd 通过血脑屏障的量显著增加[3]。近期研究表明,纳米 Gd(OH)$_3$ 可用作 MRI 造影剂,研究发现小鼠静脉注射 100mg/kg 纳米 Gd(OH)$_3$ 后,小鼠健康存活 150 天。纳米 Gd(OH)$_3$ 注射 1h 后,纳米 Gd(OH)$_3$ 在肝、脾和肺富集,注射后 48h,脾脏对纳米 Gd(OH)$_3$ 的吸收增加。随着时间延长,纳米 Gd(OH)$_3$ 逐渐由小鼠体内清除,肝脏和肺中清除较快,脾脏中较慢。注射后 120h,肝、脾和肺中仍有纳米 Gd(OH)$_3$ 残留[4]。

钆的毒理学研究表明,钆盐无慢性毒性反应,急性毒性反应为中级。小鼠腹腔注射 GdCl$_3$ 7 天,其半数致死量(LD50)为 550mg/kg[5],小鼠腹腔注射 GdNO$_3$ 的 LD50 为 300mg/kg,大鼠为 230mg/kg[6]。口服 GdCl$_3$ 和 GdNO$_3$ 无急性毒性反应。

急性皮肤刺激性实验结果表明,皮肤完整时,$GdCl_3$ 无刺激性;对于破损皮肤,24h 内皮肤刺激指数为 8 级,7 天创口处溃疡并发展到肌肉层。$GdCl_3$ 可以抑制小肠和肌肉收缩,对抗乙酰胆碱引起兔子回肠收缩的半数有效剂量(ED50)为 157mg,对抗烟碱的 ED50 为 360mg,对抗豚鼠环形和纵形肌肉收缩的 ED50 分别为 3.9mg 和 5.8mg。此外,注射 5~10mg/kg $GdCl_3$ 对猫无药理学效应;注射 20~25mg/kg 将诱发颈动脉和股动脉短暂性血压降低 15~60mmHg(1mmHg=0.133kPa),股动脉血流减慢,但是并不影响呼吸速率;30~50mg/kg 致心血管衰竭[5]。

在细胞层面,Feyerabend 等[7]发现 $GdCl_3$ 对小鼠巨噬细胞 RAW264.7、人骨肉瘤细胞 MG63 和人脐血管周 HUCPV 细胞的初始抑制浓度为 2mmol/L。体外炎症反应显示,浓度高于 1mmol/L 时 TNF-α 表达增加,而 IL-1α 表达较低。与 La 系其他稀土元素(La、Ce、Nd、Pr 和 Eu)相比,$GdCl_3$ 易导致 MG63 细胞凋亡,且随着 $GdCl_3$ 浓度升高,细胞凋亡因子表达进一步增高,但 $GdCl_3$ 对 RAW 和 HUCPV 细胞相容性较好。类似地,Drynda 等[8]指出当 $GdCl_3$ 浓度高于 10μg/mL 时,人血管平滑肌细胞 SMC 活性降低。$GdCl_3$ 作用于原代神经元培养,可诱导细胞凋亡,细胞基因组 DNA 出现明显的 DNA Ladder,这是由于 Gd 诱导细胞氧化应激造成的神经元损伤。但是 $GdCl_3$ 不导致星形胶质细胞的死亡,并且在模拟神经组织的神经元-星形胶质细胞共培养体系中,$GdCl_3$ 对神经元的伤害明显降低[3]。

24.1.2　Mg-Gd 基合金的显微组织

Gd 元素原子序数为 64,密度 7.89g/cm³,熔点 1312℃。Gd 靠近重稀土元素组,在镁中的固溶度较高,548℃时质量固溶度为 23.49%(质量分数),形成熔点为 640℃的共晶相 Mg_5Gd。而且强化相在 250℃时仍然具有较高的热稳定性,因此加入稀土元素 Gd 的镁合金具有优异的固溶强化效应和耐热性。随着温度降低,Gd 在镁中的固溶度呈指数显著减小,200℃时质量固溶度仅为 3.82%,可以得到显著的时效强化效果[9-11]。

铸态 Mg-Gd 二元合金的晶粒粗大,随着 Gd 元素含量增加,合金晶粒细化,析出相增多。Hort 等[12]发现,当 Gd 含量由 2%增加到 15%(质量分数)时,铸态 Mg-Gd 合金晶粒尺寸由约 700μm 降低至约 400μm。根据 Mg-Gd 二元相图,析出相应为 Mg_5Gd。但由于 Gd 容易偏析,且凝固速率较高,溶质原子来不及进行再分配,故可能形成 Mg_3Gd、Mg_2Gd 和 MgGd 等相。当 Gd 含量较高时,铸态 Mg-Gd 二元合金呈现典型的枝晶偏析组织(图 24.1)。Hort 等[12]指出,铸态 Mg-15Gd 合金主要存在三种形态的析出相:白色规则长方体富 Gd 相,含有 Gd 83.5%(原子分数),Mg 13.4%(原子分数)和 O 3.1%(原子分数);灰色颗粒析出相主要含有 Mg 86.3%(原子分数)、Gd 12.7%(原子分数)和 O 1.0%(原子分数)和 Mg_5Gd。Vostry 等[13]发现在铸态 Mg-Gd 二元合金中除了狭长板条状的 Mg_5Gd 相,还有一种相对数量很少的高熔点富 Gd 相，其形貌呈边缘不到 1μm 的直角板状，是纯镁在 Gd 中的固溶体。

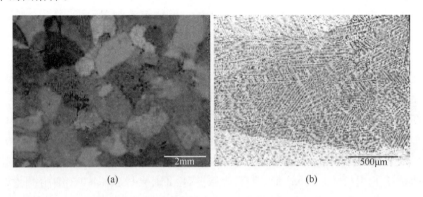

(a)　　　　　　　　　　　　　　　　(b)

图 24.1　铸态 Mg-10Gd 合金光学显微组织[15]

　　为提高 Mg-Gd 铸态合金的性能，常用的热处理工艺包括固溶处理和时效强化。固溶处理温度一般在 500~540℃。Kubásek 等[16] 对 Mg-5Gd 合金 500℃ 固溶 30h，发现与铸态组织相比，枝晶结构消失，α-Mg 内 Gd 含量为 3.6%；但固溶处理后，析出相的体积分数由铸态的（0.3±0.06）% 增加到（1.00±0.20）%，析出相尺寸由 0.6μm 增加到 0.9μm。蒋浩[14] 对 Mg-24%Gd 合金在 520℃ 固溶处理 10h、12h 和 16h，枝晶间的 Mg$_5$Gd 相减少，但溶解不充分。固溶 24h，枝晶结构有一定程度的消失，但由于 Mg$_5$Gd 相熔点高，扩散慢，晶内和晶界处仍有 Mg$_5$Gd 相残留。而合金 540℃ 固溶处理 10h，发生过烧。Hort 等[12] 对 Mg-Gd 合金在 525℃ 固溶处理 24h，仅有少量 Mg$_5$Gd 相残留。时效温度范围在 150~250℃，其时效析出为四阶段析出序列：过饱和固溶体（S. S. S. S.）→β″（D019）→β′（bco）→β1→（fcc）β(Mg$_5$Gd, fcc)[17]。Hort 等[12] 在对 Mg-Gd 二元合金进行固溶处理时发现，除 Mg-2Gd 外，其他 Mg-Gd(5%~15%) 二元合金析出亚稳态 β′ 和 β″ 相，能够显著提升合金强度。如图 24.2 所示。与铸态的微米级别的 Mg$_5$Gd 相相比，固溶时效后析出的亚稳态 β′ 和 β″ 相仅有纳米级别。其中，β′ 相均匀分布在基体 Mg 中，为底心立方结构（bco），其晶格常数为 $a=0.641$nm, $b=2.223$nm, $c=0.521$nm。而仅在某些区域观察到细微片状或棒状的 β″ 析出相相，其与 Mg 晶体结构一致，晶格常数 a 是 Mg 的 2 倍[12]。

　　此外，在 Mg-Gd 二元合金基础上，加入少量的稀土元素，合金表现出良好的析出强化效果，具有优秀的高温强度、抗蠕变性能和耐热性能，以及良好的塑性和耐腐蚀性能，如 Mg-Gd-Nd-Zr[18] 和 Mg-Gd-Y-Zr[19] 合金。在 Mg-Gd 合金基础上加入一定量的 Zn、Y、Zr 元素会形成 LPSO 结构，此结构被认为可以进一步提高合金的强度和韧性。如铸态 Mg97Gd2Zn1 合金在固溶时效处理中发现 LPSO 结构，此结构形成于晶

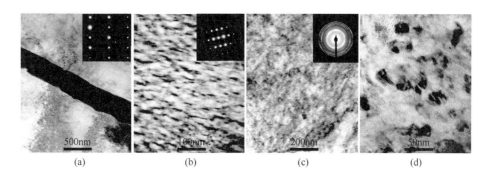

图 24.2　铸态 Mg-15Gd 合金中的不同析出相透射电镜图[12]

(a) 铸态 Mg-15Gd 合金中的 Mg-5Gd 相及衍射斑点,衍射区[255];(b) 固溶时效后 β″析出相,衍射区[110];

(c),(d) 固溶时效后 β′析出相及衍射环

界处的 X 相(固溶态)[20,21]。Mg96.5Gd2.5Zn1[22]、Mg96.32Gd2.5Zn1Zr0.18[23] 和 Mg96.82Gd2Zn1Zr0.18[24]在其铸态合金中即发现层片状 14H-LPSO 结构。在铸态 Mg-Gd-Y-Zn(Zr)合金系中也发现 14H-LPSO 结构,如 Mg-12Gd-4Y-1Zn-0.5Zr(质量分数)[23]、Mg-2.0Gd-1.2Y-(0.1~2)Zn-0.2Zr(原子分数)[25]等,此结构形成于晶粒内部的 α-Mg 固溶体中(铸态)。

24.1.3　Mg-Gd 合金的力学性能

由于 Gd 在 Mg 中平衡固溶度高,热处理可消除析出相造成的微电池作用,因此通过调节 Gd 含量,可得到力学性能可调、腐蚀降解缓慢且生物相容性好的医用镁合金。见表 24.1,Gd 可以提高镁的强度,Mg-Gd 二元合金室温拉伸和压缩强度随 Gd 含量增加而提高。但由于 Gd 含量增加导致偏析和 Mg$_5$Gd 析出相增加,铸态 Mg-Gd 合金延伸率降低。固溶处理和时效强化是改善稀土镁合金的重要手段之一。对于 Mg-Gd 系合金,当 Gd 含量<10%(质量分数)时,Mg-Gd 二元合金在等温时效或等时时效过程中,过饱和固溶体仅显示出比较微弱的时效强化效应,甚至无时效强化效应。Hort 等[12]发现,固溶和时效后 Mg-2Gd 和 Mg-5Gd 合金拉伸和压缩强度变化很小,甚至低于铸态合金。当 Gd 含量>15%(质量分数)时时效硬化效果显著[9]。合金在 150~250℃时效,Gd 的质量分数越高,最大硬度越大,且达到最大硬度的时间也越短。此外,Mg-Gd 二元合金通过挤压,由于细晶强化作用,可显著改善合金的强度和塑性,但 Gd 含量>5%(质量分数)时,合金强度的提高是以其塑性降低为代价的[26]。

表 24.1　Mg-Gd 二元合金的力学性能[12,26,27]

材料	加工状态	拉伸性能*			压缩性能**		
		YS/MPa	UTS/MPa	E/%	CYS/MPa	UCS/MPa	E/%
Mg-2Gd	铸态	38	104	6.4	46	196	14.3
	T4	33	87	4.9	38	201	18.3
	T6	41	101	5.7	51	204	16.5
	挤压态	70	140	9	—	—	—
Mg-5Gd	铸态	55	128	6.6	54	222	22.7
	T4	45	98	6.0	48	203	28.0
	T6	43	79	4.3	44	152	17.1
	挤压态	75	150	18	—	—	—
Mg-10Gd	铸态	84	131	2.5	98	264	18.0
	T4	59	112	3.2	81	223	17.4
	T6	85	132	2.2	105	252	16.6
	挤压态	170	230	12	—	—	—
Mg-15Gd	铸态	128	175	1.0	138	356	16.3
	T4	118	187	2.4	122	327	17.9
	T6	201	251	0.7	216	395	6.8
	挤压态	210	250	4	—	—	—
Mg-20Gd	挤压态	315	320	0.2	—	—	—

* YS 为拉伸屈服强度,UTS 为抗拉强度,E 为延伸率;

** CYS 为压缩屈服强度,UCS 为抗压强度,E 为压缩率。

　　Mg-Gd 系合金作为一种高强耐热镁合金,其优异的室温和高温力学性能甚至优于成功的商用 WE 系列合金,如 Mg-20%Gd(质量分数)合金的高温强度(UTS＝310MPa,250℃,铸态)优于传统耐热镁合金 WE43(UTS＝210MPa,250℃,挤压态-T6),因此 Mg-Gd 系合金受到学者的广泛关注,开发出 Mg-Gd-Y-Zr、Mg-Gd-Nd-Zr、Mg-Gd-Zn-Zr、Mg-Gd-Y-Zn-Zr 等合金,其使用的合金化元素 Y、Nd、Zn 和 Zr 为低毒性元素,力学性能(表 24.2)满足生物材料的需求,其是否能够医用有待进一步考察。

表 24.2　Mg-Gd 系合金的力学性能

材料	加工状态	拉伸性能			参考文献
		YS/MPa	UTS/MPa	E/%	
WE43	挤压态-T6	190	270	10	
Mg-9Gd-4Y-0.6Zr	铸态-T6	279	327	3.3	[28]
	挤压态-T5	319	370	4	[28]
	锻造-T5	295	377	22	[29]
Mg-10Gd-3Y-0.5Zr	铸态-T6	237	348	6	[30]
	挤压态-T5	311	397	5	[30]
Mg-8Gd-3Nd-0.6Zr	铸态-T6	205	271	7.8	[18]
$Mg_{96.32}Gd_{2.5}Zn_1Zr_{0.18}$*	铸态-T4	—	236	10.6	[31]
	挤压态	—	379	11	[31]
Mg-2.0Gd-1.2Y-0.3Zn-0.2Zr	铸态-T6		430	2	[25]
Mg-2.0Gd-1.2Y-1.0Zn-0.2Zr	铸态-T6		317	12	[25]

* 合金成分为原子分数,其他为质量分数,YS 为屈服强度,UTS 为抗拉强度,E 为延伸率。

24.1.4　Mg-Gd 系合金的腐蚀降解与细胞毒性

Mg-Gd 系合金的腐蚀降解由其显微组织和表面膜性质决定。Gd 的腐蚀电位(−2.4V)与 Mg(−2.37V)极为接近,因此固溶在 α-Mg 基体中的 Gd 不会与基体形成微电池加速腐蚀。相反,当 Gd 含量较低时,Gd 固溶在 α-Mg 基相中,随着腐蚀 Gd^{3+} 替代 Mg^{2+} 进入氢氧化镁腐蚀产物表面膜,Kubásek 等[16]认为表面膜中的 Gd^{3+} 使得正电荷数增加,从而减缓了 Cl^- 对氢氧化镁表面膜的渗透作用,增加合金的耐腐蚀性能。Kiryuu 等[32]也发现 Gd 能够提高 Mg-10Gd-3Nd 合金表面膜的腐蚀抗力。随着 Gd 含量增加,Mg_5Gd 相、β′和 β″相析出并增多,它们作为阴极与 α-Mg 基相形成微电池,从而加速镁合金腐蚀降解。表 24.3 总结了部分 Mg-Gd 系合金的腐蚀速率。结合表 24.3,以下部分总结了 Mg-Gd 系合金腐蚀降解的影响因素。

表 24.3　Mg-Gd 系合金的腐蚀速率

材料	加工状态	测量方法	腐蚀溶液,温度	腐蚀速率	参考文献
Mg-2Gd	铸态	析氢	1%NaCl,RT	12.5mm/a	[12],[27]
	T4			4.4mm/a	[12],[27]
	T6			1.8mm/a	[12],[27]
Mg-5Gd	铸态	析氢	1%NaCl,RT	3.8mm/a	[12],[27]
	T4			2.7mm/a	[12],[27]
	T6			1.1mm/a	[12],[27]
	铸态			1.5mm/a	[12],[27]

材料	加工状态	测量方法	腐蚀溶液,温度	腐蚀速率	参考文献
Mg-10Gd	T4	析氢	1%NaCl,RT	1.2mm/a	[12],[27]
	T6			0.5mm/a	[12],[27]
	铸态			23.2mm/a	[12],[27]
Mg-15Gd	T4	析氢	1%NaCl,RT	3.8mm/a	[12],[27]
	T6			9.5mm/a	[12],[27]
	铸态			4.8mg/(cm^2・d)	[35]
Mg-6.51Gd-2.65Y-0.26Zr	T4	失重	5%NaCl,RT	0.2 mg/(cm^2・d)	[35]
	T6			0.5 mg/(cm^2・d)	[35]
Mg-3Gd	铸态	失重	0.9%NaCl,RT	0.29mm/a	[36]
Mg-3Gd-1Y	铸态	失重	0.9%NaCl,RT	3.2mm/a	[36]
Mg-3Gd-7Zn	铸态	失重	0.9%NaCl,RT	3.13mm/a	[36]
	铸态	失重	5%NaCl,RT	1.45mg/(cm^2・d)	[34]
Mg-10Gd-3Y-0.4Zr	铸态-T4	失重	5%NaCl,RT	0.19mg/(cm^2・d)	[34]
	铸态-T6	失重	5%NaCl,RT	0.94mg/(cm^2・d)	[34]
Mg-11.3Gd-2.5Zn-0.7Zr	挤压态	析氢	Hank's,37℃	0.17mm/a	[37]
Mg-10.2Gd-3.3Y-0.6Zr	挤压态	析氢	Hank's,37℃	0.55mm/a	[37]

1. 热处理状态

Mg-Gd 系合金的腐蚀降解与其热处理状态密切相关。铸态 Mg-Gd 系合金枝晶偏析严重,显微组织不均匀,且由于 Mg$_5$Gd 相与基底相之间存在电偶腐蚀,铸态合金腐蚀速率显著大于 T4 和 T6 态,且宏观呈现出局部腐蚀的特征。固溶处理后,大部分 Mg$_5$Gd 相固溶到 α-Mg 中,微电池数量大大减小,合金化学成分和显微组织均匀,Mg-Gd 系合金腐蚀速率显著下降,宏观观察合金表面腐蚀较为均匀[图 24.3(a)、(b)]。时效后,β′和 β″相析出。当 Gd 含量<10%(质量分数)时,Hort 等[12]和 Yang 等[27]认为这些纳米级的析出相不会影响合金的腐蚀性能,Hort 等[12]观察到二元 T6 态 Mg-xGd[x=2%、5%和 10%(质量分数)]在 1%NaCl 溶液中的腐蚀速率低于 T4 态,且其腐蚀随着 Gd 含量增加而减慢。但是,当Gd 含量进一步增加至 15%(质量分数),β′和 β″析出相数量增加,与基体形成微电池加速腐蚀。但是,Chang 等[33]发现与 T6 态 Mg-10Gd-3Y-0.4Zr 合金相比,Mg-12Gd-3Y-0.4Zr 合金中的析出相数量多于前者,但腐蚀较慢。Chang 等[33]认为当

这些析出相密集到能够形成网格时,与 AZ91D 中的 β 相类似,能够起到腐蚀阻挡作用。类似地,Peng 等[34]发现时效 500h,Mg-10Gd-3Y-0.4Zr 合金 β′、β1 和 β 相形成了连续的网络,其腐蚀速率与时效 193h 试样相比减少,且腐蚀形貌较均匀[图 24.3(c)、(d)]。Kiryuu 等[32]发现过度时效后 Mg-10Gd-3Nd-Zr 合金腐蚀速率下降。

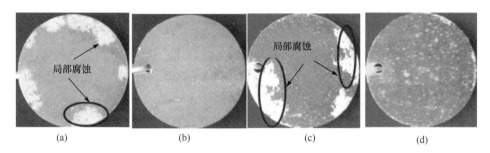

图 24.3　Mg-10Gd-3Y-0.4Zr(GW103K)合金 5％NaCl 中浸泡 3 天的表面腐蚀形貌[34]
(a) 铸态;(b) T4;(c) T6-193h;(d) T6-500h

2. 合金纯净度

Mg-Gd 系合金的纯度影响其腐蚀降解。杂质铁、铜、镍在镁中的固溶度很小,对镁合金的耐蚀性破坏极大。在相同含量下,这些杂质元素对镁腐蚀性的危害程度依次为 Ni>Fe>Cu。Kubásek 等[16]发现铸态 Mg-5Gd 合金析出相中的 Cu 含量低于 EDS 检出限(~0.1％),但固溶处理后部分 Mg_5Gd 相的 Cu 含量增加,最高可达到 0.4％,导致合金腐蚀加速。Hort 等[12]发现铸态 Mg-15Gd 合金中的 Ni 含量高于其他二元 Mg-xGd[x=2％、5％和 10％(质量分数)]合金,可能造成其腐蚀加速。

此外,镁合金熔炼过程中产生的氧化夹杂,也是影响其腐蚀降解的重要因素。镁合金熔炼过程中经常使用含 $MgCl_2$ 的熔剂去除 MgO 等氧化夹杂物,净化熔体。但是 $MgCl_2$ 与 Gd 反应会产生新的熔渣并造成 Gd 的损耗,并不适合用于 Mg-Gd 系合金的熔体净化。而不采用溶剂净化,或采用不含或含少量 $MgCl_2$ 的溶剂净化,效果不理想,合金中夹杂物较多,品质较差。因此,Wang 等[38,39]采用过滤净化处理,去除 Mg-Gd-Y-Zr 合金中的夹杂物。通过过滤净化处理,合金中的夹杂物尺寸从 12.7μm 减小到 2.0μm,夹杂物的平均体积分数从 0.30％降低到 0.04％,从而使镁合金的拉伸性能提升(处理前:UTS=200MPa,YS=156MPa,E=0.06％;处理后:UTS=232MPa,YS=167MPa,E=7.0％),盐雾腐蚀速度由 38.8g/(m^2 • d)下降到 2.4g/(m^2 • d)。Wang 等[40]在不减少溶剂 $MgCl_2$ 含量的前提下,在 JDMJ 溶剂中添加 $GdCl_3$,能够提高溶剂净化能力,降低合金中非金属夹杂物的体积分数，且对 Gd 元素的损耗有一定抑制作用。添加 5％GdCl₃ 可以使 Mg-10Gd-3Y-0.5Zr 合金中的夹杂物体积分数由 2.15％减少到 0.84％，拉伸性能由 108.35MPa（YS）、131.7MPa(UTS)和 1.51％(E)增加到 154.68MPa、201.51MPa 和 2.56％，在 5％NaCl 中的腐蚀速率由 1.68mg/(m²·d)减少到 1.1mg/(m²·d)。

3. LPSO 结构

目前研究在 Mg-RE-Zn 系合金中发现不同类型的长周期堆垛有序(long-period stacking ordered,LPSO)结构，包括 10H、14H、18R 和 24R 等。LPSO 相的 a 轴与密排六方的 Mg 一致，但是堆垛周期沿着 c 轴增加。其中 18R 结构的周期是 6，14H 结构的周期是 7。Zhang 等[37]研究了两种 Mg-Gd 系合金的腐蚀降解行为。挤压态 Mg-11.3Gd-2.5Zn-0.7Zr 和 Mg-10.2Gd-3.3Y-0.6Zr 合金，前者具有层片状 14H-LPSO 结构[图 24.4(a)]，而后者没有。在 Hank's 溶液中浸泡 120h，清洗掉合金表面的腐蚀产物层后发现 Mg-11.3Gd-2.5Zn-0.7Zr 合金表面较为平整，能观察到突出的 LPSO 结构 X 相和极小的腐蚀坑[图 24.4(b)]。而 Mg-10.2Gd-3.3Y-0.6Zr 合金表面已布满腐蚀坑[图 24.4(c)]，浸泡 120h 时其腐蚀速率约为 Mg-11.3Gd-2.5Zn-0.7Zr 的 2 倍。

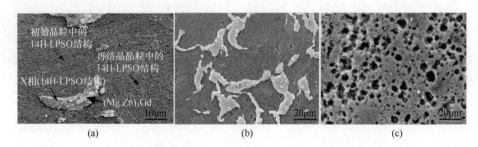

图 24.4　挤压态 Mg-11.3Gd-2.5Zn-0.7Zr 合金显微组织(a)，Hank's 溶液中浸泡 120h 去除腐蚀产物后 Mg-11.3Gd-2.5Zn-0.7Zr(b)和 Mg-10.2Gd-3.3Y-0.6Zr 合金(c)的腐蚀形貌[37]

此外，Zhang 等[37]利用 L-929 细胞模型，采用浸提液培养的方法研究挤压态 Mg-11.3Gd-2.5Zn-0.7Zr 合金的细胞毒性。100％全浸提培养液培养 3 天和 5 天后，与阴性对照组相比，Mg-11.3Gd-2.5Zn-0.7Zr 合金组 L-929 细胞存活率 ＞85％，其细胞毒性为 1 级。

24.2　Mg-Dy 合金体系

24.2.1　Dy 的毒性

镝(Dy)为银白色金属,质软,在空气中性质稳定。镝的毒理学研究表明镝盐无慢性毒性,大鼠口服 0.1%~1% 的 DyCl₃ 12 周不影响大鼠生长。尸检和病理学检查发现,大鼠心、肺、肝、肾、脾、肾上腺、胰、小肠组织呈正常状态。急性毒性研究结果显示,小鼠腹腔注射 DyCl₃ 的 LD50 为 585mg/kg,口服 DyCl₃ 的 LD50 为 7650mg/kg[41]。大鼠静脉注射 $35\mu\text{mol/kg}$ 的 DyCl₃ 引起肝 RNA 聚合酶 Ⅱ 活性升高,但并不影响 RNA 聚合酶 Ⅰ 活性[1,42]。大鼠静脉注射 $123\mu\text{mol/kg}$ 的 DyCl₃,Dy 在肺和脾脏中富集,静脉注射 $62\mu\text{mol/kg}$ 的 DyCl₃,血液中的 Dy 在 1 天后即消失,但是 8h~2 天在肝脏中浓度高,2 天后浓度下降[43]。研究 DyCl₃ 对兔子离体回肠的作用,DyCl₃ 浓度增加,可以对抗乙酰胆碱或烟碱引起兔子回肠收缩,使其效果减弱,ED50 分别为 0.4mg/mL 和 0.3mg/mL[41]。此外,DyCl₃ 直接用于眼睛 1h 后可观察到兔子急性结膜炎,2 天后有所好转。急性皮肤刺激性实验显示,DyCl₃ 用于破损皮肤会引起严重炎症,皮下注射会引起豚鼠脱毛和结节[41]。此外,高于 $300\mu\text{mol/L}$ 的 DyCl₃ 对大肠杆菌有抗菌效果[44]。

镝的螯合物(Dy-DTPA,Dy-DTPA-BMA)为 MRI 阴性造影剂,可用作心脏和脑灌注造影,但是由于其毒性作用限制了其临床应用[45]。近期研究表明,D-葡萄糖醛酸包裹的氧化镝纳米颗粒($d=3.2\text{nm}$)和氢氧化镝纳米棒($\Phi20\times300\text{nm}$)可用作 T2 型 MRI 造影剂。人前列腺癌细胞和小鼠正常肝细胞毒性实验结果显示,Dy 浓度达到 $100\mu\text{mol/L}$,二者无细胞毒性,并且氧化镝纳米颗粒可通过肾脏排出[46]。从细胞层面,Feyerabend 等[7]发现,DyCl₃ 对小鼠巨噬细胞 RAW264.7、人骨肉瘤细胞 MG63 和人脐血管周细胞 HUCPV 细胞的初始抑制浓度为 2mmol/L,体外炎症反应显示浓度为 1mmol/L 时,TNF-α 和 IL-1α 表达较低。

24.2.2　Mg-Dy 基合金的显微组织和力学性能

Dy 元素原子序数为 66,密度为 8.55g/cm³。Dy 是重稀土元素,在镁中的固溶度较高,561℃时质量固溶度为 25.34%,形成共晶相 Mg₂₄Dy₅。Mg₂₄Dy₅ 热稳定性好,因此 Mg-Dy 基合金具有较好的高温性能。如 250℃时,Mg-10Dy 合金延伸率由 20% 增加到 29%,但是其拉伸屈服强度仅由 132MPa 降低至 120MPa[26]。表 24.4 和表 24.5 总结了 Mg-Dy 合金系的力学性能。

表 24.4 Mg-Dy 二元合金的力学性能[26,27,47,48]

材料	加工状态	硬度/HV	拉伸性能*			压缩性能**		
			YS/MPa	UTS/MPa	E/%	CYS/MPa	UCS/MPa	E/%
Mg-5Dy	铸态	41	48	77	4.6	49	161	12.6
	T4	38	41	72	3.3	38	159	16.4
	挤压态	—	115	180	21	—	—	—
Mg-10Dy	铸态	49	82	130	5.5	74	184	15.4
	T4	46	63	103	3.9	58	151	19
	T6	54	67	95	4.2	72	183	14.4
	挤压态		132	203	20	—	—	—
Mg-15Dy	铸态	63	105	125	1.8	96	242	12.6
	T4	60	68	124	3	76	178	11.6
	T6	67	103	136	2.1	99	210	13.5
	挤压态		181	249	15	—	—	—
Mg-20Dy	铸态	78	112	142	1.5	132	290	14.3
	T4	72	110	147	1.2	90	186	11.3
	T6	116	167	219	1	229	358	5.2
	挤压态		330	393	3	—	—	—
Mg-25Dy	挤压态		370	402	1			

* YS=拉伸屈服强度,UTS=抗拉强度,E=延伸率;
** CYS=压缩屈服强度,UYS=极限压缩强度,E=压缩率。

表 24.5 Mg-Dy 系合金的力学性能[27,49,50]

材料	加工状态	拉伸性能			压缩性能		
		YS/MPa	UTS/MPa	E/%	CYS/MPa	UCS/MPa	E/%
Mg-10Dy-0.2Zr	铸态	107	189	21.7	96	321.3	20.7
	T4	104.6	187.8	24.1	98.3	310.8	23
	T6	99.8	195.1	22.2	108.1	289.9	19.1
Mg-8Dy-2Gd-0.2Zr	铸态	113.3	199	21.5	103	332.9	18.9
	T4	111.1	198.4	22.1	109.1	305.3	18.4
	T6	111.6	211.7	21	125.2	303.5	17.7
Mg-5Dy-5Gd-0.2Zr	铸态	118.9	207.8	17.6	110.2	337.6	17.9
	T4	121.8	209.2	17.6	112.7	312.7	18.7
	T6	188.3	309.5	11.8	189.6	357.1	9.2

续表

材料	加工状态	拉伸性能			压缩性能		
		YS/MPa	UTS/MPa	E/%	CYS/MPa	UCS/MPa	E/%
Mg-2Dy-8Gd-0.2Zr	铸态	123.3	218.3	16.2	120.8	347.4	15.6
	T4	122.5	214.6	17.8	125.8	302.8	15.7
	T6	211.6	353.9	7.8	241.2	423	6.8
Mg-2Dy-0.5Zn*	挤压态	262	320	11.8	—	—	—
	T5	287	321	11.6	—	—	—
Mg-4Dy-3Nd-0.3Zr	铸态	127	206	8.6	—	—	—
Mg-7Dy-3Nd-0.3Zr	铸态	129	202	10.5	—	—	—
Mg-10Dy-3Nd-0.3Zr	铸态	136	220	7	—	—	—
Mg-12Dy-3Nd-0.3Zr	铸态	142	236	5.8	—	—	—

* 为原子分数,其他为质量分数。

　　铸态 Mg-Dy 二元合金呈现典型的枝晶偏析组织,Dy 含量增加,晶粒细化,Mg-Dy 合金强度增加,延伸率减小。但是当 Dy 含量＞10％(质量分数)时细化效果一般,晶粒尺寸变化较小。铸态合金中约 50％的 Dy 固溶在 α-Mg 中,而 Dy 主要在枝晶间和晶界处析出。当 Dy 含量＜15％(质量分数)时,铸态合金中 $Mg_{24}Dy_5$ 相较少,而在 Mg-20Dy 合金中,球形 $Mg_{24}Dy_5$ 相显著增加[27,47](图 24.5)。经过 520℃24h 固溶处理,Dy 偏析现象消失,仅有少量第二相残留,Mg-Dy 合金强度降低。200℃时,Dy 在镁中的固溶度约为 10％(质量分数),因此 Mg-Dy 基合金具有较好的时效强化效果。200℃时效 168h,Mg-20Dy 合金时效硬化效果明显,基体中均匀地析出纳米级的亚稳态 β' 相,合金强度增加约 50％,但是合金塑性降低。而 250℃时效 16h,基体中仅析出少量长条状(长 30～50nm,宽 10～30nm)析出相(图 24.6),时效硬化效果不明显,合金强度变化较小[27,48]。Yang[27] 尝试用 Gd 部分替代 Dy,设计了 Mg-Dy-Gd(-Zr)合金体系。Gd 部分替代 Dy 对合金铸态力学性能影响较小,但是当 Gd 含量＞5％(质量分数)时,Mg-Dy-Gd-Zr 合金时效后析出纳米级析出相,时效强化效果显著,YS 增加 50％～70％,见表 24.5。

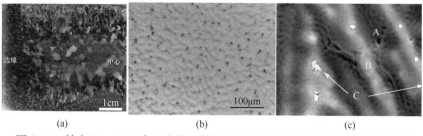

(a)　　　　　　　(b)　　　　　　　(c)

图 24.5　铸态 Mg-20Dy 合金光镜下低倍(a)、高倍(b)和背散射(c)显微组织[27]

A:Mg 基体;B:Dy 偏析;C:第二相

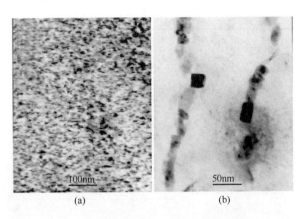

图 24.6 Mg-20Dy 合金的 TEM 明场像

(a) 200℃时效 168h；(b) 250℃时效 16h[27]

此外，Mg-2Dy-0.5Zn(原子分数，%)合金具有 LPSO 结构，其强化效果显著(表 24.5)，并且不同种类的 LPSO 相与其固溶方法和热处理条件有关。Peng 等[51]采用区域固溶法制备 Mg-2Dy-0.5Zn(原子分数，%)合金，具有 18R-LPSO 结构的析出相在晶界附近或晶界处析出。545℃固溶处理 4h，18R-LPSO 相热力学稳定性较差而发生溶解，14H-LPSO 相在晶界及晶内析出，14H 层片状相宽度较小，纵横比较大(图 24.7)。Bi 等[49,52]在 525℃固溶处理 10h 的 Mg-2Dy-0.5Zn 合金中，同样观察到 18R-LPSO 相向 14H-LPSO 相的转变。经过挤压和时效后，Mg-2Dy-0.5Zn 合金晶粒细化，晶内观察到细的层片状 14H-LPSO 结构相，随着时效时间延长，层片相的厚度和长度显著增加，间距减小。Bi 等[52]发现 Mg-2Dy-0.5Zn 合金在室温和 300℃拉伸变形后晶粒尺寸与变形前相比变化很小，14H-LP-SO 相在变形中可以抑制晶粒生长，起到稳定组织的作用。

24.2.3 Mg-Dy 基合金的腐蚀降解和细胞相容性

与 Gd 作用类似，Dy 对 Mg 合金腐蚀的作用也由其显微组织和表面膜性质决定。当 Dy 含量较低时，Dy 固溶在 α-Mg 基相中，由于 Dy 的腐蚀电位($-2.35V$)与 Mg($-2.37V$)接近，不会发生电偶腐蚀，而 Dy 进入表面膜将增加合金耐腐蚀性能。表 24.6 总结了 Mg-Dy 系合金的腐蚀速率。Dy 含量由 5%增加至 10%(质量分数)，铸态 Mg-Dy 合金在 0.9% NaCl 中浸泡 72h 的腐蚀速率降低约 60%[27,47]。Yang[27]等发现铸态 Mg-Dy 合金在细胞培养基中浸泡 1 天，α-Mg 基相表面覆盖着较厚的腐蚀产物层，而 Dy 偏析处基本没有腐蚀产物覆盖。Dy 含量增加，随着第二相($Mg_{24}Dy_5$ 和 β' 相)析出增加，电偶腐蚀作用加剧。Yang 等[27,47]发现铸态 Mg-5Dy 在 0.9% NaCl 溶液中呈丝状腐蚀，24h 腐蚀产物层厚度仅约为 20μm。而当 Dy 含量>10%(质量分数)，由于第二相析出增加，合金由丝状腐蚀

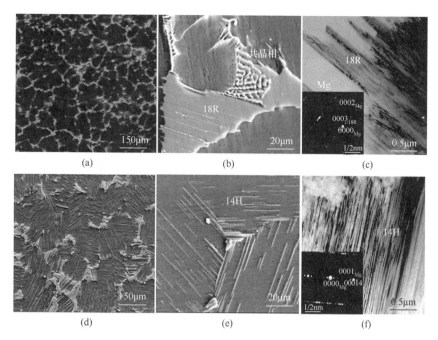

图 24.7　铸态和固溶态 Mg-2Dy-0.5Zn 合金 SEM 和 TEM 明场像[51]

(a)～(c)铸态 Mg-2Dy-0.5Zn 合金；(d)～(f)固溶态 Mg-2Dy-0.5Zn 合金；

(c)和(f)中的插入图分别为 18R-LPSO 和 14H-LPSO 相沿[100]方向的选区电子衍射图

转变为严重的点蚀,浸泡 24h 后 Mg-20Dy 的点蚀深度达到约 $100\mu m$,腐蚀速率增加。固溶处理使得 Mg-Dy 合金的 Dy 偏析现象消失,大部分 $Mg_{24}Dy_5$ 相溶解,Mg-Dy 二元合金腐蚀速率显著降低,但是仍然可以观察到随着 Dy 含量增加,合金丝状腐蚀现象降低,点蚀情况加剧[27,47]。时效后,Mg-10Dy 腐蚀速率和腐蚀形貌基本不变,而 Mg-15Dy 和 Mg-20Dy 合金析出的 β' 相使得腐蚀加速,合金呈现典型点蚀形貌。Mg-Dy-Gd(-Zr)合金中改变 Dy 和 Gd 的比例对其腐蚀性能影响较小,但是通过固溶和时效处理后能够显著改善其局部腐蚀情况,Yang 等[27,53]发现 T6 态 Mg-Dy-Gd(-Zr)合金在细胞培养基中浸泡 14 天后呈现均匀腐蚀形貌。

与普通共晶相不同,LPSO 相对 Mg-Dy-Zn 合金腐蚀的作用与其相结构有关,14H-LPSO 和 18R-LPSO 相对 Mg-Dy-Zn 合金腐蚀降解的作用相反。Peng 等[51]观察在 0.9%NaCl 溶液中浸泡不同时间的铸态 Mg-Dy-Zn 合金发现,腐蚀产物膜层首先在 Mg 基体上形成,然后向 18R-LPSO 相扩展,从而导致不同相上的表面膜厚度不一致。随着腐蚀时间增加,膜层存在内应力导致不同相界面处的腐蚀产物层出现裂纹[图 24.8(a)～(d)],影响其对基体的保护效果,18R-LPSO 相与 Mg 基体间发生电偶腐蚀。通过固溶处理后,Mg-Dy-Zn 合金中的 18R-LPSO 相溶解,生成组织均匀且细小的 14H-LPSO 相,其与 Mg 基体表面的腐蚀产物膜层同时生成,因此其腐蚀产物层结构较为均匀致密[图 24.8(e)~(g)]。

表 24.6　Mg-Dy 系合金的腐蚀速率[27,47,48]

材料	加工状态	腐蚀溶液,温度	腐蚀速率/(mm/a)
Mg-5Dy	铸态	0.9%NaCl,RT	7.44
		CCM*,37℃	0.94
	T4	0.9%NaCl,RT	0.96
		CCM,37℃	1.08
Mg-10Dy	铸态	0.9%NaCl,RT	3.1
		CCM,37℃	0.79
	T4	0.9%NaCl,RT	1.33
		CCM,37℃	0.55
	T6	0.9%NaCl,RT	1.59
		CCM,37℃	0.44
Mg-15Dy	铸态	0.9%NaCl,RT	4.15
		CCM,37℃	0.19
	T4	0.9%NaCl,RT	1.36
		CCM,37℃	0.41
	T6	0.9%NaCl,RT	4.03
		CCM,37℃	0.35
Mg-20Dy	铸态	0.9%NaCl,RT	4.12
		CCM,37℃	2.13
	T4	0.9%NaCl,RT	3.12
		CCM,37℃	2.36
	T6	0.9%NaCl,RT	21.52
		CCM,37℃	2.7
Mg-10Dy-0.2Zr	铸态	CCM,37℃	0.55
	T4		0.5
	T6		0.3
Mg-8Dy-2Gd-0.2Zr	铸态	CCM,37℃	0.53
	T4		0.51
	T6		0.33
Mg-5Dy-5Gd-0.2Zr	铸态	CCM,37℃	0.71
	T4		0.48
	T6		0.36

续表

材料	加工状态	腐蚀溶液,温度	腐蚀速率/(mm/a)
	铸态		0.85
Mg-2Dy-8Gd-0.2Zr	T4	CCM,37℃	0.51
	T6		0.3
Mg-2Dy-0.5Zn**	铸态	0.9%NaCl,RT	24
	T4		1

* CCM 为细胞培养基(cell culture medium),成分为 DMEM+10%FBS;

** Mg-2Dy-0.5Zn 为原子分数,其腐蚀速率测试方法为动电位极化曲线,其他合金的腐蚀速率由失重法计算得到。

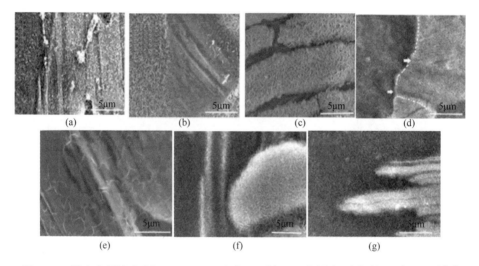

图 24.8　铸态和固溶态 Mg-2Dy-0.5Zn 合金 0.9%NaCl 中浸泡不同时间的腐蚀形貌[51]

(a) 铸态,10min;(b) 铸态,30min;(c) 铸态,60min;

(d) 铸态,120min;(e) 固溶态,10min;(f) 固溶态,30min;(g) 固溶态,60min

此外,Yang 等[27]发现腐蚀环境对 Mg-Dy 合金的腐蚀影响显著。0.9%NaCl 溶液中浸泡,Mg-Dy 合金表面的腐蚀产物层不均匀且为疏松多孔结构,其腐蚀产物层主要由 MgO 和 Mg(OH)$_2$ 组成[图 24.9(a),(b)]。而在细胞培养基中 Mg-Dy 合金腐蚀速率显著低于 0.9%NaCl 溶液(表 24.6),而其腐蚀产物层均匀致密,成分主要为 MgCO$_3$。此外,腐蚀产物中 Dy 含量高,可能是 Dy$_2$O$_3$ 和 Dy(OH)$_3$ [图 24.9(c),(d)],含 Dy 的氧化物/氢氧化物改善了腐蚀产物层的结构而对基体提供更好的保护作用。

Yang 等[27,53]利用髋关节置换病人的骨片原代培养成骨细胞,并采用直接培养法比较纯镁、Mg-10Dy 和 Mg-5Dy-5Gd-0.2Zr 合金的细胞相容性。材料与成骨

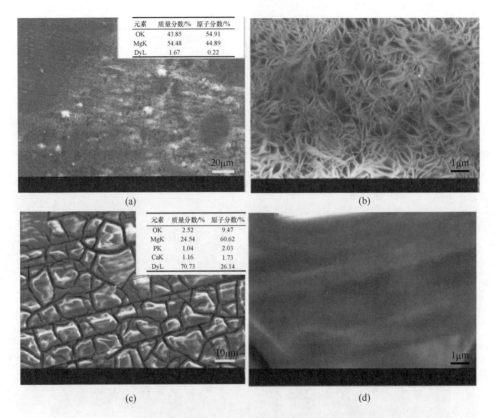

图 24.9　Mg-20Dy(T6)合金在 0.9%NaCl 中
浸泡 1 天和细胞培养基 CCM 中浸泡 7 天表面腐蚀产物形貌[27]
(a),(b) 0.9%NaCl 中浸泡 1 天;(c),(d) CCM 中浸泡 7 天

细胞共培养 3 和 7 天,三种镁合金表面细胞均能够很好地黏附和铺展,死细胞较少。培养 3 天,纯镁、Mg-10Dy 和 Mg-5Dy-5Gd-0.2Zr 合金实验组的细胞存活率分别为约 89%、92%和 92%;培养 7 天,三者的细胞存活率均高于 90%。腐蚀产物层中的稀土元素 Dy 和 Gd 对细胞无毒性作用。

24.3　Mg-La 和 Mg-Ce 合金体系

24.3.1　La 和 Ce 的毒性

镧(La)是最具代表性的轻稀土元素,化学性质活泼,在空气中易氧化,能与水作用,易溶于酸。La 的毒理学研究表明,大鼠口服 $La(NO_3)_3$ 的 LD50 为 4500mg/kg[54],但小鼠腹腔注射 $La(NO_3)_3$ 的 LD50 为 150mg/kg[1]。临床上,碳酸镧用于治疗终末期肾衰竭(end-stage renal disease,ESRD)患者的高磷血症。对使用碳酸镧治疗长达 6 年的患者,其血浆镧浓度在治疗期间及治疗后没有增加[55]。La 可在骨和肝脏中极微量沉积,停止治疗后,骨中镧每年降低约 13%,长期使用碳酸镧的临床研究未发现其对肝脏的毒性作用[56]。

但是,La 可导致神经系统的损伤,特别是对哺乳期的动物影响更大。母鼠孕哺期饮水中加入 0.5%～1.0% $LaCl_3$ 导致仔鼠脑海马组织中镧含量增加 16～26 倍,同时海马神经突触活性带较短、突触后致密物较薄,海马神经突触的界面曲率减小,仔鼠学习记忆力下降[57]。加入 0.25%～1.0% $LaCl_3$ 导致仔鼠体重、脑组织重量均呈下降趋势,还原性谷胱甘肽减少,抗氧化酶 SOD 和谷胱甘肽过氧化物酶活性降低,总抗氧化力明显降低,海马和大脑皮质 MDA 水平明显升高,脂质过氧化作用明显增强[58]。应用神经芯片研究发现,La 导致神经元细胞网络活力下降,3mmol/L La^{3+} 可完全终止神经活动[59]。

铈(Ce)化学性质也较为活泼,与沸水作用生成氢氧化铈,溶于酸,不溶于碱。Ce 的毒理学研究表明,腹腔注射、口服和静脉注射三种给药方式所得的 Ce 的半数致死量不同,小鼠和大鼠腹腔注射 $Ce(NO_3)_3$ 的 LD50 分别为 470mg/kg 和 270mg/kg,大鼠口服 $Ce(NO_3)_3$ 的 LD50 为 4200mg/kg,大鼠静脉注射 $Ce(NO_3)_3$ 的 LD50 与性别有关,母大鼠为 4.3mg/kg,而公大鼠为 4936mg/kg[6]。Nakamura 等[43]发现,大鼠静脉注射 $CeCl_3$,1 天血液中无 Ce^{3+},但 3 天后发现明显的脂肪肝、黄疸、丙谷转氨酶升高,具有严重肝毒性。临床上,硝酸铈-磺胺嘧啶银用于治疗烧伤。研究表明,硝酸铈的作用机理是抑制细胞因子提高 IL-6 水平,抑制 TNF-α,预防烧伤后的免疫抑制反应[60]。关于 Ce 是否具有神经毒性存在争议。Estevez 等[61]发现纳米氧化铈可以保护神经细胞的缺血性损伤,降低约 1/2 的细胞死亡率。而小鼠腹腔注射 20mg/kg $CeCl_3$ 导致脑组织细胞抗氧化酶活性和细胞总抗氧化力下降,脂质过氧化增加,并诱导部分神经细胞转化成炎症细胞[62]。

在细胞层面,近期研究发现,$LaCl_3$ 和 $CeCl_3$ 对细胞的初始抑制浓度较低,对 RAW264.7 分别为 50μmol/L 和 30μmol/L,对 MG63 分别为 400μmol/L 和 60μmol/L,对 HUCPV 分别为 500μmol/L 和 90μmol/L,明显低于其他稀土元素,如 Y、Pr、Nd、Eu、Gd 和 Dy[7]。体外炎症反应显示浓度 1mmol/L 的 $LaCl_3$ 引起 TNF-α 高表达,而 $CeCl_3$ 引起的炎症反应很小。但是,Drynda 等[8]指出 5μg/mL $CeCl_3$ 即引起 IL-8 表达增加,而 50μg/mL $CeCl_3$ 才能引起 IL-6 表达增加。

24.3.2　Mg-La 和 Mg-Ce 基合金的力学性能和腐蚀降解

La 和 Ce 是轻稀土元素的代表,在纯镁中加入 Ce 和 La,使纯镁铸锭粗大尺寸的柱状晶变成细小的等轴晶,并且随着 Ce 和 La 含量增高,组织细化效果越明显[10]。此外,Ce 和 La 还能够改善镁合金铸造性能,提高室温高温力学性能和蠕变性能,提高合金耐腐蚀性。稀土元素是提高镁合金耐热性能最有效的合金化元素,但是其对镁合金高温性能的贡献 Nd＞富 Ce 混合稀土＞Ce＞La。而高温下,La 和 Ce 在镁中的平衡固溶度非常低,612℃时 La 的质量固溶度为 0.23%（质量分数）,590℃ 时 Ce 的质量固溶度为 0.74%（质量分数）,二者的固溶强化和时效强化效果有限。但在镁中添加少量的 Ce,可改善合金塑性,提高合金腐蚀性能。

1. 微合金化 Mg-Ce 合金的力学性能

Chia 等[63]发现铸态 Mg-Ce 和 Mg-La 合金随着其中 Ce 和 La[0～6%（质量分数）]含量增加晶粒细化[64],合金中的共晶相析出增加。Mg-Ce 和 Mg-La 合金的力学性能相近,但是随合金中 Ce 和 La 含量增加,合金屈服强度增加,延伸率下降。Rokhlin[26]研究挤压-T6 态二元稀土镁合金在 20℃和 260℃的力学性能,发现室温下 Mg-La 和 Mg-Ce[La 和 Ce 含量 0～6%（质量分数）]合金拉伸强度接近,当 La 含量＞～2%时,屈服强度高于 Mg-Ce 合金,且 Ce 和 La 含量＞～2%时,合金塑性显著下降。但是,在镁中添加少量的 Ce[0.2%（质量分数）]能够提高镁合金室温塑性和热加工性。表 24.7 总结了 Mg-Ce 系合金的力学性能。

Akhtar 等[65]发现 Ce 含量＜0.2%（质量分数）不会起到固溶强化的作用,但是 Ce 含量＞0.2%（质量分数）在提高合金强度的同时对塑性不利。Chino 等[66]研究了 Ce 元素对铸态 Mg-0.2%Ce（质量分数）合金压缩变形行为的影响,指出在纯 Mg 中添加 0.2%（质量分数）的 Ce 并不能够改变镁合金的 c/a 值,但是能够提高合金非晶面滑移,使 Mg-Ce 合金变形组织较纯 Mg 均匀,从而提高其室温塑性。Barnett 等[67]发现 Mg-0.2Ce 的冷轧压下率＞90%时才会造成合金碎裂,显著高于纯 Mg（～30%）和 AZ31（～15%）。McDonald[68]就曾报道在纯 Mg 中添加 0.2%Ce（质量分数）可以改善 Mg-Ce 合金轧板的塑性。这是由于少量添加 Ce 能够弱化织构。虽然其他稀土元素（如 Nd 和 Y）也降低织构强度,提高镁合金塑性,但是 Ce 弱化织构的起始浓度[～0.01%（原子分数）]低于 Nd[～0.04%（原子分数）]和 Y[～0.17%（原子分数）]。Mishra 等[69]指出纯 Mg 中添加 0.2%Ce（质量分数）后挤压态合金织构强度最大值从 2.7 下降到 1.5。Chino 等[70]认为这种织构弱化的效果主要是颗粒促进形核引起的,Ce 在镁中的固溶度非常低,易形成第二相颗粒,在变形中影响动态再结晶,弱化变形镁合金基面织构强度。此外,添加 0.2%Ce（质量分数）能够增加合金的堆垛层错能,激活棱柱面滑移。通过热挤压,Mg-0.2%Ce（质量分数）合金室温下的延伸率可以达到 31%（表 24.7）。因此,Ce 的微合金化可能能够用于改善现有应用于血管支架领域的医用镁合金的塑性,提高其加工成形能力。

由于 Mg-0.2Ce（质量分数）合金的拉伸屈服强度（68.6MPa）和拉伸强度（170MPa）较低,因此 Luo 等[71]在 Mg-0.2Ce（质量分数）合金中分别添加 2%、5% 和 8%（质量分数）的 Zn,发现随着 Zn 含量增加,合金拉伸强度增加,延伸率下降,而屈服强度基本相同。当 Zn 添加量为 2%(质量分数)时合金表现出良好的塑性和较好的强度,综合力学性能良好。此外,Yu 等[72]发现挤压态 Mg-2.8Ce-0.7Zn-0.7Zr 合金力学性能优于商用 WE43 镁合金(表 24.7)。

表 24.7　Mg-Ce 系合金的力学性能

材料	加工状态	拉伸性能			参考文献
		YS/MPa	UTS/MPa	E/%	
WE43	挤压态-T6	190	270	10	
Mg-0.2Ce	挤压+热轧-RD	107	201	16	[70]
	挤压+热轧-TD	135	219	13.5	[70]
Mg-0.2Ce	挤压态-ED	68.6	170	31	[69]
Mg-0.3Ce-0.5Zn-0.5Zr	挤压态	158	219	33	[73]
Mg-0.3Ce-1.5Zn-0.5Zr	挤压态	178	240	26.4	[73]
Mg-0.3Ce-2.0Zn-0.5Zr	挤压态	194	249	18.2	[73]
Mg-2.8Ce-0.7Zn-0.7Zr	铸态	90	124.8	2.0	[72]
	挤压态	222.4	257.8	12.0	[72]
	挤压+退火	190	250	7.0	[72]
Mg-2Ce-0.7Zn-0.7Zr	挤压态	—	278.5	12	[74]
	挤压态+T2	—	285.6	11.6	[74]
	挤压态+退火	—	272.6	11.3	[74]
Mg-0.2Ce-2Zn	挤压态	135	225	27	[71]
Mg-0.2Ce-5Zn	挤压态	135	247	15	[71]
Mg-0.2Ce-8Zn	挤压态	136	289	16	[71]

2. 微合金化 Mg-La 和 Mg-Ce 基合金的腐蚀降解

La 和 Ce 在镁中的固溶度低,因此 Mg-La 和 Mg-Ce 合金极易形成金属间化合物,Birbilis 等[75]发现第二相 $Mg_{12}Ce$(~-1.5V)和 $Mg_{12}La$(~-1.6V)在 0.1mol/L NaCl 溶液中的腐蚀电位比纯 Mg(~-1.65V)高。因此可以预见这两个含稀土相在 Mg-La 和 Mg-Ce 基合金腐蚀中的电偶加速效应。表 24.8 和表 24.9 总结了 Mg-La 和 Mg-Ce 系合金的腐蚀速率。

表 24.8　Mg-Ce 系合金的腐蚀速率

材料	加工状态	测量方法	腐蚀溶液	腐蚀速率	参考文献
Mg-0.1Ce	铸态	失重	3%NaCl	22mm/a	[76,77]
Mg-0.3Ce	铸态	失重	3%NaCl	13mm/a	[76,77]
Mg-0.6Ce	铸态	失重	3%NaCl	30mm/a	[76,77]
Mg-1.0Ce	铸态	失重	3%NaCl	44mm/a	[76,77]
Mg-0.9Ce	铸态	失重	3.5%NaCl*	8.5mm/a	[77]
Mg-0.9Ce	铸态-T4	失重	3.5%NaCl*	7.45mm/a	[77]
Mg-1Ce	铸态	失重	DMEM	$1mg/(cm^2 \cdot d)$	[78]
Mg99Ce0.5Zn0.5	铸态	析氢	3.5%NaCl	$0.5ml/cm^2/h$	[79]
Mg98Ce1.5Zn0.5	铸态	析氢	3.5%NaCl	$1.0ml/cm^2/h$	[79]
Mg92Ce7.5Zn0.5	铸态	析氢	3.5%NaCl	$1.6ml/cm^2/h$	[79]
Mg88Ce11.5Zn0.5	铸态	析氢	3.5%NaCl	$2.2ml/cm^2/h$	[79]
Mg86Ce13.5Zn0.5	铸态	析氢	3.5%NaCl	$2.9ml/cm^2/h$	[79]

* 3.5%NaCl 饱和 $Mg(OH)_2$ 溶液。

表 24.9　Mg-La 系合金的腐蚀速率

材料	加工状态	测量方法	腐蚀溶液	腐蚀速率	参考文献
Mg-0.3La	铸态	失重	3%NaCl	20mm/a	[76,77]
Mg-0.6La	铸态	失重	3%NaCl	5.6mm/a	[76,77]
Mg-3.0La	铸态	失重	3%NaCl	5.6mm/a	[76,77]
Mg-6.0La	铸态	失重	3%NaCl	73mm/a	[76,77]
Mg-9.0La	铸态	失重	3%NaCl	97mm/a	[76,77]
Mg-0.7La	铸态	失重	3.5%NaCl*	18.1mm/a	[77]
Mg-0.7La	铸态-T4	失重	3.5%NaCl*	3.18mm/a	[77]
Mg-1La	铸态	电化学	0.1mol/L NaCl	0.51mm/a	[80]
Mg-5La	铸态	电化学	0.1mol/L NaCl	0.62mm/a	[80]
Mg-10La	铸态	电化学	0.1mol/L NaCl	3.67mm/a	[80]
Mg-15La	铸态	电化学	0.1mol/L NaCl	3.70mm/a	[80]

* 3.5%NaCl 饱和 $Mg(OH)_2$ 溶液。

　　Birbilis 等[75]研究了稀土元素含量对高压压铸（high pressure die cast，HPDC）二元稀土镁合金腐蚀性能的影响。Birbilis 等[75]发现在镁中添加 La 和 Ce 虽然能够抑制电化学腐蚀的阳极过程，腐蚀电位正移，但是大大加速了其阴极反应（图24.10），并且这种现象随着稀土元素含量的增加而更加明显[80]。Campos 等[80]发现 Mg-La 二元合金中 La 含量增加，合金腐蚀加速。Park 等[79]研究了 Ce 含量对铸态 Mg-Ce-Zn 合金在 3.5%NaCl 腐蚀行为的影响。Park 等[79]发现随着 Ce 含量从 0.5%(摩尔分数)增加到 7.5%(摩尔分数),Mg-Ce-Zn 合金中 $Mg_{12}Ce$ 相逐渐增加,Mg-Ce-Zn 合金腐蚀电位由 −1.52V 增加至 −1.44V,同时腐蚀电流增加。Birbilis 等[75]观察到,随着稀土元素 La 和 Ce 含量增加,Mg-La 和 Mg-Ce 二元合金中的 $Mg_{12}La$ 和 $Mg_{12}Ce$ 显著增加,认为这是导致二元合金腐蚀加速的原因。但有趣的是,当 La 含量约为 5%(质量分数)时,虽然 $Mg_{12}La$ 体积分数增加到约 12%,但是其腐蚀电流密度却低于 Mg-3.44La(质量分数)($Mg_{12}La$ 体积分数约为 11%)。此外,当 La 的含量<1%(质量分数)时,虽然 Mg-La 合金中第二相 Mg_{12} La 体积分数由约 2%迅速增加到约 5%,但是其电偶加速效应不明显,腐蚀电流基本不变。相反,对于 Mg-Ce 二元合金,当 Ce 含量>0.5%(质量分数)时,$Mg_{12}Ce$ 体积分数由约 2%增加到约 3%,但其腐蚀电流增加 1 倍。当 La 和 Ce 含量>1%(质量分数)时,Mg-La 和 Mg-Ce 二元合金中第二相体积分数增加,合金电偶加速效应显著。

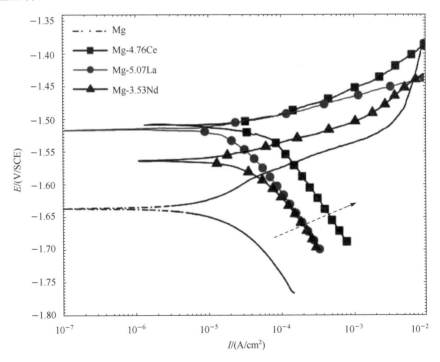

图 24.10 CP 镁、Mg-4.76Ce、Mg-5.07La 和 Mg-3.53Nd 合金
在 0.1mol/L NaCl 溶液中的动电位极化曲线[75]

Takenaka 等[76]在二元稀土镁合金的腐蚀研究中也发现了类似的现象。当 La 含量<1%(质量分数)时,La 含量增加,3%NaCl 溶液中 Mg-La 合金耐腐蚀性能

增加。其中,Mg-0.6La(质量分数)合金的腐蚀性能甚至优于 AZ31。Mg-3La(质量分数)仍然具有较低的腐蚀速率(表 24.9)。在 Ce 含量对 Mg-Ce 二元合金耐腐蚀性能影响的研究中发现,其 Ce 含量的阈值为 0.3%(质量分数)。当 Ce 含量高于 0.3%(质量分数)时,腐蚀加速。并且,在镁中添加 Ce 虽然同样能够提高镁的耐腐蚀性能,但是效果没有 La 好。Mg-0.3Ce(质量分数)合金腐蚀速率最低,但仍高于 AZ31 镁合金。随着 Ce 和 La 含量进一步增加,二元稀土镁合金腐蚀加速。

　　上述研究表明,微合金化 Mg-La 和 Mg-Ce 合金具有较好的耐腐蚀性能,可能是由于稀土元素 La 和 Ce 的加入能够改善镁合金表面膜性能。研究表明,含 La 和 Ce 的稀土转化膜能够一定程度地降低镁合金基体的腐蚀速率。此外,上述研究中用于镁合金熔炼的纯镁原料纯度仅为商用纯度,La 和 Ce 的加入有可能通过净化熔体,减小杂质铁等的有害影响,从而提高合金耐蚀性。Shi 等[77]发现 Mg-0.7La 和 Mg-0.9Ce 合金的腐蚀速率比高纯镁大,即使通过长时间固溶处理,使得稀土元素均固溶在镁中,最大程度消除第二相的电偶腐蚀作用,腐蚀速率仍高于高纯镁。

3. Mg-La 和 Mg-Ce 合金在模拟体液中的腐蚀降解

　　顾雪楠[81]比较了铸态 Mg-0.69La(质量分数)和 Mg-1.27Ce(质量分数)合金在 Hank's、SBF(Kokubo)和 DMEM 溶液中的腐蚀降解行为,发现不同模拟体液环境对其降解影响显著。如 Mg-Ce 合金在 SBF 中腐蚀降解最快,在 Hank's 溶液中腐蚀降解最慢,在 DMEM 细胞培养基中的腐蚀速率介于两者之间,并且其腐蚀速率随着溶液中血清浓度增加而减小(图 24.11)。EDS 发现,加入 10%FBS 组的 Mg-Ce 合金表面出现 N 峰,且 30%FBS 组合金表面 N 含量增加,因此不同血清浓度溶液中 Mg-Ce 合金腐蚀速率的差异可能是蛋白质吸附造成的。

　　此外,Mg-La 和 Mg-Ce 合金在 SBF 和 Hank's 溶液中的腐蚀速率基本相同,而在 DMEM+10%FBS 中 Mg-Ce 合金腐蚀速率高于 Mg-Ce 合金(图 24.12)。观察合金腐蚀表面形貌并进行物相分析发现,在 SBF 中浸泡 10 天,Mg-La 合金已完全碎裂,Mg-Ce 合金表面腐蚀产物较厚,XRD 已检测不到 α-Mg 基体的衍射峰,腐蚀产物为 $Mg(OH)_2$ 和 $Ca_2P_2O_7$。而在 Hank's 溶液中浸泡 10 天,Mg-La 合金失重约 50%,Mg-Ce 合金表面被腐蚀产物均匀覆盖,由于 Hank's 溶液腐蚀性较小,合金表面腐蚀产物层较薄,能观察到较强的 α-Mg 衍射峰和较弱的 $Mg(OH)_2$ 衍射峰,并且合金表面含有少量钙磷元素。

　　为模拟体内的血流情况,顾雪楠研究了磁力搅拌下 Mg-La 和 Mg-Ce 合金在 DMEM 中的腐蚀降解。DMEM 中浸泡 72h,由于搅拌使流体冲刷掉了合金表面部分的腐蚀产物,腐蚀集中在 Mg 基体,而合金中的 $Mg_{12}Ce$ 和 $Mg_{17}La_2$ 相均残留

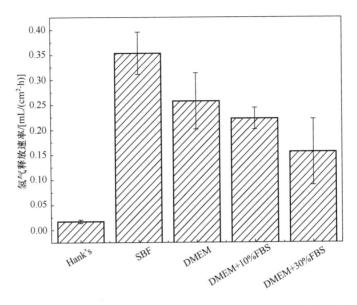

图 24.11　铸态 Mg-Ce 合金在不同模拟体液中浸泡 24h 的腐蚀速率

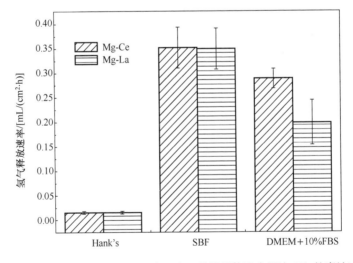

图 24.12　铸态 Mg-La 和 Mg-Ce 合金在三种模拟体液中浸泡 72h 的腐蚀速率

在合金表面(图 24.13)。由于镁合金中的第二相较稳定,腐蚀电位高于 α-Mg 基体,因此在 α-Mg 完全腐蚀降解后,这些析出相将脱落进入血液、周围组织或残留在植入部位。若这些第二相颗粒不可降解或降解缓慢,将有可能引发植入部位的炎症反应,甚至导致骨质吸收而影响术后恢复[81]。

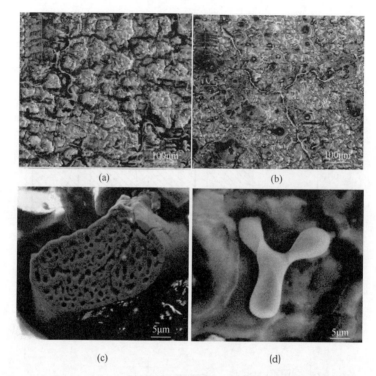

图 24.13　Mg-Ce 和 Mg-La 在流动 DMEM 中浸泡 72h 表面形貌
(a),(c) Mg-Ce 合金;(b),(d) Mg-La 合金

24.3.3　Mg-La 和 Mg-Ce 基合金的细胞毒性和动物实验

顾雪楠等研究了铸态 Mg-La 和 Mg-Ce 合金的体外和体内生物相容性。对二元铸态 Mg-La 和 Mg-Ce 合金浸提 72h,Mg-La 合金浸提液 pH 为 8.75 ± 0.37,Mg 浓度(8.70 ± 0.17)mmol/L,La 浓度$(0.17\pm0.03)\mu$mol/L,而 Mg-Ce 合金浸提液 pH 为 8.90 ± 0.42,Mg 浓度(11.10 ± 0.52)mmol/L,Ce 浓度$(0.51\pm0.06)\mu$mol/L。细胞毒性实验发现,Mg-Ce 合金浸提原液对 MC3T3-E1 细胞活性有明显抑制作用,细胞活性下降 $40\%\sim50\%$;浸提液稀释 10 倍后,10% Mg-Ce 合金浸提液溶液 pH 趋于中性,但其细胞活性仍下降约 30%,RGR 为 II 级,显示 Mg-Ce 铸态合金细胞毒性大于 Mg-La 合金(图 24.14)。但是值得注意的是,浸提液中的 Ce 含量仅为 0.51μmol/L,远低于文献报道的 Ce 盐引起 MG63 细胞(60μmol/L)和 VSMC 细胞(70μmol/L)的细胞毒性起始浓度。推测可能是由于浸提液的碱性环境使 Ce 的析出并不以离子形式而是以胶体或沉淀等形式出现,从而加剧其对细胞的毒性作用。两种铸态合金与 MC3T3-E1 细胞共培养 10h,Mg-Ce 合金表面无细胞黏附,Mg-La 合金表面偶有少量细胞黏附。

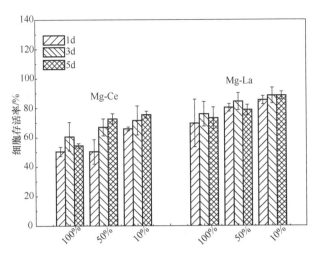

图 24.14　Mg-La 和 Mg-Ce 合金浸提液对 MG63 细胞毒性

　　将 Mg-La 和 Mg-Ce 合金植入兔子膝盖 4 周,兔子体重和行为无异常,肉眼观察无炎症反应,无系统毒性。仅有 1 例动物植入合金后局部有小气囊,但很快吸收消失[82]。植入后 4 周,Mg-La 合金剩余 81.75%,体内降解速率 1.35mm/a,Mg-Ce 合金剩余 80.61%;体内降解速率 1.46mm/a,合金表面观察到点蚀情况(图 24.15)。病理结果指出,Mg-La 和 Mg-Ce 合金降解对周围组织无不良影响,未观察到溶骨现象,未观察到包囊组织。与其他镁合金动物实验结果不同的是,Mg-La 和 Mg-Ce 合金骨组织形态计量学参数与对照组无显著差异。对照组相关参数[BV/TV:(72.53 ± 9.11)%;OS/BS:(25.00 ± 11.45)%;OcS/BS:3.89 ± 0.72]略高于 Mg-La[BV/TV:(60.31 ± 13.40)%;OS/BS:(15.45 ± 21.11)%;OcS/BS:(1.11 ± 1.55)%]和 Mg-Ce 组[BV/TV:(58.42±7.66)%;OS/BS:(11.88 ± 13.88)%;OcS/BS:(1.16 ± 1.09)%](图 24.16)。这是由于虽然有个

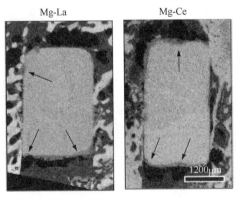

图 24.15　Mg-La 和 Mg-Ce 合金植入 4 周后合金与骨界面形貌(箭头为点蚀)[82]

别镁合金样品周围观察到大量新骨生成,但是大部分镁合金样品周围未见或仅有生成少量新骨(图 24.17),因此 OS/BS 结果显示较大的标准偏差[82]。

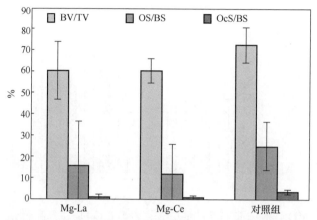

图 24.16　Mg-La 和 Mg-Ce 合金组骨组织形态计量学参数[82]

BV/TV=骨体积分数,OS/BS=类骨质表面积,OcS/BS=破骨细胞表面/骨表面

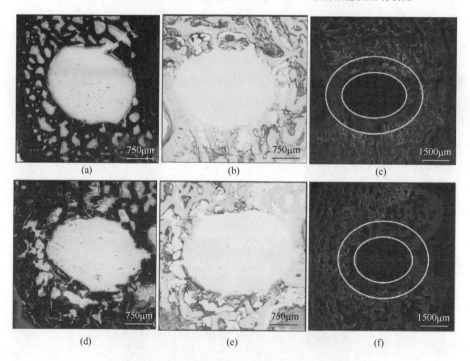

图 24.17　Mg-La 和 Mg-Ce 合金植入部位矿化结节

染色、甲苯胺蓝染色和二甲酚橙荧光染色组织病理学图[82]

(a) Mg-La 合金,矿化结节染色;(b) Mg-La 合金,甲苯胺蓝染色;(c) Mg-La 合金,二甲酚橙荧光染色;

(d) Mg-Ce 合金,矿化结节染色;(e) Mg-Ce 合金,甲苯胺蓝染色;(f) Mg-Ce 合金,二甲酚橙荧光染色

　　LAE442 镁合金其中的混合稀土元素含 Ce 为 1.3%(质量分数),Nd 为 0.37%(质量分数),La 为 0.5%(质量分数)。Witte 等[83,84]比较了铸态 AZ31、AZ91、WE43 和 LAE442 四种合金在豚鼠骨髓腔内的降解,发现四种合金的降解均能够促进新骨形成,骨组织与植入体直接接触,其中 LAE442 降解最慢,术后 18 周仍有 67%残留,并且其骨矿化沉积率(MAR)最低。Krause 等[85]将 Mg-0.8Ca、LAE442 和 WE43 挤压态镁合金植入兔子胫骨,术后 3 个月 LAE442 体积损失 15%,术后 6 个月损失 23%,优于 Mg-0.8Ca(38%)和 WE43(35%)。研究三种镁合金植入后的弯曲性能发现,LAE442 镁合金力学性能损失较另外两种合金少。LAE442 原始弯曲强度最高[(255.67±5.69)N],塑性最好,弯曲位移达到 5mm 时其最大作用力仍未减少,术后 3 个月强度损失 40%,弯曲位移(2.23±0.65)mm,术后 6 个月强度损失 47%,弯曲位移(2.56±0.75)mm。而 Mg-0.8Ca 术后 6 个月弯曲强度[(178.76±25.15)N]损失 70%,术后 3 个月弯曲位移由(2.56±0.33)mm 变为(2.7±1.13)mm,术后 6 个月 Mg-0.8Ca 合金在强度损失 10%前均已断裂。术后 6 个月 WE43 的弯曲强度[(238.05±21.68)N]损失 49%,术后 3 个月弯曲位移由初始的(2.93±0.46)mm 减小到(1.25±0.28)mm,术后 6 个月发现其显著增长至(2.27±1.35)mm。

　　Reifenrath 等[86]用 Ce 替代了 LAE442 中的混合稀土元素,并将其植入兔子胫骨,发现 LACer442 合金降解很快,植入 4 周后由于气肿和骨膜出血而不得不提早结束实验。4 周后,LACer442 合金仅能部分取出,骨髓腔内残留大量腐蚀产物。

　　针对 LAE442 镁合金的生物相容性,Gruhl 等[87]进一步分析了降解过程 LAE442 中的稀土元素 Ce、La 和 Nd 在骨组织中的浓度梯度,6 周后发现 Ce 在植入体周围骨组织中浓度最高约为 200μg/g,植入 12 周未观察到稀土元素浓度进一步升高。此外,仅在距离植入体腐蚀层 2mm 以内的骨组织中观察到 Mg 和 Al 浓度升高,在 500μm 内观察到稀土元素浓度升高。Bondarenko 等[88]将 Ti6Al4V、PLA、Mg-0.8Ca 和 LAE442 合金植入胫骨,通过观察输出淋巴结形态变化,评价其免疫反应,发现两种镁合金的免疫反应低于 Ti6Al4V 和 PLA,且 LA442 免疫反应最小。Witte 等[89]分别采用铸态 AZ31、AZ91、WE43 和 LAE442 合金固体薄片和溶解的合金对豚鼠进行皮肤致敏试验,结果均显示四种镁合金对皮肤不致敏。

24.4　结论与展望

　　(1) Gd 和 Dy 具有良好的时效强化作用,通过元素含量调节、变形及热处理工艺结合可以获得力学性能优异的镁合金。一般来说,Gd 和 Dy 含量增加,镁合金强度增加,塑性下降。当 Gd 含量＞15%(质量分数),Dy 含量＞20%(质量分数)时,Mg 合金的时效强化作用显著。而 Gd 和 Dy 含量为 10%(质量分数)时,其腐蚀速率最低。此外,Mg-Gd/Dy-Zn 合金具有 LPSO 相,其中 14H-LPSO 相不仅可以改善合金的强度和塑性,还可以提高基体耐腐蚀性能。

(2) La 和 Ce 在镁中固溶度很低,其固溶和时效强化效果一般。随着 La 和 Ce 含量增加,合金强度增加,塑性下降。并且随着元素含量增加,会造成的大量金属间化合物析出引起电偶腐蚀加速。但是,微量 La[0.3%~0.6%(质量分数)]也可提高合金耐腐蚀性能,微量 Ce[0.2%~0.3%(质量分数)]元素添加能够显著提高合金塑性和耐腐蚀性能。此外,La 和 Ce 只在植入体周围很小范围内聚集,这些特点为其医用带来了契机。将 La 和 Ce 作为微合金化元素添加[如 0.2%Ce(质量分数)],有可能在保证医用镁合金生物安全性的基础上,改善其材料塑性和腐蚀性能,从而满足临床应用要求。

(3)Gd、Dy、La 和 Ce 四种元素的毒性仍需进一步研究。目前毒理学研究结果显示,Gd 和 Dy 毒性较小,La 和 Ce 毒性较大,但是其均选用稀土盐溶液作为元素模型,不一定与合金中稀土元素的释放形式一致。合金中稀土元素的存在状态主要有固溶在 Mg 中的稀土元素、耐腐蚀的含稀土的析出相(共晶相、纳米级 β' 和 β'' 相、LPSO 相)和腐蚀表面膜中的稀土氧化物/氢氧化物,它们的释放形式、降解及组织对其的吸收和代谢需要进一步的体内外研究验证。

致谢

感谢郑玉峰教授的邀稿。本章节得到国家自然科学基金资助项目(51401007)、全国优秀博士学位论文作者专项资金资助项目(201463)、高等学校博士学科点专项科研基金资助课题(20121102120037)、北京市自然科学基金项目(2154050)的资助。

参 考 文 献

[1] Hirano S, Suzuki K T. Exposure, metabolism, and toxicity of rare earths and related compounds. Environ Health Perspect, 1996, 104(Suppl. 1):85-95

[2] Xia D, Davis R L, Crawford J A, et al. Gadolinium released from MR contrast agents is deposited in brain tumors: In situ demonstration using scanning electron microscopy with energy dispersive X-ray spectroscopy. Acta Radiologica, 2010, 51(10):1126-1136

[3] 夏青, 刘会雪, 杨晓达, 等. 稀土神经毒性研究. 中国科学:化学, 2012, 46(1):1-7

[4] Yang Y, Sun Y, Liu Y, et al. Long-term in vivo biodistribution and toxicity of Gd(OH)₃ nanorods. Biomaterials, 2013, 34(2):508-515

[5] Haley T J, Raymond K, Komesu N, et al. Toxicological and pharmacological effects of gadolinium and samarium chlorides. British Journal of Pharmacology and Chemotherapy, 1961, 17(3):526-532

[6] Bruce D W, Hietbrink B E, DuBois K P. The acute mammalian toxicity of rare earth nitrates

and oxides. Toxicology and Applied Pharmacology,1963,5(6):750-759

[7] Feyerabend F,Fischer J,Holtz J,et al. Evaluation of short-term effects of rare earth and other elements used in magnesium alloys on primary cells and cell lines. Acta Biomaterialia, 2010,6(5):1834-1842

[8] Drynda A,Deinet N,Braun N,et al. Rare earth metals used in biodegradable magnesium-based stents do not interfere with proliferation of smooth muscle cells but do induce the up-regulation of inflammatory genes. Journal of Biomedical Materials Research Part A,2009, 91A(2):360-369

[9] 孙明,吴国华,王玮,等. Mg-Gd 系镁合金的研究进展. 材料导报,2009,23(6):98-103

[10] 黎文献. 镁及镁合金. 长沙:中南大学出版社,2005

[11] 丁文江. 镁合金科学与技术. 北京:科学出版社,2007

[12] Hort N,Huang Y,Fechner D,et al. Magnesium alloys as implant materials——Principles of property design for Mg-RE alloys. Acta Biomaterialia,2010,6(5):1714-1725

[13] Vostry P,Stulikova I,Smola B,et al. Electrical resistivity changes due to solution treatment of magnesium-rare earth binary alloys. Zeitschrift für Metallkunde,1999,90(11):888-891

[14] 蒋浩. Mg-Gd(Y)耐热镁合金材料及其热处理研究. 长沙:中南大学硕士学位论文,2006

[15] Srinivasan A,Wang Z,Huang Y,et al. Hot tearing characteristics of binary Mg-Gd alloy castings. Metallurgical and Materials Transactions A,2013,44(5):2285-2298

[16] Kubásek J,Vojtěch D. Structural and corrosion characterization of biodegradable Mg-RE (RE=Gd,Y,Nd) alloys. Transactions of Nonferrous Metals Society of China,2013,23(5): 1215-1225

[17] Zheng K Y,Dong J,Zeng X Q,et al. Precipitation and its effect on the mechanical properties of a cast Mg-Gd-Nd-Zr alloy. Materials Science and Engineering A,2008,489(1/2):44-54

[18] Peng Q,Wu Y,Fang D,et al. Microstructures and mechanical properties of Mg-8Gd-0. 6Zr-xNd(x=0,1,2 and 3 mass%) alloys. Journal of Materials Science,2007,42(11):3908-3913

[19] Wang J,Meng J,Zhang D,et al. Effect of Y for enhanced age hardening response and mechanical properties of Mg-Gd-Y-Zr alloys. Materials Science and Engineering A,2007,456 (1/2):78-84

[20] Yamasaki M,Sasaki M,Nishijima M,et al. Formation of 14H long period stacking ordered structure and profuse stacking faults in Mg-Zn-Gd alloys during isothermal aging at high temperature. Acta Materialia,2007,55(20):6798-6805

[21] 吴玉娟,丁文江,彭立明,等. 高性能稀土镁合金的研究进展. 中国材料进展,2011,30(2): 1-9

[22] Wu Y J,Zeng X Q,Lin D L,et al. The microstructure evolution with lamellar 14H-type LP-SO structure in an Mg96.5Gd2.5Zn1 alloy during solid solution heat treatment at 773 K. Journal of Alloys and Compounds,2009,477(1/2):193-197

[23] Ding W J,Wu Y J,Peng L M,et al. Formation of 14H-type long period stacking ordered structure in the as-cast and solid solution treated Mg-Gd-Zn-Zr alloys. Journal of Materials

Research,2009,24(05):1842-1854

[24] 曾小勤,吴玉娟,彭立明,等. Mg-Gd-Zn-Zr 合金中的 LPSO 结构和时效相. 金属学报,2010,46(9):1041-1046

[25] Honma T,Ohkubo T,Kamado S,et al. Effect of Zn additions on the age-hardening of Mg-2.0Gd-1.2Y-0.2Zr alloys. Acta Materialia,2007,55(12):4137-4150

[26] Rokhlin L L. Magnesium Alloys Containing Rare Earth Metals. London:Taylor and Francis. 2003

[27] Yang L. Development of Mg-RE alloys for medical applications,in faculty of natural and materials science(PHD Thesis). Clausthal:Clausthal University of Technology,2013

[28] Xiao Y, Zhang X M, Chen B X, et al. Mechanical properties of Mg-9Gd-4Y-0.6Zr alloy. Transactions of Nonferrous Metals Society of China,2006,16:s1669-s1672

[29] Gao L,Chen R S,Han E H. Enhancement of ductility in high strength Mg-Gd-Y-Zr alloy. Transactions of Nonferrous Metals Society of China,2011,21(4):863-868

[30] Liu X B,Chen R S,Han E H. Effects of ageing treatment on microstructures and properties of Mg-Gd-Y-Zr alloys with and without Zn additions. Journal of Alloys and Compounds,2008,465(1/2):232-238

[31] Wu Y J,Peng L M,Zeng X Q,et al. A high-strength extruded Mg-Gd-Zn-Zr alloy with superplasticity. Journal of Materials Research,2009,24(12):3596-3602

[32] Kiryuu M,OKUMURA H,KAMADO S,et al. Corrosion resistance of heat resistant magnesium alloys containing heavy rare earth elements. Journal of Japan Institute of Light Metals,1996,46(1):39-44

[33] Chang J,Guo X,He S,et al. Investigation of the corrosion for Mg-xGd-3Y-0.4Zr(x=6,8,10,12wt%) alloys in a peak-aged condition. Corrosion Science,2008,50(1):166-177

[34] Peng L M,Chang J W,Guo X W,et al. Influence of heat treatment and microstructure on the corrosion of magnesium alloy Mg-10Gd-3Y-0.4Zr. Journal of Applied Electrochemistry,2009,39(6):913-920

[35] Liang S,Guan D,Tan X. The relation between heat treatment and corrosion behavior of Mg-Gd-Y-Zr alloy. Materials & Design,2011,32(3):1194-1199

[36] Kubásek J,Vojtěch D,Čapek J. Properties of Biodegradable Alloys Usable for Medical Purposes. Acta Physica Polonica,A,2012,122(3):520-523

[37] Zhang X,Wu Y,Xue Y,et al. Biocorrosion behavior and cytotoxicity of a Mg-Gd-Zn-Zr alloy with long period stacking ordered structure. Materials Letters,2012,86(0):42-45

[38] Wang J, Yang Y S, Tong W H. Effect of purification treatment on corrosion resistance of Mg-Gd-Y-Zr alloy. Transactions of Nonferrous Metals Society of China, 2011, 21 (4): 949-954

[39] Wang J,Zhou J X,Tong W H,et al. Effect of purification treatment on properties of Mg-Gd-Y-Zr alloy. Transactions of Nonferrous Metals Society of China,2010,20(7):1235-1239

[40] Wang W,Wu G,Wang Q,et al. Gd contents,mechanical and corrosion properties of Mg-

10Gd-3Y-0.5Zr alloy purified by fluxes containing GdCl₃ additions. Materials Science and Engineering A,2009,507(1/2):207-214

[41] Haley T J,Koste L,Komesu N,et al. Pharmacology and toxicology of dysprosium,holmium,and erbium chlorides. Toxicology and Applied Pharmacology,1966,8(1):37-43

[42] Sarkander H I,Brade W P. On the mechanism of lanthanide-induced liver toxicity. Archive für Toxikologie,1976,36(1):1-17

[43] Nakamura Y,Tsumura Y,Tonogai Y,et al. Differences in behavior among the chlorides of seven rare earth elements administered intravenously to rats. Toxicological Sciences,1997, 37(2):106-116

[44] Fuma S,Takeda H,Takaku Y,et al. Effects of dysprosium on the species-defined microbial microcosm. Bulletin of Environmental Contamination and Toxicology,2005,74(2):263-272

[45] Balzer T,Contrast agents for magnetic resonance imaging//Reimer P,Parizel P,Stichnoth F A. Clinical MR Imaging. Berlin:Springer Berlin Heidelberg:53-63

[46] Kattel K,Park J Y,Xu W,et al. Paramagnetic dysprosium oxide nanoparticles and dysprosium hydroxide nanorods as T2 MRI contrast agents. Biomaterials,2012,33(11):3254-3261

[47] Yang L,Huang Y,Peng Q,et al. Mechanical and corrosion properties of binary Mg-Dy alloys for medical applications. Materials Science and Engineering:B, 2011, 176 (20): 1827-1834

[48] Yang L,Huang Y,Feyerabend F,et al. Influence of ageing treatment on microstructure,mechanical and bio-corrosion properties of Mg-Dy alloys. Journal of the Mechanical Behavior of Biomedical Materials,2012,13(0):36-44

[49] Bi G,Fang D,Zhang W,et al. Microstructure and mechanical properties of an extruded Mg-2Dy-0.5Zn alloy. Journal of Materials Science & Technology,2012,28(6):543-551

[50] 崔媛,贾庆明. Dy 含量对 Mg-Dy-Nd 合金组织与力学性能的影响. 云南冶金,2010,39(6): 45-48

[51] Peng Q,Guo J,Fu H,et al. Degradation behavior of Mg-based biomaterials containing different long-period stacking ordered phases. Scientific Reports,2014,4

[52] Bi G,Fang D,Zhao L,et al. An elevated temperature Mg-Dy-Zn alloy with long period stacking ordered phase by extrusion. Materials Science and Engineering A,2011,528(10/11): 3609-3614

[53] Yang L,Huang Y,Feyerabend F,et al. Microstructure,mechanical and corrosion properties of Mg-Dy-Gd-Zr alloys for medical applications. Acta Biomaterialia,2013,9(10):8499-8508

[54] Cochran K W,Doull J,Mazur M,et al. Acute toxicity of zirconium,columbium,strontium, lanthanum,cesium,tantalum and yttrium. Archives of Industrial Hygiene and Occupational Medicine,1950,1(6):637-650

[55] Hutchison A J,Barnett M E,Krause R,et al. Long-term efficacy and safety profile of lanthanum carbonate:Results for up to 6 years of treatment. Nephron Clinical Practice,2008, 110(1):c15-c23

[56] 陈楠,史浩. 慢性肾脏病高磷血症治疗——新型磷结合剂碳酸镧研究进展. 中华内科杂志，2012,51(9):742-744

[57] Yang J, Liu Q, Zhang L, et al. Lanthanum chloride impairs memory, decreases pCaMK IV, pMAPK and pCREB expression of hippocampus in rats. Toxicology Letters, 2009, 190(2): 208-214

[58] 姜杰,靳翠红,鲁帅,等. 孕哺期母鼠镧暴露所致仔鼠脑组织脂质过氧化及形态学改变的实验研究. 工业卫生与职业病，2009,35(2):65-68

[59] Gramowski A, Jügelt K, Schröder O H U, et al. Acute functional neurotoxicity of lanthanum (III) in primary cortical networks. Toxicological Sciences, 2011, 120(1):173-183

[60] 杨晓改,杨晓达,王夔. 稀土药用研究的动向和问题. 化学进展，2007,19(2/3):201-204

[61] Estevez A Y, Pritchard S, Harper K, et al. Neuroprotective mechanisms of cerium oxide nanoparticles in a mouse hippocampal brain slice model of ischemia. Free Radical Biology and Medicine, 2011, 51(6):1155-1163

[62] Zhao H, Cheng Z, Hu R, et al. Oxidative injury in the brain of mice caused by lanthanid. Biological Trace Element Research, 2011, 142(2):174-189

[63] Chia T L, Easton M A, Zhu S M, et al. The effect of alloy composition on the microstructure and tensile properties of binary Mg-rare earth alloys. Intermetallics, 2009, 17(7):481-490

[64] Hantzsche K, Bohlen J, Wendt J, et al. Effect of rare earth additions on microstructure and texture development of magnesium alloy sheets. Scripta Materialia, 2010, 63(7):725-730

[65] Akhtar A, Teghtsoonian E. Solid solution strengthening of magnesium single crystals—I alloying behaviour in basal slip. Acta Metallurgica, 1969, 17(11):1339-1349

[66] Chino Y, Kado M, Mabuchi M. Enhancement of tensile ductility and stretch formability of magnesium by addition of 0. 2wt% (0. 035at%) Ce. Materials Science and Engineering A, 2008, 494(1-2):343-349

[67] Barnett M R, Nave M D, Bettles C J. Deformation microstructures and textures of some cold rolled Mg alloys. Materials Science and Engineering A, 2004, 386(1/2):205-211

[68] McDonald J C. Tensile properties of rolled magnesium alloys: Binary alloys with calcium, cerium, gallium and thorium. AIME Transactions, 1941, 143:179

[69] Mishra R K, Gupta A K, Rao P R, et al. Influence of cerium on the texture and ductility of magnesium extrusions. Scripta Materialia, 2008, 59(5):562-565

[70] Chino Y, Kado M, Mabuchi M. Enhancement of tensile ductility and stretch formability of magnesium by addition of 0. 2wt% (0. 035at%) Ce. Materials Science and Engineering A, 2008, 494(1/2):343-349

[71] Luo A A, Mishra R K, Sachdev A K. High-ductility magnesium-zinc-cerium extrusion alloys. Scripta Materialia, 2011, 64(5):410-413

[72] Yu K, Li W, Zhao J, et al. Plastic deformation behaviors of a Mg-Ce-Zn-Zr alloy. Scripta Materialia, 2003, 48(9):1319-1323

[73] 李广. 挤压 Mg-Ce-Zn 合金微观组织与力学性能研究. 上海:上海交通大学硕士学位论文，2011

[74] Wu W H,Xia C Q. Microstructures and mechanical properties of Mg-Ce-Zn-Zr wrought alloy. Journal of Central South University of Technology,2004,11(4):367-370

[75] Birbilis N,Easton M A,Sudholz A D,et al. On the corrosion of binary magnesium-rare earth alloys. Corrosion Science,2009,51(3):683-689

[76] Takenaka T,Ono T,Narazaki Y,et al. Improvement of corrosion resistance of magnesium metal by rare earth elements. Electrochimica Acta,2007,53(1):117-121

[77] Shi Z,Cao F,Song G L,et al. Corrosion behaviour in salt spray and in 3.5% NaCl solution saturated with $Mg(OH)_2$ of as-cast and solution heat-treated binary Mg-RE alloys:RE＝ Ce,La,Nd,Gd. Corrosion Science,2013,76(0):98-118

[78] Kirkland N T,Lespagnol J,Birbilis N,et al. A survey of bio-corrosion rates of magnesium alloys. Corrosion Science,2010,52(2):287-291

[79] Park K C,Kim B H,Kimura H,et al. Corrosion Properties and Microstructure of a Broad Range of Ce Additions on Mg-Zn Alloy. Materials Transactions,2012,53(2):362-366

[80] Campos R S,Höche D,Blawert C,et al. Influence of lanthanum concentration on the corrosion behaviour of binary Mg-La alloys//Magnesium Technology 2011. New York:John Wiley & Sons,2011:507-511

[81] 顾雪楠. 镁基材料的体液降解与生物相容性研究. 北京:北京大学博士学位论文,2011

[82] Willbold E,Gu X,Albert D,et al. Effect of the addition of low rare earth elements(lanthanum,neodymium,cerium) on the biodegradation and biocompatibility of magnesium. Acta Biomaterialia,2015,11:554-562

[83] Witte F,Fischer J,Nellesen J,et al. In vitro and in vivo corrosion measurements of magnesium alloys. Biomaterials,2006,27(7):1013-1018

[84] Witte F,Kaese V,Haferkamp H,et al. In vivo corrosion of four magnesium alloys and the associated bone response. Biomaterials,2005,26(17):3557-3563

[85] Krause A,Höh N,Bormann D,et al. Degradation behaviour and mechanical properties of magnesium implants in rabbit tibiae. Journal of Materials Science,2010,45(3):624-632

[86] Reifenrath J,Krause A,Bormann D,et al. Profound differences in the in-vivo-degradation and biocompatibility of two very similar rare-earth containing Mg-alloys in a rabbit model. Massive unterschiede im in-vivo-Degradationsverhalten und in der Biokompatibilität zweier sehr ähnlicher Seltene-Erden enthaltender Magnesiumlegierungen im Kaninchenmodell. Materialwissenschaft und Werkstofftechnik,2010,41(12):1054-1061

[87] Gruhl S,Witte F,Vogt J,et al. Determination of concentration gradients in bone tissue generated by a biologically degradable magnesium implant. Journal of Analytical Atomic Spectrometry,2009,24(2):181-188

[88] Bondarenko A,Hewicker-Trautwein M,Erdmann N,et al. Comparison of morphological changes in efferent lymph nodes after implantation of resorbable and non-resorbable implants in rabbits. Biomedical Engineering Online,2011,10:32

[89] Witte F,Abeln I,Switzer E,et al. Evaluation of the skin sensitizing potential of biodegradable magnesium alloys. Journal of Biomedical Materials Research Part A,2008,86A(4):1041-1047

第 25 章　铁基可降解金属体系

尽管人们对镁基可降解金属的兴趣日渐上升,但是与 316L 不锈钢相比太差的力学性能、在生理环境中太快的降解速率以及在腐蚀过程中的大量析氢,都可能限制镁合金在生物医学上的应用。从结构的观点来看,与 316L 不锈钢相比,纯铁的力学性能比镁合金更具有吸引力,而且铁基合金的性能还可通过定向合金化和特定热机械处理得到进一步提高。本章主要介绍纯铁的力学性能、耐腐蚀性能、细胞毒性和在动物活体中的实验情况,以及目前铁基可降解金属的研究进展,并对将来开发应用中所面临的问题和挑战提出解决方案。

25.1　纯　　铁

25.1.1　纯铁的力学性能

铁作为可降解金属材料具有以下优点:纯铁本身是一种易腐蚀的材料,与镁合金相比,铁基材料的力学性能更加接近 316L 不锈钢,见表 25.1。纯铁的弹性模量(211.4GPa)远高于纯镁(41GPa)及 316L 不锈钢(190GPa)。纯铁具有更好的塑性变形能力,能够提供更高的径向支撑强度,对支架植入和球囊扩张技术要求简单,手术实施方便。

表 25.1　最近提出可作为生物降解血管支架的金属材料与 SS316L 不锈钢的典型力学性能比较[1]

	材料	屈服强度/MPa	极限拉伸强度/MPa	延伸率/%	磁化率/(μm^3/kg)	腐蚀速率/(mm/a)	参考文献
纯铁	铸态	—	—	—	—	0.008	[2]
	退火态(550℃)	140 ±10	205 ±6	25.5 ±3	—	0.16 ±0.04	[2]
	电铸	360 ±9	423 ±12	8.3 ±2	—	0.85 ±0.05	[2]
	等通道转角挤压(8 道次)	—	470 ±29	—	—	0.02	[3]
	粉末冶金	—	—	—	—	5.02ª	[4]
	放电等离子烧结(SPS)	—	—	—	—	0.016	[5]
氮化铁		561.4	614.4	—	—	0.225	[6]
Fe-10Mn (锻造＋热处理 2h)*		650	1300	14	—	7.17**	[7]

续表

材料	屈服强度/MPa	极限拉伸强度/MPa	延伸率/%	磁化率/(μm^3/kg)	腐蚀速率/(mm/a)	参考文献
Fe-10Mn-1Pd（锻造＋热处理 2h）*	850	1450	11	—	25.10**	[7]
Fe-30Mn(铸态)	124.5	366.7	55.7	—	0.12	[8]
Fe-30Mn-6Si(铸态)	177.8	433.3	16.6	—	0.29	[8]
Fe-30Mn(锻造)	169	569	60	0.16	0.12	[9]
Fe-30Mn-1C(锻造)	373	1010	88	0.03	0.2	[9]
Fe-3Co(轧态)*	460	648	5.5	—	0.142	[10]
Fe-3W(轧态)*	465	712	6.2	—	0.148	[10]
Fe-3C(轧态)*	440	600	7.4	—	0.187	[10]
Fe-3S(轧态)*	440	810	8.3	—	0.145	[10]
Fe-20Mn(粉末冶金)	420	700	8	0.2	—	[11]
Fe-25Mn(粉末冶金)	360	720	5	0.2	0.52	[11]
Fe-30Mn(粉末冶金)	240	520	20	0.2	—	[11]
Fe-35Mn(粉末冶金)	230	430	30	0.2	0.44	[11]
Fe-0.06P(粉末冶金)	—	—	—	—	7.75**	[4]
Fe-0.05B(粉末冶金)	—	—	—	—	7.17**	[4]
Fe-5W(SPS)	—	—	—	—	0.138	[4]
Fe-1CNT(SPS)	—	—	—	—	0.117	[4]
Fe-5Pd(SPS)	—	—	—	—	0.0724	[12]
Fe-5Pt(SPS)	—	—	—	—	0.0983	[12]
316L SS	190	490	40	0.5	—	[1]
WE43	150	250	4	—	—	[1]

* 这些化学成分是指原子比，而其他的是质量比。

** 电解液为模拟体液(Kokubo)，而其他的电解液均为 Hank's 溶液、PBS 或 0.9％NaCl。

25.1.2　铁的代谢及毒性

1. 铁在人体中的分布

铁元素是人体的必需微量元素，成人体内铁元素含量为 3～5g，在人体中的分布如图 25.1 所示。其中 60％～70％与血红蛋白结合，其他富含铁的组织器官包括肝脏和肌肉，20％～30％的铁储存在肝脏网状内皮组织的吞噬细胞中，主要在铁蛋白及其降解产物血铁质中，剩下的铁集中于肌红蛋白、细胞色素和含铁酶类。一个健康的个体每天需要从饮食中摄入 1～2mg 的铁，用于补偿皮肤和肠道细胞脱离引起的非特异性铁损失。此外，女性的月经来潮也会从血液中流失铁。红细胞生成需铁量为 30mg/d，这主要通过网状内皮组织巨噬细胞对降解的血红蛋白中的铁进行回收利用，摄取衰老红细胞中的铁并释放到循环系统中的转铁蛋白。转铁蛋白结合铁（约 3mg）是一个动态过程，成人每天经历大于 10 次的回收再利用。

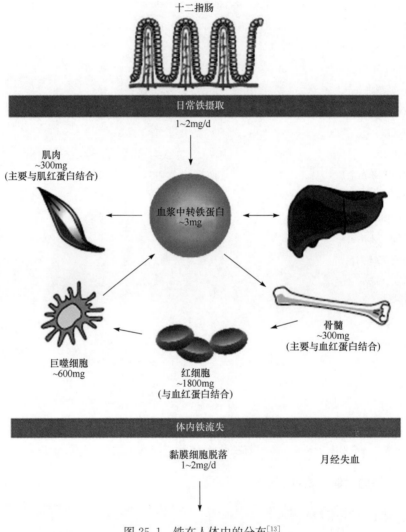

图 25.1　铁在人体中的分布[13]

2. 铁在人体中的生理作用

铁元素是一些金属蛋白的重要组成成分，具有重要的生理功能，在许多生物化学反应中起着关键作用,如氧气感应和传输、电子转移、催化等。铁的生物功能基于它的化学性能,它可以动态灵活地形成多种多样含有有机配体的配位化合物。同时,它可以在氧化还原电势下($+772\mathrm{mV}$,中性 pH)在亚铁(Fe^{2+})和三价铁(Fe^{3+})之间切换。含有 Fe^{2+} 的血红蛋白存在于红细胞当中,可以与氧形成不稳定可逆结合形成氧合血红蛋白,从而使红细胞呈现亮红色,而脱去氧的血红蛋白则呈现蓝紫色。如果血红蛋白中的 Fe^{2+} 被氧化为 Fe^{3+},将形成高铁血红蛋白,失去与氧结合的能力。在红细胞中的高铁血红蛋白将会被酶促降解,并清除出体外。由血红蛋白和肌红蛋白分解释放的铁大部分会被再吸收利用,只有约 10% 会通过粪便、尿液及汗液排出体外。此外,因为在有氧条件下,Fe^{2+} 很容易在溶液中转换为 Fe^{3+},而 Fe^{3+} 在生理环境 pH 下是不溶的[$K_{\mathrm{free}}\mathrm{Fe(III)}=10^{-18}\,\mathrm{mol/L}$],所以铁的含量一般受到限制。

3. 铁的吸收

成人日常饮食摄入接近 15mg 的铁,但只有 $1\sim2$mg 会被吸收,2/3 吸收的铁来自于亚铁血红素,其余来自于无机物。亚铁血红素和无机物中的铁都在十二指肠肠细胞顶端膜处被吸收。亚铁血红素铁是由血红素氧化酶酶促分解后被肠细胞吸收的。无机物中的铁可以存于铁蛋白或者转运穿过基底外侧膜到与血浆转铁蛋白结合。铁处于 Fe^{2+} 状态时,只能被小肠吸收。有一些金属离子和配体可以与铁离子形成微溶的复合体,从而阻碍铁离子的吸收。铁处于 Fe^{3+} 状态时,可以经转铁蛋白转移。

4. 铁平衡的维护

人体通过三种方式维持体内铁平衡。首先是饮食调节,食物中应当具备适量的铁,以供小肠吸收。第二种方式是铁的吸收和储存调节。由十二指肠前驱腺体细胞感应血浆中转铁蛋白饱和度,当体内中铁含量过高时,小肠对铁的吸收将受到抑制,而在铁缺失的情况下,铁的吸收被刺激为平常的 $2\sim3$ 倍,当铁重新装满时,铁吸收又回到基础水平。体内过量的铁将储存在铁蛋白中。第三种方式,称为红细胞生成调节。因为人体大部分的铁用于骨髓合成红细胞中的血红蛋白,所以这是控制铁含量的主要影响因素。红细胞生成失效会导致铁吸收增加,而体内储存铁已经达到饱和,引起病态铁沉积。肝脏合成的一个小的环状肽-肝杀菌肽,可以双向控制铁储存调节和红细胞生成调节。低肝杀菌肽水平促发十二指肠对铁吸收增加以及网状内皮组织巨噬细胞对铁的释放。相比之下,增加肝杀菌肽分泌导致铁吸收减少,多余的铁存储在网状内皮组织巨噬细胞中。肝杀菌肽的水平反映出体内铁存储量,而铁含量控制红细胞生成。因此,当储存的铁耗尽时,或者急需铁用来生成红细胞时,肝杀菌肽的表达受到抑制。同样地,当铁储存重新装满时,或者在炎症反应期间红细胞生成受到限制时,肝杀菌肽的表达增加。

5. 铁的毒性

铁在人体中的含量是高度控制的,如果铁的含量不平衡,会导致一些人们所熟知的与铁相关的疾病,这些疾病大多数基于基因缺陷或者铁在肝脏、心脏、皮肤、内分泌器官以及网状内皮组织系统的病态积累。例如,铁过量会引起血色沉着病,输血性肺铁末沉着病。如果铁的积累超过体内正常容量,转铁蛋白不能结合更多的铁,多余的铁将造成氧化应激反应,会导致组织损伤和器官衰竭,多余的铁将病态存储于心脏、肝脏以及内分泌器官中。在肝脏中铁过多聚集会引起肝纤维化、肝硬化,甚至肝癌。在一些精神疾病(包括帕金森病和老年痴呆症)患者大脑中经常发现铁过载,但是铁过量是致病因素还是由疾病产生的副作用,目前尚不明确。

与其他金属(如砷、铬、镍)不同,铁不具有致癌性。然而,铁过量会增加癌变的危险性。血色沉着病患者可能并发导致肝癌、食道癌变、黑素瘤、急性髓性白血病等。

因此,对于可降解铁基植入器械,其释放铁离子的速度需要控制在局部和整体可承受范围内,并且铁基植入器械应该只允许用于不存在与铁相关疾病的患者个体上。

25.1.3　纯铁的基本性质

铁在不同温度范围有不同的晶体结构。在室温下纯铁为体心立方结构(bcc),称为 α 铁(α-Fe)。当温度升高到 912℃时,α-Fe 转变为面心立方结构(fcc),称为 γ 铁(γ-Fe)。当温度继续升高到 1394℃时,γ-Fe 又转变为体心立方结构,称为 δ 铁(δ-Fe)。δ-Fe 一直保持到铁熔点(1538℃)变为液体。由于内部的微观组织和结构形式的不同,影响金属材料的性质。纯铁在体心立方晶体结构时,塑性比面心立方结构好,而后者的强度高于前者。常温下纯铁为铁磁性金属,温度高于 770℃转变为非铁磁性金属,这个转变温度又称为居里点。

细化晶粒是唯一可以同时提高强度和塑性的有效强化方式。在强烈变形情况下材料组织可以产生显著的晶粒细化,包括高压扭转、等通道挤压、多向锻造、叠轧等方法[14]。

纯铁丝经过冷拔变形后,晶粒尺寸减小,表面粗糙度增加,力学性能得到明显提升,可在 PBS 模拟体液中更长时间维持力学完整性[15]。

纯铁在经过单向轧制和双向轧制后,拉伸强度均得到很大的提升,为纯铁拉伸强度的两倍左右,但塑性急剧降低。但经过再结晶退火处理后,这种力学性能的改变恢复到与轧制前水平相当。由于双向轧制过程降低了位错密度,减少了再结晶启动晶面{100}上变形能的积累,所以双向轧制在退火过程中的再结晶率要低于单向轧制,从而在再结晶退火后,晶粒长大较少。轧制+退火处理后纯铁的腐蚀速率与轧制前的纯铁相当,但是双向轧制纯铁表现出更加均匀的腐蚀模式[16]。

25.1.4 纯铁在生理环境中的降解行为

由于纯铁晶界处有凹槽或其他缺陷,腐蚀往往从晶界开始发生,伴随腐蚀的进行,氢气和氧气也会在该处聚积。对于普通微米级晶粒的纯铁,在无氧生理盐水中的腐蚀过程如图 25.2(a)所示。首先阳极发生反应:

$$Fe \longrightarrow Fe^{2+} + 2e \tag{25-1}$$

接着在阴极首先发生氢吸附在表面金属原子上:

$$H^+ + M + e \longrightarrow MH_{ads} + H_2O \tag{25-2}$$

吸附氢的金属原子将与溶液中的 H^+ 继续发生反应产生氢气:

$$MH_{ads} + H^+ + e \longrightarrow M + H_2 \tag{25-3}$$

产生的氢气将会向纯铁内部扩散。

在溶氧生理盐水中的腐蚀过程如图 25.2(b)所示。同样首先作为阳极的铁被氧化成 Fe^{2+},如式(25-1)所示。阳极产生的电子被阴极溶解氧消耗,发生反应如式(25-4)所示。这些反应首先发生在具有电势差异的地方,如晶界或两个不同相之间。

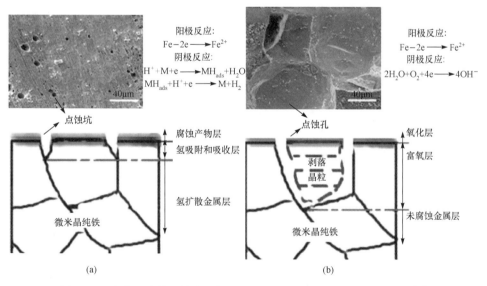

图 25.2 微米级晶粒纯铁在无氧生理盐水及溶氧生理盐水中腐蚀机理[17]
(a) 无氧生理盐水中腐蚀;(b) 溶氧生理盐水中腐蚀

$$2H_2O + O_2 + 4e \longrightarrow 4OH^- \tag{25-4}$$

阳极释放出来的铁离子将继续与阴极释放的OH^-发生反应,形成不溶的氢氧化物,如式(25-5)和式(25-6)所示。

$$2Fe^{2+} + 4OH^- \longrightarrow 2Fe(OH)_2 \tag{25-5}$$

$$4Fe(OH)_2 + O_2 + 2H_2O \longrightarrow 4Fe(OH)_3 \tag{25-6}$$

铁合金表面腐蚀层通常由底层$FeO \cdot nH_2O$(黑色)、中层$Fe_3O_4 \cdot nH_2O$(黑色)及最外层的$Fe_2O_3 \cdot nH_2O$(红褐色)组成。随着溶液中Cl^-向氢氧化物层中渗入,腐蚀将继续发生,产生的金属氯化物将与水中的氢氧根离子反应,最终生成氢氧化物和酸,如式(25-7)和式(25-8)所示。这个反应将造成很深的腐蚀坑,腐蚀坑处的pH降低,而溶液整体保持中性。

$$Fe^{2+} + 2Cl^- \longrightarrow FeCl_2 \tag{25-7}$$

$$FeCl_2 + 2H_2O \longrightarrow Fe(OH)_2 + 2HCl \tag{25-8}$$

随着腐蚀的继续发生,溶液中的钙和磷将沉积在纯铁表面,形成一层钙磷复合物覆盖在腐蚀层表面,对腐蚀的进一步发生有一定的阻碍作用。

为了更加准确地模仿铁基材料在体内的腐蚀,Lévesque 等[18]搭建了模拟血管内动态环境的腐蚀测试弯管系统,如图 25.3 所示。后来 Liu 等[10]又在该基础上进行改进,控制系统中模拟体液的溶解氧含量、pH 等重要参数,使其更加接近血管环境。在动态腐蚀测试系统中测试的纯铁的腐蚀速率[4.033g/(m² · d)]远远

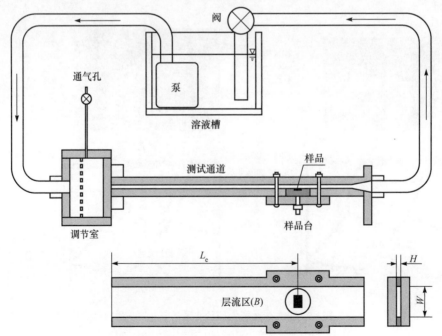

图 25.3　动态腐蚀弯管系统示意图[18]

高于静态条件下的腐蚀速率[0.256g/(m² · d)],这可能是因为不断流动的模拟体液带走试样释放出的铁离子,抑制了铁离子在试样表面的集聚。

25.1.5　体外生物相容性研究

Muller 等[19]通过细胞培养模型从分子水平分析了铁离子对人脐静脉平滑肌细胞(SMC)增殖的影响,该结果从基因表达的角度证实铁离子能够抑制血管平滑肌细胞的增殖活动,由此推测铁支架降解产生的铁离子将有利于控制血管内膜增生,从而抑制血管再狭窄的发生。Zhu 等[20]研究了不同浓度的 Fe^{2+} 对血管内皮细胞(ECS)代谢活动的影响。结果表明,低浓度的($<10\mu g/mL$)Fe^{2+} 可能有利于内皮细胞的新陈代谢活动,但是当 Fe^{2+} 浓度很高($>50\mu g/mL$)时,内皮细胞的新陈代谢活动明显降低。体外实验表明,纯铁有利于血管内皮细胞分化,只有在培养基中 Fe^{2+} 含量高于 $50\mu g/mL$ 时才可能阻碍细胞代谢[20]。Fe^{2+} 可以降低血管平滑肌细胞的生长速度[19],有利于应用在血管支架防止血管再狭窄。

Schaffer 等[21]对纯铁支架的细胞毒性设计进行了一个系统化的研究,主要分为四项测试,如图 25.4 所示。图 25.4(a)中,细胞悬液与含有梯度金属离子浓度的培养基之间隔有一层多孔聚碳酸酯跟踪腐蚀膜(PCTE),孔径为 $8\mu m$,该层膜可阻止金属离子通过,但允许细胞迁移。实验中,将金属离子层设置为浓度梯度为 $13.9\mu mol/L/\mu m$ 的 Fe^{2+},将人体大动脉平滑肌细胞在此装置中培养 4h 后,结果如图 25.5 所示。从图中可以看出,有 19 个细胞从细胞悬液迁移至含 Fe^{2+} 的培养基,并且有超过 30% 的细胞正在迁移的过程中。调整金属离子的浓度发现,Fe^{2+} 和 Fe^{3+} 阻碍细胞迁移的浓度为 1mmol/L。经过 4h 的培养,90% 冷拉拔变形的纯铁上黏附的内皮细胞数量比 316L 不锈钢更多,并且在 120h 后,所有实验材料上均展现出良好的内皮化效果。

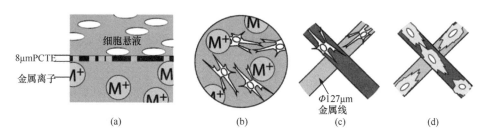

图 25.4　四项生物材料-组织界面的研究[21]

(a) 细胞对腐蚀释放金属离子的趋化性;(b) 金属离子对细胞的毒性;

(c)和(d)为细胞直接在金属线上的黏附和增殖测试

图 25.5　342 个人体大动脉平滑肌细胞在
趋化性检测装置中培养四小时后迁移情况的激光共聚焦图形
$Z=0$ 处为 PCTE，$Z=0$ 至 $Z=12$ 之间含有浓度梯度变化的 Fe^{2+}，
$Z=0$ 至 $Z=-8$ 为无金属离子的细胞悬液

25.1.6　体内动物实验

关于纯铁作为可降解的血管支架材料的应用研究可以追溯到 2001 年，Peuster 等[22] 将采用激光切割方法制成的 16 支纯铁支架植入 16 只新西兰白兔的下行主动脉，观察其生物安全性和可降解性能。结果显示，纯铁支架能够安全植入动物体内，植入 6 个月后支架完全被新生内膜覆盖，18 个月后可以看到支架植入部位周围聚集着适量的包含铁的巨噬细胞，在手术后的 6～18 个月内没有出现血栓并发症，虽有轻微的炎症反应，但并没有观察到明显的内膜增生和局部或系统毒性。这个体内动物实验初步确认可降解纯铁支架是安全的，但反映出的一个突出问题是，纯铁支架其降解速率对临床应用来说还是偏慢，因为植入 1 年后大部分的支架本体仍然完整存在于血管中，如图 25.6 所示。2006 年，Peuster 等[23] 在后续报道中，将纯铁血管支架植入雄性小种猪的下行主动脉，并采用 316L 血管支架作为对照（图 25.7），进行了长达 1 年的体内实验，实验结果与之前大致相同。结果表明，纯铁支架具有良好的生物相容性，内膜增生情况与 316L 支架没有明显区别，在心、肺、脾、肝、肾及动脉淋巴结等器官中未见铁过量导致的局部或系统毒性，腐蚀产物并没有引起明显的炎症反应。该研究同样表明，纯铁与 316L 不锈钢具有相近的血液相容性，纯铁表面的动态凝血时间、溶血率及体外动态血小板血栓形成、单位面积黏附的血小板个数等指标与 316L 不锈钢都趋于相同。在降解速率方面，这次实验结果显示，大部分的支架支柱在一年后仍然保持良好的连接，有效避免了支架失效以及因为支架碎片引起的栓塞。但是相对于临床应用的理想降解速率，纯铁支架的降解偏慢。

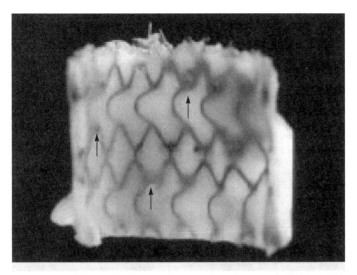

图 25.6　可降解纯铁支架植入兔主动脉 12 个月后的形貌照片[22]

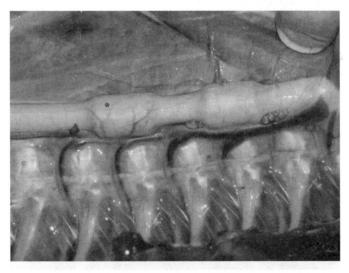

图 25.7　植入支架后小猪下行主动脉宏观图（＊号标记为纯铁支架）[23]

2008 年 Waksman 等[24] 报道了将纯铁支架植入猪的冠状动脉中，以 Co-Cr 合金作为对照，进行了为期 28 天的短期体内实验。经过 28 天的体内植入后，纯铁支架发生了明显的腐蚀降解过程，实验过程中未发现颗粒栓塞、血栓、过度炎症和纤维素沉淀等现象，在第 28 天观察到纯铁支架表面以及与血管支架接触的血管壁呈红褐色（图 25.8 深色部分），但测量的相关参数与钴铬合金支架比并未发现统计意义上的区别，在内膜厚度、覆盖面积和血管阻塞百分比等参数上还要优于钴铬合金。

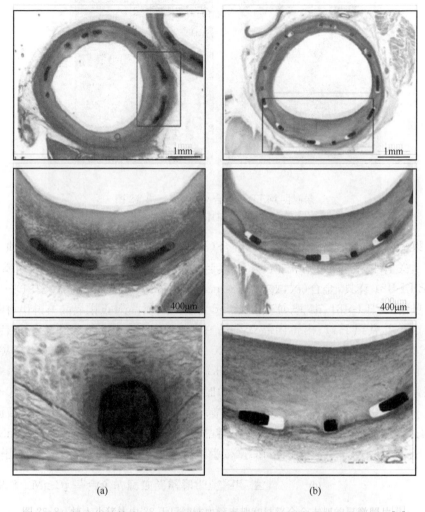

图 25.8　植入小猪体内 28 天后纯铁血管支架和钴铬合金支架的显微照片[25]

(a) 纯铁支架；(b) 钴铬支架

　　2012 年,深圳先健科技公司与北京阜外医院合作了一个铁基可降解血管支架的体内实验[26]。他们将 8 个纯铁支架和 8 个 vision 支架(雅培公司)随机植入 8 只健康小型猪的左前降支和右冠状动脉,相同品牌的两个支架植入一只小型猪。经过 4 周后,植入纯铁支架和 vision 支架的内膜厚度、面积以及再狭窄率都没有明显区别,两组都没有观察到炎症和血栓发生。对于纯铁支架,能够观察到支架腐蚀发生,且在心、肺、肝、肾等器官中没有观察到铁过量以及异常组织病理学变化。

　　此外,Pierson 等[27]分别用植入小鼠动脉的内腔和血管壁的铁丝植入模型来模拟血管支架在血管中的不同环境的腐蚀,如支架与血液的接触以及支架与血管壁的接触。他将长为 20mm、直径为 0.25mm 的纯铁丝植入小鼠的腹主动脉血管壁内和血管内腔,分别进行 22 天短期、1.5 个月、3 个月、4.5 个月以及 9 个月的长期植入实验。结果发现,22 天后,如图 25.9 所示,植入血管壁组织内的铁丝出现了明显的腐蚀,植入 9 个月后大量的腐蚀产物保留在血管壁内。相反,植入血管内腔的铁丝 9 个月后只发生了很少的腐蚀。此外,作者采用镁丝进行了相同的实验,实验结果与铁丝一致,证实了血液接触和血管组织接触对支架材料腐蚀的影响,植入金属材料埋入血管组织中时腐蚀更为明显。

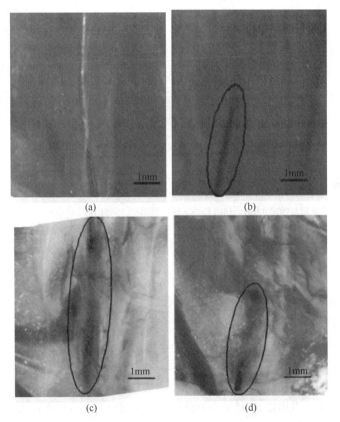

图 25.9　铁线植入到大动脉壁(a)以及大动脉管腔内(b),
植入 22 天后,动脉壁铁线周围有明显的锈蚀(c),管腔内铁线部分只有部分可见[27]

Mueller 等[28]做了一个较简单的动物实验,将 0.5μm 厚度的铁箔卷成管植入 65 只雌鼠的尾巴,实验期为 1~9 个月。植入 1 个月后铁箔的外观形貌如图 25.10 所示。组织学和基因表达分析表明纯铁植入物逐渐降解,降解产物主要集中于植入部位周围,伴随着轻微炎症,没有毒性反应。

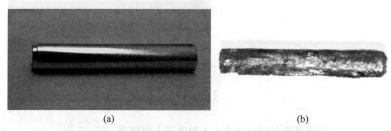

(a)　　　　　　　　　　　　　　　(b)

图 25.10　铁箔植入前和植入 1 个月后的外观形貌[28]

　　Feng 等[6]将 27 只由真空等离子体渗氮技术获得的氮化铁支架植入 15 只猪的左右髂动脉中,并按时间段(3 个月、6 个月和 12 个月)分为 3 组。从中挑选的 5 只氮化铁支架均在 1 个月时完成内皮化(图 25.11)。术后 3 个月和 6 个月,支架部位血管保持通畅,但是术后 12 个月观察到支架部位血管由于内膜增生产生相应的再狭窄。

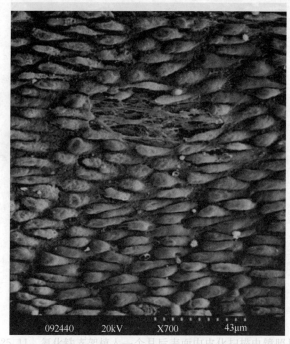

图 25.11　氮化铁支架植入一个月后表面内皮化扫描电镜照片[6]

　　Tanja 等[29]将 Fe-10Mn-1Pd 和 Fe-21Mn-0.7C-1Pd 两种铁合金以及纯铁制成骨针植入小鼠骨骼中,实验材料在植入过程中均发生腐蚀,但是腐蚀速率很慢,并且实验铁合金和纯铁的腐蚀速率差别不大(图 25.12)。从植入部位铁离子分布情况来看(图 25.13),植入铁骨针释放的铁离子主要以 Fe^{3+} 形式存在,集中分布在植入骨针邻近组织。

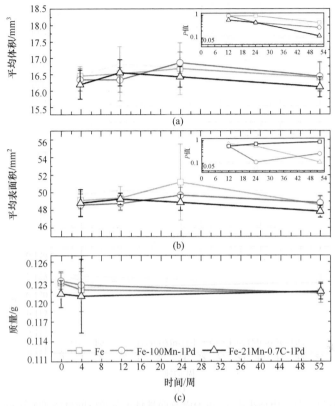

图 25.12 micro-CT 扫描测得的植入材料的平均体积、平均表面积及植入材料的失重[29]

植入物在整个植入过程中体积和表面积损失不明显；三种植入材料的腐蚀的腐蚀速率差别不大

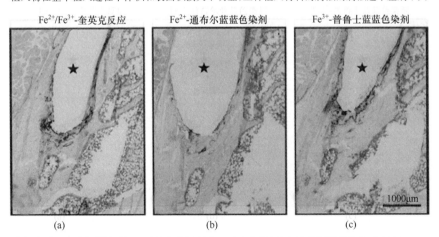

图 25.13 植入部位铁离子分布图(图中包含"★"的椭圆区域周围的深色区域)[29]

(a) Fe^{2+} 和 Fe^{3+} 离子分布；(b) Fe^{2+} 分布；(c) Fe^{3+} 分布

表 25.2 归纳总结了纯铁作为支架材料的动物体植入研究。

表 25.2　纯铁作为支架材料的动物体内植入研究进展

材料 (年份)	动物模型和植入时间	检测方法	实验结果
纯铁支架(2001)[22]	兔子(下行主动脉) 6～18 个月	定量造影+ 形态学分析+ 病理形态学分析	没有血栓和不良事件出现,没有观察到明显的内膜增生和系统毒性
纯铁支架(2006)[23]	猪(下行主动脉) 360 天	定量造影+ 组织学分析	没有出现因为铁过量引起的毒性,内膜增生情况和 316L 支架差不多
纯铁(2008)[24]	猪(冠状动脉) 28 天	组织学分析	纯铁支架是安全的,并且内膜增生情况要小于 Co-Cr 支架
纯铁支架(2012)[26]	猪(左前降支和冠状动脉) 28 天	病理形态学分析 OCT	没有炎症和血栓发生。支架腐蚀,没有观察到器官内铁过量以及异常组织病理学变化
纯铁丝 (2012)[27]	小鼠(动脉腔和动脉壁) 22 天～9 个月	组织学分析 光学显微镜+ X 射线分析	植入 9 个月后大量的腐蚀产物保留在血管壁内。相反,植入到血管内腔与血液接触的铁丝经过 9 个月后只发生了很少的腐蚀
纯铁箔卷 (2012)[28]	小鼠(尾巴) 1～9 个月	组织学和基因表达分析	纯铁植入物逐渐降解,降解产物主要集中于植入部位周围,伴随着轻微炎症,没有毒性反应
渗氮铁支架 (2012)[6]	猪(左右髂动脉) 3～12 个月	定量造影 组织学分析	术后 1 个月时完成内皮化,3 个月和 6 个月,支架部位血管保持通畅,但是术后 12 个月观察到支架部位血管由于内膜增生产生相应的再狭窄
纯铁以及 Fe-10Mn-1Pd 和 Fe-21Mn-0.7C-1Pd 两种铁合金骨针(2014)[29]	鼠(骨干) 4,12,24,52 周	micro-CT 组织学分析	腐蚀速率低,实验铁合金与纯铁腐蚀速率差别不大,植入物释放到邻近组织铁离子主要以 Fe^{3+} 形式存在

25.2　铁 基 合 金

纯铁在体内实验中表现出降解速率过低的问题,在植入 12 个月后仍然保持基本完整,而且一个更严重的限制是其铁磁性,从而对类似核磁共振仪(MRI)等特定成像仪器的兼容性较差。因此,对铁基合金的研究主要集中于改变铁基材料的化学组成,微观组织结构以及采用新的制备技术(如粉末冶金、电铸成型以及 3D 打印等)制备铁基材料,从而加快铁基材料的腐蚀速率,以及增强铁基材料对 MRI 的兼容性。

合金化并经过后续加工和热处理是调节纯铁力学性能、腐蚀性能以及铁磁性的常用方法。目前,已经报道的新型可降解铁基合金主要包括 Fe-Mn[1,30,31]、二元 Fe-X(X=Mn,Co,Al,W,Sn,B,C,S)[10]、Fe-Mn-Si[8]、Fe-Mn-C、Fe-Mn-Pd[7] 以及 Fe-Mn-C-(Pd)[32] 等。

基于微观结构、腐蚀性能、磁性考虑,Mn 是比较适合加入纯铁的合金元素。Mn 作为一种必要的金属元素,在许多生物组织中存在,并且对于一系列的生理过程的正常运转起到重要作用,如氨基酸、脂类、蛋白以及碳水化合物的代谢等。同时,Mn 在免疫系统的运行、细胞能量的调节、骨和结缔组织的生长及凝血过程扮演重要的角色。在大脑中,Mn 是包括抗氧化的超氧化物歧化酶以及与神经递质的合成和代谢相关的酶在内的多种酶的重要辅助因子[33]。因此,在生物体内 Mn 起着重要的生理作用。从材料学角度,Mn 可以降低铁基合金的标准电极电势,并且 Mn 的添加可以使纯铁由铁磁性转变为非铁磁性,因此 Fe-Mn 合金具备良好的磁共振成像(MRI)显影性。Hermawan 等[30]采用粉末冶金的方法结合连续的冷轧和循环烧结技术开发了 Fe-35Mn(质量分数,%)合金。Fe-35Mn 合金主要由奥氏体相 γ-FeMn 组成,呈反铁磁性,具备良好的 MRI 相容性。同时 Fe-35Mn 合金的极限强度和屈服强度分别达到 550MPa 和 228MPa,而延伸率可以达到 32%,与 316L 不锈钢接近而优于纯铁和纯镁[30]。电化学实验结果和浸泡实验结果表明 Fe-35Mn 合金在 Hank's 溶液中的腐蚀速率约为纯铁的 3 倍[31]。随后,在 Fe-35Mn 合金的基础上,Hermawan 等[11]开发研究了 4 种不同 Mn 含量[20%～35%(质量分数)]Fe-Mn 合金的力学性能、体外降解行为及细胞毒性。结果表明,Fe-20Mn 和 Fe-25Mn 合金主要由 γ 和 ε 相组成而 Fe-30Mn 和 Fe-35Mn 仅包含 γ 相。随着 Mn 含量的提高,Fe-Mn 合金的极限强度逐渐降低,但延展性能显著提高,如图 25.14 所示。并且,Fe-Mn 合金的磁化性能要明显低于 316L 不锈钢,如图 25.15 所示。电化学结果表明,含有 γ 和 ε 双相的 Fe-Mn 合金的腐蚀速率要高于单相 γ 的 Fe-Mn 合金。体外动态浸泡结果表明,Fe-Mn 合金的腐蚀速率约为 520mm/a,为纯铁腐蚀速率的两倍(220～240mm/a)。体外细胞毒性结果证实,Fe-Mn 合金对 3T3 成纤维细胞的新陈代谢活动没有抑制作用[1,34]。因此 Fe-Mn 合金良好的力学性能、较快的腐蚀速率、优异的磁性能和良好的生物相容性,适合作为新型的可降解心血管支架材料。

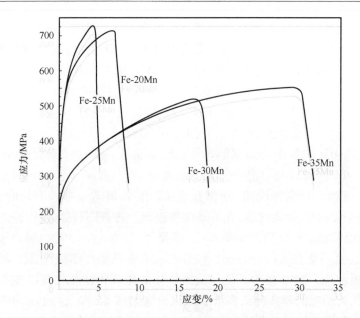

图 25.14　Fe-20Mn、Fe-25Mn、Fe-30Mn、Fe-35Mn 合金的应力-应变曲线[11]

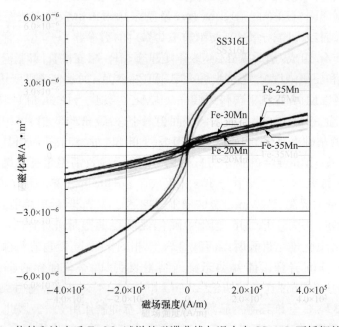

图 25.15　烧结和淬火后 Fe-Mn 试样的磁滞曲线与退火态 SS316L 不锈钢的比较[11]

　　Liu 等[10] 系统地研究了 8 种合金元素（Mn，Co，Al，W，Sn，B，C，S）对纯铁在铸造和轧制两种状态下的体外降解和生物相容性的影响。图 25.16(a)和(b)是反映

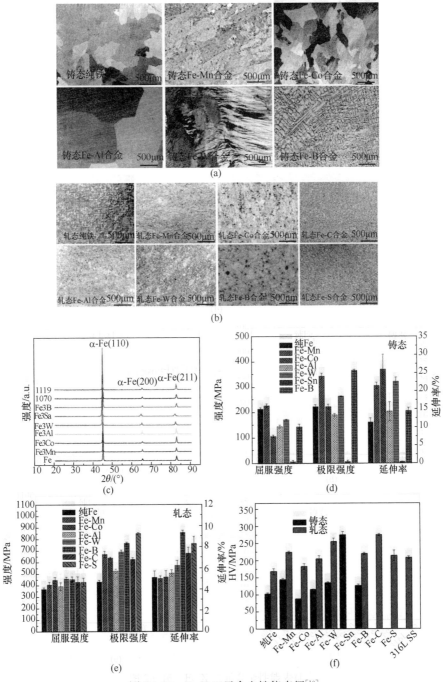

图 25.16　Fe-X 二元合金性能表征[10]

（a）、（b）铸态和轧态 Fe-X 二元合金和纯铁的金相图；（c）室温下的 Fe-X 二元合金和纯铁的 X 射线衍射花
样；（d）、（e）室温下铸态和轧态 Fe-X 二元合金和纯铁的拉伸性能；（f）Fe-X 二元合金和纯铁的微硬度

Fe-X(X＝Mn、Co、Al、W、B、C、S)二元合金微观结构的金相图。对于铸态试样,在纯铁中添加 B 使晶粒度从 $400\mu m$ 减小到 $100\mu m$,而加入 Mn、Co、Al、W 对晶粒大小没有显著影响。对于轧制态试样,所有实验 Fe-X 二元合金以及纯铁的晶粒度都大约为 $10\mu m$。图 25.16 (c)中 X 射线衍射结果显示,α-Fe 是所有实验 Fe-X 二元合金以及纯铁中的主要相。图 25.16(d)和(e)显示出铸态和轧态 Fe-X 二元合金的拉伸性能,纯铁作为对比。①Fe-Sn 合金表现出很差的力学性能,因为合金元素 Sn 在晶界处离散分布,破坏了合金的延展性。②加入不同的合金元素对铸态纯铁的屈服强度(YS)、极限强度(US)和延展性有不同的影响,但是屈服强度和极限强度之差在合金化后均变大。这对它们将来应用在冠状动脉支架上是有利的,因为纯铁的屈服强度与极限强度相隔太近,在扩张过程中容易产生裂纹。③合金化后,样品的屈服强度和极限强度都有了显著提高,而延伸率则降低。④Mn、Co、Al、W、B、C、S 的加入提高了轧制态纯铁的屈服强度和极限强度。图 25.16(f)显示了 Fe-X 二元合金和纯铁的微硬度,316L 不锈钢作为参照。与纯铁相比较,除了铸态 Fe-Co 合金,其他 Fe-X 二元合金的微硬度都有了增强。冷轧变形后的 Fe-X 二元合金和纯铁的微硬度与 316L 不锈钢具有可比性。实验结果表明,Mn、Co、C 元素的加入提高了纯铁的腐蚀电位,而 Al、W、B 和 S 的加入则降低了纯铁的腐蚀电位。除了轧态 Fe-Mn 合金,合金元素的加入增加了纯铁的腐蚀电流密度,但是 Fe-X 二元合金与纯铁的电流密度相差不大。由腐蚀电流密度计算得到的 Fe-X 二元合金和纯铁的腐蚀速率在同一个数量级。除了 Fe-Co 合金,Fe-X 二元合金和纯铁在轧制后腐蚀速率均有轻微降低。根据电化学数据,在实验合金中轧态 Fe-C 合金表现出最快的腐蚀速率。细胞毒性结果表明,同纯铁相比,Fe-X 二元合金在一定程度上抑制 L929 细胞的增殖,但所有的合金元素对 VSMC 细胞没有明显的抑制作用并且能够促进 ECV304 细胞的增殖。

Wegener 等[4]通过粉末冶金的方法制备了 Fe-C、Fe-P、Fe-B 合金。获得合金的金相图如图 25.17 所示,图(a)是 Fe-C 合金的金相,表明合金中不均匀分布着许多气孔,气孔有局部集中现象。在纯铁中添加 P 后,气孔数量明显下降[图(b)和(c)]。但是,随着 P 含量增加,晶界变宽,通过 EDS 元素分析表明,晶界处聚集大量 P 元素[图(d)]。B 元素的加入使得气孔数量明显增加。结果表明,相对于纯铁,所有合金元素的腐蚀速率均有所提高。由于 P 可以有效提高烧结合金的致密度和强度,认为是用于制备烧结铁合金的合适元素。但是为了不让材料脆化,P 的含量应该控制在少量范围内。

在 Fe-Mn 合金的基础上,Liu 等[8]采用电化学分析、浸泡实验、细胞毒性分析以及溶血实验研究了 Fe-30Mn-6Si 合金的体外腐蚀和生物相容性。结果表明,Fe-30Mn-6Si 合金具备形状记忆效应(图 25.18),回复率达到 53.7%,并且在 Hank's 溶液中的腐蚀速率明显高于纯铁。此外,Fe-30Mn-6Si 合金对 VSMC 细胞具备明显的抑制作用,但 ECV304 细胞在培养第二天后存活率开始提高。

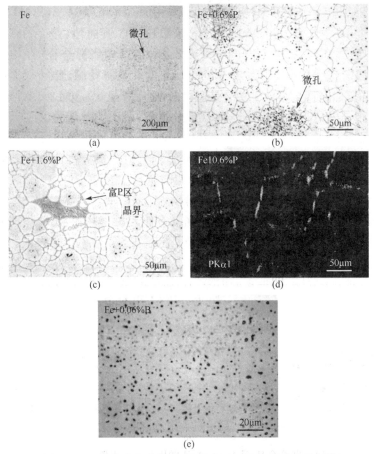

图 25.17　粉末冶金获得的 Fe-C、Fe-P、Fe-B 合金的金相[4]

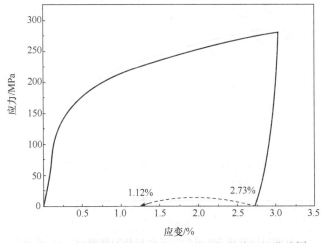

图 25.18　拉伸测试得到的 Fe-30Mn-6Si 形状记忆曲线[8]

Xu 等[35]研究了 Fe-30Mn-1C 的力学、磁学、在模拟体液中的降解行为以及体外生物相容性。结果表明,同 Fe-30Mn 合金相比,C 的加入将铁基合金的极限拉伸性能和延伸率分别提升至 1010MPa 和 88%,远远超过了 316L 不锈钢(490MPa,40%),同时进一步降低了材料的磁性和腐蚀抗力;Fe-30Mn-1C 具备良好的生物相容性。

Schinhammer 等[7]将 1%Pd(质量分数)加入到 Fe-10Mn 合金中设计开发了 Fe-Mn-Pd 的三元铁合金。Mn 元素的加入能够降低材料整体的电极电位,使基体材料更容易发生腐蚀,而 Pd 元素的加入提高了 Fe-10Mn 合金的拉伸强度,但降低了其塑性。通过控制合金的成分和热处理工艺,可以获得高的极限拉伸强度(>1400MPa)以及较好的延伸率(>10%)。合金中的 Pd 与 Fe 和 Mn 形成(Fe, Mn)Pd 的金属间化合物,作为阴极和铁基体发生电偶腐蚀,进而也能够加速材料的腐蚀。失重分析和电化学分析结果表明,Fe-Mn-Pd 合金的腐蚀速率较纯铁相比明显提高了,Schinhammer 等也研究了 Fe-Mn-C-Pd 四元合金[Fe-21Mn-0.7C-1Pd(质量分数)]的力学性能[36]、在模拟体液 SBF 中的降解行为[37]以及细胞相容性[32]。结果表明,由于应变强化效应,Fe-Mn-C-Pd 合金具备和 Co-Cr 合金相似的强度以及和 316L 不锈钢接近的延展性。电化学测试和浸泡实验结果均表明,Fe-Mn-C-Pd 合金在 SBF 中的降解速率高于纯铁,最高腐蚀速率可达 0.21mm/a。并且随着浸泡时间的延长,由于腐蚀产物的覆盖,合金的腐蚀速率逐渐降低。间接接触细胞毒性结果表明,Fe-Mn-C-Pd 的浸提液对人脐静脉血管内皮细胞 HUVEC 的存活率和代谢活动均没有抑制作用,显示了良好的细胞相容性。对于 Fe^{2+},只有当其浓度达到 2mmol/L 时才会对 HUVEC 的存活率和代谢活动产生抑制作用,而 Fe^{3+} 和 Mn^{2+} 会对 HUVEC 的存活率和代谢活动产生明显的抑制作用,即使在很低的浓度也是如此。浸泡离子释放浓度结果表明,在浸泡过程中 Mn 以可溶性状态存在于 SBF 中,而大部分 Fe 以难溶物存在。

25.3　铁基复合材料

目前,为了加速纯铁基体的腐蚀或者增加可降解铁基材料的生物相容性,开发研究了 Fe-W[5]、Fe-CNT[5]、Fe-Fe_2O_3[38]、Fe-Pd[12]、Fe-Pt[12]、Fe-Ag[39]、Fe-Au[39]、Fe-HA[40]、Fe-TCP[40]、Fe-BCP[40]等多种铁基复合材料。按照复合添加相的性质,可将其分为两大类,一类是与金属的复合,一类是与非金属的复合。

25.3.1　纯铁与金属的复合

目前添加到纯铁中的金属第二相主要包括同样具有可降解性的金属钨(W),以及贵金属钯(Pd)、铂(Pt)、金(Au)、银(Ag),使 Fe(阴极)和第二相(阳极)形成电

偶腐蚀。钨(W)是良好的导体,且是优秀的阳极材料;贵金属 Pd、Pt、Au、Ag 本身
是良好的生物医用材料,并且具有较高的标准电势。Fe-W 复合材料中除了包含
α-Fe 和 W,还检测到了 Fe$_7$W$_6$ 相,在 Fe-2W 复合材料中包含 Fe$_3$W$_3$C 相(这里的 C
可能来源于烧结过程中使用的石墨模具)。在 Fe-Pd 和 Fe-Pt 复合材料中 Pd 和
Pt 的含量过低,可能低于 XRD 可检测范围,并未检测到纯 Pd 和纯 Pt 相,但检测
到了 Fe$_{9.7}$Pd$_{0.3}$ 以及 Fe$_{9.7}$Pt$_{0.3}$ 相,这些复合材料相对于铸态纯铁在力学性能上都
有显著提高。从微观结构上看,SPS 烧结得到的铁基材料的晶粒尺寸远远小于铸
态纯铁。Fe-Ag 复合材料主要由 α-Fe 和纯 Ag 相组成,Fe-Au 复合材料主要由
α-Fe 和 Au 相组成。压缩力学测试结果表明,SPS 烧结得到的铁基材料的力学性
能明显高于铸态纯铁,其中 Fe-5%Ag(质量分数)复合材料的力学性能最佳。根据
细胞毒性测试结果,所有实验材料对小鼠成纤维细胞(L-929)以及人脐静脉内皮细
胞(EA. hy-926)均未表现出明显的毒性,然而对血管平滑肌细胞(VSMC)表现出
明显的抑制作用。血液相容性测试结果表明,所有实验材料的溶血率均低于良好
血液相容性材料评价标准 5%。铁基复合材料表面血小板黏附数量低于铸态纯
铁,并且黏附的血小板保持光滑圆球状。

　　W 及贵金属的加入均提高了纯铁基体的腐蚀速率,腐蚀更为均匀,并且贵金
属的加入对纯铁基体腐蚀速率的提高更为剧烈。其腐蚀机理基本一致,均是由加
入的第二相担任阴极的角色,从而在材料浸入模拟体液时,形成多点的电偶腐蚀,
加速纯铁基体(阳极)的腐蚀溶解。

　　考虑材料在 Hank's 模拟体液中的腐蚀速率,同铸造纯铁相比,不管电化学测
试还是浸泡实验结果都证实 SPS 纯铁在 Hank's 溶液中的腐蚀速率要高于铸造纯
铁,这可能是由于 SPS 纯铁材料的晶粒尺寸要小于铸造纯铁,存在更多的晶界作
为腐蚀的发起点。这与 Moravej 等[41]报道的采用电铸法制备的晶粒细小的纯铁
的腐蚀速率高于普通铸造制备的纯铁结果一致。SPS 技术本身是一种新型的用于
制备陶瓷、纳米材料及复合材料等的快速烧结技术[42-44],粉末通过施加的脉冲电
流产生放电直接加热,相比传统的烧结技术,如热压烧结和热等静压等,具有烧结
温度高、烧结时间短的特点,从而使材料均匀烧结并形成细小晶粒[42,44]。

　　对 Fe-X 复合材料而言,铁基体和第二相之间的微电偶腐蚀在 Fe-X 复合材料
的腐蚀过程中起主要作用,虽然晶粒和晶界之间的电偶腐蚀仍然存在。从材料学
的角度而言,铁基体和惰性的金属间化合物之间的电偶腐蚀能够加速铁基体的腐
蚀速率[45,46],因此这很容易解释添加复合相之后 Fe-X 复合材料的腐蚀速率明显
高于纯铁。

　　机理如图 25.19 所示。腐蚀过程可以分为三步。

（1）开始的腐蚀反应：当试样与 Hank's 溶液接触时，腐蚀反应就开始发生。由于铁基体与复合相之间的电位差异，铁基体与复合相之间发生电偶腐蚀，其中复合相作为阴极，铁基体作为阳极。Fe 失去电子被氧化为 Fe^{2+}［反应式（25-1）］，阴极反应为水和氧气得到电子生成 OH^-，见反应式（25-4）。Fe 氧化失去的电子在第二相周围聚集，如图 25.19（a）中虚线圈所示。这种最开始的腐蚀发生在第二相周围，宏观表现为点蚀方式。而对于纯铁，腐蚀反应起源于晶界和晶内的电位差，从晶界处开始腐蚀。

（2）腐蚀产物的形成：大量 OH^- 在第二相周围聚集导致局部碱化[47]，Fe^{2+} 与 OH^- 结合形成 $Fe(OH)_2$，如反应式（25-5）所示。而 $Fe(OH)_2$ 在溶液中不稳定，很容易被氧化为红褐色的 $Fe(OH)_3$，见反应式（25-6），如图 25.19（b）所示。

（3）钙磷盐的形成：随着腐蚀的继续发生，Hank's 溶液中的钙磷盐随腐蚀产物一起沉积在材料表面[48]。图 25.19（d）为经过浸泡的 Fe-X 复合材料移除材料表面的腐蚀产物后表面形貌的局部放大示意图。由于腐蚀主要发生在第二相周围，距离第二相越近，腐蚀越严重，因此可以看到局部的点蚀坑，第二相位于点蚀坑的底部，SEM 照片证实了这一结果。

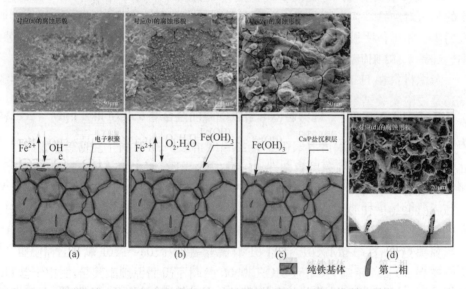

图 25.19　Fe-X 复合材料在 Hank's 模拟体液中的腐蚀机理示意图[5]

25.3.2　纯铁与非金属的复合

目前研究开发的纯铁与非金属第二相复合的铁基复合材料主要包括 Fe-CNT（CNT 为碳纳米管）复合材料、$Fe-Fe_2O_3$ 复合材料，以及铁与羟基磷灰石（Fe-HA）、铁与磷酸三钙(Fe-TCP)和铁与双相磷酸钙(Fe-BCP)三种复合材料。在 Fe-CNT 复合材料中,没有检测到任何 C 相,却检测到了 Fe_3C 相。$Fe-Fe_2O_3$ 复合材料主要包含两相,α-Fe 相和 FeO 相,而未检测到原始材料中的 Fe_2O_3 相,即使原始粉末中 Fe_2O_3 质量分数达到 50%,这可能是由于在烧结过程中 Fe_2O_3 被铁还原。

只需要加入微量的 CNT(0.5%,质量分数)就能明显提高纯铁基体的压缩强度;而随着 Fe_2O_3 含量的增加,$Fe-Fe_2O_3$ 复合材料的力学性能先提高后降低,当 Fe_2O_3 质量分数为 5% 时,$Fe-Fe_2O_3$ 复合材料的具有最高的强度。在 Fe_2O_3(质量分数)小于 10% 时,其对于纯铁基体有增强作用,但 Fe_2O_3(质量分数)达到 50% 时,复合材料变为脆性材料。Fe_2O_3 的加入轻微提高了纯铁基体的腐蚀速率,而 CNT 的加入对纯铁基体腐蚀速率提升明显。Fe-X 复合材料的腐蚀方式倾向于均匀腐蚀而非点蚀,在 Fe-CNT 表面,腐蚀产物几乎覆盖整个材料表面,表现出宏观上的均匀腐蚀。$Fe-2Fe_2O_3$ 和 $Fe-5Fe_2O_3$ 对纯铁腐蚀速率的提高不明显,$Fe-10Fe_2O_3$ 和 $Fe-50Fe_2O_3$ 的腐蚀速率反而下降。

为了提高纯铁的腐蚀速率并加强纯铁的生物相容性,Ulum 等[40]制备出铁与羟基磷灰石(Fe-HA)、铁与磷酸三钙(Fe-TCP)以及铁与双相磷酸钙(Fe-BCP)三种复合材料,结果表明,相对于纯铁,三种复合材料的屈服强度和压缩强度均有所降低,但提高了纯铁的腐蚀速率,并且提高了体外小鼠平滑肌细胞存活率。为了进一步检测实验复合材料的生物活性,实验复合材料被植入羊前腿扁平骨中,结果表明,Fe-HA、Fe-TCP 和 Fe-BCP 对于骨生长有积极的生物活性反应。

25.3.3　Fe-X 复合材料的体外生物相容性研究

对 Fe-W、Fe-CNT、Fe-Pd、Fe-Pt、Fe-Ag、Fe-Au 以及 $Fe-Fe_2O_3$ 的细胞毒性研究结果表明,Fe-X 复合材料对小鼠成纤维细胞 L-929 以及血管内皮细胞 ECV304 没有明显的毒性,而对 VSMC 的细胞繁殖有明显的抑制作用。以 Fe-W、Fe-CNT 细胞毒性结果为例,图 25.20 所示为不同细胞系在 Fe-W 以及 Fe-CNT 复合材料浸提液中分别培养 1 天、2 天和 4 天后细胞的存活率,纯铁作为对照。随着培养时间的增加,L929 细胞的存活率逐渐增加,在不同的培养时间点,L929 细胞在纯铁和 Fe-W、Fe-CNT 浸提液中的存活率没有显著的区别。经过 4 天培养后,同阴性对照相比,L929 细胞在所有材料浸提液中的存活率超过 85%,细胞毒性较小。对于 VSMC 细胞,培养 4 天后,所有的 Fe-X 复合材料和纯铁样品均对细胞的存活率产生较大的影响,Fe-W 和纯铁样品中细胞的存活率约为 60%,Fe-CNT 稍高,约为 70%,表明所有的材料对 VSMC 细胞具有一定的毒性,这可能是浸提液中的铁离子对血管平滑肌细胞增殖的抑制作用引起的。对于 ECV304 细胞,细胞在所有的材料浸提液中培养不同的天数都保存较高的存活率,经过 4 天培养之后,细胞存活率保持在 90% 以上,无明显的细胞毒性。

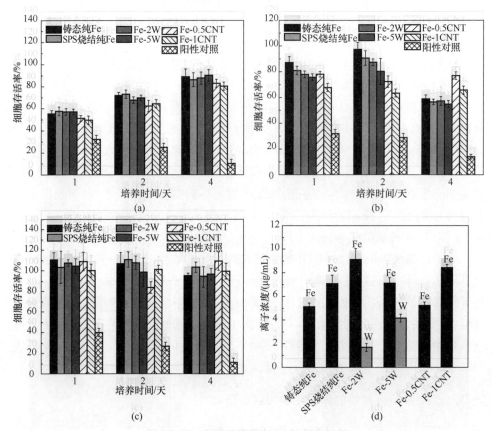

图 25.20　不同细胞系在 Fe-X 复合材料
浸提液中分别培养 1 天,2 天和 4 天后细胞的存活率,以纯铁作为对照[5]
(a) L929 细胞;(b) VSMC 细胞;(c) ECV304 细胞;(d) 浸提液中的离子浓度

对 Fe-W、Fe-CNT、Fe-Pd、Fe-Pt 以及 Fe-Fe$_2$O$_3$ 的血液相容性研究结果表明,所有 Fe-X 复合材料的溶血率均低于 5% 标准。并且血小板黏附实验表明,血小板外形保持规整,没有激活现象,说明致血栓性低。同样以 Fe-W、Fe-CNT 复合材料为例,图 25.21 给出了 Fe-X 复合材料和纯铁表面黏附血小板的 SEM 照片。由于同一种 Fe-X 复合材料上黏附血小板的形貌和数量没有明显差异,因此只给出了其中一种成分的血小板形貌照片。从图中可以看出:①黏附在 Fe-W 复合材料表面上的血小板数量和纯铁表面没有明显的区别,但是 Fe-CNT 材料表面的血小板数量明显高于纯铁;②所有材料表面黏附的血小板的形状为圆形,没有铺展开也没有伪足状结构,表明血小板处于未激活状态,但是 Fe-CNT 复合材料表面的少部分血小板已破裂。

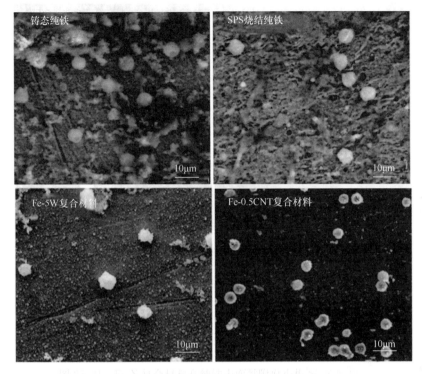

图 25.21　Fe-X 复合材料和纯铁表面黏附血小板 SEM 照片[5]

25.4　铁基可降解金属的表面改性

25.4.1　增强生物相容性为目的的表面改性

目前只有少量的文献报道关于纯铁的表面改性研究,这些表面改性研究主要目的在于提高纯铁表面的生物相容性,如血液相容性等,一个具有更好生物相容性的材料表面能够减少支架材料在植入后引起的炎症反应和血栓形成的发生。

朱生发等[49]采用等离子浸没与离子沉积技术(PIID)在纯铁表面制备了 Fe-O 薄膜。结果表明,在低氧气流条件下制备的 Fe-O 膜能有效提高纯铁的耐腐蚀性能。同时,Fe-O 膜能够减少材料表面血小板的黏附数量并限制血小板的激活。此外,Fe-O 膜还有利于 HUVEC 细胞在材料表面的黏附和增殖。

Zhu 等[50]采用金属蒸气真空弧源注入技术(MEVVA)将 La 植入到纯铁表面。结果表明,La 以 +3 价态存在于纯铁表面,形成一层氧化层。电化学测试和浸泡实验均证实 La 离子的注入提高了纯铁在 SBF 中的耐腐蚀性能,如图 25.22 所示。同 316L 不锈钢和纯铁相比,注入 La 离子后,血小板的黏附、前凝血酶时间(prothrobin time)和凝血酶时间(thrombin time)都显著地降低了,显示了更好的血液相容性。

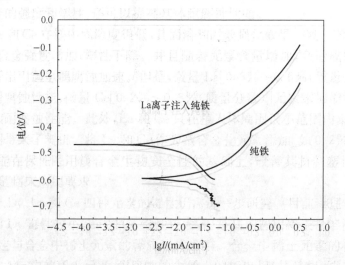

图 25.22　表面注入 La 离子纯铁的动电位极化曲线[50]

此外，Chen 等[51]采用等离子渗氮技术对纯铁进行表面改性，渗氮层主要由 $Fe_{2\sim3}N$ 和 Fe_4N 组成，经过渗氮处理后纯铁的耐蚀性能也得到了提高。

25.4.2　调控降解为目的的表面图案化

关于金属材料表面为图案结构，在纯钛金属表面上的微图案化已经有了广泛的研究。在铁表面或铁基体中形成高腐蚀电势的金属图案，一方面可以通过改变细胞黏附、生长、分化和活力调节细胞的功能，并改善医用植入材料的性能；另一方面以人为控制微电池分布，使铁基体腐蚀更为均匀。纯铁支架植入血管内时，材料表面首先和血管组织接触，细胞与材料之间的相互作用对支架植入后的内皮化、炎症反应、内膜增生等起着重要作用，也能减少血栓形成和血小板沉积。如果能够通过控制纯铁表面的微形貌来实现纯铁支架与血管相关细胞的交互作用，从而控制支架的植入效果，这将具有非常重大的意义。郑玉峰课题组利用铜网作为图案模板覆盖在纯铁表面，铜网的直径约为 10mm，采用真空溅射的方法在纯铁表面镀金，在纯铁表面形成 $50\mu m \times 50\mu m$ 和 $200\mu m \times 200\mu m$ 的阵列图案（图 25.23）（未发表数据）。实验结果表明，从腐蚀方式看，微图案金阵列与纯铁基体之间的微电偶腐蚀成为纯铁腐蚀的主要控制方式，并且从浸泡不同时间之后纯铁表面的腐蚀形貌变化规律可以推测，腐蚀开始发生在 Au 与 Fe 接触处，特别是图案的边界处，然后逐渐向金层发展，广泛分布的金颗粒与铁基体之间的电偶腐蚀形成了无数个微反应活跃点，宏观上表现为均匀腐蚀的方式。另外，实验中的金层厚度约为 10nm，其对纯铁腐蚀的影响深度仅为几微米，而实际支架的厚度约为 $100\mu m$，为了进一步提高图案化金属对纯铁腐蚀的影响,可以采用其他涂层技术(如离子浸没与离子沉积)制备更厚的涂层或者将图案镶嵌在纯铁基体内。

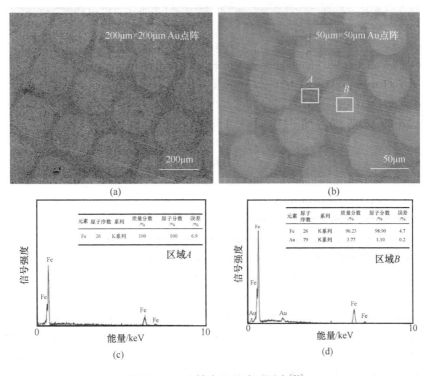

图 25.23　纯铁表面金阵列图案[52]

25.5　铁基可降解金属的新颖制造方法

为了提高纯铁的力学性能以及在模拟体液中的腐蚀速率,许多新颖的加工制备方法用于纯铁的制备,主要包括电铸法(electroforming)、等通道转角挤压(ECAP)、3D 打印等。

25.5.1　电铸法

Moravej 等[53]采用电铸的方法制备得到了晶粒细小的纯铁薄片,如图 25.24所示,纯铁薄片的屈服强度和极限强度分别可以达到 360MPa 和 423MPa,而延伸率可以通过退火处理达到 18%。与普通铸造纯铁相比,电铸纯铁具有更快的降解速率(图 25.25),并且腐蚀方式为均匀腐蚀。体外细胞毒性结果显示,电铸铁对小鼠平滑肌细胞的代谢活动没有抑制作用,但能够抑制导致血管再狭窄的细胞增殖。

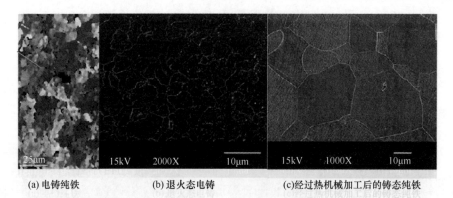

(a) 电铸纯铁　　　　　(b) 退火态电铸　　　　(c)经过热机械加工后的铸态纯铁

图 25.24　电铸纯铁(E-Fe),经退火处理的电铸纯铁(E-Fe,annealed),以及经过热机械加工后的铸态纯铁(CTT-Fe)的微观结构,E-Fe 以及退火处理后的 E-Fe 的晶粒尺寸明显小于 CTT-Fe[53]

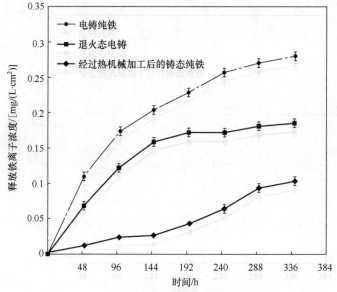

图 25.25　电铸纯铁(E-Fe),经退火处理的电铸纯铁及经过热机械加工后的铸态纯铁(CTT-Fe)经过 Hank's 溶液动态腐蚀过程的铁离子析出浓度[53]

25.5.2　纳米晶化

Nie 等[3]采用等通道挤压工艺获得纳米晶尺寸的纯铁,其微观结构如图 25.26 所示。实验发现,纳米尺寸的纯铁比微米尺寸的纯铁具备更高的强度和更好的耐腐蚀性能。如图 25.27 所示为实验材料经过电化学腐蚀测试过后的典型表面形貌。未经过等通道挤压加工的纯表面存在许多大而深的腐蚀坑,而在经过 2 道次和 4 道次等通道挤压处理的纯铁表面腐蚀坑数量明显减少,经过 8 道次等通道挤压处理后的纯铁表面分布满腐蚀坑,但是相对于未等通道挤压处理的纯铁,腐蚀坑尺寸更小,深度也更浅。在体外细胞毒性测试实验中发现,纳米尺寸的纯铁更能刺激L929 细胞和 ECV304 细胞的增殖,但能抑制 VSMC 细胞的存活率,如图 25.28 所示。

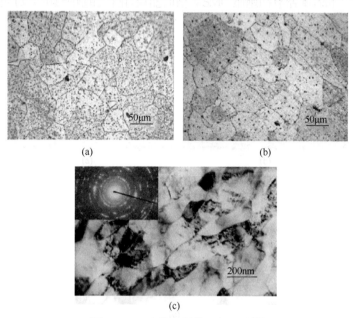

图 25.26　光学显微镜金相照片[3]

（a）未经过等通道挤压处理的纯铁；(b) 经过 2 道次等通道挤
压加工的纯铁。TEM 照片:(c) 经过 8 道次等通道挤压加工的纯铁

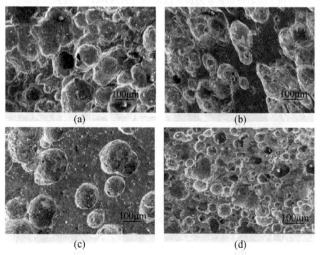

图 25.27　经过在 Hank's 溶液中电化学腐蚀测试后的试样表面形貌[3]

（a)未经过等通道挤压处理的纯铁；(b)经过 2 道次等通道挤压加工的纯铁；
(c)经过 4 道次等通道挤压加工的纯铁；(d)经过 8 道次等通道挤压加工的纯铁

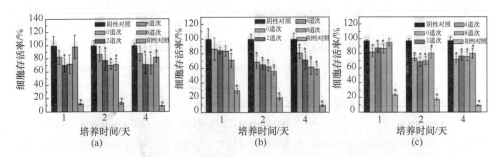

图 25.28　经过不同道次等通道挤压处理后的纯铁对细胞存活率的影响[3]

(a)L-929 细胞系;(b)VSMC 细胞系;(c)ECV304 细胞系

25.5.3　3D 打印技术

　　Chou 等[54]采用 3D 打印技术制备出 Fe-30Mn 多孔骨,如图 25.29 所示,孔径大小为 500μm 和 1mm。3D 打印制备的 Fe-30Mn 合金的腐蚀速率明显高于纯铁,如图 25.30 所示。相对于纯铁,3D 打印制备的 Fe-30Mn 合金的腐蚀电位明显降低,腐蚀电流密度明显升高。由于 3D 打印 Fe-30Mn 合金的多孔性质,其拉伸强度和延伸率都极大降低,但是更接近于骨的力学性质,见表 25.3。

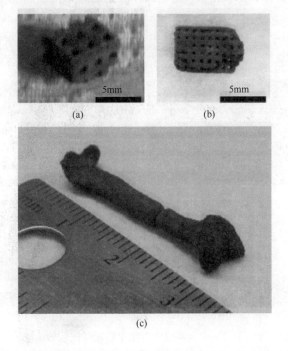

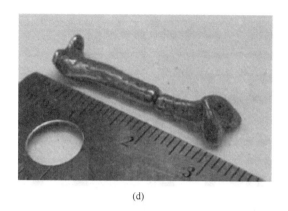

(d)

图 25.29　3D 打印 Fe-30Mn 合金骨的外观形貌[54]

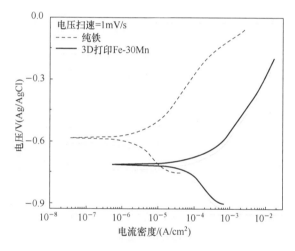

图 25.30　3D 打印 Fe-30Mn 以及纯铁的 Tafel 曲线[54]

表 25.3　3D 打印 Fe-30Mn 合金与烧结轧制制得的 Fe-30Mn、纯铁以及自然骨的力学性能对比[54]

材料	拉伸力学性能			
	屈服强度/MPa	极限强度/MPa	延伸率/%	杨氏弹性模量/GPa
3D 打印 Fe-30Mn	106.07 ±8.13	115.53 ±1.05	0.73 ±0.15	32.47 ±5.05
烧结轧制 Fe-30Mn	239 ±13	518 ±14	19.0 ±1.4	—
纯铁	150	210	40	211
自然骨	104～121	86.5～151	1～3	14.1～17.3

25.6　结论与展望

铁基可降解金属材料是目前被广泛研究的生物可降解医用金属材料之一。与其他可降解金属相比较,纯铁的力学性能有着突出的优势,并且,铁在血液中的含量很高,铁在作为可降解血管支架方面可能具有更大的优势。在骨科方面,纯铁的腐蚀产物与周围骨组织的正面反应以及可能对骨组织产生的毒性还有待研究。为了获得更接近临床应用要求的铁基可降解材料,目前学者主要在合金化、新的制备方法、复合材料和表面修饰等方面做出研究,如图 25.31 所示。

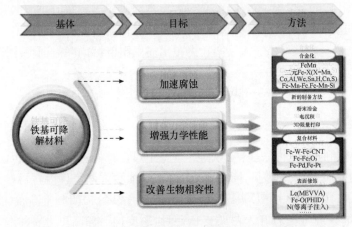

图 25.31　目前铁基可降解材料的研究状态[1]

尽管目前对纯铁基体腐蚀速率的提高已经有了一些研究进展,但相对于临床应用仍然有着不小的差距。

(1) 对于纯铁本身,学者采用不同的生产方式,或者不同的加工工艺试图提高其力学性能和腐蚀速率,但效果都不算理想,往往在提高其力学性能的同时,也提高了其腐蚀抗力。但是纯铁在动物实验上已有较成熟的研究,对于其生物安全性值得肯定,直接采用新型生产技术和加工工艺改善纯铁的腐蚀性能仍然是值得继续研究的一条道路。

(2) 目前对于纯铁的合金化方面,Fe-30Mn 合金因为其具有较低的磁性、加速的降解速率而被认为是很具潜力的医用铁合金,同时也进行了更进一步的研究。例如,在 Fe-30Mn 的基础上加入新的合金元素,对 Fe-30Mn 进行变形加工和 3D 打印等,对于 Fe-30Mn 也被不同学者在体外验证了其生物安全性。但是,对 Fe-30Mn 合金的激光切割成血管支架后进行的研究发现,Mn 元素在激光切割形成的高温溶区影响下析出到晶界,造成 Fe-30Mn 合金物相的改变、磁性的恢复以及腐蚀速率的降低(几乎回到与纯铁腐蚀速率相当)。所以,对于 Fe-30Mn 加工成医疗器械的工艺需要得到进一步的探究,Fe-30Mn 合金的动物体内毒性也需要得到验证。

另外,由于 Mn 元素在人体内属于微量元素,大量 Mn 元素的析出存在造成机体毒性的可能性,选择新的合金元素进行新型医用可降解铁基合金的探索有待尝试。

(3) 在铁基复合材料方面,在纯铁基体中引入阴极第二相的方式能够有效提高纯铁的腐蚀速率。例如,贵金属的加入能够有效提高纯铁的腐蚀速率,同时也能有效增强铁基复合材的力学性能。但是贵金属毕竟是惰性金属元素,铁基体降解之后剩下的贵金属残余物在体内的吸收和排出需要进一步研究。

在纯铁基体中加入一些生物相容性很好的无机物,如羟基磷灰石(HA),这些无机物的加入对于铁基材料在骨科植入中的应用是有一定帮助的,但是由于这些无机物的脆性,以及这些无机物与纯铁基体的结合性较差,它们加入往往造成整体材料力学性能的破坏,且对纯铁基体腐蚀速率的影响并不明显。选取新的复合第二相,采用新的复合工艺制备新型铁基复合材料,仍然是值得尝试的方式。

(4) 采用新的制备技术和加工工艺制备和加工已有的优选铁基材料或新型铁基材料在提升铁基材料力学性能和腐蚀性能方面有不错的效果,可以作为进一步改善铁基材料性能的方式,尤其是现代医学对 3D 打印技术的认可,采用 3D 打印技术设计和开发新型铁基植入器件可能会成为未来研究的热门。

(5) 在纯铁的表面改性研究方面,已有的大多对铁基材料表面改性方式都会对基体起到一定的腐蚀保护作用。目前只有图案化的方式可以对纯铁起到一定得腐蚀促进作用,由于图案的尺寸、形状和分布的可控性,这可能是定量调控纯铁腐蚀的有效方式。但是腐蚀过后脱落的图案金属在体内的吸收和外出方式及途径需要及时进行研究。

(6) 目前对铁基可降解材料的研究偏重于对其腐蚀速率的提高以及对其力学性能的改善。然而,由于铁基材料的磁性,在植入体内后可能对其他医疗器械的顺利工作造成影响(如 MRI),将会对铁基材料的应用造成一定限制。发掘有效去除铁基材料磁性的方式和机理也是科研工作者面临的挑战。

(7) 改进体外实验评价体系,设计出合理的体外动态腐蚀测试系统,制定腐蚀溶液的黏度以及流速,使其更加真实地模拟血管内环境,将使得对未来铁基可降解材料体外降解行为的研究更加科学和准确。

(8) 建立新的有限元模型,利用有限元分析模拟铁基可降解材料在实际应用过程的受力,以及在应力影响下的腐蚀过程,并利用结果对实验进行指导,将可能加速未来铁基可降解材料走上临床应用。

致谢

本章工作先后得到了国家重点基础研究发展计划（973 计划）（2012CB619102）、国家杰出青年科学基金（51225101）、国家自然科学基金重点项目（51431002）、国家自然科学基金 NSFC-RGC 项目（51361165101）、国家自然科学基金面上项目（31170909）、北京市科委生物技术与医药产业前沿专项（Z131100005213002）、金属材料强度国家重点实验室开放课题（20141615）、北京市优秀博士学位论文指导教师科技项目（20121000101）、生物可降解镁合金及相关植入器件创新研发团队（广东省科技计划，项目编号：201001C0104669453）、北京市科技计划项目（Z141100002814008）等的支持。

参 考 文 献

[1] Hermawan H, Dubé D, Mantovani D. Degradable metallic biomaterials: design and development of Fe-Mn alloys for stents. Journal of Biomedical Materials Research Part A, 2010, 93(1):1-11

[2] Moravej M, Prima F, Fiset M, et al. Electroformed iron as new biomaterial for degradable stents: Development process and structure-properties relationship. Acta Biomaterialia, 2010, 6(5):1726-1735

[3] Nie F, Zheng Y, Wei S, et al. In vitro corrosion, cytotoxicity and hemocompatibility of bulk nanocrystalline pure iron. Biomedical Materials, 2010, 5(6):065015

[4] Wegener B, Sievers B, Utzschneider S, et al. Microstructure, cytotoxicity and corrosion of powder-metallurgical iron alloys for biodegradable bone replacement materials. Materials Science and Engineering B, 2011, 176(20):1789-1796

[5] Cheng J, Zheng Y. In vitro study on newly designed biodegradable Fe-X composites(X= W, CNT) prepared by spark plasma sintering. Journal of Biomedical Materials Research Part B: Applied Biomaterials, 2013, 101B(4):485-497

[6] Feng Q, Zhang D, Xin C, et al. Characterization and in vivo evaluation of a bio-corrodible nitrided iron stent. Journal of Materials Science: Materials in Medicine, 2013, 24(3):713-724

[7] Schinhammer M, Hänzi A C, Löffler J F, et al. Design strategy for biodegradable Fe-based alloys for medical applications. Acta Biomaterialia, 2010, 6(5):1705-1713

[8] Liu B, Zheng Y, Ruan L. In vitro investigation of Fe30Mn6Si shape memory alloy as potential biodegradable metallic material. Materials Letters, 2011, 65(3):540-543

[9] Xu W, Lu X, Tan L, et al. Study on properties of a novel biodegradable Fe-30Mn-1C alloy. Acta Metallurgica Sinica, 2011, 47(10):1342-1347

[10] Liu B, Zheng Y. Effects of alloying elements(Mn, Co, Al, W, Sn, B, C and S) on biodegradability and in vitro biocompatibility of pure iron. Acta Biomaterialia, 2011, 7(3):1407-1420

[11] Hermawan H, Dubé D, Mantovani D. Developments in metallic biodegradable stents. Acta Biomaterialia, 2010, 6(5):1693-1697

[12] Huang T,Cheng J,Zheng Y. In vitro degradation and biocompatibility of Fe-Pd and Fe-Pt composites fabricated by spark plasma sintering. Materials Science and Engineering C, 2014,35:43-53

[13] Papanikolaou G, Pantopoulos K. Iron metabolism and toxicity. Toxicology and Applied Pharmacology,2005,202(2):199-211

[14] Valiev R Z,Islamgaliev R K,Alexandrov I V. Bulk nanostructured materials from severe plastic deformation. Progress in Materials Science,2000,45(2):103-189

[15] Schaffer J E,Nauman E A,Stanciu L A. Cold-drawn bioabsorbable ferrous and ferrous composite wires:An evaluation of mechanical strength and fatigue durability. Metallurgical and Materials Transactions B,2012,43(4):984-994

[16] Obayi C S,Tolouei R,Paternoster C,et al. Influence of cross-rolling on the micro-texture and biodegradation of pure iron as biodegradable material for medical implants. Acta Biomaterialia,2015,17:68-77

[17] Nie F,Zheng Y. Surface chemistry of bulk nanocrystalline pure iron and electrochemistry study in gas-flow physiological saline. Journal of Biomedical Materials Research Part B:Applied Biomaterials,2012,100(5):1404-1410

[18] Lévesque J,Hermawan H,Dubé D,et al. Design of a pseudo-physiological test bench specific to the development of biodegradable metallic biomaterials. Acta Biomaterialia,2008,4(2):284-295

[19] Mueller P P,May T,Perz A,et al. Control of smooth muscle cell proliferation by ferrous iron. Biomaterials,2006,27(10):2193-2200

[20] Zhu S,Huang N,Xu L,et al. Biocompatibility of pure iron:In vitro assessment of degradation kinetics and cytotoxicity on endothelial cells. Materials Science and Engineering C, 2009,29(5):1589-1592

[21] Schaffer J E,Nauman E A,Stanciu L A. Cold-drawn bioabsorbable ferrous and ferrous composite wires:an evaluation of in vitro vascular cytocompatibility. Acta Biomaterialia,2012, 9(10):8574-8584

[22] Peuster M,Wohlsein P,Brügmann M,et al. A novel approach to temporary stenting:Degradable cardiovascular stents produced from corrodible metal-results 6-18 months after implantation into New Zealand white rabbits. Heart,2001,86(5):563-569

[23] Peuster M,Hesse C,Schloo T,et al. Long-term biocompatibility of a corrodible peripheral iron stent in the porcine descending aorta. Biomaterials,2006,27(28):4955-4962

[24] Waksman R,Pakala R,Baffour R,et al. Short-term effects of biocorrodible iron stents in porcine coronary arteries. Journal of Interventional Cardiology,2008,21(1):15-20

[25] Waksman R,Pakala R,Kuchulakanti P K,et al. Safety and efficacy of bioabsorbable magnesium alloy stents in porcine coronary arteries. Catheterization and Cardiovascular Interventions,2006,68(4):607-617

[26] Wu C,Hu X,Qiu H,et al. TCT-571 A preliminary study of biodegradable iron stent in mini-

swine coronary artery. Journal of the American College of Cardiology,2012,60(17):B166

[27] Pierson D,Edick J,Tauscher A,et al. A simplified in vivo approach for evaluating the bioab-sorbable behavior of candidate stent materials. Journal of Biomedical Materials Research Part B:Applied Biomaterials,2012,100(1):58-67

[28] Mueller P P,Arnold S,Badar M,et al. Histological and molecular evaluation of iron as de-gradable medical implant material in a murine animal model. Journal of Biomedical Materials Research Part A,2012,100(11):2881-2889

[29] Kraus T,Moszner F,Fischerauer S,et al. Biodegradable Fe-based alloys for use in osteosyn-thesis—Outcome of an in-vivo study after 52 weeks. Acta Biomaterialia, 2014, 10 (7): 3346-3353

[30] Hermawan H,Dubé D,Mantovani D. Development of degradable Fe-35Mn alloy for biomed-ical application. Advanced Materials Research,2007,15:107-112

[31] Hermawan H,Alamdari H,Mantovani D,et al. Iron-manganese:New class of metallic de-gradable biomaterials prepared by powder metallurgy. Powder Metallurgy, 2008, 51(1): 38-45

[32] Schinhammer M,Gerber I,Hönzi A C,et al. On the cytocompatibility of biodegradable Fe-based alloys. Materials Science and Engineering C,2013,33(2):782-789

[33] Aschner M,Guilarte T R,Schneider J S,et al. Manganese:recent advances in understanding its transport and neurotoxicity. Toxicology and Applied Pharmacology, 2007, 221 (2): 131-147

[34] Hermawan H,Purnama A,Dube D,et al. Fe-Mn alloys for metallic biodegradable stents: degradation and cell viability studies. Acta Biomaterialia,2010,6(5):1852-1860

[35] Xu W, Tan L, Yang K, et al. Performance study on new biodegradable Fe-30Mn-1C al-loy. Acta Metallurgica Sinica,2012,47(10):1342-1347

[36] Schinhammer M,Pecnik C M,Rechberger F,et al. Recrystallization behavior,microstructure evolution and mechanical properties of biodegradable Fe-Mn-C(-Pd) TWIP alloys. Acta Ma-terialia,2012,60(6):2746-2756

[37] Schinhammer M,Steiger P,Moszner F,et al. Degradation performance of biodegradable Fe-Mn-C(-Pd) alloys. Materials Science and Engineering C,2013,33(4):1882-1893

[38] Cheng J,Huang T,Zheng Y. Microstructure,mechanical property,biodegradation behavior, and biocompatibility of biodegradable Fe-Fe$_2$O$_3$ composites. Journal of Biomedical Materials Research Part A,2014,102(7):2277-2287

[39] Huang T,Cheng J,Bian D,et al. Fe-Au and Fe-Ag composites as candidates for biodegradable stent materials. Journal of Biomedical Materials Research Part B:Applied Biomaterials,2015,

[40] Ulum M,Arafat A,Noviana D,et al. In vitro and in vivo degradation evaluation of novel iron-bioceramic composites for bone implant applications. Materials Science and Engineering C,2014,36:336-344

[41] Moravej M,Purnama A,Fiset M,et al. Electroformed pure iron as a new biomaterial for de-

gradable stents: In vitro degradation and preliminary cell viability studies. Acta Biomaterialia,2010,6(5):1843-1851

[42] Li W,Gao L. Rapid sintering of nanocrystalline ZrO₂ (3Y) by spark plasma sintering. Journal of the European Ceramic Society,2000,20(14/15):2441-2445

[43] Goutier F,Trolliard G,Valette S,et al. Role of impurities on the spark plasma sintering of ZrC$_x$-ZrB₂ composites. Journal of the European Ceramic Society,2008,28(3):671-678

[44] Libardi S,Zadra M,Casari F,et al. Mechanical properties of nanostructured and ultrafine-grained iron alloys produced by spark plasma sintering of ball milled powders. Materials Science and Engineering A,2008,478(1/2):243-250

[45] Schinhammer M,Hänzi A C,Löffler J F,et al. Design strategy for biodegradable Fe-based alloys for medical applications. Acta Biomaterialia,2010,6(5):1705-1713

[46] Liu B,Zheng Y F. Effects of alloying elements(Mn,Co,Al,W,Sn,B,C and S) on biodegradability and in vitro biocompatibility of pure iron. Acta Biomaterialia, 2011, 7 (3): 1407-1420

[47] Li Z,Gu X,Lou S,et al. The development of binary Mg-Ca alloys for use as biodegradable materials within bone. Biomaterials,2008,29(10):1329-1344

[48] Hermawan H,Purnama A,Dube D,et al. Fe-Mn alloys for metallic biodegradable stents: Degradation and cell viability studies. Acta Biomaterialia,2010,6(5):1852-1860

[49] 朱生发,徐莉,刘恒全,等. 生物可降解 Fe-O 薄膜的制备及性能表征. 真空科学与技术学报,2009,29(3):236-240

[50] Zhu S,Huang N,Shu H,et al. Corrosion resistance and blood compatibility of lanthanum ion implanted pure iron by MEVVA. Applied Surface Science,2009,256(1):99-104

[51] Chen C Z,Shi X H,Zhang P C,et al. The microstructure and properties of commercial pure iron modified by plasma nitriding. Solid State Ionics,2008,179(21):971-974

[52] Cheng J,Huang T,Zheng Y. Relatively uniform and accelerated degradation of pure iron coated with micro-patterned Au disc arrays. Materials Science and Engineering C,2015,48: 679-687

[53] Moravej M,Purnama A,Fiset M,et al. Electroformed pure iron as a new biomaterial for degradable stents: In vitro degradation and preliminary cell viability studies. Acta Biomaterialia,2010,6(5):1843-1851

[54] Chou D T,Wells D,Hong D,et al. Novel processing of Iron-Manganese alloy based biomaterials by inkjet 3D printing. Acta Biomaterialia,2013,9(10):8593-8603

第26章　锌基可降解金属体系

前期研究发现,目前已开发的可降解合金体系的性能与目前临床应用要求相比存在一定的不足:对于镁及镁合金,存在的问题主要是腐蚀速率过高,使得其在人体内还未完成服役之前便失去必要的力学支撑作用,并且伴随局部碱性过高,氢气聚集形成皮下气肿等问题,从而导致植入失效;而对铁及铁合金以及金属钨材料来说,将它们作为可降解金属及合金材料应用的主要问题与镁及镁合金恰恰相反,它们在人体内的降解速率过低,在人体内完成服役后需要很长的时间才能够完全降解。

金属锌的化学活性介于镁和铁之间,Mg 的标准电极电位为 $-2.37V/SCE$,Fe的标准电极电位为 $-0.440V/SCE$,Zn 的标准电极电位为 $-0.763V/SCE$。因此可以推断锌的降解速率低于镁而高于铁,这对于解决当前可降解合金的腐蚀速率不匹配问题带来了新的突破口。同时锌元素是人体的必需微量元素之一,对人体的骨骼生长发育,心血管健康均发挥着不可替代的作用,因而研究纯锌及其合金作为可降解金属及合金的可行性具有重要的意义。

26.1　纯　　锌

纯锌是一种银白色略带淡蓝色的金属,密度为 $7.14g/cm^3$,呈密排六方结构,熔点为 $419.5℃$。室温下,纯锌性脆;$100\sim150℃$时,变软;超过 $200℃$ 后,又恢复脆性。

Bowen 等[1]将纯锌丝(纯度大于 99.99%)植入成年雄性 Sprague-Dawley 鼠腹主动脉中 1.5 个月、3 个月、4.5 个月及 6 个月后,对纯锌在鼠腹主动脉中的降解速率进行了测定。实验结果表明,纯锌在鼠腹主动脉中的降解速率接近可降解心血管支架的标准,有望成为新型可降解心血管支架材料。

图 26.1 为纯锌线植入成年雄性 Sprague-Dawley 鼠腹主动脉中 1.5 个月、3个月、4.5 个月及 6 个月后的背散射电子图像[1]。从图中可以看出,纯锌线在鼠腹主动脉中逐渐降解,其降解速率计算如图 26.2 所示。从图 26.2 的计算结果可以看出,纯锌线在鼠腹主动脉中的降解速率在 $10\sim50\mu m/a$,且前 3 个月速率小于后3 个月速率。

虽然上述研究表明纯锌材料有作为新型可降解材料的潜力,然而,铸态纯锌性脆,力学强度低。研究表明[2],铸态纯锌(99.97%,质量分数)的抗拉强度小于

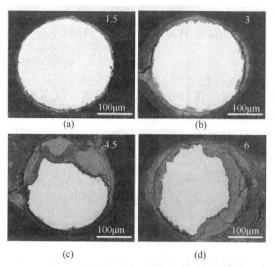

图 26.1　纯锌线植入成年雄性 Sprague-Dawley 鼠腹主动脉中
1.5 个月、3 个月、4.5 个月、6 个月后的背散射电子图像

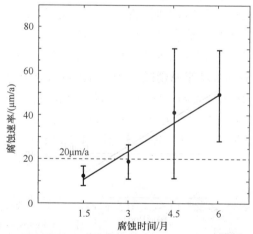

图 26.2　纯锌线植入成年雄性 Sprague-Dawley 鼠腹主动脉中
1.5 个月、3 个月、4.5 个月、6 个月后的腐蚀速率计算

20MPa,延伸率仅为 0.2%,远远不能满足临床需求。为了改善纯锌的力学性能,
加入合金化元素和合适的加工变形工艺是必不可少的工作。此外,制备锌基复合
材料也有望改善纯锌的力学性能。

26.2　锌基二元合金

如上所述,由于纯锌性脆,强度和硬度低,不能满足临床需求。为了改善纯锌

力学性能的不足,同时满足临床生理安全性需求,科研工作者摒弃了工业锌合金中常用的 Al、Cu 等生理毒性元素,而逐渐开发了 ZnMg[2-8]、ZnCa、ZnSr 等以营养元素 Mg、Ca 和 Sr 元素为主合金化元素的锌基可降解合金。

26.2.1　锌基二元合金的组织结构

图 26.3 为铸态二元 Zn-Mg 合金的金相显微结构图[4]。从图中可以看出,纯 Mg 的金相结构为 $300 \sim 500 \mu m$ 宽、$1 \sim 1.5 mm$ 长的长条状;纯 Zn 的金相结构为平均尺寸为 $500 \mu m$ 的等轴晶;Zn-1Mg 和 Zn-1.5Mg 合金表现为 Zn(白色区域)和 Zn 与 Mg_2Zn_{11}(黑色区域)共熔体的共晶结构。

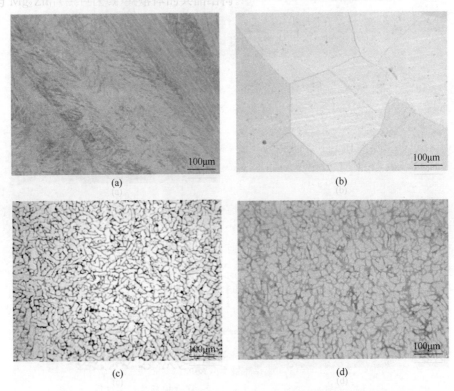

图 26.3　纯 Mg、纯 Zn、Zn-1Mg 以及 Zn-1.5Mg 的金相显微结构[4]

(a) 纯镁;(b) 纯 Zn;(c) Zn-1Mg;(d) Zn-1.5Mg

加工变形处理会影响合金材料的金相结构,图 26.4 为铸态和挤压态 Zn-1Mg 合金的金相显微结构[5]。从图中可以看出,挤压处理使得 Zn-1Mg 合金的晶粒得到细化,并且消除了共熔混合物,取而代之的是沿晶界分布尺寸更小的白色沉淀物。

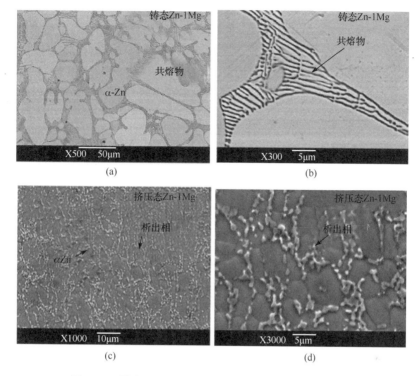

图 26.4　铸态和挤压态 Zn-1Mg 合金的金相显微结构[5]

26.2.2　锌基二元合金的力学性能

　　铸态纯 Zn 性脆、力学强度低,加入适量的合金化元素后,能够明显改善其力学强度和韧性。对铸态 Zn 基合金进行加工变形处理后,强度和韧性得到进一步提升。

　　表 26.1 总结了不同可降解合金及人体密质骨的力学性能。从表中可以看出,锌二元合金的力学性能优异,抗拉强度和压缩屈服强度高于密质骨及镁合金;此外,锌二元合金在压缩条件下表现出超塑性的特征,使得其在未来临床应用具有独特的优势。

表 26.1　不同可降解合金及人体密质骨的力学性能对比表

材料	抗拉强度 UTS/MPa	屈服强度 YS/MPa	延伸率/%	抗压强度 UCS/MPa	压缩屈服强度 CYS/MPa	压缩应变/%
密质骨	100-150[9]		1~3[9]		130~180[10]	
纯 Mg	85(铸态) 165(热轧)[11]	20(铸态) 110(热轧)	13[11]		65~100[10]	

续表

材料	抗拉强度 UTS/MPa	屈服强度 YS/MPa	延伸率/%	抗压强度 UCS/MPa	压缩屈服强度 CYS/MPa	压缩应变 /%
Mg-1X(Al, Ag,In,Mn,Si, Sn,Y,Zn,Zr)[11]	75~190(铸态)170~240(热轧)	20~80(铸态) 115~170(热轧)	8~27(铸态) 4~20(热轧)			
热轧 Mg-1Sr [12]	160	125	3.3			
热轧 Mg-2Sr [12]	220	145	3.1			
热轧 Mg-3Sr [12]	160	110	3			
热轧 Mg-4Sr [12]	110	90	2.8			
Mg-1Ca[13]	75(铸态) 170(热轧) 235(挤压)	40(铸态) 125(热轧) 135(挤压)	2(铸态) 3(热轧) 11(挤压)			
铸态 Mg-2Ca [13]	55	40	1			
铸态 Mg-3Ca [13]	45	10	0.5			
铸态 Zn-1X (Mg,Ca,Sr)	164~185	120~130	2			
热轧 Zn-1X (Mg,Ca,Sr)	220~250	188~206	12~20			
挤压 Zn-1X (Mg,Ca,Sr)	240~270	200~220	7.7~10.6	超塑性	281~341	超塑性

26.2.3　锌基二元合金的腐蚀性能

图 26.5 为二元轧态 Zn-1Mg、Zn-1Ca 及 Zn-1Sr 合金在 Hank's 模拟体液中浸泡 2 周后的表面形貌。从图中可以看出,浸泡 2 周后纯锌及二元锌合金表面保持完整,无明显腐蚀区域,同时表面有钙磷盐的沉积,加入合金化元素后表面沉积了更多的钙磷盐,对钙磷盐进行成分分析[图(e)和(f)]表明,该钙磷盐主要为羟基磷灰石。

图 26.6 为二元轧态 Zn-1Mg、Zn-1Ca 及 Zn-1Sr 合金在 Hank's 模拟体液中浸泡 8 周后的表面形貌。从图中可以看出,浸泡 8 周后纯锌及二元锌合金表面沉积了更多的羟基磷灰石,值得注意的是,Zn-1Sr 合金表面沉积的羟基磷灰石形貌不同于 Zn-1Mg 和 Zn-1Ca 合金表面,原因在于有部分 Sr 溶入羟基磷灰石中形成了含锶的羟基磷灰石(Sr-HA)。

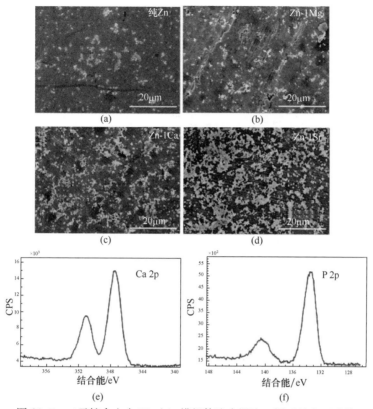

图 26.5　二元锌合金在 Hank's 模拟体液中浸泡 2 周后的表面形貌

（a）纯 Zn；（b）Zn-1Mg；（c）Zn-1Ca；（d）Zn-1Sr；（e）与（f）表面沉积产物 XPS 分析谱图

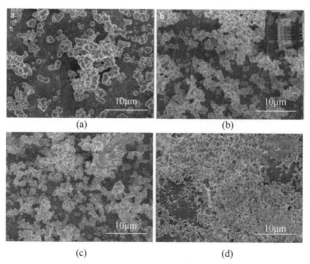

图 26.6　二元锌合金在 Hank's 模拟体液中浸泡 8 周后的表面形貌

（a）纯锌；（b）Zn-1Mg；（c）Zn-1Ca；（d）Zn-1Sr

图 26.7 为二元轧态 Zn-1Mg、Zn-1Ca 及 Zn-1Sr 合金在 Hank's 模拟体液中浸泡 2 周及 8 周后的拉伸力学性能测试结果。从图中可以看出,在模拟体液中浸泡 2 周后的力学性能并没有明显变化,抗拉强度与延伸率与未浸泡前的基本相同。浸泡 8 周后拉伸强度与延伸率有一定的下降,但仍保持在未浸泡前的 85% 以上。

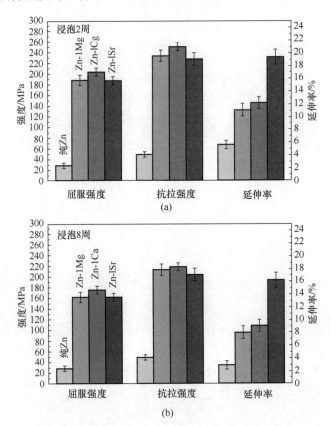

图 26.7　二元锌合金在 Hank's 模拟体液中浸泡 2 周及 8 周后的拉伸力学性能

锌及锌合金浸泡后的拉伸力学性能并没有像镁及镁合金那样在很短的时间内(约 2 周)就丧失,而是仍然能够在很长一段时间内保持理想的强度,从而能够在受损组织愈合前保证提供其所需的必要支撑力,从而更加有利于组织的愈合和修复,不会出现像镁及镁合金因为力学强度的急剧损失导致的二次骨折及植入失败等问题,保证了临床修复的安全性和有效性。

表 26.2 为不同可降解合金在 Hank's 模拟体液中的腐蚀速率总结表,由表中数据可以看出,纯锌及锌合金的腐蚀速率介于镁及镁合金和铁及铁合金之间,具有更加适宜的腐蚀降解速率。

表 26.2　不同可降解合金在 Hank's 模拟体液中的腐蚀速率总结表

材料	E_{corr}/V	$V_{corr}/(mm/a)$	
		电化学测试方法	失重法
热轧纯 Mg [12]	−1.55	1.4	1.18
热轧 Mg-1Sr [12]	−1.45	1.5	0.85
热轧纯 Fe [14]	−0.702	0.103	0.008*
热轧 Fe-Mn [14]	−0.68	0.087	0.0013*
热轧纯 Zn	−0.989	0.135	0.078
热轧 Zn-1Mg	−1.000	0.148	0.085
热轧 Zn-1Ca	−1.018	0.160	0.089
热轧 Zn-1Sr	−1.032	0.175	0.096

＊由文献[14]的表 1 计算而得。

26.2.4　锌基二元合金的生物相容性

图 26.8 为纯锌及二元轧态 Zn-1Mg、Zn-1Ca 及 Zn-1Sr 合金的溶血实验测试结果。从图中可得,纯锌及二元锌合金的溶血率非常低,均小于 0.5%,不足溶血率阈值 5% 的 1/10。

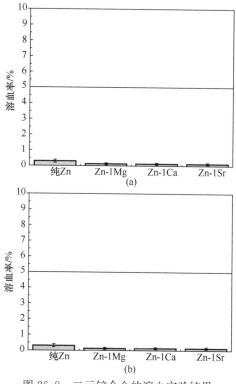

图 26.8　二元锌合金的溶血实验结果
（a）铸态；（b）轧态

图 26.9 为纯锌及二元轧态 Zn-1Mg、Zn-1Ca 及 Zn-1Sr 合金的血小板黏附实验结果。从图中可以看出,血小板在纯锌及二元锌合金表面形态健康,呈球形,而无伪足或触角伸出,表现出优异的抗血小板黏附性能。

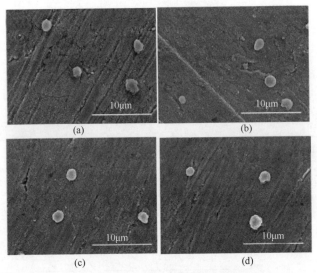

图 26.9　二元锌合金的血小板黏附扫描电镜照片
(a) 纯 Zn;(b) Zn-1Mg;(c) Zn-1Ca;(d) Zn-1Sr

图 26.10 为 MG63 成骨细胞在纯锌及二元轧态 Zn-1Mg、Zn-1Ca 及 Zn-1Sr 合金浸提液中培养不同时间后的细胞相对增殖率数据。从图中可以看出,纯锌表现出较低的细胞增殖率,而加入合金化元素后,细胞增殖率显著提高,并能够促进成骨细胞的增殖。

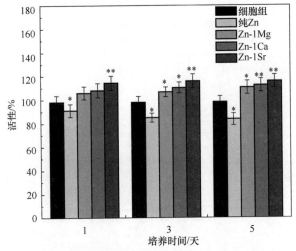

图 26.10　二元锌合金对骨细胞的细胞活性与增殖率影响($*P<0.05$,$**P<0.01$)

　　图 26.11 为 MG63 成骨细胞直接在纯 Zn 及二元轧态 Zn-1Mg、Zn-1Ca 及 Zn-1Sr 合金表面培养 1 天后的形貌。从图中可以看出,MG63 细胞在纯 Zn 表面不能够很好地黏附与铺展,1 天后仍呈现出球形,未有伪足或触角伸出;而加入合金化元素后,能够很好地改善这一问题,MG63 细胞在 Zn-1Mg、Zn-1Ca 和 Zn-1Sr 表面能够很好地黏附与铺展,细胞呈现健康的梭形,且有触角或伪足伸出,同时观察到细胞外基质的分泌。

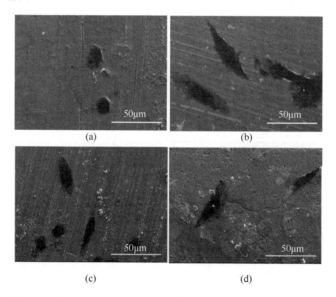

图 26.11　MG63 成骨细胞在纯 Zn 及二元锌合金表面直接培养细胞形貌扫描电镜观察
(a) 纯 Zn;(b) Zn-1Mg;(c) Zn-1Ca;(d) Zn-1Sr

　　图 26.12 为二元轧态 Zn-1Mg、Zn-1Ca 及 Zn-1Sr 合金植入小鼠股骨不同时间的二维 micro-CT 图片。从图中可以看出,二元轧态 Zn-1Mg、Zn-1Ca 及 Zn-1Sr 合金植入小鼠体内 8 周后依然保持形貌完整,说明二元轧态 Zn-1Mg、Zn-1Ca 及 Zn-1Sr合金在植入体内一定时间后仍能够保证提供足够的力学支撑,不会发生类似镁及镁合金植入体在植入一定时间后腐蚀速率过快导致植入体解体而带来力学性能丧失植入失败问题。同时观察到在植入体周围的新骨(箭头)生成厚度大于对照组,说明二元锌合金能够促进骨愈合和新骨形成,从而缩短骨折修复周期。

　　图 26.13 为二元轧态 Zn-1Mg、Zn-1Ca 及 Zn-1Sr 合金植入小鼠股骨 2 个月后的组织切片观察照片。从图中可以看出,二元轧态 Zn-1Mg、Zn-1Ca 及 Zn-1Sr 合金髓内针植入体可以明显地促进新骨形成(图中亮灰色代表新生骨),新生骨厚度远远大于对照组,而在三种合金中,Zn-1Sr 合金的新骨形成能力最高。

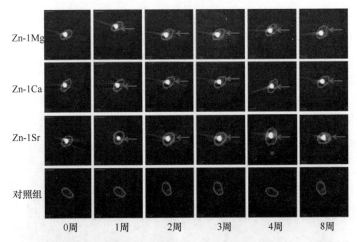

Zn-1Mg
Zn-1Ca
Zn-1Sr
对照组

0周　　1周　　2周　　3周　　4周　　8周

图 26.12　二元锌合金植入小鼠股骨不同时间的二维 micro-CT 图片

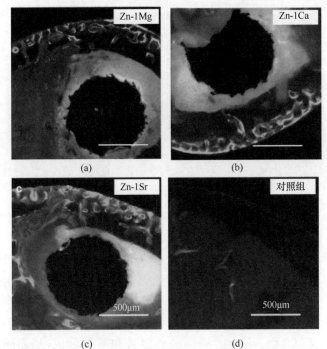

图 26.13　二元锌合金植入小鼠股骨 2 个月后的组织切片观察照片

26.3　锌基三元合金

26.3.1　锌基三元合金的力学性能

图 26.14 为三元铸态和轧态 Zn-1Mg-1Ca、Zn-1Mg-1Sr 和 Zn-1Ca-1Sr 合金的

显微硬度测试。从图中可以看出,三元 Zn-1Mg-1Ca、Zn-1Mg-1Sr 和 Zn-1Ca-1Sr
合金相比纯 Zn 的硬度显著增加。

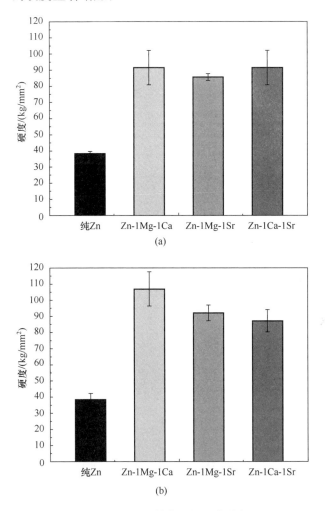

图 26.14　三元锌合金的显微硬度
(a) 铸态;(b) 轧态

　　图 26.15 为三元铸态、轧态和挤压态 Zn-1Mg-1Ca、Zn-1Mg-1Sr 和 Zn-1Ca-1Sr
合金的拉伸力学性能测试。从图 26.15(a)中可以看出,加入合金化元素 Mg、Ca
和 Sr 元素后,合金的屈服强度、极限抗拉强度和延伸率得到显著提高。

　　从图 26.15(b)和(c)可以看出,对铸态纯 Zn 及三元 Zn-1Mg-1Ca、Zn-1Mg-1Sr
和 Zn-1Ca-1Sr 合金进行不同工艺的加工变形处理之后,纯锌及锌合金的力学性能
得到进一步提升,对比图 26.15(b)和(c)可以看出,热挤压对强度的提高幅度大于
热轧处理,而热挤压对延伸率的提高幅度略小于热轧处理。

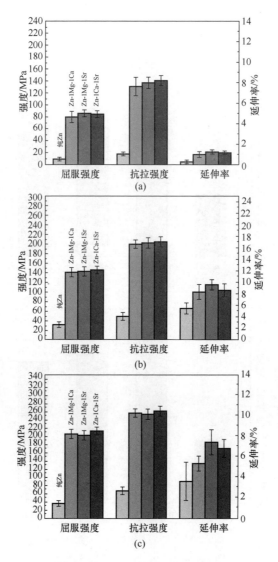

图 26.15　三元锌合金的拉伸性能

(a) 铸态；(b) 轧态；(c) 挤压态

图 26.16 为纯锌及三元 Zn-1Mg-1Ca、Zn-1Mg-1Sr 和 Zn-1Ca-1Sr 合金(轧态)的拉伸断面形貌。从图中可以看出，纯 Zn[图(a)]的断口主要以解理断裂为主，少有韧窝结构。而加入合金化元素后，材料的韧性大大增加，Zn-1Mg-1Ca、Zn-1Mg-1Sr 和 Zn-1Ca-1Sr 合金的拉伸断面形貌中则观察到大量的韧窝结构，表现出韧性断裂的特征。

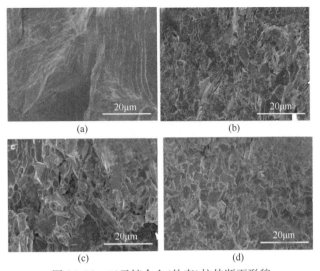

图 26.16　三元锌合金(轧态)拉伸断面形貌

(a) 纯 Zn；(b) Zn-1Mg-1Ca；(c) Zn-1Mg-1Sr；(d) Zn-1Ca-1Sr

26.3.2　锌基三元合金的腐蚀性能

图 26.17 为纯 Zn 及三元 Zn-1Mg-1Ca、Zn-1Mg-1Sr 和 Zn-1Ca-1Sr 合金(轧态)在 Hank's 模拟体液中的腐蚀速率计算结果。从图中可以看出,加入合金化元素有利于提高锌合金的腐蚀速率,同时电化学测试的腐蚀速率数据大于静态浸泡实验的腐蚀速率数据。

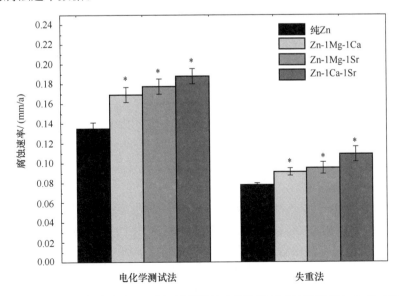

图 26.17　三元锌合金在 Hank's 模拟体液中的腐蚀速率计算结果($*P<0.05$)

26.3.3　锌基三元合金的生物相容性

图 26.18 为三元 Zn-1Mg-1Ca、Zn-1Mg-1Sr 和 Zn-1Ca-1Sr 合金的溶血实验测试结果。从图中可知,三元锌合金的溶血率非常低,均小于 0.5%,不足溶血率阈值 5% 的 1/10,表明其具有良好的血液相容性。

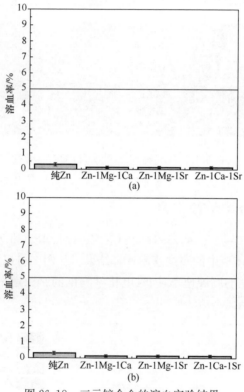

图 26.18　三元锌合金的溶血实验结果
(a) 铸态;(b) 轧态

图 26.19 为 MG63 成骨细胞在纯 Zn 及三元 Zn-1Mg-1Ca、Zn-1Mg-1Sr 和 Zn-1Ca-1Sr 合金浸提液中培养不同时间后的细胞相对增殖率数据。从图中可以看出,纯锌表现出较低的细胞增殖率,而加入合金化元素后,细胞增殖率显著提高,并能够促进成骨细胞的增殖。

图 26.20 为 MG63 骨细胞在锌及三元 Zn-1Mg-1Ca、Zn-1Mg-1Sr 和 Zn-1Ca-1Sr 合金浸提液中培养 3 天后的细胞形貌观察。从图中可以看出,MG63 细胞在锌及三元锌合金浸提液中培养后形貌良好,呈梭形铺展在培养板底面,细胞相互汇聚,且可以观察到加入合金化元素 Mg、Ca 和 Sr 的三元锌合金组的细胞密度明显大于纯锌组,表明合金化元素的加入有利于 MG63 骨细胞的增殖与黏附。

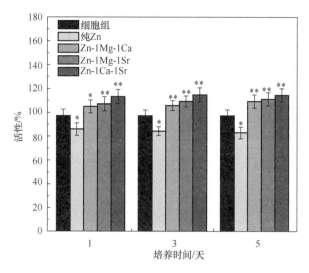

图 26.19　三元锌合金对 MG63 骨细胞的细胞活性与增殖率影响($*P<0.05$, $**P<0.01$)

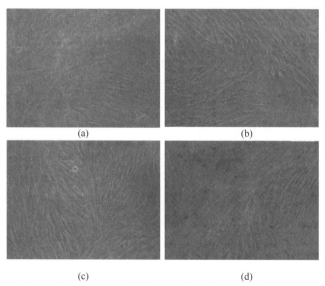

图 26.20　MG63 骨细胞培养在锌及三元锌合金浸提液中培养 3 天后的细胞形貌观察

(a) 纯 Zn；(b) Zn-1Mg-1Ca；(c) Zn-1Mg-1Sr；(d) Zn-1Ca-1Sr

26.4　锌基复合材料

26.4.1　Zn-XMg1Ca 复合材料

图 26.21 为 Zn-XMg1Ca($X=1\%$, 2%, 5%, 质量分数)复合材料的压缩力学

性能。从图 26.21(a)中可以看出,Zn-XMg1Ca($X=1\%$,2%,5%,质量分数)复合材料的屈服强度和极限抗压强度均高于纯锌且随着 Mg1Ca 含量的增加而升高,Zn-5Mg1Ca 的屈服强度和抗压强度约为纯锌的 3 倍。从图 26.21(b)可以看出,纯 Zn 和 Zn-XMg1Ca($X=1\%$,2%,5%,质量分数)复合材料可以压缩到 90%以上,具有压缩超塑性。

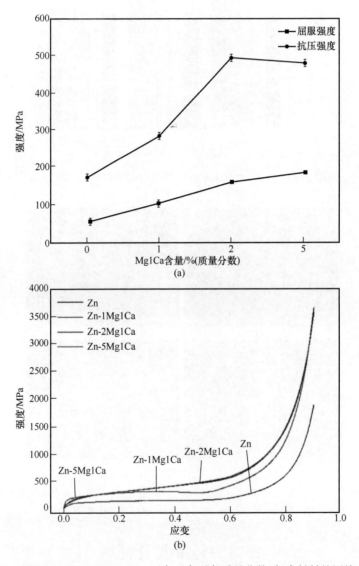

图 26.21　纯锌以及 Zn-XMg1Ca($X=1\%$,2%,5%,质量分数)复合材料的压缩力学性能

图 26.22 为 ECV304 细胞在纯 Zn、Zn-XMg1Ca($X=1\%$,2%,5%,质量分数)复合材料的浸提液中培养 1 天、3 天、5 天后的细胞相对存活率。实验结果表明,

Zn-XMg1Ca($X=1\%,2\%,5\%$,质量分数)复合材料及纯 Zn 对于 ECV304 细胞有优良的细胞相容性,其中 Zn-5Mg1Ca 显示出比纯 Zn 更好的细胞相容性。说明 Zn-XMg1Ca($X=1\%,2\%,5\%$,质量分数)复合材料以及纯锌在血管支架领域具有广阔的应用前景。

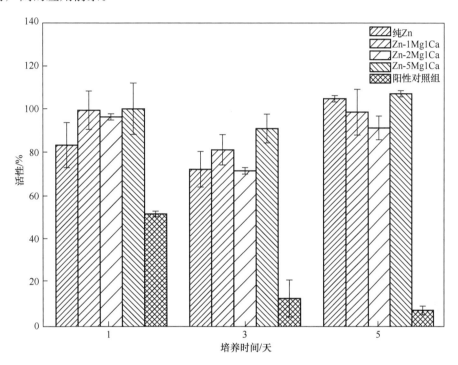

图 26.22　ECV304 细胞在纯锌、Zn-XMg1Ca($X=1\%,2\%,5\%$,质量分数)复合材料的浸提液中培养 1 天、3 天、5 天后的细胞相对存活率

26.4.2　Zn-XHA 复合材料

图 26.23 为纯锌以及 Zn-XHA($X=1\%,5\%,10\%$,质量分数)复合材料的压缩力学性能和压缩力学曲线。从图中可以看出,对于屈服强度,Zn-1HA 的屈服强度相比纯 Zn 有所增加,但随着 HA 含量的增加,复合材料屈服强度下降,甚至低于纯 Zn 的屈服强度。Zn-XHA($X=1\%,5\%,10\%$,质量分数)复合材料的抗压强度随着 HA 含量的增加而下降,Zn-10HA 的抗压强度不到纯 Zn 的一半。从压缩曲线上可以看出,纯 Zn 和 Zn-1HA 压缩应变可以达到 90%以上,具有压缩超塑性;当 HA 含量达到 5%(质量分数)和 10%(质量分数)之后,复合材料不再具有压缩超塑性,塑性降低。1%(质量分数)HA 分散得较为均匀,团聚现象较少,在锌基体中起弥散强化作用,所以屈服强度相比纯 Zn 有所增加。随着 HA 含量增加,

HA 在颗粒边界的团聚使得颗粒界面结合变差,而且团聚带来的空隙和缺陷进一步减弱了结合强度。由于 HA 是绝缘体,HA 的团聚导致等离子放电烧结过程中 HA 与锌粉之间的等离子放电过程受到抑制,基体与增强相不能很好地结合[15]。此外,锌粉的表面氧化也影响了烧结性能[16]。以上原因导致 HA 含量在 1%(质量分数)以上的 Zn-XHA 复合材料强度下降。高含量 HA 形成的脆性网络导致复合材料塑性变差。

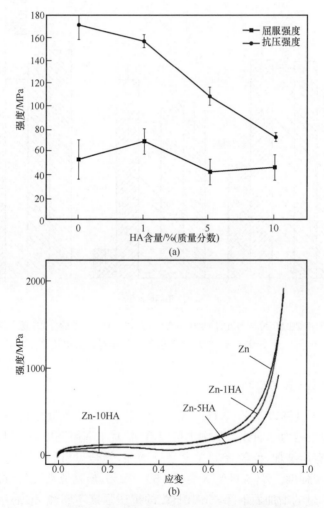

图 26.23　纯 Zn 以及 Zn-XHA(X=1%,5%,10%,质量分数)
复合材料的压缩力学性能和压缩力学曲线

图 26.24 为 ECV304 细胞在纯 Zn 和 Zn-1HA 浸提液中培养 1 天、3 天、5 天后的细胞相对存活率。Zn-1HA 复合材料及纯 Zn 对 ECV304 细胞有优良的细胞相

容性,其中 Zn-1HA 显示出比纯 Zn 更好的细胞相容性。

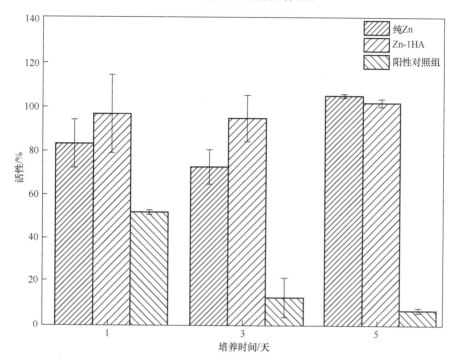

图 26.24 ECV304 细胞在纯 Zn 和 Zn-1HA 浸提液中培养 1 天、3 天、5 天后的细胞相对存活率

图 26.25 为 ECV304 细胞在纯 Zn 和 Zn-1HA 浸提液中培养 1 天、5 天后的细胞形态。从图中可以看出,纯 Zn 和 Zn-1HA 浸提液中培养后 ECV304 细胞呈健康的多角形和长梭形生长,具有良好的生物相容性,且在 Zn-1HA 浸提液中培养的 ECV304 细胞数量比纯 Zn 浸提液中的细胞多,说明 Zn-1HA 具有比纯 Zn 更加优异的生物相容性,能够有效促进 ECV304 细胞的生长和增殖。

1天

5天

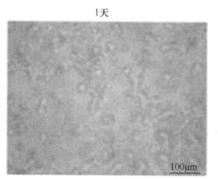

(a)

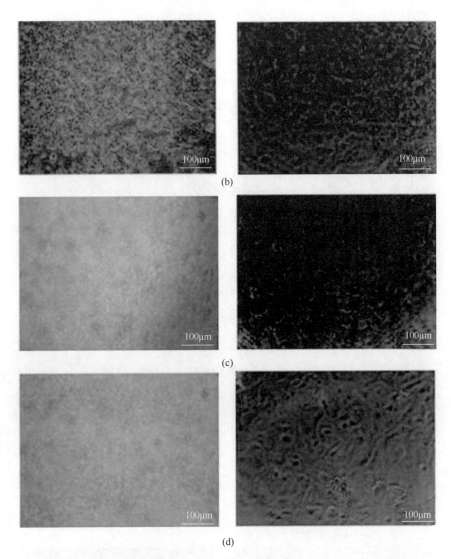

图 26.25　ECV304 细胞在纯锌和 Zn-1HA 浸提液中培养 1 天、5 天后的细胞形态
(a)~(d)分别为细胞在纯锌、Zn-1HA、阴性对照组、阳性对照组的形态

26.4.3　Zn-ZnO 复合材料

　　Yang 等[17]利用 SPS 方法制备了 Zn-ZnO 复合材料,其成分配比为:Zn-XZnO [X=0.25,0.5,1%(质量分数)]。研究结果表明,加入 ZnO 会降低 Zn 的压缩强度,硬度变化不大;ZnO 的加入会加速 Zn 的腐蚀,使其腐蚀速率变快;Zn-ZnO 复合材料对 ECV304 细胞表现出良好的细胞相容性,而对 MG63 细胞表现出轻微

毒性。

26.4.4　Zn-纳米金刚石复合材料

Yu 等[18]采用烧结的方法制备了 Zn-纳米金刚石(ND)复合材料。其中 ND 的含量为 1％、2.5％和 5％(质量分数)。研究结果表明,加入纳米金刚石增加了 Zn 的晶粒尺寸,有损于 Zn 的强度和硬度;加入纳米金刚石降低了 Zn 的腐蚀速率。

26.5　结论与展望

目前关于锌基可降解金属的研究尚处于起步阶段,已发表的文献屈指可数。然而,由于锌基可降解合金具有独特的力学性能、降解性能等,未来关于其研究必将掀起一股热潮。鉴于目前锌基可降解金属研究现状和临床实际需求,未来锌基可降解金属的研究应集中于以下几个方面。

(1) 合金化元素的选择。除了以上提及的 Mg、Ca、Zn、Sr 等营养元素,以下元素也可作为未来研究对象加入纯锌中形成新型锌合金:①Ti,锌中加入 0.08％～0.12％的钛能细化晶粒,提高锌合金力学性能。钛及钛合金作为植入材料已有很多年历史和大量的临床应用,具有良好的生物适应性。②Mn,锰与锌形成化合物,加入锰对合金的力学性能有很多好处,但不宜过多。锰是人体必需的微量元素,分布在身体各种组织和和体液中,骨、肝、胰、肾中浓度较高,是构成正常骨骼的必备元素。③Li,锂是人体内一种重要的微量元素,锂对锌合金的抗拉强度和尺寸稳定性都有很大的提高。

(2) 微观结构改变:非晶化和纳米晶化。微观结构对材料的性能影响很大,通过改变锌合金的结构制备非晶锌合金和纳米晶锌合金将有望给可降解锌合金带来新颖的特性。

(3) 表面改性:表面改性作为一种能调整控制材料降解速率同时提高材料表面生物相容性的高效方法在生物可降解金属材料中得到了广泛的应用。因而为了更加精确调控可降解锌合金的性能,采用特定的表面改性方法在未来研究工作中必不可少。

致谢

本章工作先后得到了国家重点基础研究发展计划(973 计划)(2012CB619102)、国家杰出青年科学基金(51225101)、国家自然科学基金重点项目(51431002)、国家自然科学基金 NSFC-RGC 项目(51361165101)、国家自然科学基金面上项目(31170909)、北京市科委生物技术与医药产业前沿专项(Z131100005213002)、金属材料强度国家重点实验室开放课题(20141615)、北京市优秀博士学位论文指导教师科技项目(20121000101)、生物可降解镁合金及相关植入器件创新研发团队(广东省科技计划,项目编号 201001C0104669453)、北京市科技计划项目(Z141100002814008)等的支持。

参 考 文 献

[1] Bowen P K,Drelich J,Goldman J. Zinc exhibits ideal physiological corrosion behavior for bioabsorbable stents. Advanced Materials,2013,25(18):2577-2582

[2] Vojtech D,Kubasek J,Serak J,et al. Mechanical and corrosion properties of newly developed biodegradable Zn-based alloys for bone fixation. Acta Biomaterialia,2011,7(9):3515-3522

[3] PospíšilovA I,Vojtěch D. Mechanical properties of Zn-Mg alloys. Metal 2013. com,2013,5:15-17

[4] Kubásek J,Vojtěch D. Zn-based alloys as an alternative biodegradable materials. Metal,2012,5:23-25

[5] Gong H,Wang K,Strich R,et al. In vitro biodegradation behavior,mechanical properties,and cytotoxicity of biodegradable Zn-Mg alloy. Journal of Biomedical Materials Research Part B:Applied Biomaterials,2015:DOI:10. 1002/jbm. b. 33341

[6] Yao C Z,Wang Z C,Tay S L,et al. Effects of Mg on microstructure and corrosion properties of Zn-Mg alloy. Journal of Alloys and Compounds,2014,602:101-107

[7] Wang X,Lu H M,Li X L,et al. Effect of cooling rate and composition on microstructures and properties of Zn-Mg alloys. Transactions of Nonferrous Metals Society of China,2007,17:S122-S125

[8] Dambatta M,Murni N,Sudin I,et al. The degradation rate and cytocompatibility of Zn-3Mg alloy. European Cells and Materials,2013,26(5):46

[9] Malekani J,Schmutz B,Gu Y,et al. Biomaterials in orthopedic bone plates:A review. in Proceedings of the 2nd Annual International Conference on Materials Science,Metal & Manufacturing(M3 2011). Global Science and Technology Forum,2011

[10] Staiger M P,Pietak A M,Huadmai J,et al. Magnesium and its alloys as orthopedic biomaterials:A review. Biomaterials,2006,27(9):1728-1734

[11] Gu X N,Zheng Y F,Cheng Y,et al. In vitro corrosion and biocompatibility of binary magnesium alloys. Biomaterials,2009,30(4):484-498

[12] Gu X N,Xie X H,Li N,et al. In vitro and in vivo studies on a Mg-Sr binary alloy system developed as a new kind of biodegradable metal. Acta Biomaterialia,2012,8(6):2360-2374

[13] Li Z J,Gu X N,Lou S Q,et al. The development of binary Mg-Ca alloys for use as biodegradable materials within bone. Biomaterials,2008,29(10):1329-1344

[14] Liu B,Zheng Y F. Effects of alloying elements(Mn,Co,Al,W,Sn,B,C and S) on biodegradability and in vitro biocompatibility of pure iron. Acta Biomaterialia, 2011, 7 (3):1407-1420

[15] Gu X, Zhang L M, Yang M J, et al. Fabrication by SPS and thermophysical properties of high volume fraction SiCp/Al matrix composites. Key Engineering Materials, 2006, 313: 171-176

[16] Muhammad W N A W, Sajuri Z, Mutoh Y, et al. Microstructure and mechanical properties of magnesium composites prepared by spark plasma sintering technology. Journal of Alloys and Compounds, 2011, 509(20): 6021-6029

[17] Yang H T Z H W, Li H F, Zheng Y F, et al. In vitro study on novel Zn-ZnO composites with tunable degradation rate. European Cells and Materials, 2014, 28: 5

[18] Yu M, George C, Cao Y N, et al. Microstructure, corrosion, and mechanical properties of compression-molded zinc-nanodiamond composites. Journal of Materials Science, 2014, 49(10): 3629-3641

第 27 章　大块非晶合金可降解金属体系

大块非晶合金也称为"大块金属玻璃(BMG)",它不同于一般晶态合金,其原子排列具有长程无序的结构特点,这一特点使其呈现出一系列优于晶态合金的优点:高强度、高弹性极限、高断裂韧性、过冷液相区超塑性、高硬度、良好的耐腐蚀性能以及抗疲劳性能[1]。非晶合金跟传统晶态材料相比,从原子结构来看具有独特的无序结构,因而不具有传统晶态材料的晶界等缺陷结构,拥有独特的力学、物理、化学和加工性能。由于兼具了这些优异的性能,大块非晶合金一直是人们研究的热点,同时,随着制备技术的发展,新合金体系的不断涌现,Pd 基、Mg 基、RE 基、Zr 基、Ti 基、Fe 基、Co 基、Ni 基、Cu 基、Ca 基等非晶合金体系的临界形成尺寸均可以达到毫米及其以上量级。随着大块非晶合金最大形成尺寸的逐步增大,其应用领域也在不断拓展。

进入 21 世纪以来,大块非晶合金作为生物医用材料的潜在可能性被国内外的材料学和医学的研究者逐渐发掘,在对于其作为医疗器械和植入物用金属材料方面进行了一些初步研究,其模拟体液下的耐腐蚀性能及生物安全性受到越来越多的关注,并取得了初步的成果。近年来,这类新型材料在生物医用领域的应用前景受到越来越多的关注。其中,Ti 基、Zr 基、Fe 基等生物惰性体系和 Mg 基、Ca 基、Zn 基以及 Sr 基等生物可降解非晶合金体系在生物医用领域表现出良好的应用前景。

基于本书的主旨,本章主要对目前已经开发出的可降解生物医用非晶合金体系包括镁基[2,3]、钙基[4,5]、锌基[6]和锶基[7]大块非晶合金等进行详细介绍。

作为可降解合金体系,由于其在体内完成服役后最终将在体内完全降解吸收,因而在设计开发新型可降解金属时,可降解金属元素的生理安全性是首要考虑的因素之一,而最理想的元素应为在体内被完全降解吸收后带来一定营养作用的元素。因而,在可降解非晶合金体系中,最常见的四种营养元素为 Mg、Ca、Zn、Sr,而这四种元素在维持人体健康方面也有着不可替代的作用。表 27.1 总结了这四种元素的生理学及毒理学作用,为设计可降解非晶合金体系及分析其对人体的生理学作用提供参考。

表 27.1　营养元素 Mg、Ca、Zn、Sr 的生理学及毒理学总结

元素名称	血清中含量/(μmol/L)	骨骼中含量	生理学作用	毒理学作用	推荐日摄食量(RDA)/mg
Mg	900	1.7mg/g	多种酶的激活剂,蛋白合成和肌肉收缩的辅助调节因子,DNA 和 RNA 的稳定剂	高浓度导致骨异常,干扰血小板黏附和凝血酶原生成时间,嗜睡、肌无力、膝腱反射弱、肌麻痹	700
Ca	1300	353.3mg/g	人体内最丰富的矿物元素,主要存在于骨骼和牙齿中,参与血液凝固过程,多种酶的激活剂和稳定剂	高浓度导致钙代谢紊乱,肾结石等	800~1200
Zn	46	50μg/g	存在于几乎所有的酶中,金属酶和蛋白质的重要辅助因子,调节成骨细胞、碱性磷酸酶的活性与胶原的合成	高浓度导致神经毒性,阻碍骨骼发育	15
Sr	3	286.7μg/g	在骨骼中取代钙元素的位点,促进成骨细胞的形成与分化,同时抑制破骨细胞的形成和骨吸收,增强骨骼和牙齿的强度,防止蛀牙或骨骼软化	高浓度导致骨矿化紊乱,骨质软化	2

27.1　Mg 基大块非晶合金

非晶态镁合金由于其独特结构优势而具有高强度、低模量、高耐腐蚀性能及腐蚀均匀等特点。非晶态镁合金的这些优势使其作为可降解材料具有广阔的前景。

27.1.1　镁基大块非晶合金的力学性能

表 27.2 给出了可降解镁基大块非晶合金的体系及力学性能总结。从表中可以看出,镁基非晶合金跟传统的晶态镁及镁合金相比,具有更高的强度和相对低的杨氏弹性模量,从而能够提供更加有效的力学支撑力。

表 27.2　镁基大块非晶合金的体系及力学性能总结

成分/% (原子分数)	制备方法	临界尺寸/mm	抗压强度/MPa	杨氏弹性模量/GPa	维氏硬度(HV)/GPa	发表时间
Mg67Cu25Y8	熔体旋淬法	—	～800	—	～2.5	2012[8]
Mg60Cu29Y10Si1	感应熔炼/铜模吸铸	2.6	—	～66[a]	～4*	2010[9]
Mg65Cu25Gd10	熔体旋淬法	—	～800	—	～2.5	2012[8]
Mg80-xCa5Zn15+x(x=5～20)	感应熔炼/铜模吸铸	1～4	700	47.6～48.2	2.16	2005[10]
Mg96-xZnxCa4(x=30,25)	感应熔炼/铜模吸铸	2～5	930(x=30),830(x=25)	—	—	2008[3]
Mg69Zn27Ca4	感应熔炼/铜模吸铸	1.5	～550	—	—	2013[11]
Mg67Zn28Ca5	熔体拉拔法	100μm 细丝	817	—	2.16	2009[12]
Mg66Zn30Ca2Yb2,Mg66Zn30Yb4,Mg64Zn30Yb6,Mg60Zn30Yb10	熔体冷辊旋凝法	40～100μm	～500(拉伸)	～35	—	2013[13]
Mg65Zn30Ca5,Mg65Zn30Ca4Ag1,Mg63Zn30Ca4Ag3	感应熔炼/熔体旋淬法	—	540～759	49～63	—	2013[14]
Mg66Zn30Ca4-xSrx(x=0,0.5,1,1.5)	感应熔炼/铜模吸铸	4～6	787～848	48.5～49.4	2.45～2.51	2015[15]

＊从文献[9]图 10 中计算得出。

27.1.2　镁基大块非晶合金的腐蚀性能

图 27.1 为镁基非晶合金和纯镁材料在模拟体液中电化学腐蚀后的表面形貌观察[16]。从图中可以看出,镁基非晶合金腐蚀后的表面平整、致密,无明显裂纹产生,而晶态纯镁在腐蚀后的表面出现了大量的裂纹,腐蚀坑大而不均匀。

图 27.2 为镁基非晶合金和纯镁材料在模拟体液中的电化学腐蚀曲线[16]。从图中可以看出,镁基大块非晶合金和纯镁相比,具有更高的开路电位和更低的腐蚀电流密度及腐蚀速率。图 27.3 为镁基非晶合金和纯镁材料在模拟体液中浸泡不

同时间后的 pH 变化曲线。从图中可以看出,与纯镁相比,镁基大块非晶合金在模拟体液中浸泡后的 pH 变化幅度较小。

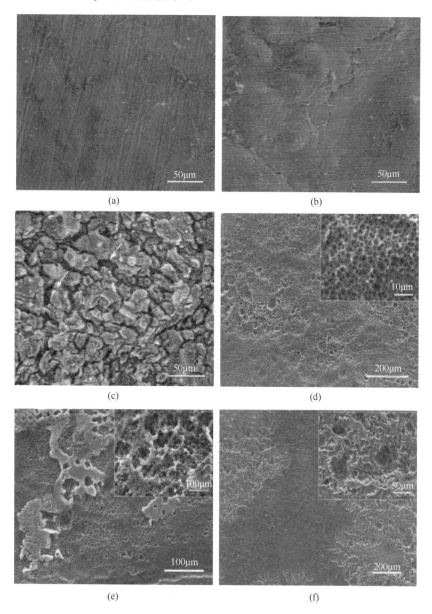

图 27.1　镁基非晶合金和纯镁材料在模拟体液中电化学腐蚀后的表面形貌观察
(a) Mg66Zn30Ca4 大块非晶;(b) Mg70Zn25Ca5 大块非晶;(c) 纯镁;(d) Mg66Zn30Ca4 大块非晶,CrO_3
溶液洗去表面腐蚀产物后;(e) Mg70Zn25Ca5 大块非晶,CrO_3 溶液洗去表面腐
蚀产物后;(f) 纯镁,CrO_3 溶液洗去表面腐蚀产物后

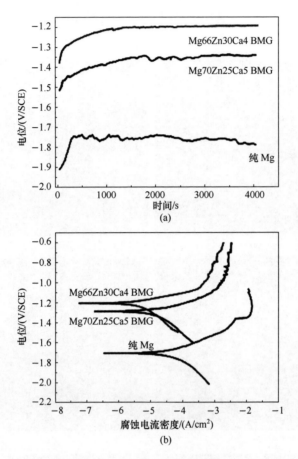

图 27.2　镁基非晶合金和纯镁材料在模拟体液中电化学腐蚀曲线
(a) 开路电位(OCP);(b) 动电位极化曲线

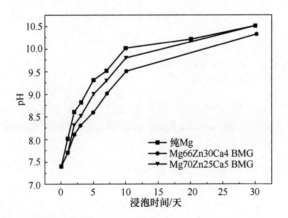

图 27.3　镁基非晶合金和纯镁材料在模拟体液中浸泡不同时间后的 pH 变化曲线

表 27.3 给出了可降解镁基大块非晶合金的腐蚀性能总结。从表中可以看出,镁基非晶合金跟传统的晶态镁及镁合金相比,具有更高的耐腐蚀性能,表现为均匀腐蚀的特性,腐蚀速率降低,pH 变化幅度减小,氢气析出速率和析出量减少。

表 27.3　镁基大块非晶合金的腐蚀性能总结

非晶体系/%(原子分数)	腐蚀环境	主要实验结果	参考文献
Mg65Cu25Gd10 和 Mg67Cu25Y8(Hank's)	Hank's 模拟体液	在模拟体液环境下,pH 明显增加,氢气析出速率快,表现出严重的腐蚀	[8]
Mg66Zn30Ca4 和 Mg70Zn25Ca5	SBF 模拟体液	Mg66Zn30Ca4 表现出比纯镁和 Mg70Zn25Ca5 更加均匀的腐蚀形貌,腐蚀坑分布更加均匀,尺寸更小,腐蚀产物主要为 Mg(OH)$_2$ 和 Zn(OH)$_2$	[16]
Mg60Zn35Ca5,Mg72Zn23Ca5 及 Mg66Zn29Ca5	SBF 模拟体液	随着锌含量的增加,非晶合金的氢气析出量减小	[2]
Mg66Zn30Ca2Yb2, Mg66Zn30Yb4,Mg64Zn 30Yb6,Mg60Zn30Yb10	SBF 模拟体液	加入合金化元素镱后,Mg^{2+} 的析出量及 pH 增加趋势变慢,Yb10 非晶合金样品有最小的离子析出量和 pH 变化速率	[13]
Mg65Zn30Ca5	MEM 细胞培养液	非晶合金具有比晶态纯镁合金更慢的腐蚀速率	[17]
Mg69Zn27Ca4	SBF 模拟体液和 PBS 磷酸盐缓冲液	非晶合金比纯 Mg 和 ZK60 合金有更低的钝化电流密度,更高的点蚀电位,更宽的钝化区间	[11]
Mg65Zn30Ca5, Mg65Zn30Ca4Ag1, Mg63Zn30Ca4Ag3	Hank's 模拟体液	非晶合金具有比纯 Mg 更加优异的耐腐蚀性能;加入 1% 的 Ag 有利于非晶合金的腐蚀性能,而加入 3% 的 Ag 则有损于非晶合金的腐蚀性能	[14]
Mg66Zn30Ca4-xSrx (x=0,0.5,1,1.5)	PBS 磷酸盐缓冲液	Sr 的加入提高了非晶合金的开路电位	[15]

图 27.4 镁基非晶合金在模拟体液中浸泡后的氢气析出随锌含量的变化[2]。从图中可以看出,镁基非晶合金的氢气析出量很小,且随着合金成分中锌的含量的增加,氢气析出减少,当锌的含量大于 28%(原子分数)时,无明显氢气析出。

27.1.3　镁基大块非晶合金的生物相容性

图 27.5 为镁基非晶合金的细胞增殖活性[16]。从图中可以看出,与晶态纯镁相比,镁基大块非晶具有更高的细胞增殖活性。

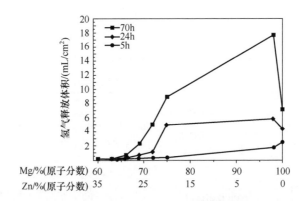

图 27.4　镁基非晶合金在模拟体液中浸泡后的氢气析出随锌含量的变化

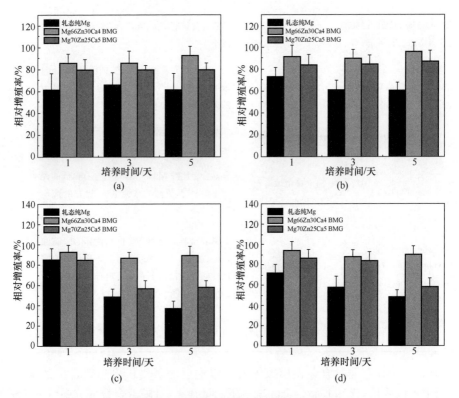

图 27.5　镁基非晶合金的细胞增殖活性

(a) L929 细胞在镁基非晶合金及纯镁浸提液中的细胞活性；(b) MG63 细胞在镁基非晶合金及
纯镁浸提液中的细胞活性；(c) L929 细胞直接在镁基非晶合金及纯镁表面培养的
细胞活性；(d) MG63 细胞直接在镁基非晶合金及纯镁表面培养的细胞活性

图 27.6 为细胞在镁基非晶合金表面及纯镁表面的形貌观察[16]。从图中可以

看出,细胞在非晶合金表面铺展良好,细胞相互汇聚生长,而在纯镁表面,细胞表现出不健康的萎缩形貌,细胞数量较少。

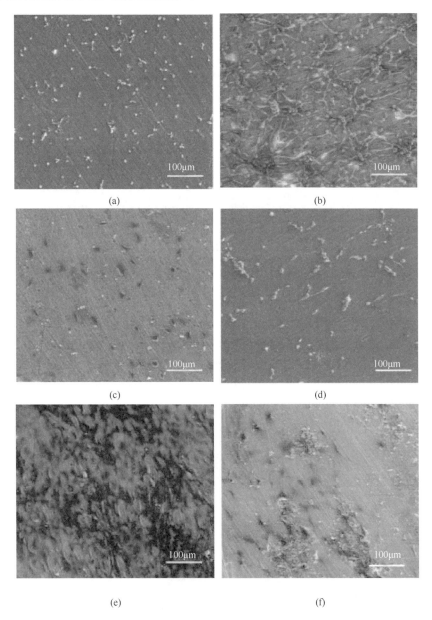

图 27.6　细胞在镁基非晶合金表面及纯镁表面的形貌观察

(a)~(c) L929 细胞;(d)~(f) MG63 细胞;(a),(d) 纯镁;(b),(e) Mg66Zn30Ca4;(c),(f) Mg70Zn25Ca5

图 27.7 为 NIH3T3 小鼠成纤维细胞(FB)和小鼠成骨细胞(OB)Mg66Zn30Ca4

(Yb0)、Mg66Zn30Ca2Yb2(Yb2)、Mg66Zn30Yb4(Yb4)、Mg64Zn30Yb6(Yb6)
Mg60Zn30Yb10(Yb10)非晶带材浸提液中培养 24h 后的荧光染色照片[13]。从图
中可以看出,Yb 元素的增加可以有效提高细胞在非晶薄带表面的活性,死细胞数
量明显减少,活细胞数量明显增加。

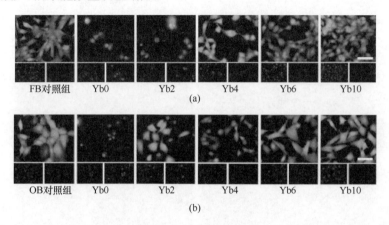

图 27.7　　NIH3T3 小鼠成纤维细胞(FB)和小鼠成骨细胞(OB)在 Mg66Zn30Ca4(Yb0)、
　　　　Mg66Zn30Ca2Yb2(Yb2)、Mg66Zn30Yb4(Yb4)、Mg64Zn30Yb6(Yb6)和
　　　　Mg60Zn30Yb10(Yb10)非晶带材浸提液中培养 24h 后的荧光染色照片

　　图 27.8 为镁基非晶合金和晶体镁合金体内动物实验组织切片观察[2]。从图
中可以看出,镁基非晶合金植入体周围未发现氢气析出,而晶态镁合金植入体周围
发现明显氢气析出形成的气囊。所有植入体周围均未发现炎症反应,表明镁基非
晶合金具有优异的生物相容性。
　　表 27.4 给出了可降解镁基大块非晶合金的体外及体内生物相容性总结。从
表中可以看出,镁基非晶合金表现出优异的体外及体内生物相容性,细胞活性高,
细胞在非晶合金表面能够很好地铺展、黏附、生长和增殖,与晶态镁合金相比,非晶
合金表现出更高的细胞活性和增殖率,具有更加优异的生物相容性。

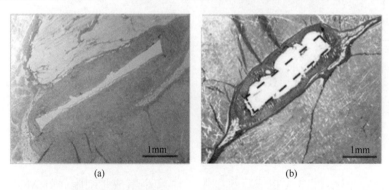

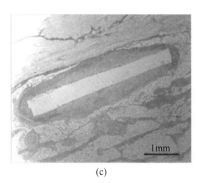 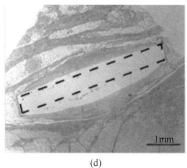

(c)　　　　　　　　　　　　　(d)

图 27.8　镁基非晶合金和晶体镁合金体内动物实验组织切片观察

(a),(c) Mg60Zn35Ca5 非晶合金;(b),(d) WZ21 晶体镁合金;(a),(b) 植入家
猪腹直肌 27 天;(c),(d) 植入家猪皮下组织 91 天

表 27.4　镁基大块非晶合金的体外及体内生物相容性总结

非晶体系/%(原子分数)	所用细胞系/动物模型	主要实验结果	参考文献
Mg66Zn30Ca4, Mg70Zn25Ca5 (L929,MG63 细胞)	L929 小鼠成纤维细胞和 MG63 人成骨肉瘤细胞	Mg-Zn-Ca 三元非晶合金具有比纯镁更高的细胞活性;细胞在 Mg66Zn30Ca4 非晶合金表面能够很好地黏附与增殖	[16]
Mg65Zn30Ca5(L929 细胞)	L929 小鼠成纤维细胞	间接法表明,非晶合金和纯镁浸提液均能够维持细胞活性,然而,细胞直接培养法揭示了不同的现象:细胞在两种材料上不黏附和增殖	[17]
Mg66Zn30Ca2Yb2,Mg66Zn30Yb4,Mg64Zn30Yb6,Mg60Zn30Yb10	NIH3T3 小鼠胚胎成纤维细胞,和小鼠成骨细胞	添加合金化元素镱有助于提高细胞活性,原因可能是镱的添加降低了材料周围的碱性,pH 降低	[13]
Mg60Zn35Ca5	植入家猪腹腔(肝脏和网膜)和腹壁组织(腹直肌和皮下组织)	仅在晶态纯镁植入体周围发现氢气释放,而在 Mg60Zn35Ca5 样品周围未发现氢气释放;同时,任何一种植入体周围均未发现感染反应,动物实验表明 Mg60Zn35Ca5 非晶合金植入体具有与晶态纯镁合金相似的优异的生物相容性	[2]
Mg66Zn30Ca4-xSrx (x=0,0.5,1,1.5)	MC3T3-E1 前成骨细胞	细胞在非晶材料表面形貌呈现健康的形态,表现出良好的生物相容性	[15]

27.2　Ca 基大块非晶合金

　　钙的化学性质活泼,在自然界中只能以化合物形式存在,在常温下跟水剧烈反应生成氢氧化钙和氢气。由于钙活泼的化学活性,晶态钙合金形成与发展受到一定的限制,而非晶合金由于独特的结构和能够融合多种合金化元素而有望能够改善晶态钙及钙合金过于活泼的化学性能,从而在生物医用领域开发出新型可降解的钙基大块非晶合金。

27.2.1　钙基大块非晶合金的力学性能

　　表 27.5 给出了可降解钙基大块非晶合金的体系及力学性能总结。从表中可以看出,与镁基非晶合金相似,钙基非晶合金跟传统的晶态镁及镁合金相比,具有更高的强度和相对低的杨氏模量,从而能够提高更加有效的力学支撑力。

表 27.5　钙基大块非晶合金的体系及力学性能总结

化学组成/% (原子分数)	制备方法	临界形成 尺寸/mm	抗压强度 /MPa	杨氏模量 /GPa	维氏硬度 (HV)/GPa	发表时间
Ca65Mg15Zn20	感应熔炼 /铜模吸铸	6	364*	20*	1.42	2005[18], 2009[4] 和 2011[19]
Ca57.5Mg15Zn27.5	感应熔炼 /铜模吸铸	4	—	36.5	0.9	2012[5]
Ca55Mg17.5Zn27.5	感应熔炼 /铜模吸铸	4.5	—	36	0.9	2012[5]
Ca52.5Mg20Zn27.5	感应熔炼 /铜模吸铸	2.5	—	39	1.4	2012[5]
Ca52.5Mg17.5Zn30	感应熔炼 /铜模吸铸	0.9	—	44	1.4	2012[5]
Ca52.5Mg22.5Zn25	感应熔炼 /铜模吸铸	1.0	—	43	0.8	2012[5]
Ca50Mg20Zn30	感应熔炼 /铜模吸铸	1.2	—	46	0.7	2012[5]
Ca65Li9.96Mg 8.54Zn16.5	感应熔炼 /铜模吸铸	5	530	23.4	1.35	2008[20]
Ca48Zn30Mg14Yb8	感应熔炼 /铜模吸铸	2	600	31.9	—	2011[6]
Ca20Mg20Zn 20Sr20Yb20	感应熔炼 /铜模吸铸	4	370	19.4	—	2013[21]

　　* 不同应变速率下的平均值。

27.2.2　钙基大块非晶合金的腐蚀性能

图 27.9 为 Ca65Mg15Zn20 非晶合金的体外腐蚀速率测定[19]。从图中可以看出，三元 Ca65Mg15Zn20 在体外腐蚀速率偏快，在 Hank's 模拟体液中浸泡 3h 后已经降解完毕。

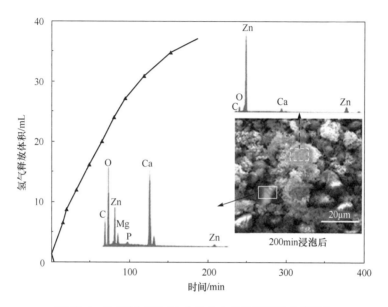

图 27.9　Ca65Mg15Zn20 非晶合金的体外腐蚀速率测定

为了改善 Ca65Mg15Zn20 非晶合金过高的腐蚀速率，可以采取两种不同的策略：加入合金化元素和表面处理。

近年来，高熵合金（HEAs），一个包含等物质的量比的多个主要元素而不是一个单一主要元素的先进合金系统已经开发出来。根据常规固溶方法，随着合金系统中越来越多混合元素的增加，当所有的主要元素浓度相等时，构型熵达到最大值。此原理即为 HEAs 形成的核心理念。HEAs 被定义为等物质的量比的五个或更多的主要元素组成的合金。HEAs 有一个稳定的简单固溶体结构，并且由于高混合熵，可以很容易形成纳米沉淀和非晶相[22]。因而在加入合金化元素同时高熵化有利于提高合金的力学性能和腐蚀性能。

图 27.10 为 Ca 基五元高熵可降解非晶合金 Ca20Mg20Zn20Sr20Yb20 和三元 Ca65Mg15Zn20 非晶合金在 Hank's 溶液中的质量损失与 pH 变化曲线[21]。从图中可以看出，加入合金化元素锶和镱并且高熵化的五元非晶合金具有比三元 Ca65Mg15Zn20 非晶合金明显降低的腐蚀速率和 pH 变化趋势。

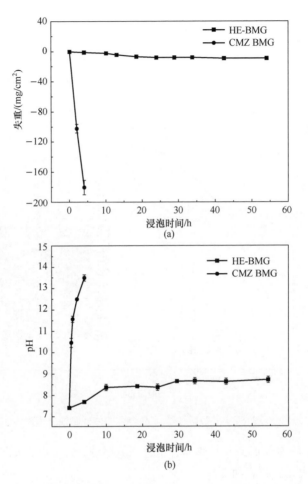

图 27.10　Ca 基五元高熵可降解非晶合金 Ca20Mg20Zn20Sr20Yb20(HE-BMG)和
三元 Ca65Mg15Zn20 非晶合金(CMZ-BMG)在 Hank's 溶液中的质量损失与 pH 变化曲线

　　除了加入合金化元素,表面改性也是有效控制钙基非晶合金腐蚀速率的常用
方法。Li 等[23]通过制备三种新的保护膜,包括氟烷硅涂层、纯铁涂层和 Fe＋FAS
双分子层涂层来改善三元钙基非晶合金的腐蚀性能。研究发现,不同的微纳米结
构可以通过不同的表面改性来构建。通过合适的表面改性方案,三元钙基大块非
晶的接触角可增大到 133.6°。浸泡实验结果显示,具有疏水和绝缘性的 Fe 和
FAS 薄膜涂层可以为大块非晶提供有效的抗腐蚀保护,其作用符合以下顺序:Fe
涂层＞Fe＋FAS 处理＞FAS 处理。图 27.11 为表面改性前后 Ca65Mg15Zn20 非
晶合金的析氢速率测定。从图中可以看出,表面改性后三元钙基非晶合金的腐蚀
速率得到明显控制。

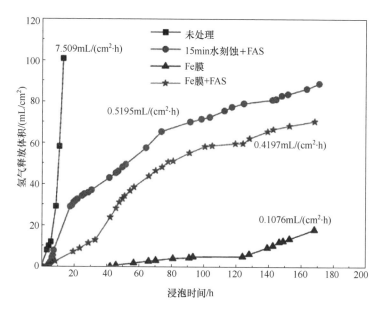

图 27.11　表面改性前后 Ca65Mg15Zn20 非晶合金的析氢速率测定

27.2.3　钙基大块非晶合金的生物相容性

图 27.12 为 MG63 细胞在 Ca65Mg15Zn20 非晶合金浸提液中培养不同时间后的相对增殖率[19]。从图中可以看出,在低浓度浸提液中培养,MG63 细胞增殖率高于对照组,说明一定浓度的合金离子 Ca、Mg 和 Zn 可以促进细胞增殖。而在高浓度下腐蚀速率过高会带来过高 pH 的影响,反而不利于细胞增殖。

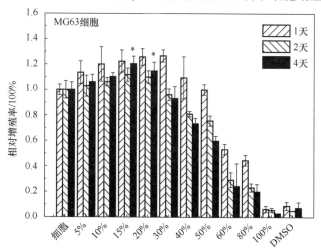

图 27.12　MG63 细胞在 Ca65Mg15Zn20 非晶合金浸提液中培养不同时间后的相对增殖率($*P < 0.05$)

　　图 27.13 为 Ca65Mg15Zn20 非晶合金植入小鼠股骨不同时间的二维和三维 micro-CT 结果[19]。从图中可以看出,Ca65Mg15Zn20 非晶合金在植入小鼠股骨 4 周后基本降解完毕,植入物观察到新生骨组织。

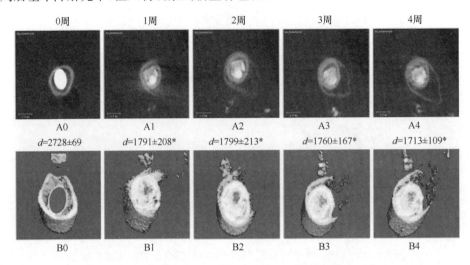

图 27.13　Ca65Mg15Zn20 非晶合金植入小鼠股骨不同时间的
二维和三维 micro-CT($*P<0.05$)

　　图 27.14 为 Ca65Mg15Zn20 非晶合金植入小鼠股骨 4 周后的组织切片[19]。从图中可以看出,Ca65Mg15Zn20 非晶合金 4 周后已经降解,降解产物和碎片进入周围骨髓腔而促进了新骨生成。

　　图 27.15(a)和(b)为 Ca20Mg20Zn20Sr20Yb20 五元高熵非晶合金浸提液的离子浓度和 pH[21]。Ca20Mg20Zn20Sr20Yb20 五元高熵非晶合金溶解到 MEM 细胞培养液中的 Ca、Sr、Mg 浓度较高,但 Zn 和 Yb 的浓度较低。pH 随浸提液浓度增加而增加,其中,100%CMZSY HE-BMG 提取物的 pH 约为 8.5。

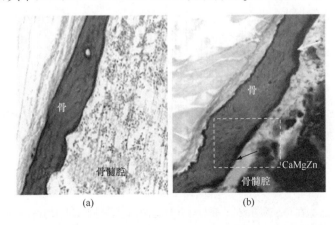

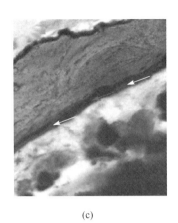

(c)

图 27.14　Ca65Mg15Zn20 非晶合金植入小鼠股骨 4 周后的组织切片

（a）对照组；（b）Ca65Mg15Zn20 非晶合金植入体组；（c）图（b）中局部区域放大

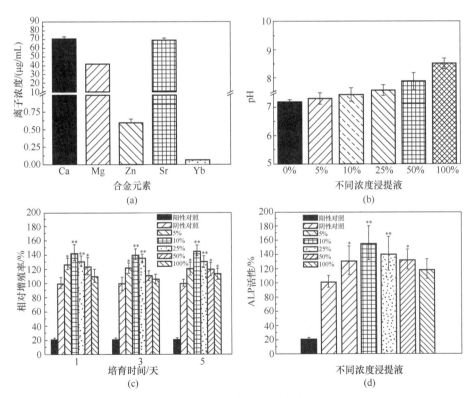

图 27.15　间接细胞活性测试

（a）Ca20Mg20Zn20Sr20Yb20 高熵非晶合金溶解到 MEM 溶液中的元素离子浓度；（b）浸提液的
pH 随浓度的变化；（c）MG63 细胞在浸提液及细胞培养液中培养 1 天、3 天、5 天的细胞增殖活性；
（d）MG63 细胞在浸提液及细胞培养液中培养 7 天后的 ALP 活性（$*P < 0.05, **P < 0.01$）

　　图 27.15(c)为分别在 100%、50%、25%、10%和 5%Ca20Mg20Zn20Sr20Yb20 五元高熵非晶合金浸提液及对照组细胞培养基中培养 1 天、3 天和 5 天的 MG63 细胞活性与增殖率[21]。图 27.15(d)为在不同浸提浓度的五元高熵非晶合金浸提液及对照组细胞培养基中培养 7 天后的 MG63 细胞的 ALP 活性。由图可以看出,MG63 细胞在 Ca20Mg20Zn20Sr20Yb20 五元高熵非晶合金浸提液培养比在对照组细胞培养基中培养有明显更高的细胞活性、增殖率和 ALP 活性,表明它可以促进成骨细胞的增殖和分化。

　　图 27.16 为 MG63 细胞在不同浓度的浸提液中及细胞培养基中培养 3 天后的荧光染色照片[21]。MG63 细胞的健康形态,在培养板底部很好地铺展与汇聚,MG63 细胞呈多角形或梭形,并有丝状伪足。在较低浸提浓度(5%、10%和 25%)时,pH 与阴性对照组($P>0.05$)相似,因此,更高的细胞增殖是由金属离子(Ca,Mg,Sr,Zn)对细胞增殖与分化的促进作用引起的。然而,100% 的 Ca20Mg20Zn20Sr20Yb20 五元高熵非晶合金浸提液并没有表现出比阴性对照组高得多的细胞增殖,且表现出比 10%和 25%的合金浸提液明显降低的细胞增殖,可以归因于低浓度的浸提液(10%和 25%)和阴性对照组相比较 pH 相近,而高浓度的浸提液与阴性对照组相比较,具有较高的 pH($P<0.05$)。

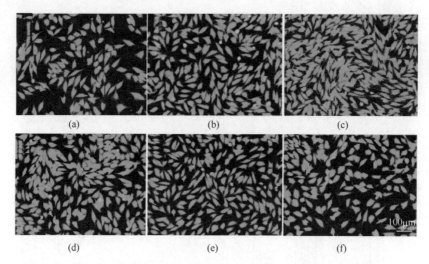

图 27.16　MG63 细胞在不同浓度的 Ca20Mg20Zn20Sr20Yb20
高熵非晶合金浸提液中及细胞培养基中培养 3 天后的荧光染色照片
(a) 对照组;(b) 5%浸提液;(c) 10%浸提液;(d) 25%浸提液;
(e) 50%浸提液;(f) 100%浸提液

　　图 27.17 为 Ca20Mg20Zn20Sr20Yb20 高熵非晶合金植入小鼠股骨端不同时间的 X 射线照片。图 27.17 显示,Ca20Mg20Zn20Sr20Yb20 五元高熵非晶合金髓

内针在植入期间直径并没有明显减小,表明 Ca20Mg20Zn20Sr20Yb20 五元高熵非晶合金髓内针在整个动物实验期间并没有降解很多。如果材料在体内降解过快,在短时间产生的大量氢气将无法完全吸收和扩散,这将会在 X 射线照片上显示出氢气气泡的阴影[24,25]。同时观察到在植入体周围的新骨生成大于对照组。

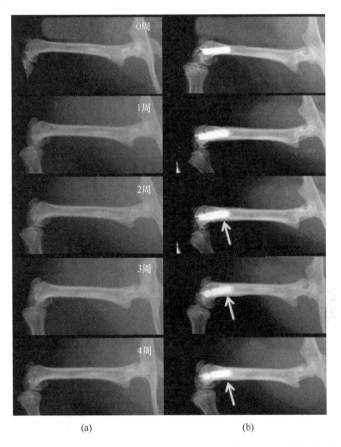

图 27.17 Ca20Mg20Zn20Sr20Yb20 高熵非晶合金植入小鼠股骨端不同时间的 X 射线照片
(a) 对照组;(b) HE-BMG

图 27.18 为 Ca20Mg20Zn20Sr20Yb20 高熵非晶合金植入小鼠股骨端不同时间的 micro-CT 扫描照片。由图可以看到,Ca20Mg20Zn20Sr20Yb20 五元高熵非晶合金髓内针降解得更慢,Ca20Mg20Zn20Sr20Yb20 五元高熵非晶合金髓内针周围未观察到明显的降解产物且在植入 4 周后可以看到新骨的形成。Ca20Mg20Zn20Sr20Yb20 五元高熵非晶合金髓内针在术后一周可以观察到其周围骨密质厚度比对照组有显著增厚($P < 0.05$ 和 $P < 0.01$)且骨厚度随着植入时间的延长而增加(图 27.18 中箭头)。

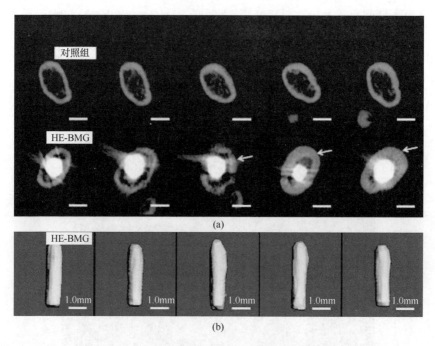

图 27.18　Ca20Mg20Zn20Sr20Yb20 高熵非晶合金植入小鼠股骨端不同时间的 micro-CT 扫描照片
(a) 2D 照片；(b) 3D 照片

　　图 27.19 为 Ca20Mg20Zn20Sr20Yb20 高熵非晶合金植入小鼠股骨端不同时间的骨厚度。在第 4 周时,植入体周围的平均骨密质厚度为(563±70)μm,对比对照组的(249±24)μm 有明显增厚。

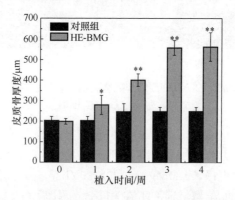

图 27.19　Ca20Mg20Zn20Sr20Yb20 高熵非晶合金植入
小鼠股骨端不同时间的骨厚度($*P<0.05,**P<0.01$)

　　图 27.20 为 Ca20Mg20Zn20Sr20Yb20 高熵非晶合金植入小鼠股骨端 4 周后的组织切片染色照片。在植入物附近并未发现炎症和骨坏死。在植入后 4 周组织

学染色观察中显示,在植入的 Ca20Mg20Zn20Sr20Yb20 五元高熵非晶合金髓内针周围的骨厚度相比对照组有增厚现象(图 27.20 中的白色箭头),这与 X 射线照片和 micro-CT 的结果是一致的。在皮层质骨内缘形成的新骨可以被清楚地看到(图 27.20 中的黑色箭头),而未进行 Ca20Mg20Zn20Sr20Yb20 五元高熵非晶合金髓内针植入的对照组中[图(a)和(c)],受伤区域却没有看到明显的新骨形成。

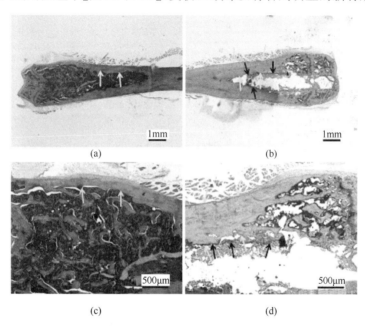

图 27.20　Ca20Mg20Zn20Sr20Yb20 高熵非晶合金植入小鼠股骨端 4 周后的组织切片染色照片
(a),(c)对照组;(b),(d)非晶合金植入体组

27.3　Zn 基大块非晶合金

锌基非晶合金作为可降解金属材料目前已有报道。Jiao 等[26] 研究发现,Zn38Ca32Mg12Yb18 非晶合金(压缩强度约为 600MPa)具有比纯镁(压缩强度约为 200MPa)更高的强度,磁化率(22.3 × 10^{-6})比传统医用材料低,Zn38Ca32Mg12Yb18 非晶合金的腐蚀速率低于晶态纯镁,在 Hank's 模拟体液中浸泡 30 天后非晶合金仍然保持其力学强度,能够提供组织愈合过程中所需的支撑力,锌基非晶合金对 MG63 细胞表现出优异的生物相容性。

图 27.21 为 MG63 细胞在 Zn38Ca32Mg12Yb18 非晶合金和纯 Mg 表面培养 3 天后的形貌观察。从图中可以看出,细胞在 Zn 基非晶合金表面形貌健康,呈现长梭形或三角形铺展生长,相互汇聚,而在晶态纯镁表面细胞呈现出不健康的球

形,不能够铺展生长。

图 27.21　MG63 细胞在 Zn38Ca32Mg12Yb18 非晶合金和纯 Mg 表面培养 3 天后的形貌观察

(a),(b) Zn38Ca32Mg12Yb18 非晶合金;(c) 纯 Mg

27.4　Sr 基大块非晶合金

　　鉴于锶元素独特的生理学作用及锶的可降解性,开发新型生物医用可降解锶及锶合金具有临床价值。然而纯金属锶的化学活性较高,与水溶液的反应剧烈,对临床应用来说具有过高的腐蚀速率。为了改善金属锶的这一缺陷,Li 等[27]一方面从合金制备角度和元素生理作用出发,加入镁和锌两种对人体有益的合金化元素;另一方面从合金的结构影响性能角度出发,为了获得更加优异的力学性能和耐腐蚀性能,将合金的结构由传统的晶态合金的有序结构变为非晶合金所独有的无序结构。为了满足非晶合金的制备条件,综合考虑元素的生理安全性和对合金耐腐蚀性能的影响作用,在加入营养元素镁和锌的基础上,加入镱和铜两种元素形成锶基非晶合金,设计开发出了理论成分为 Sr40Mg20Zn15Yb20Cu5(原子分数,%)的可降解锶基非晶合金。研究结果表明,Sr40Mg20Zn15Yb20Cu5 非晶合金表现出优异的力学性能和腐蚀降解性能。Sr40Mg20Zn15Yb20Cu5 非晶合金具有比三元钙基 CaMgZn 非晶合金及传统晶态材料纯 Mg 和 Mg 合金更加优异的强度,并且该锶基非晶合金的杨氏模量与人体骨更加接近,从而可以有效地避免应力遮挡效应所导致的植入失败问题。Sr40Mg20Zn15Yb20Cu5 非晶合金与三元 CaMgZn 非晶合金以及晶态纯 Mg 和 Mg 合金相比,具有低的析氢速率和腐蚀电流密度,说明锶基非晶合金与这些材料相比腐蚀速率明显降低,具有较理想的降解速率,能够更加符合临床需求。由于营养元素 Sr、Mg 和 Zn 的作用,Sr40Mg20Zn15Yb20Cu5 非晶合金能够明显促进成骨细胞的增殖和分化,表现出优异的生物相容性,是一种潜在的骨科替代物。

表 27.6 对比了锶基可降解非晶 Sr40Mg20Zn15Yb20Cu5 合金与人体骨、钙基非晶合金及传统晶态纯镁及镁合金的力学性能。从表中可以看出,锶基非晶合金具有比钙基非晶合金及传统晶态材料更加优异的强度,并且该锶基非晶合金的杨氏模量与人体骨更加接近,从而可以有效地避免应力遮挡效应所导致的植入失败问题。

表 27.6　Sr 基非晶合金与其他材料的力学性能对比

材料	抗压强度/MPa	杨氏弹性模量 E/GPa	剪切模量 G/GPa	体积模量 K/GPa
Sr40Mg20Zn15Yb20Cu5(BMG)	408.2±20.0	20.6±0.2	7.88±0.07	17.6±0.1
密质骨[28]	164~240	5~23		
Ca65Mg15Zn20(BMG)[29,30]	300	26.4	10.1	22.6
纯 Mg[31](传统晶态材料)	198.1±4.5	44.5±0.8		
Mg-0.6Ca[31](传统晶态材料)	273.2±6.1	46.5±0.6		
Mg-1.2Ca[31](传统晶态材料)	254.1±7.9	49.6±0.9		
Mg-1.6Ca[31](传统晶态材料)	252.5±3.3	54.7±2.4		
Mg-2.0Ca[31](传统晶态材料)	232.9±3.7	58.8±1.2		

　　表 27.7 给出了 Sr 基非晶合金与其他材料的腐蚀性能对比。从表中的数据可以看出,Sr 基非晶合金与三元 Ca60Mg15Zn25 非晶合金以及晶态纯 Mg 和 Mg 合金相比,具有低的析氢速率和腐蚀电流密度,说明锶基非晶合金与这些材料相比腐蚀速率明显降低,能够更加符合临床需求。

表 27.7　Sr 基非晶合金与其他材料的腐蚀性能对比*

材料	H_2析出速率/[mL/(cm²·h)]	$i_{corr}/(\mu A/cm^2)$
Sr40Mg20Zn15Yb20Cu5 非晶合金	0.04175	22.786
Ca60Mg15Zn25 非晶合金	7.509(去离子水)[23]	—
铸态纯 Mg(传统晶态材料)[32]	0.03**	15.98
轧态纯 Mg(传统晶态材料)[32]	0.022**	9.58
铸态 Mg-1Ca(传统晶态材料)	0.136(SBF)[25]	—
挤压态 Mg-1Ca(传统晶态材料)	0.040(SBF)[25]	—
挤压态 Mg-1.22Ca(传统晶态材料)	—	63.00[33]

　　* 如无特别说明均均指在 Hank's 模拟体液中的腐蚀速率
　　** 数据依据参考文献[32]中的图 4 所得

　　图 27.22 是 MG63 成骨细胞在 Sr40Mg20Zn15Yb20Cu5 可降解非晶合金表面直接培养 1 天后的细胞形貌 SEM 照片。从图中可以看出,细胞在锶基非晶合金表面形貌良好,呈多角形、梭形、星形,能够很好地黏附、铺展在材料表面,并且有伪足伸出,表明细胞在材料表面以健康的方式生长与增殖。

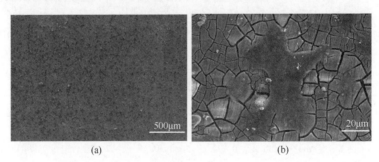

图 27.22　MG63 成骨细胞在 Sr40Mg20Zn15Yb20Cu5
可降解非晶合金表面直接培养 1 天后的细胞形貌 SEM 观察
(a)低倍;(b)高倍

　　图 27.23 是 MG63 成骨细胞在 Sr40Mg20Zn15Yb20Cu5 可降解非晶合金浸提液培养 7 天后和在 Sr40Mg20Zn15Yb20Cu5 可降解非晶合金表面培养不同时间后的碱性磷酸酶(ALP)活性。从图中可以看出,Sr40Mg20Zn15Yb20Cu5 可降解非晶合金能够促进 MG63 成骨细胞的碱性磷酸酶活性表达,尤其是在浓度为 10%的

条件下碱性磷酸酶的相对表达量最大,与阴性对照组有非常显著性的差异, $P<0.01$;当细胞在 Sr40Mg20Zn15Yb20Cu5 可降解非晶合金表面直接培养时,随着时间的延长,ALP 的相对表达量逐渐增加,在 11 天的时候,MG63 成骨细胞在 Sr40Mg20Zn15Yb20Cu5 可降解非晶合金表面的 ALP 表达量明显高于阴性对照组。ALP 表达实验结果表明,Sr40Mg20Zn15Yb20Cu5 可降解非晶合金能够促进 MG63 成骨细胞的碱性磷酸酶活性表达,从而可以促进成骨细胞的分化,利于骨组织的生长与修复。

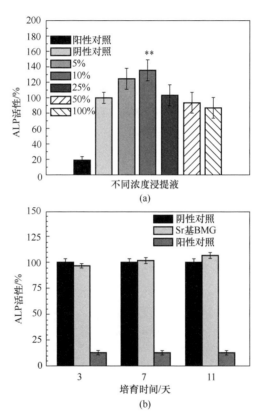

图 27.23　MG63 成骨细胞在 Sr40Mg20Zn15Yb20Cu5 可降解非晶合金浸提液
(a)培养 7 天后和在 Sr40Mg20Zn15Yb20Cu5 可降解非晶合金表面
(b)培养不同时间后的碱性磷酸酶活性($**P<0.01$)

27.5　结论与展望

综上所述,可降解大块非晶材料,具有独特的原子结构、优异的力学性能、腐蚀性能和生物相容性,具有美好的应用前景。但是相对于临床实际应用的需要,目前可降解大块非晶合金作为生物材料的研究尚处于起步阶段,离大规模的临床应用还有很长的一段距离,需要克服以下几点:①大块非晶合金体系的最大形成尺寸有限,有些非晶合金系仍处于毫米尺寸甚至甩带;②生物安全性差的元素在绝大多数非晶合金成分组元中仍占很大比例,使得人们对其长期体内植入效果产生担忧;③大块非晶合金由于具有很高的断裂强度,因此充分满足作为体内植入物的力学性能要求,但其在体液环境下的疲劳行为尚不清楚。

从未来发展趋势上看,可降解大块非晶合金作为生物医用金属材料将会吸引越来越多研究者的关注,如图 27.24 所示,对其在生物医用领域的研究将主要集中在以下几个方面:①对现有可降解大块非晶合金体系的生物安全性和生物相容性进行更为系统的评价,同时寻找和开发新的具有优异生物安全性和生物相容性的大块非晶合金体系。②采用表面改性技术,改善其表面性能,进一步提高其耐磨性、抗凝血或者生物活性。例如,通过增加表面阻挡层防止有害元素析出,或者通过增加活性层提高其与生物组织的结合;还可通过表面功能化技术,在大块非晶合金表面接枝各种官能团。③改善其力学性能(增韧),非晶合金虽然具有很高的强度,但其大部分仍属脆性材料,兼具韧性的大块非晶合金将更具有应用前景;另外还可以通过各种合成与制备技术,将非晶合金与其他生物医用材料进行复合,制备具有综合优异性能的新型复合生物材料,扬长避短。④发展新颖结构和新制备技术,包括多孔泡沫结构、复合结构的大块非晶合金、等离子体烧结和粉末成形技术

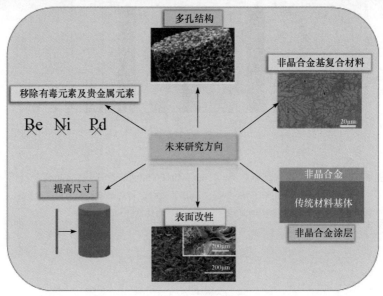

图 27.24　可降解大块非晶合金未来研究方向及发展趋势

等,进一步获得更大几何尺寸的大块非晶合金构件,并实现直接制造复杂结构的大块非晶合金医学构件。

致谢

　　本章工作先后得到了国家重点基础研究发展计划(973 计划)(2012CB619102)、国家杰出青年科学基金(51225101)、国家自然科学基金重点项目(51431002)、国家自然科学基金 NSFC-RGC 项目(51361165101)、国家自然科学基金面上项目(31170909)、北京市科委生物技术与医药产业前沿专项(Z131100005213002)、金属材料强度国家重点实验室开放课题(20141615)、北京市优秀博士学位论文指导教师科技项目 20121000101、生物可降解镁合金及相关植入器件创新研发团队(广东省科技计划,项目编号 201001C0104669453)、北京市科技计划项目(Z141100002814008)等的支持。

参 考 文 献

[1] Scully J R,Gebert A,Payer J H. Corrosion and related mechanical properties of bulk metallic glasses. Journal of Materials Research,2007,22(2):302-313

[2] Zberg B,Uggowitzer P J,Loffler J F. MgZnCa glasses without clinically observable hydrogen evolution for biodegradable implants. Nature Materials,2009,8(11):887-891

[3] Yuan-Yun Z,Ma E,Jian X. Reliability of compressive fracture strength of Mg-Zn-Ca bulk metallic glasses:flaw sensitivity and Weibull statistics. Scripta Materialia,2008,58(6):496-9

[4] Wang G,Liaw P K,Senkov O N,et al. Mechanical and fatigue behavior of Ca65Mg15Zn20 bulk-metallic glass. Advanced Engineering Materials,2009,11(1-2):27-34

[5] Cao J D,Kirkland N T,Laws K J,et al. Ca-Mg-Zn bulk metallic glasses as bioresorbable metals. Acta Biomaterialia,2012,8(6):2375-2383

[6] Jiao W,Zhao K,Xi X K,et al. Zinc-based bulk metallic glasses. Journal of Non-Crystalline Solids,2010,356(35/36):1867-1870

[7] Zhao K,Li J F,Zhao D Q,et al. Degradable Sr-based bulk metallic glasses. Scripta Materialia,2009,61(11):1091-1094

[8] Lin C H,Huang C H,Chuang J F,et al. Simulated body-fluid tests and electrochemical investigations on biocompatibility of metallic glasses. Materials Science and Engineering C,2012,32(8):2578-2582

[9] Liu K M,Zhou H T,Yang B,et al. Influence of Si on glass forming ability and properties of the bulk amorphous alloy Mg60Cu30Y10. Materials Science and Engineering A-Structural Materials Properties Microstructure and Processing,2010,527(29/30):7475-7479

[10] Gu X J,Shiflet G J,Guo F Q,et al. Mg-Ca-Zn bulk metallic glasses with high strength and significant ductility. Journal of Materials Research,2005,20(8):1935-1938

[11] Guo S F,Chan K C,Jiang X Q,et al. Atmospheric RE-free Mg-based bulk metallic glass

with high bio-corrosion resistance. Journal of Non-Crystalline Solids,2013,379:107-111

[12] Zberg B,Arata E R,Uggowitzer P J,et al. Tensile properties of glassy MgZnCa wires and reliability analysis using Weibull statistics. Acta Materialia,2009,57(11):3223-3231

[13] Yu H J,Wang J Q,Shi X T,et al. Ductile biodegradable Mg-based metallic glasses with excellent biocompatibility. Advanced Functional Materials,2013,23(38):4793-4800

[14] Qin F X,Xie G Q,Dan Z,et al. Corrosion behavior and mechanical properties of Mg-Zn-Ca amorphous alloys. Intermetallics,2013,42:9-13

[15] Li H F,Pang S J,Liu Y,et al. Biodegradable Mg-Zn-Ca-Sr bulk metallic glasses with enhanced corrosion performance for biomedical applications. Materials & Design,2015,67: 9-19

[16] Gu X N,Zheng Y F,Zhong S P,et al. Corrosion of,and cellular responses to Mg-Zn-Ca bulk metallic glasses. Biomaterials,2010,31(6):1093-1103

[17] Cao J D,Martens P,Laws K J,et al. Quantitative in vitro assessment of Mg65Zn30Ca5 degradation and its effect on cell viability. Journal of Biomedical Materials Research Part B,Applied Biomaterials,2013,101(1):43-9

[18] Senkov O N,Scott J M. Glass forming ability and thermal stability of ternary Ca-Mg-Zn bulk metallic glasses. Journal of Non-Crystalline Solids,2005,351(37/38/39):3087-3094

[19] Wang Y B,Xie X H,Li H F,et al. Biodegradable CaMgZn bulk metallic glass for potential skeletal application. Acta Biomaterialia,2011,7(8):3196-3208

[20] Li J F,Zhao D Q,Zhang M L,et al. CaLi-based bulk metallic glasses with multiple superior properties. Applied Physics Letters,2008,93(17):171907

[21] Li H F,Xie X H,Zhao K,et al. In vitro and in vivo studies on biodegradable CaMgZnSrYb high-entropy bulk metallic glass. Acta Biomaterialia,2013,9(10):8561-8573

[22] Lin Y C,Cho Y H. Elucidating the microstructure and wear behavior for multicomponent alloy clad layers by in situ synthesis. Surface and Coatings Technology,2008,202(19): 4666-4672

[23] Li H F,Wang Y B,Cheng Y,et al. Surface modification of Ca60Mg15Zn25 bulk metallic glass for slowing down its biodegradation rate in water solution. Materials Letters,2010, 64(13):1462-1464

[24] Witte F,Kaese V,Haferkamp H,et al. In vivo corrosion of four magnesium alloys and the associated bone response. Biomaterials,2005,26(17):3557-3563

[25] Li Z J,Gu X N,Lou S Q,et al. The development of binary Mg-Ca alloys for use as biodegradable materials within bone. Biomaterials,2008,29(10):1329-1344

[26] Jiao W,Li H F,Zhao K,et al. Development of CaZn based glassy alloys as potential biodegradable bone graft substitute. Journal of Non-Crystalline Solids,2011,357(22-23): 3830-3840

[27] Li H F,Zhao K,Wang Y B,et al. Study on bio-corrosion and cytotoxicity of a Sr-based bulk metallic glass as potential biodegradable metal. Journal of Biomedical Materials Research

Part B: Applied Biomaterials,2012,100B(2):368-377

[28] Gu X N,Zheng Y F. A review on magnesium alloys as biodegradable materials. Frontiers of Materials Science in China,2010,4(2):111-115

[29] Senkov O,Miracle D,Keppens V,et al. Development and characterization of low-density Ca-based bulk metallic glasses: An overview. Metallurgical and Materials Transactions A,2008,39(8):1888-1900

[30] Wang G,Liaw P K,Senkov O N,et al. Mechanical and Fatigue Behavior of Ca65Mg15Zn20 Bulk Metallic Glass. Advanced Engineering Materials,2009,11(1/2):27-34

[31] Wan Y,Xiong G,Luo H,et al. Preparation and characterization of a new biomedical magnesium-calcium alloy. Materials & Design,2008,29(10):2034-2037

[32] Gu X N,Zheng Y F,Cheng Y,et al. In vitro corrosion and biocompatibility of binary magnesium alloys. Biomaterials,2009,30(4):484-498

[33] Gu X N,Zheng Y F,Chen L J. Influence of artificial biological fluid composition on the biocorrosion of potential orthopedic Mg-Ca,AZ31,AZ91 alloys. Biomedical Materials,2009,4(6):065011